AF792006

A. A. Abrikossow

Einführung in die Theorie normaler Metalle

A. A. Abrikossow

Einführung in die Theorie normaler Metalle

Autorisierte Übersetzung

In deutscher Sprache herausgegeben von Dr. J. Mertsching

Mit 85 Abbildungen

» Springer Fachmedien Wiesbaden GmbH

А. А. Абрикосов

Введение в теорию нормальных металлов

Erschienen im Verlag Nauka

Moskau 1972

Übersetzung aus dem Russischen von

Dr. rer. nat. H. Dittmann, Berlin

Dipl.-Phys. P. Eisenberg, Berlin

Dr. rer. nat. H. Krüger, Berlin

1976

Ursprünglich erschienen bei der deutschen Ausgabe by Akademie-Verlag, Berlin 1976

Softcover reprint of the hardcover 1st edition 1976

Gesamtherstellung: VEB Druckerei „Thomas Müntzer“, 582 Bad Langensalza

ISBN 978-3-528-08382-3 ISBN 978-3-322-83893-3 (eBook)

DOI 10.1007/978-3-322-83893-3

Vorwort zur deutschen Ausgabe

Das Buch „Einführung in die Theorie normaler Metalle" wurde im Jahre 1972 gleichzeitig in russischer Sprache in der Sowjetunion und in englischer Sprache in den USA herausgegeben. Obwohl seitdem nur relativ wenig Zeit vergangen ist, stand dennoch die Physik der Metalle inzwischen nicht still, und es erschienen einige sehr wesentliche neue Arbeiten. Zu deren Gegenständen gehören insbesondere die kürzlich entdeckte Zyklotronresonanz an nichtextremalen Bahnen, die Theorie der galvanomagnetischen Eigenschaften von Polykristallen und andere. Deshalb wurden in das Buch entsprechende Ergänzungen eingefügt.

Das Buch fand insgesamt eine positive Resonanz, doch wurde in einigen Rezensionen dem Autor vorgeworfen, daß die Darstellung der modernen Methoden zur Berechnung von Elektronenspektren zu unvollständig ist. Dieser Vorwurf ist teilweise berechtigt, und deshalb wurde der Abschnitt 14.2. über die Theorie des Pseudopotentials erweitert. Andererseits gibt das Bestreben, den Schwierigkeitsgrad des Materials in Grenzen zu halten, nicht die Möglichkeit, über eine kurze Darlegung der physikalisch durchsichtigen Ideen hinauszugehen. Außerdem sind alle Methoden zur Berechnung der Bandstruktur numerisch, und ihre Eignung ist in erster Linie durch die Konvergenz von sukzessiven Approximationen bestimmt, die a priori nicht völlig klar ist. Gerade deshalb bilden diese Berechnungen ein besonderes Gebiet der Physik, dem gegenwärtig spezielle Bücher gewidmet werden.

Abschließend möchte ich meiner Freude über die Herausgabe meines Buches in deutscher Sprache Ausdruck geben und den Übersetzern H. Dittmann, P. Eisenberg und H. Krüger sowie dem Herausgeber J. Mertsching meinen Dank bekunden.

A. A. Abrikossow

Vorwort

Dieses Buch ist aus Vorlesungen entstanden, die der Autor im Januar und Februar 1966 im Forschungszentrum für Physik und Astrophysik an der Universität Delhi (Indien) als Sachverständiger der UNESCO gehalten hat. Wie aus seinem Titel hervorgeht, befaßt sich das Buch mit normalen Metallen, das heißt, es werden keine ferro- und antiferromagnetischen Metalle sowie keine Supraleiter behandelt. Der Autor hat sich auch nicht zum Ziel gesetzt, die gesamte vorliegende Theorie der normalen Metalle im Detail darzulegen.

Das Buch umfaßt folgende Themen: Elektronenspektren der Metalle, elektrische und Wärmeleitung, galvanomagnetische und thermoelektrische Erscheinungen, das Verhalten von Metallen in hochfrequenten Feldern und Schallabsorption. Diese Gebiete sind hauptsächlich deshalb ausgewählt worden, weil sie in jüngster Zeit die stärkste Weiterentwicklung erfahren. Es war das Ziel des Autors, die gegenwärtige Konzeption der Energiespektren der Elektronen in Metallen sowie neue Methoden darzulegen, die für die Untersuchung des Verhaltens von Metallen in statischen und veränderlichen Feldern entwickelt worden sind. Es wird eine Reihe unlängst entdeckter physikalischer Erscheinungen beschrieben und gezeigt, wie diese zum Auffinden der Elektronenspektren verwendet werden können.

Zur Vereinfachung der Darstellung sind komplizierte Begründungen stets durch einfache physikalische Argumentationen ersetzt worden. Außerdem hat sich der Autor in den Fällen, in denen eine gesuchte Größe nur für ein vereinfachtes, unrealistisches Modell berechnet werden kann, auf eine Abschätzung dieser Größe beschränkt. Das schließt nicht die Verwendung von Modellen (des isotropen Metalls, der kinetischen Gleichung mit Relaxationszeit) in den Fällen aus, in denen mit ihrer Hilfe die Anwendung einer neuen Berechnungsmethode erläutert oder die Abschätzung von gesuchten Größen vereinfacht werden kann.

Das Buch setzt Kenntnisse der Quantenmechanik und Statistik voraus. Spezialkenntnisse über Metalleigenschaften, die über den Rahmen einer allgemeinen Physikausbildung hinausgehen, sind nicht erforderlich.

Ich möchte den Professoren D. S. Kotari, P. K. Madshumdar und F. K. Auluk für Gastfreundschaft und Unterstützung während meiner Arbeit in Indien meinen Dank aussprechen.

Außerdem bin ich den Herren J. W. Scharwin, E. A. Kaner, W. F. Gantmacher und M. I. Kaganow für das Durchlesen des Manuskripts und zahlreiche wertvolle Hinweise sehr dankbar.

Inhaltsverzeichnis

Abweichend von der in unseren Büchern üblichen Verwendung der Zeichen bedeutet in diesem Buch entsprechend dem russischen Original

$\backsim$ proportional,

$\sim$ gleiche Größenordnung.

Für „ungefähr gleich" ist das auch bei uns dafür übliche Zeichen $\approx$ verwendet worden.

1. Das Elektron im periodischen Kristallgitter [1])

1.1. Allgemeine Eigenschaften

Metalle sind bekanntlich gute Leiter für den elektrischen Strom. Der Grund dafür ist die Tatsache, daß sich die äußeren Elektronenhüllen der Atome, aus denen das Metall besteht, in erheblichem Maße überlappen. Daher können die Elektronen dieser Hüllen (der sogenannten Valenzhüllen) leicht von einem Atom zum anderen überwechseln, so daß man nicht sagen kann, welchem Atom sie tatsächlich angehören. Ein derartiges kollektives Verhalten der äußeren Elektronen führt zur Entstehung einer großen Bindungsenergie der Metalle und erklärt ihre spezifisch mechanischen Eigenschaften.

Was die inneren Elektronenhüllen anbelangt, so kann man sie auf Grund ihrer geringen Überlappung annähernd wie die eines isolierten Atoms betrachten.

Ein Metall stellt somit ein Kristallgitter aus positiven Ionen dar, in das die kollektiven Elektronen der Valenzhüllen „hineingegossen" sind. Man nennt sie daher auch Leitfähigkeitselektronen oder „freie" Elektronen. In Wirklichkeit wechselwirken diese Elektronen stark untereinander und mit dem Ionengitter, wobei die potentielle Energie dieser Wechselwirkung von der Größenordnung der kinetischen Energie der Elektronen ist.

Eine theoretische Beschreibung eines derartigen Systems scheint auf den ersten Blick völlig unmöglich zu sein. Tatsächlich existiert jedoch gegenwärtig eine vollkommen strenge Beschreibung der meisten interessanten Erscheinungen in Metallen. Das hängt mit zwei Umständen zusammen. Zum ersten ist das Verhalten eines Systems von untereinander stark wechselwirkenden Elektronen (oder einer Elektronenflüssigkeit) in vieler Hinsicht analog dem Verhalten eines Systems von nicht wechselwirkenden Teilchen (d. h. eines Gases) in einem gewissen äußeren Feld, das ein gemitteltes Feld der Gitterionen und der übrigen Elektronen darstellt. Zum zweiten folgt schon sehr viel aus der Tatsache, daß das gemittelte Feld die Symmetrieeigenschaften des Kristallgitters, speziell seine Periodizität, besitzt, obwohl dieses Feld nur schwer genau zu berechnen ist. Daher wird zu Beginn das Hilfsproblem des Verhaltens eines Elektrons im periodischen Feld untersucht.

[1]) Der Stoff dieses Kapitels ist praktisch in allen Büchern über Metalltheorie enthalten, so daß man lediglich auf sie zu verweisen brauchte (s. z. B. [1]). Da diese Begriffe jedoch für die weiteren Abschnitte von grundlegender Bedeutung sind, werden sie hier nochmals dargelegt.

Das Elektron bewege sich in einem äußeren Feld mit der potentiellen Energie $U(\boldsymbol{r})$. Die Funktion $U(\boldsymbol{r})$ ist periodisch, das heißt

$$U(\boldsymbol{r} + \boldsymbol{a}_n) = U(\boldsymbol{r}) , \tag{1.1}$$

wobei $\boldsymbol{a}_n$ eine beliebige Gitterperiode ist. Bekanntlich kann der Vektor $\boldsymbol{a}_n$ immer als Linearkombination von Basisvektoren $\boldsymbol{a}_i$ dargestellt werden:

$$\boldsymbol{a}_n = n_1\boldsymbol{a}_1 + n_2\boldsymbol{a}_2 + n_3\boldsymbol{a}_3 , \tag{1.2}$$

wobei die n_i positive oder negative ganze Zahlen oder Null bedeuten. Die SCHRÖDINGER-Gleichung für das Elektron ist

$$-\frac{\hbar^2}{2m}\nabla^2\psi(\boldsymbol{r}) + U(\boldsymbol{r})\,\psi(\boldsymbol{r}) = \varepsilon\psi(\boldsymbol{r}) . \tag{1.3}$$

Es ist leicht zu sehen, daß $\psi(\boldsymbol{r} + \boldsymbol{a}_n)$ ebenfalls eine Lösung dieser Gleichung mit dem gleichen Eigenwert ε ist. Wenn daher das Energieniveau ε nicht entartet ist, muß

$$\psi(\boldsymbol{r} + \boldsymbol{a}_n) = C\psi(\boldsymbol{r}) \tag{1.4}$$

gelten, wobei C eine Konstante ist.

Wenn jedoch das Niveau ε entartet ist, das heißt, wenn zu ihm mehrere Eigenfunktionen ψ_ν gehören, gilt

$$\psi_\mu(\boldsymbol{r} + \boldsymbol{a}_n) = \sum_\nu C_{\mu\nu}\psi_\nu(\boldsymbol{r}) . \tag{1.5}$$

Da die Funktionen ψ_μ ein orthogonales und normiertes System bilden, das heißt

$$\int \psi_\mu^*(\boldsymbol{r})\,\psi_\nu(\boldsymbol{r})\,\mathrm{d}V = \delta_{\mu\nu} , \tag{1.6}$$

erhält man durch Verschiebung der Integrationsvariablen $\boldsymbol{r}$ um $\boldsymbol{a}_n$ und Anwendung von Formel (1.5)

$$\sum_\eta C_{\mu\eta}^* C_{\nu\eta} = \delta_{\mu\nu} . \tag{1.7}$$

Folglich ist $C_{\mu\nu}$ eine unitäre Matrix, das heißt

$$C^+ = C^{-1} . \tag{1.8}$$

Eine solche Matrix kann man diagonalisieren. Mit anderen Worten, bestimmte Linearkombinationen der Funktion ψ_ν haben die Eigenschaft (1.4). Die Normierungsbedingung liefert dabei

$$|C|^2 = 1 . \tag{1.9}$$

Somit gilt

$$C = \mathrm{e}^{i\varphi(\boldsymbol{a}_n)} , \tag{1.10}$$

wobei φ eine reelle Funktion der Verschiebung $\boldsymbol{a}_n$ ist.

Betrachtet man jetzt zwei aufeinanderfolgende Verschiebungen $\boldsymbol{a}$ und $\boldsymbol{a}'$, so multipliziert sich bei der ersten Verschiebung die Funktion ψ mit $C(\boldsymbol{a})$, bei der zweiten mit $C(\boldsymbol{a}')$. Die beiden aufeinanderfolgenden Verschiebungen sind einer

Verschiebung um $\boldsymbol{a} + \boldsymbol{a}'$ äquivalent. Dabei muß sich die Funktion ψ mit $C(\boldsymbol{a} + \boldsymbol{a}')$ multiplizieren. Somit ist

$$C(\boldsymbol{a} + \boldsymbol{a}') = C(\boldsymbol{a})\, C(\boldsymbol{a}') \,. \tag{1.11}$$

Hieraus folgt, daß die Funktion φ in der Formel (1.10) eine lineare Funktion der $\boldsymbol{a}_n$ sein muß,

$$\varphi(\boldsymbol{a}_n) = \boldsymbol{p}\boldsymbol{a}_n/\hbar \,, \tag{1.12}$$

wobei $\boldsymbol{p}$ ein Vektorkoeffizient ist.

Man erkennt leicht, daß dieser Vektor nicht eindeutig bestimmt ist. Wenn nämlich zu $\boldsymbol{p}$ ein Vektor $\hbar\boldsymbol{K}$ addiert wird, der für eine beliebige Gitterperiode $\boldsymbol{a}_n$ die Bedingung $\boldsymbol{K}\boldsymbol{a}_n = 2\pi m$ (m ganze Zahl) erfüllt, so erhält man die gleichen Koeffizienten $C(\boldsymbol{a}_n)$. Der Bedingung $\boldsymbol{K}\boldsymbol{a}_n = 2\pi m$ genügt ein unendliches System von Vektoren, das in folgender Form geschrieben werden kann:

$$\boldsymbol{K} = q_1\boldsymbol{K}_1 + q_2\boldsymbol{K}_2 + q_3\boldsymbol{K}_3 \,. \tag{1.13}$$

Hierbei sind q_i ganze Zahlen und $\boldsymbol{K}_i$ die kürzesten linear unabhängigen Vektoren mit der Eigenschaft $\boldsymbol{K}\boldsymbol{a}_n = 2\pi m$. Aus Formel (1.2) folgt, daß diese Bedingung für die Basisvektoren $\boldsymbol{a}_i$ erfüllt sein muß. Damit ist sie auch für beliebige Perioden $\boldsymbol{a}_n$ erfüllt. Hieraus kann man leicht die Vektoren $\boldsymbol{K}_i$ bestimmen:

$$\boldsymbol{K}_1 = \frac{2\pi[\boldsymbol{a}_2\boldsymbol{a}_3]}{(\boldsymbol{a}_1[\boldsymbol{a}_2\boldsymbol{a}_3])}\,, \qquad \boldsymbol{K}_2 = \frac{2\pi[\boldsymbol{a}_3\boldsymbol{a}_1]}{(\boldsymbol{a}_1[\boldsymbol{a}_2\boldsymbol{a}_3])}\,, \qquad \boldsymbol{K}_3 = \frac{2\pi[\boldsymbol{a}_1\boldsymbol{a}_2]}{(\boldsymbol{a}_1[\boldsymbol{a}_2\boldsymbol{a}_3])}\,. \tag{1.14}$$

Man sieht, daß sich die Vektoren $\boldsymbol{K}_i$ aus den reziproken Höhen der Elementarzelle, multipliziert mit 2π, ergeben. $\boldsymbol{K}_1$, $\boldsymbol{K}_2$ und $\boldsymbol{K}_3$ sind die Basisvektoren des sogenannten reziproken Gitters. Somit ist das reziproke Gitter vollständig durch die Translationseigenschaften des betreffenden Kristalls (die Vektoren $\boldsymbol{a}_i$), das heißt durch sein Bravais-Gitter bestimmt und besitzt die gleichen Symmetrieeigenschaften. Bekanntlich gibt es jedoch verschiedene Bravais-Gitter mit ein und derselben Symmetrie. Der Zusammenhang zwischen dem Bravais-Gitter und dem reziproken Gitter ist folgender: wenn das Bravais-Gitter raumzentriert ist, dann ist das reziproke Gitter flächenzentriert und umgekehrt; zu einem Bravais-Gitter mit zentrierter Basis gehört auch ein reziprokes Gitter mit zentrierter Basis.

Die Energie ε des Elektrons hängt vom Vektor $\boldsymbol{p}$ ab. Da $\boldsymbol{p}$ und $\boldsymbol{p} + \hbar\boldsymbol{K}$ physikalisch gleichwertig sind, muß offensichtlich die Energie $\varepsilon(\boldsymbol{p})$ eine periodische Funktion mit den Perioden $\hbar\boldsymbol{K}_i$ sein. Im allgemeinen können zu jedem Wert $\boldsymbol{p}$ mehrere Energieniveaus $\varepsilon_l(\boldsymbol{p})$ gehören, wobei jede dieser Funktionen im reziproken Gitter periodisch ist.

Die Wellenfunktion, die die Bewegung des Elektrons im periodischen Feld beschreibt und die Eigenschaft

$$\psi(\boldsymbol{r} + \boldsymbol{a}_n) = \mathrm{e}^{i\boldsymbol{p}\boldsymbol{a}_n/\hbar}\psi(\boldsymbol{r})$$

hat, kann in der Form

$$\psi(\boldsymbol{r}) = e^{i\boldsymbol{p}\boldsymbol{r}/\hbar} u(\boldsymbol{r}) \tag{1.15}$$

dargestellt werden, wobei $u(\boldsymbol{r})$ eine periodische Funktion ist:

$$u(\boldsymbol{r} + \boldsymbol{a}_n) = u(\boldsymbol{r}) .$$

Die Formel (1.15) nennt man BLOCHsches Theorem. Die Wellenfunktion ψ in (1.15) ähnelt einer ebenen Welle, die die Bewegung eines freien Teilchens beschreibt, jedoch ist hier die Welle mit einer periodischen Funktion moduliert. Daher ist der dem Impuls analoge Vektor $\boldsymbol{p}$ in Wirklichkeit nicht der Impuls des Teilchens im üblichen Sinn, sondern der sogenannte Quasiimpuls des Elektrons.

Da die Vektoren $\boldsymbol{p}$ und $\boldsymbol{p} + \hbar\boldsymbol{K}$ physikalisch äquivalent sind, braucht man zum Zwecke der Eindeutigkeit nur eine Elementarzelle im reziproken Gitterraum zu betrachten. Das Volumen dieses Bereiches, in dem $\boldsymbol{p}$ eindeutig definiert ist, ist gleich

$$\left(\frac{2\pi\hbar}{v}\right)^3 ([\boldsymbol{a}_2\boldsymbol{a}_3][[\boldsymbol{a}_3\boldsymbol{a}_1][\boldsymbol{a}_1\boldsymbol{a}_2]]) = \frac{(2\pi\hbar)^3}{v} ,$$

wobei $v = (\boldsymbol{a}_1[\boldsymbol{a}_2\boldsymbol{a}_3])$ das Volumen der Elementarzelle des direkten Gitters ist.

Zur Lösung der SCHRÖDINGER-Gleichung müssen die Randbedingungen angegeben werden. Im unendlich ausgedehnten Volumen liegen die aufeinanderfolgenden Zustände beliebig dicht. Die Zustandsdichte, das heißt die Zahl der Zustände, die auf ein Energieintervall oder auf ein gegebenes Volumenelement im Quasiimpulsraum entfallen, hängt nicht von der konketen Form der Randbedingungen ab und kann daher am leichtesten aus den einfachsten Randbedingungen bestimmt werden.

Unter der Voraussetzung, daß die betrachtete Metallprobe die Form eines rechtwinkligen Quaders hat, lauten die periodischen Randbedingungen:

$$\psi(x + L_1, y, z) = \psi(x, y + L_2, z) = \psi(x, y, z + L_3)$$
$$= \psi(x, y, z) . \tag{1.16}$$

Wenn jede der Abmessungen L_1, L_2 und L_3 eine ganze Anzahl Perioden in ihrer betreffenden Richtung enthält, gilt

$$e^{ip_xL_1/\hbar} = e^{ip_yL_2/\hbar} = e^{ip_zL_3/\hbar} = 1 .$$

Hieraus folgt

$$p_x = \frac{2\pi\hbar n_x}{L_1} , \quad p_y = \frac{2\pi\hbar n_y}{L_2} , \quad p_z = \frac{2\pi\hbar n_z}{L_3} , \tag{1.17}$$

wobei n_x, n_y, n_z ganze Zahlen sind.

Somit erweist sich der Vektor $\boldsymbol{p}$ als diskrete Variable. Wenn jedoch die Längen L_1, L_2, L_3 sehr groß sind, kann eine Summation über die Zustände durch eine

Integration ersetzt werden. Dazu muß die Zahl der Zustände im gegebenen Volumen des $\boldsymbol{p}$-Raumes bekannt sein. Aus (1.17) findet man

$$\Delta n_x\, \Delta n_y\, \Delta n_z = \frac{L_1 L_2 L_3}{(2\pi\hbar)^3}\, \Delta p_x\, \Delta p_y\, \Delta p_z\,,$$

so daß die Zahl der Zustände im Intervall $\mathrm{d}^3\boldsymbol{p} = \mathrm{d}p_x\, \mathrm{d}p_y\, \mathrm{d}p_z$ gleich

$$\frac{V}{(2\pi\hbar)^3}\, \mathrm{d}^3\boldsymbol{p}$$

ist, wobei $V = L_1 L_2 L_3$ das Probenvolumen ist. Die Zustandsdichte im $\boldsymbol{p}$-Raum ist also

$$\frac{V}{(2\pi\hbar)^3}\,. \tag{1.18}$$

Wie bereits erwähnt, ist der eindeutige Definitionsbereich von $\boldsymbol{p}$ eine Elementarzelle des reziproken Gitters mit dem Volumen $(2\pi\hbar)^3/v$. Daher ist die Gesamtzahl verschiedener $\boldsymbol{p}$-Werte gleich

$$\frac{(2\pi\hbar)^3}{v}\, \frac{V}{(2\pi\hbar)^3} = N\,,$$

wobei N die Zahl der Elementarzellen im betrachteten Volumen ist. Außerdem muß beachtet werden, daß das Elektron den Spin $s = 1/2$ hat, dessen Projektion auf eine bestimmte Achse zwei Werte $s_z = \pm 1/2$ haben kann. Das verdoppelt die Zahl der Zustände. Jeder Funktion $\varepsilon_l(\boldsymbol{p})$ entsprechen also $2N$ verschiedene Zustände.

Die Funktionen $\varepsilon_l(\boldsymbol{p})$ sind periodisch im reziproken Gitter und schwanken selbstverständlich zwischen gewissen Maximal- und Minimalwerten. Folglich erhält man für jeden Index l ein „Band" erlaubter Energiewerte. Diese Bänder können durch „Energielücken" getrennt sein (d. h. Energiewerte, die die Elektronen nicht annehmen) oder sich überlappen.

Die Funktionen $\varepsilon_l(\boldsymbol{p})$ haben einige allgemeine Eigenschaften. Zuerst sei bemerkt, daß die vollständige Schrödinger-Gleichung

$$i\frac{\partial \psi}{\partial t} = H\psi$$

gegen die Transformation $t \to -t$ und $\psi \to \psi^*$ invariant ist. Die stationären Lösungen der Schrödinger-Gleichung haben die Form $\mathrm{e}^{-i\varepsilon_l(\boldsymbol{p})t/\hbar}\, \psi_{l\boldsymbol{p}}(\boldsymbol{r})$, woraus folgt, daß $\psi_{l\boldsymbol{p}}(\boldsymbol{r})$ und $\psi_{l\boldsymbol{p}}^*(\boldsymbol{r})$ zum gleichen Eigenwert $\varepsilon_l(\boldsymbol{p})$ gehören müssen. Da sich jedoch bei Translationen $\psi_{l\boldsymbol{p}}$ mit $\mathrm{e}^{i\boldsymbol{p}\boldsymbol{a}/\hbar}$ und $\psi_{l\boldsymbol{p}}^*$ mit $\mathrm{e}^{-i\boldsymbol{p}\boldsymbol{a}/\hbar}$ multipliziert, ist $\varepsilon_l(\boldsymbol{p}) = \varepsilon_l(-\boldsymbol{p})$.

Bisher wurde als Bereich, in dem der Quasiimpuls $\boldsymbol{p}$ eindeutig definiert ist, eine Elementarzelle des reziproken Gitters genommen. Es ist jedoch bequemer, dieses Gebiet auf andere Weise zu bestimmen. Selbstverständlich muß es ein Volumen haben, das gleich dem Volumen der Elementarzelle des reziproken Gitters ist und darf außerdem keine Punkte enthalten, die sich um eine reziproke

Gitterperiode unterscheiden. Zur Konstruktion dieses Bereichs werden von einem beliebigen Punkt des reziproken Gitters alle $\boldsymbol{K}$-Vektoren gezogen, die ihn mit den anderen reziproken Gitterpunkten verbinden. Die senkrecht zu jedem dieser Vektoren stehenden und sie halbierenden Ebenen begrenzen dann ein bestimmtes Volumen im reziproken Gitterraum, das die Gestalt eines gewissen Polyeders hat. Man sieht leicht, daß dieses Polyeder alle geforderten Eigenschaften besitzt und daher als Grundgebiet für den Quasiimpuls $\boldsymbol{p}$ verwendet werden kann. Man nennt es die BRILLOUIN-Zone. Offensichtlich wird die BRILLOUIN-Zone mathematisch durch die Bedingung

$$|\boldsymbol{p}\boldsymbol{a}_i| \leqq \pi\hbar \tag{1.19}$$

für alle Basisvektoren $\boldsymbol{a}_i$ definiert. In Abb. 1 sind Beispiele für BRILLOUIN-

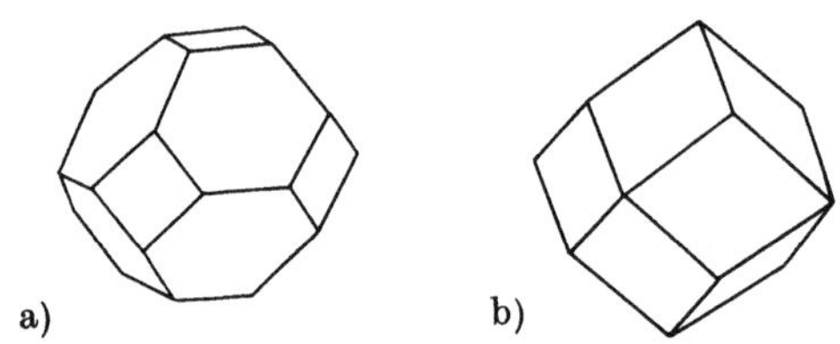

Abb. 1 BRILLOUIN-Zonen für
(a) flächenzentrierte und (b) raumzentrierte kubische Gitter

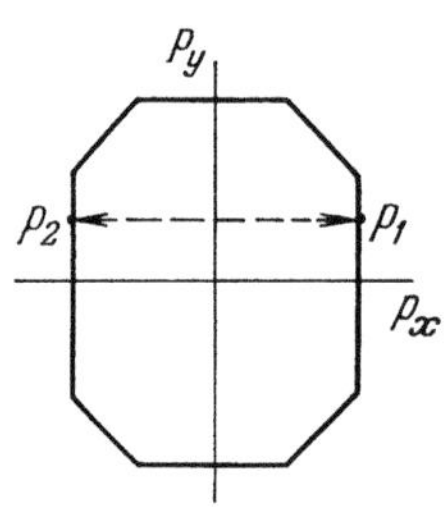

Abb. 2 Äquivalente, spiegelsymmetrisch zueinander gelegene Punkte $\boldsymbol{p}_1$ und $\boldsymbol{p}_2$ auf den Grenzen der BRILLOUIN-Zone

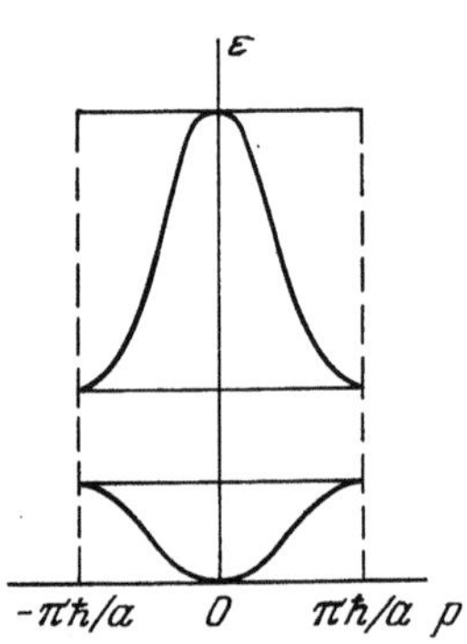

Abb. 3 Energiebänder für eine lineare Kette mit der Periode a

Zonen für (a) flächenzentrierte und (b) raumzentrierte kubische Gitter dargestellt.

Die Kristallgitter von Metallen haben in der Regel eine hohe Symmetrie. Das führt zu bestimmten Eigenschaften der Funktion $\varepsilon_l(\boldsymbol{p})$. Es laufe zum Beispiel durch den Punkt $\boldsymbol{p} = 0$ eine Symmetrieebene senkrecht zur p_x-Achse. Wenn Grenzen der Brillouin-Zone senkrecht zur p_x-Achse existieren, muß auf ihnen $\varepsilon_l(\boldsymbol{p})$ bezüglich p_x ein Extremum haben. Zum Beweis seien auf diesen Grenzflächen zwei bezüglich der Symmetrieebene symmetrische Punkte $\boldsymbol{p}_1$ und $\boldsymbol{p}_2$ ausgewählt (Abb. 2). Sie unterscheiden sich um eine Periode des reziproken Gitters (multipliziert mit $\hbar$). Daher ist an diesen Punkten

$$\varepsilon_l(\boldsymbol{p}_1) = \varepsilon_l(\boldsymbol{p}_2)\,, \quad \frac{\partial \varepsilon_l(\boldsymbol{p}_1)}{\partial p_x} = \frac{\partial \varepsilon_l(\boldsymbol{p}_2)}{\partial p_x}\,.$$

Infolge der Symmetrie bezüglich der Ebene $p_x = 0$ gilt

$$\frac{\partial \varepsilon_l(\boldsymbol{p}_1)}{\partial p_x} = -\frac{\partial \varepsilon_l(\boldsymbol{p}_2)}{\partial p_x}$$

und folglich

$$\frac{\partial \varepsilon_l(\boldsymbol{p}_1)}{\partial p_x} = 0\,.$$

Analog erhalten wir in diesem Fall

$$\left.\frac{\partial \varepsilon_l}{\partial p_x}\right|_{p_x=0} = 0\,.$$

Somit kommt man zu dem Schluß, daß für symmetrische Gitter die Funktion $\varepsilon_l(\boldsymbol{p})$ in der Regel im Zentrum der Brillouin-Zone oder an deren Grenzen Extrema besitzt.

Die gewonnenen Aussagen bezüglich der Elektronenenergie als Funktion des Quasiimpulses sind in Abbildung 3 für den eindimensionalen Fall dargestellt. Die Brillouin-Zone ist hier offenbar das Intervall $-\pi\hbar/a < p < \pi\hbar/a$, wobei a die Periode der linearen Kette bedeutet.

1.2. Näherung für starke Bindung

Zur genauen Berechnung der Funktion $\varepsilon_l(\boldsymbol{p})$ verwendet man recht komplizierte Verfahren (s. Kap. 14). Im folgenden werden zur Erläuterung allgemeiner Eigenschaften der Funktion $\varepsilon_l(\boldsymbol{p})$ lediglich zwei äußerst einfache Methoden betrachtet, obgleich sie für die genaue Bestimmung von $\varepsilon_l(\boldsymbol{p})$ in realen Metallen nicht sehr gut geeignet sind.

Die erste Methode ist die sogenannte Methode der starken Bindung, die der Einfachheit halber zu Anfang für ein eindimensionales Metall, das heißt eine lineare Atomkette betrachtet wird. Unter der Annahme, daß sich die Elektronenhüllen wenig überlappen und in nullter Näherung jedes Elektron seinem entsprechenden Atom angehört, kann die Überlappung der Hüllen als Störung angesehen werden.

Die potentielle Energie des Elektrons im Feld aller Ionen ist

$$V(x) = \sum_n U(x - na) ,$$

und die SCHRÖDINGER-Gleichung lautet

$$-\frac{\hbar^2}{2m}\frac{d^2\psi}{dx^2} + \sum_n U(x - na)\,\psi(x) = \varepsilon\psi(x) . \tag{1.20}$$

Die exakten Lösungen der Gleichung (1.20) sind die BLOCH-Funktionen

$$\psi_p(x) = e^{ipx/\hbar}\, u_p(x) ,$$

und die entsprechenden Eigenwerte sind $\varepsilon(p)$. Aus den Funktionen ψ_p werden nun die sogenannten WANNIER-Funktionen

$$w_n(x) = \frac{1}{\sqrt{N}} \sum_p e^{-ipna/\hbar}\, \psi_p(x) \tag{1.21}$$

gebildet, wobei N die Zahl der Atome in der Kette ist und p durch die eindimensionale BRILLOUIN-Zone $-\pi\hbar/a \leqq p \leqq \pi\hbar/a$ begrenzt ist. Die umgekehrte Transformation hat die Form

$$\psi_p(x) = \frac{1}{\sqrt{N}} \sum_n e^{ipna/\hbar}\, w_n(x) , \tag{1.22}$$

denn Einsetzen der Formel (1.21) ergibt

$$\psi_p(x) = \frac{1}{N} \sum_{n,p'} e^{i(p-p')na/\hbar}\, \psi_{p'}(x) = \psi_p(x)$$

(weil sich p und p' in der BRILLOUIN-Zone befinden). Die Funktionen $w_n(x)$ mit verschiedenem n sind orthogonal, denn

$$\int w_n^*(x)\, w_m(x)\, dx = \frac{1}{N} \sum_{p,p'} e^{i(pn-p'm)\,a/\hbar}$$

$$\times \int \psi_p^*(x)\, \psi_{p'}(x)\, dx = \frac{1}{N} \sum_p e^{ip(n-m)a/\hbar} = \delta_{mn} \tag{1.23}$$

(es sei daran erinnert, daß die Anzahl verschiedener p-Werte innerhalb der BRILLOUIN-Zonengrenzen gleich N ist).

Aus der Definition (1.21) erkennt man, daß die Funktion $w_n(x)$ nur in der Nähe des n-ten Ions von Null verschieden ist. Wenn nämlich die BLOCH-Funktion einfach eine ebene Welle wäre, also ohne Modulation durch die Funktion $u_p(x)$, so wäre w_n gleich $\delta(x - na)$. Diese Eigenschaft erlaubt es, die Kleinheit der Überlappung der Elektronenhüllen auszunutzen. Aus der Definition (1.21) folgt außerdem, daß infolge der Periodizität von $u_p(x)$ alle Funktionen w_n im Grunde genommen ein und dieselbe Funktion $w_0(x) \equiv w(x)$ mit verschobenem Argument sind: $w_n(x) = w(x - na)$.

Da ψ_p der SCHRÖDINGER-Gleichung genügt, erhält man durch Einsetzen des Ausdrucks (1.22) in (1.20)

$$\sum_n \left(-\frac{\hbar^2}{2m}\frac{d^2}{dx^2} + U(x-na)\right) e^{ipna/\hbar} w_n(x) + \sum_n h(x)\, e^{ipna/\hbar} w_n(x) = \varepsilon(p) \sum_n e^{ipan/\hbar} w_n(x)\,, \tag{1.24}$$

wobei $h(x) = V(x) - U(x - na)$. Das Glied mit $h(x)$, das nur die Produkte $U(x - ma)\, w_n(x)$ mit $n \neq m$ enthält, ist klein, da die Funktion $w_n(x)$ nur in der Nähe von $x = na$ von Null verschieden ist.

Wenn in nullter Näherung dieses Glied vernachlässigt wird, sieht man, daß die Gleichung (1.24) durch die Funktion $w(x)$ befriedigt wird, die gleich der Wellenfunktion des Elektrons im isolierten Atom ist, das heißt

$$w^{(0)} = \varphi(x)\,. \tag{1.25}$$

Dabei ist offenbar

$$\varepsilon^{(0)}(p) = \varepsilon_0\,,$$

wobei ε_0 das entsprechende Niveau des isolierten Atoms ist.

Die nächste Näherung lautet mit $w = w^{(0)} + w^{(1)}$:

$$\sum_n \left(-\frac{\hbar^2}{2m}\frac{d^2}{dx^2} + U(x-na) - \varepsilon_0\right) w_n^{(1)}\, e^{ipna/\hbar} = \left(\varepsilon(p) - \varepsilon_0\right) \sum_n e^{ipna/\hbar} w_n^{(0)}(x) - \sum_n h(x)\, e^{ipna/\hbar}\, w_n^{(0)}(x)\,.$$

Das ist eine bezüglich $w^{(1)}$ lineare inhomogene Gleichung. Nach einer allgemeinen Regel hat solch eine Gleichung nur dann eine Lösung, wenn die rechte Seite orthogonal zur Lösung der entsprechenden homogenen Gleichung mit den gleichen Randbedingungen ist. Diese Bedingungen besagen, daß w für $\pm\infty$ gegen Null strebt. Hieraus folgt, daß die entsprechende Lösung der homogenen Gleichung gerade $w(x)$ in der nullten Näherung, das heißt $\varphi(x)$ ist. Aus der Orthogonalitätsbedingung folgt

$$\varepsilon(p) - \varepsilon_0 = \frac{\sum_n h(n)\, e^{ipna/\hbar}}{\sum_n I(n)\, e^{ipna/\hbar}}\,, \tag{1.26}$$

wobei

$$h(n) = \int \varphi^*(x)\, h(x)\, \varphi(x - na)\, dx\,, \tag{1.27}$$

$$I(n) = \int \varphi^*(x)\, \varphi(x - na)\, dx\,. \tag{1.28}$$

Die Atomfunktion φ kann reell gewählt werden. Dabei ist offensichtlich $h(n) = h(-n)$ und $I(n) = I(-n)$.

Beide Funktionen $h(n)$ und $I(n)$ nehmen mit wachsendem n sehr schnell ab, weil die Überlappung der Elektronenhüllen als gering vorausgesetzt wurde. Daher werden nur die ersten Glieder berücksichtigt. Die Größe $h(0)$ hat die

Größenordnung $U(a)$, $h(1)$ hat die Größenordnung $U(a)\,\varphi(a)/\varphi(0)$, $I(0) = 1$, und $I(1)$ ist von der Größenordnung $\varphi(a)/\varphi(0)$. Somit erhält man

$$\varepsilon - \varepsilon_0 = h(0) + 2\big(h(1) - h(0)\,I(1)\big)\cos\frac{pa}{\hbar}, \tag{1.29}$$

woraus folgt, daß ε eine periodische Funktion von p mit der Periode $2\pi\hbar/a$, das heißt mit der Periode der reziproken Kette ist.

Im Dreidimensionalen sind die Rechnungen komplizierter. Zusätzliche Schwierigkeiten entstehen, wenn die Elementarzelle mehr als ein Atom enthält, so daß diese Atome symmetrisch bezüglich gewisser Symmetrietransformationen sind, die sich von der Translationsperiode unterscheiden. Außerdem kann der Atomzustand ein von Null verschiedenes Moment haben und das entsprechende Niveau ε_0 entartet sein. Im einfachsten Fall, wenn die Elementarzelle ein Atom enthält, das nur ein s-Elektron besitzt, findet man

$$\varepsilon - \varepsilon_0 = \frac{\sum\limits_{n} h(\boldsymbol{n})\,\mathrm{e}^{i\boldsymbol{p}\boldsymbol{a}_n/\hbar}}{\sum\limits_{n} I(\boldsymbol{n})\,\mathrm{e}^{i\boldsymbol{p}\boldsymbol{a}_n/\hbar}}. \tag{1.30}$$

Für ein kubisch raumzentriertes Gitter mit der Würfelkante a ist

$$\boldsymbol{a}_n = \left(\pm\frac{a}{2},\quad \pm\frac{a}{2},\quad \pm\frac{a}{2}\right),$$

wenn nur die nächsten Nachbarn berücksichtigt werden. Daraus ergibt sich

$$\varepsilon - \varepsilon_0 = h(0) + 8\big(h(1) - h(0)\,I(1)\big)\cos\frac{p_x a}{2\hbar}\cos\frac{p_y a}{2\hbar}\cos\frac{p_z a}{2\hbar}. \tag{1.31}$$

Der Koeffizient $8[h(1) - h(0)\,I(1)]$ bestimmt die Bandbreite.

Die physikalische Bedeutung der erhaltenen Resultate besteht darin, daß die diskreten Niveaus der isolierten Atome sich zu schmalen Bändern verbreitern, deren Breite vom Grad der Überlappung oder genauer vom Matrixelement abhängt, das dem Übergang eines Elektrons zum Nachbaratom entspricht. Die auf diese Weise erhaltenen Formeln sind anwendbar, wenn die Überlappung der Atomhüllen gering ist, das heißt für die inneren Hüllen. Daher können einige Bänder der Übergangsmetalle mit dieser Methode ermittelt werden.

Eine andere Anwendung dieser Formeln besteht darin, daß die entsprechenden Funktionen $\varepsilon_l(\boldsymbol{p})$ die korrekten Symmetrieeigenschaften besitzen und als Grundlage für empirische Formeln dienen können, die die experimentellen Daten zu den Elektronenspektren sogar im allgemeinen Fall erfassen.

1.3. Modell schwach gebundener Elektronen

Im entgegengesetzten Fall, wenn die Elektronen im Metall fast frei sind und nur wenig mit dem Kristall wechselwirken, ist ebenfalls die Störungstheorie anwendbar. Wie auch zuvor wird zunächst das eindimensionale Modell betrachtet.

Die normierte Wellenfunktion des freien Elektrons hat die Form

$$\frac{1}{\sqrt{L}} e^{ipx/\hbar}, \tag{1.32}$$

wobei L die Länge der Kette ist (man nimmt zweckmäßigerweise eine endliche Kette und stellt periodische Randbedingungen). Die Energie ist

$$\varepsilon^{(0)}(p) = p^2/2m. \tag{1.33}$$

Auf das Elektron wirkt das Potential $U(x)$. Da es periodisch ist, kann es in eine FOURIER-Reihe entwickelt werden:

$$U(x) = \sum_n U_n e^{i(2\pi n/a)x}. \tag{1.34}$$

Hierbei ist $2\pi n/a$ die Periode des reziproken Gitters im eindimensionalen Fall. Die Matrixelemente von $U(x)$ bezüglich der Funktionen (1.32) sind

$$U(p, p') = \frac{1}{L} \int U(x) e^{-i(p-p')x/\hbar} dx.$$

Sie sind offenbar von Null verschieden, wenn

$$p - p' = 2\pi n\hbar/a, \tag{1.35}$$

wobei

$$U(p, p') = U_n. \tag{1.36}$$

Das Korrekturglied erster Ordnung zur Energie $\varepsilon^{(0)}(p)$ ist $\varepsilon^{(1)}(p) = U(p, p) = U_0$. Dies ist eine Konstante, die lediglich den Nullpunkt der Energieskala verschiebt. Daher wird das nächste Korrekturglied betrachtet:

$$\varepsilon^{(2)}(p) = \sum_{n \neq 0} \frac{|U_n|^2}{\varepsilon^{(0)}(p) - \varepsilon^{(0)}(p - 2\pi n\hbar/a)}. \tag{1.37}$$

Die Störungstheorie kann nur angewendet werden, wenn diese Korrektur klein gegenüber U_0 ist. Diese Bedingung ist offensichtlich nicht erfüllt, wenn der Nenner klein wird, was tatsächlich eintreffen kann. Wenn p gegen $\pi n\hbar/a$ mit irgendeinem n strebt, dann strebt in dem entsprechenden Glied der Summe (1.37) $p' = p - 2\pi n\hbar/a$ gegen $-\pi n\hbar/a$ und folglich $\varepsilon^{(0)}(p) \to \varepsilon^{(0)}(p')$. Daher kann für derartige p-Werte die Störungstheorie nicht angewendet werden. Das erklärt sich daraus, daß die zwei Zustände p und p' ein und dieselbe Energie besitzen. Somit ist dieses Niveau entartet, und man muß die Störungstheorie für entartete Zustände anwenden.

Die gesuchte Wellenfunktion wird in der Form

$$\psi = A_1\psi_1 + A_2\psi_2$$

angenommen, wobei ψ_1 dem ersten und ψ_2 dem zweiten Zustand entspricht. Durch Einsetzen dieses Ausdrucks in die SCHRÖDINGER-Gleichung $H\psi = \varepsilon\psi$ ergibt sich

$$A_1(\varepsilon_1 - \varepsilon)\,\psi_1 + U(A_1\psi_1 + A_2\psi_2) + A_2(\varepsilon_2 - \varepsilon)\,\psi_2 = 0\,,$$

wobei $\varepsilon_1 = p^2/2m$ und $\varepsilon_2 = p'^2/2m$. Durch Multiplikation mit ψ_1^* bzw. ψ_2^* und Integration erhält man unter Verwendung der Orthogonalität von ψ_1 und ψ_2

$$A_1(\varepsilon_1 - \varepsilon) + U_n A_2 = 0\,, \qquad U_n^* A_1 + (\varepsilon_2 - \varepsilon)\,A_2 = 0\,.$$

Die Eigenwerte ergeben sich aus der Bedingung, daß die Determinante dieses homogenen linearen Gleichungssystems verschwindet, das heißt

$$\varepsilon^2 - (\varepsilon_1 + \varepsilon_2)\,\varepsilon + \varepsilon_1\varepsilon_2 - |U_n|^2 = 0\,.$$

Man erhält zwei Lösungen:

$$\varepsilon = \frac{\varepsilon_1 + \varepsilon_2}{2} \pm \sqrt{\frac{(\varepsilon_1 - \varepsilon_2)^2}{4} + |U_n|^2}\,. \tag{1.38}$$

Die Auswahl der geeigneten Lösung ergibt sich aus der Bedingung, daß weit entfernt vom „gefährlichen" Impulswert ε gleich $\varepsilon^{(0)}$ sein muß. Man sieht leicht, daß in der Umgebung von $p = \pi\hbar n/a$ das Minuszeichen für $|p| < |\pi\hbar n/a|$ und das Pluszeichen für $|p| > |\pi\hbar n/a|$ gelten muß. Das bedeutet, daß bei $p = \pi\hbar n/a$ die Funktion $\varepsilon(p)$ einen Sprung erfährt, der gleich $2|U_n|$ ist (Abb. 4).

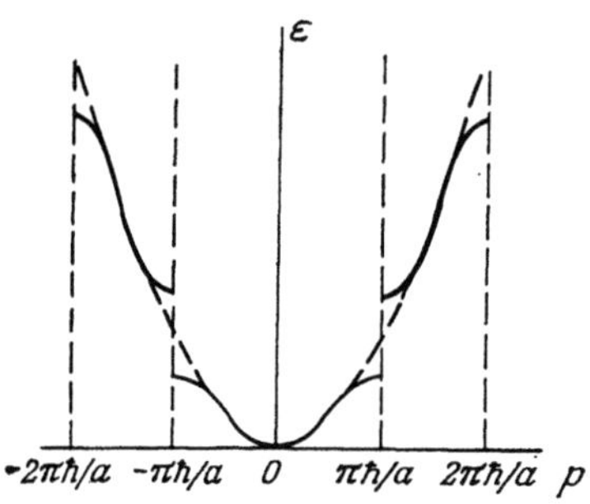

Abb. 4 Energielücken im eindimensionalen Modell schwach gebundener Elektronen

Die bisher verwendete Größe p ist der Teilchenimpuls. In Wirklichkeit wird aber das sich im Gitter bewegende Elektron durch den Quasiimpuls charakterisiert. Man kann zum Quasiimpuls übergehen, indem man von p jeweils eine geeignete reziproke Gitterperiode (multipliziert mit $\hbar$) subtrahiert, so daß die Differenz in die BRILLOUIN-Zone fällt. Das entspricht dem Übergang von Abbildung 4 zur Abbildung 3, die bereits die Abhängigkeit der Energie vom Quasiimpuls, und nicht vom Impuls, darstellt. Somit entsteht wiederum ein Bild von Energiebändern, die durch verbotene Zonen getrennt sind.

Im dreidimensionalen Fall kann das Potential $U(\boldsymbol{r})$ in eine dreidimensionale FOURIER-Reihe entwickelt werden:

$$U(\boldsymbol{r}) = \sum_{\boldsymbol{K}} U_{\boldsymbol{K}}\, e^{i\boldsymbol{K}\boldsymbol{r}}\,, \tag{1.39}$$

wobei $\boldsymbol{K}$ die Perioden des reziproken Gitters sind. Die Störungstheorie kann wiederum für diejenigen Werte von $\boldsymbol{p}$ nicht angewendet werden, für die

$$\varepsilon^{(0)}(\boldsymbol{p}) = \varepsilon^{(0)}(\boldsymbol{p} - \hbar\boldsymbol{K}) \tag{1.40}$$

gilt. Durch Einsetzen von $\varepsilon^{(0)} = p^2/2m$ ergibt sich

$$\hbar\boldsymbol{K}\boldsymbol{p}/m = \hbar^2K^2/2m$$

oder

$$p\cos\Theta = \hbar K/2\ , \tag{1.41}$$

wobei Θ der Winkel zwischen $\boldsymbol{p}$ und $\boldsymbol{K}$ ist. Dies ist die Gleichung einer Ebene im Impulsraum, die senkrecht zum Vektor $\boldsymbol{K}$ steht und ihn im Abstand $\hbar\boldsymbol{K}/2$ vom Koordinatenursprung schneidet. Wie schon im eindimensionalen Fall, erfährt die Energie an dieser Ebene einen Sprung. Wenn $\boldsymbol{K}$ die kleinste Periode in der entsprechenden Richtung ist, ist diese Ebene einfach die Grenze der BRILLOUIN-Zone. Dieser Energiesprung ist einer der Gründe, weshalb die BRILLOUIN-Zone der günstigste Bereich zur Definition des Quasiimpulses ist.

Wenn die Gleichung (1.40) nur für eine Periode $\boldsymbol{K}$ und nicht für zwei oder drei Perioden gleichzeitig erfüllt ist, das heißt, wenn man nicht die Überschneidung von zwei oder drei Ebenen (1.41) zu betrachten braucht, dann ergibt sich die Energie analog zum eindimensionalen Fall (1.38):

$$\varepsilon(\boldsymbol{p}) = \frac{\varepsilon^{(0)}(\boldsymbol{p}) + \varepsilon^{(0)}(\boldsymbol{p} - \hbar\boldsymbol{K})}{2} \pm \sqrt{\frac{[\varepsilon^{(0)}(\boldsymbol{p}) - \varepsilon^{(0)}(\boldsymbol{p} - \hbar\boldsymbol{K})]^2}{4} + |U_{\boldsymbol{K}}|^2}\,. \tag{1.42}$$

Die p_z-Achse wird in Richtung von $\hbar\boldsymbol{K}$ gewählt und eine neue Variable $p_{z1} = p_z - \hbar K/2$ eingeführt. Setzt man $\varepsilon^{(0)} = p^2/2m$ in (1.42) ein, so findet man unter Verwendung der neuen Variablen

$$\varepsilon(\boldsymbol{p}) = \frac{p_\perp^2 + p_{z1}^2 + (\hbar K/2)^2}{2m} \pm \sqrt{\left(\frac{p_{z1}\hbar K}{2m}\right)^2 + |U_{\boldsymbol{K}}|^2}\,.$$

Ferner werden die Flächen konstanter Energie im $\boldsymbol{p}$-Raum betrachtet und ihr Schnitt mit der Ebene $p_{z1} = 0$ untersucht. Am Punkt $p_{z1} = 0$, $p_\perp = 0$ ist die Energie

$$\varepsilon(0) = \frac{(\hbar K/2)^2}{2m} \pm |U_{\boldsymbol{K}}|\,.$$

Das sind die Energiewerte, bei denen die Fläche $\varepsilon(\boldsymbol{p}) = \text{const}$ durch den Punkt $p_{z1} = 0$, $p_\perp = 0$ geht. Hieraus kann man schließen, daß bei

$$\varepsilon < \frac{1}{2m}\left(\frac{\hbar K}{2}\right)^2 - |U_{\boldsymbol{K}}|$$

die Fläche $\varepsilon = \text{const}$ die Grenze nicht schneidet und so verläuft, wie es Abbildung 5a darstellt. Wenn jedoch die Energie im Intervall

$$\frac{1}{2m}\left(\frac{\hbar K}{2}\right)^2 - |U_{\boldsymbol{K}}| < \varepsilon < \frac{1}{2m}\left(\frac{\hbar K}{2}\right)^2 + |U_{\boldsymbol{K}}|$$

liegt, hat die Fläche $\varepsilon = \text{const}$ in der Nähe der Ebene $p_{z1} = 0$ den in Abbildung 5b gezeigten Verlauf. Schließlich liegt für

$$\varepsilon > \frac{1}{2m}\left(\frac{\hbar K}{2}\right)^2 + |U_{\boldsymbol{K}}|$$

die in Abbildung 5c dargestellte Situation vor.

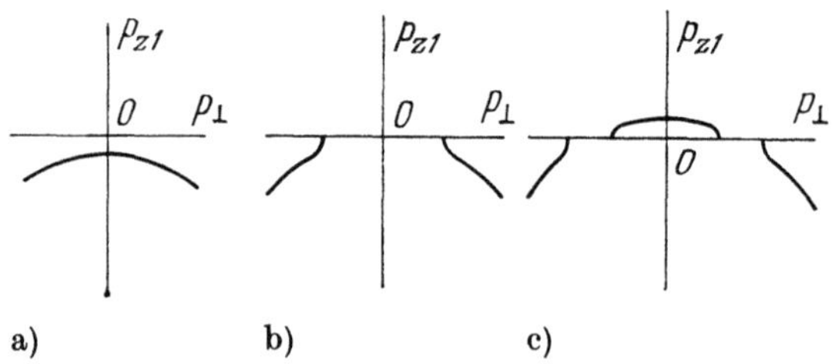

Abb. 5 Flächen konstanter Energie in der Nähe einer Grenzfläche der BRILLOUIN-Zone im Modell schwach gebundener Elektronen

Das Auftreten von Energiebändern im Fall schwacher Bindung hat folgende physikalische Bedeutung. Die Bedingung (1.41) ist die BRAGGsche Reflexionsbedingung an den Gitterebenen für eine die Elektronenbewegung beschreibende ebene Welle. Wenn die Bedingung erfüllt ist, wird das sich im Gitter bewegende „freie“ Elektron an den Gitterebenen intensiv reflektiert, wobei sich seine Wellenfunktion wesentlich ändert. Das Energiespektrum genügt in diesem Fall der Bedingung, daß die Geschwindigkeitskomponente des Elektrons $\boldsymbol{v} = \partial\varepsilon/\partial\boldsymbol{p}$ (s. Abschn. 3.1.) senkrecht zur Kristallebene gleich Null wird.

2. Elektronische Fermi-Flüssigkeit

2.1. Konzeption der Quasiteilchen

Während bisher das Verhalten eines Elektrons im mittleren Feld des Gitters und der anderen Elektronen untersucht worden ist, soll jetzt ein reales System von wechselwirkenden Elektronen, das heißt eine Elektronenflüssigkeit betrachtet werden. Das Verhalten eines derartigen Systems kann auf der Grundlage einer allgemeinen Konzeption von LANDAU (1941) [2] über die Energiespektren kondensierter Quantensysteme und seiner Theorie der FERMI-Flüssigkeiten verstanden werden.

Die allgemeine Konzeption von LANDAU läßt sich am leichtesten am Beispiel des schwingenden Kristallgitters erläutern. Wenn die Schwingungen klein sind, kann die potentielle Energie der wechselwirkenden Gitteratome nach Potenzen der Atomverschiebungen $\boldsymbol{u}$ entwickelt werden. Das Glied erster Ordnung verschwindet, weil die Gleichgewichtslage einer minimalen potentiellen Energie entspricht.

Bei Beschränkung auf die Glieder zweiter Ordnung ergibt sich

$$U = U_0 + \frac{1}{2} \sum_{\substack{\boldsymbol{n}, \boldsymbol{n}' \\ j, j' \\ \alpha, \alpha'}} A^{\alpha, \alpha'}_{\boldsymbol{n}j, \boldsymbol{n}'j'} u^{\alpha}_{\boldsymbol{n}j} u^{\alpha'}_{\boldsymbol{n}'j'} . \tag{2.1}$$

Die Gitterperioden sind $\boldsymbol{a}_{\boldsymbol{n}}$. Der Index j bezeichnet die Atomnummer in der Elementarzelle $\boldsymbol{n}$. Dem Index α entsprechen die Koordinaten des Verschiebungsvektors $\boldsymbol{u}$ und $A^{\alpha, \alpha'}_{\boldsymbol{n}j, \boldsymbol{n}'j'}$ sind Entwicklungskoeffizienten.

Der Ausdruck (2.1) stellt nichts anderes dar als die Energie eines Systems gekoppelter Oszillatoren. Bekanntlich kann die quadratische Form (2.1) mit Hilfe einer linearen Transformation der Oszillatorkoordinaten, in diesem Fall der Vektoren $\boldsymbol{u}_{\boldsymbol{n}j}$, diagonalisiert werden, wobei man ein System nichtwechselwirkender Oszillatoren erhält. Die Energie ist in diesem Fall die Summe der Energien der einzelnen Oszillatoren.

Da die Untersuchung der Gitterschwingungen nicht zum Programm dieses Buches gehört[1]), werden lediglich die Ergebnisse dieser Überlegungen zitiert.

[1]) Eine ausführlichere Darstellung der Gitterschwingungen findet man in dem Buch von PEIERLS [1].

Die Lösung der Bewegungsgleichung ergibt folgenden Ausdruck für die Verschiebungen:

$$u_{nj} = \sum_{\boldsymbol{k}, s} c(\boldsymbol{k}, s)\, \mathrm{e}^{i\boldsymbol{k}\boldsymbol{a}_n - i\omega(\boldsymbol{k}, s)t}\, \boldsymbol{e}_j(\boldsymbol{k}, s)\,. \tag{2.2}$$

Jeder Satz $\boldsymbol{k}$, s entspricht einem unabhängigen Oszillator.

Gleichzeitig stellt die Formel (2.2) eine Superposition ebener Wellen dar, die sich durch den Kristall ausbreiten. Der Wellenvektor $\boldsymbol{k}$ hat die gleichen Eigenschaften wie $\boldsymbol{p}/\hbar$ (wobei $\boldsymbol{p}$ der Quasiimpuls ist). Der Index s bezeichnet den Wellentyp, und der Einheitsvektor der Polarisation $\boldsymbol{e}_j$ bestimmt die Schwingungsrichtung der einzelnen Atome in einer Elementarzelle. Wenn die Elementarzelle z Atome enthält, nimmt der Index s $3z$ verschiedene Werte an. Die Schwingungsfrequenz ω hängt von $\boldsymbol{k}$ und s ab.

Die Formel (2.2) erinnert an die Wellenfunktion freier Teilchen

$$\mathrm{e}^{i\boldsymbol{p}\boldsymbol{r}/\hbar - i\varepsilon t/\hbar}\,.$$

Die Rolle des Impulses $\boldsymbol{p}$ spielt $\hbar\boldsymbol{k}$ und die Rolle der Energie $\hbar\omega$. Wenn man dies berücksichtigt, kann man ein neues physikalisches Bild einführen. Normalerweise liegen reale Teilchen vor, deren freie Bewegung durch ebene Wellen beschrieben wird. In diesem Fall jedoch faßt man den Ausdruck (2.2) als Wellenfunktion irgendwelcher fiktiver Teilchen auf, die man „Quasiteilchen" nennt. Da dieser Begriff höchst universell ist, tragen die Quasiteilchen, die den Gitterschwingungen entsprechen, die spezielle Bezeichnung „Phononen". Diese Bezeichnung hängt damit zusammen, daß die betrachteten Quasiteilchen in dem gleichen Zusammenhang mit den sich im Gitter ausbreitenden elastischen Wellen (d. h. mit dem Schall) stehen, wie die Lichtquanten, die Photonen, mit den elektromagnetischen Wellen. Kurz gesagt, in der Quantenmechanik beschreiben gewöhnlich Wellen die Bewegung von Teilchen, während hier Teilchen zur Beschreibung von Wellen eingeführt werden.

Der Zweck der Beschreibung durch Quasiteilchen wird klarer, wenn man die Energie des schwingenden Kristalls betrachtet. Die Energieniveaus ergeben sich aus der Formel für ein System nichtwechselwirkender Oszillatoren

$$E - U_0 = \sum_{\boldsymbol{k}, s} \hbar\omega(\boldsymbol{k}, s)\,\big(n(\boldsymbol{k}, s) + 1/2\big)\,. \tag{2.3}$$

Die Zahlen n sind Null oder positiv und ganz. Der Ausdruck (2.3) wird als Summe zweier Glieder geschrieben:

$$E - U_0 = \frac{1}{2} \sum_{\boldsymbol{k}, s} \hbar\omega(\boldsymbol{k}, s) + \sum_{\boldsymbol{k}, s} \hbar\omega(\boldsymbol{k}, s)\, n(\boldsymbol{k}, s)\,. \tag{2.4}$$

Der erste Summand entspricht dem kleinsten Energiewert und beschreibt den Grundzustand des Systems. Dies ist die Energie der sogenannten Nullpunktsschwingungen. Die Tatsache, daß die Atome des Kristallgitters sogar im Grundzustand schwingen, hängt mit dem Quantenprinzip der Unbestimmtheit zusammen. Danach kann ein Teilchen nicht in der Gleichgewichtslage ruhen, da es dann gleichzeitig eine bestimmte Koordinate und einen bestimmten Impuls haben würde.

Im angeregten Zustand ist die Zahl $n(\boldsymbol{k}, s)$ von Null verschieden. Die Formel (2.4) entspricht in diesem Fall einem System unabhängiger Teilchen mit den Energien $\hbar\omega(\boldsymbol{k}, s)$. Da die Zahl $n(\boldsymbol{k}, s)$ beliebige ganze positive Werte annehmen kann, kann sich in ein und demselben Zustand eine beliebige Anzahl von Phononen befinden. Das heißt, sie gehorchen der BOSE-Statistik.

Das Phononenkonzept ist so lange geeignet, wie die Schwingungsamplituden klein im Vergleich zur Gitterperiode sind. Anderenfalls muß man die höheren Glieder der Reihenentwicklung der potentiellen Energie nach den Verschiebungen berücksichtigen, wobei die Gesamtenergie nicht durch die Formel (2.3) wiedergegeben wird. Dieser Fall tritt jedoch nur in der Nähe des Schmelzpunktes ein.

Nach der Idee von LANDAU hat ein beliebiges homogenes System, das aus einer großen Zahl von Teilchen besteht, niedrige angeregte Zustände vom gleichen Typ, wie sie das schwingende Gitter besitzt. Das Quasiteilchenmodell kann nämlich die Eigenschaften eines beliebigen Systems beschreiben. Quasiteilchen können ganz- $(n\hbar)$ oder halbzahligen $\left[\left(n + \frac{1}{2}\right)\hbar\right]$ Spin besitzen, das heißt entweder BOSE- oder FERMI-Teilchen sein. Die Statistik der Quasiteilchen hängt nicht eindeutig mit der Statistik der Teilchen zusammen, aus denen das System besteht. So gehorchen z. B. die Phononen, wie wir gesehen haben, immer der BOSE-Statistik, unabhängig vom Spin der Atome, aus denen das Gitter besteht. Offenbar gilt nur dies: einem System von BOSE-Teilchen können nicht Quasiteilchen mit halbzahligem Spin entsprechen. Die Energie der Quasiteilchen ist eine Funktion ihrer Impulse. Diese Abhängigkeit $\varepsilon(\boldsymbol{p})$ ist das Hauptcharakteristikum für Zustände niedriger Anregung.

2.2. Quasiteilchen in einer isotropen Fermi-Flüssigkeit

Die Elektronen haben den Spin $\hbar/2$. Infolgedessen ist die Elektronenflüssigkeit eine sogenannte FERMI-Flüssigkeit. Welche Eigenschaften haben nun die Quasiteilchen dieser Flüssigkeit? Nach der Hypothese von LANDAU (1956) [3] ist das Energiespektrum einer solchen Flüssigkeit dem eines idealen FERMI-Gases sehr ähnlich. Die Richtigkeit dieser Hypothese wurde späterhin streng bewiesen. Hier wird jedoch der Beweis nicht erbracht, zumal er durch seine Kompliziertheit den Rahmen dieses Buches bei weitem sprengen würde.[1]

Daher wird zunächst ein ideales Gas betrachtet. Die Gleichgewichtsverteilungsfunktion ist die bekannte FERMI-Funktion:[2]

$$f = \frac{1}{e^{(\varepsilon-\mu)/T} + 1}.$$

[1] Der Beweis wird im Buch [4] durchgeführt.

[2] Hier und im folgenden wird die Temperatur in Energieeinheiten angegeben. Um zu Gradeinheiten überzugehen, muß dieser Wert durch die BOLTZMANN-Konstante dividiert werden.

Hierbei ist $\varepsilon = p^2/2m$ und μ das chemische Potential. Bei $T = 0$ ist $f = 1$, wenn $\varepsilon < \mu(0)$, und $f = 0$, wenn $\varepsilon > \mu(0)$ (s. Abb. 6, die ausgezogene Linie). Die Größe $\mu(0)$ ist das sogenannte FERMI-Niveau. Wenn man den FERMI-Impuls p_0 entsprechend der Beziehung $\mu(0) = p_0^2/2m$ einführt, sieht man, daß bei $T = 0$ alle Zustände, denen im Impulsraum das Innere einer Kugel mit dem Radius $p = p_0$ entspricht (FERMI-Kugel), besetzt sind, während alle außerhalb liegenden Zustände unbesetzt sind. Das ist eine Folge des PAULI-Prinzips: in jedem Zustand kann sich nur ein Teilchen befinden, so daß im vorliegenden Fall bei $T = 0$ alle unteren Zustände besetzt sind. Das besetzte Volumen im Phasen-

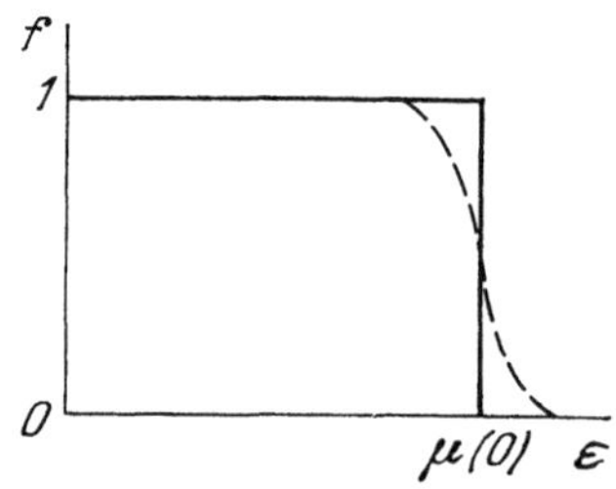

Abb. 6 FERMI-Verteilungsfunktion für die Temperaturen $T = 0$ (———) und $T > 0$(– – –)

raum der Impulse, Koordinaten und Spins, dividiert durch $(2\pi\hbar)^3$, muß gleich der Teilchenzahl sein. Das Volumen im Impulsraum ist das Volumen der FERMI-Kugel. Die Möglichkeit zweier Werte für die Projektion des Spins liefert den Faktor 2 hinzu. Damit ergibt sich für die Teilchenzahl

$$N = \frac{2(4\pi/3)\, p_0^3 V}{(2\pi\hbar)^3} \qquad \text{oder} \qquad p_0 = \hbar \left(3\pi^2 \frac{N}{V}\right)^{1/3}. \tag{2.5}$$

Für den Fall $T \neq 0$ ist die Verteilungsfunktion durch die gestrichelte Linie in Abbildung 6 gegeben. Die Breite der „Verschmierung" liegt in der Größenordnung von T. Das hängt damit zusammen, daß einige Teilchen, die eine zusätzliche Energie der Größe T erhalten, die Grenze der FERMI-Kugel überschreiten. Der Gleichgewichtszustand bei $T \neq 0$ und jeder andere beliebige angeregte Zustand kann aus dem Zustand bei $T = 0$ durch Übergang von Teilchen aus dem Innern der FERMI-Kugel in den Außenraum erhalten werden. Bei jedem derartigen Übergang entstehen ein Teilchen außerhalb der FERMI-Kugel und ein freier Platz oder „Antiteilchen" im Innern. Diese Teilchen und Antiteilchen sind dabei die Quasiteilchen des angeregten Zustandes.[1]) Ihre Energie muß vom FERMI-Niveau $\mu(0)$ aus gezählt werden. Die Impulse von Quasiteil-

[1]) Die „Antiteilchen" stellen ein vollständiges Analogon zu den Antiteilchen in der Theorie der Elementarteilchen (z. B. dem Positron) dar. Der häufig verwendete Begriff „Löcher" ist ungeeignet, da er gewöhnlich gänzlich andere Objekte bezeichnet, nämlich freie Plätze im nicht aufgefüllten Band (s. Abschn. 2.3.).

chen mit Teilchencharakter sind größer als p_0, und ihre Energie ist

$$\xi_t(p) = \frac{p^2}{2m} - \frac{p_0^2}{2m} .$$

Wenn $p - p_0 \ll p_0$, dann ist

$$\xi_t(p) \approx v(p - p_0) ,$$

wobei $v = \frac{p_0}{m}$ die Geschwindigkeit auf der FERMI-Kugel ist. Andererseits sind die Impulse der Antiteilchen kleiner als p_0, und ihre Energie muß in umgekehrter Richtung gezählt werden:

$$\xi_a(p) = \frac{p_0^2}{2m} - \frac{p^2}{2m}$$

oder

$$\xi_a(p) \approx v(p_0 - p) ,$$

wenn $p_0 - p \ll p_0$. Diese Energiezählung erklärt sich daher, daß die Entstehung von Antiteilchen in der Tiefe der FERMI-Verteilung einen größeren Energieaufwand als an der FERMI-Fläche erfordert.

Nach der Hypothese von LANDAU ist das Spektrum von Quasiteilchen in einer isotropen FERMI-Flüssigkeit mit starker gegenseitiger Wechselwirkung von gleichem Typ wie in einem idealen Gas. Das bedeutet, daß es einen gewissen Wert p_0 gibt, der nach der Theorie von LANDAU mit der Teilchendichte in gleichem Zusammenhang steht wie beim idealen Gas (Formel (2.5)). Es gibt zwei Arten von Quasiteilchen: „Teilchen" mit $p > p_0$ und „Antiteilchen" mit $p < p_0$. Ihre Energien sind für den Fall $|p - p_0| \ll p_0$ gleich

$$\xi_t \approx v(p - p_0) , \qquad \xi_a \approx v(p_0 - p) . \tag{2.6}$$

Hierbei ist v jedoch einfach irgendein unbekannter Koeffizient, der die Dimension einer Geschwindigkeit besitzt. Statt v kann ein anderer Koeffizient mit Hilfe der Beziehung

$$v = p_0/m^* \tag{2.7}$$

eingeführt werden. Die Konstante m^* mit der Dimension einer Masse nennt man „effektive Masse".[1])

Diese Annahmen über das Spektrum sind, wie bereits gesagt, gegenwärtig streng bewiesen, allerdings auf recht komplizierte Weise. Man kann jedoch eine einfachere Begründung heranziehen. Wenn ein Zustand mit einem Quasiteilchen nicht ein wirklich stationärer Zustand der FERMI-Flüssigkeit ist, muß er infolge von Übergängen zu anderen Zuständen mit der Zeit abklingen. Die entsprechende Wellenfunktion hat demnach folgendes Aussehen:

$$e^{-i\xi(p)\,t/\hbar - \gamma(p)\,t/\hbar} . \tag{2.8}$$

[1]) Der Begriff „effektive Masse" bezeichnet in verschiedenen Büchern und Artikeln recht unterschiedliche Größen mit der Dimension einer Masse. Hier wird dieser Terminus nur für ein isotropes Spektrum verwendet.

Von Quasiteilchen kann man nur dann reden, wenn $\gamma \ll \xi$ ist. Daher muß γ abgeschätzt werden. γ ist offenbar proportional zur Übergangswahrscheinlichkeit des betreffenden Zustandes in andere Zustände.

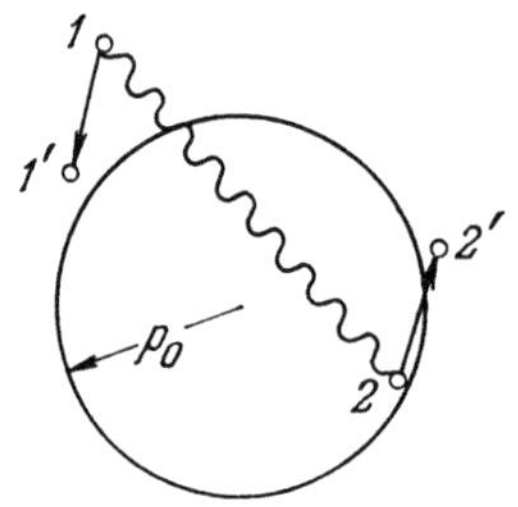

Abb. 7 Streuung eines Teilchens *1* außerhalb der FERMI-Kugel an einem Teilchen *2* innerhalb derselben. Die Endzustände *1'* und *2'* liegen notwendig außerhalb der FERMI-Kugel

Diese Wahrscheinlichkeit soll zunächst für ein schwach wechselwirkendes Gas bestimmt werden. Wenn sich ein Teilchen 1 außerhalb der FERMI-Verteilung befindet, wird sich in erster Ordnung in der Wechselwirkung folgender Vorgang abspielen (Abb. 7). Das Teilchen 1 wechselwirkt mit einem Teilchen 2 innerhalb der FERMI-Kugel, so daß beide in die Zustände 1' und 2' außerhalb der FERMI-Kugel übergehen. Nach dem PAULI-Prinzip ist dies die einzige Möglichkeit. Der Impulserhaltungssatz fordert

$$\boldsymbol{p}_1 + \boldsymbol{p}_2 = \boldsymbol{p}_1' + \boldsymbol{p}_2' ,$$

wobei nach dem oben Gesagten

$$p_1 > p_0 , \quad p_2 < p_0 , \quad p_1' > p_0 , \quad p_2' > p_0$$

ist. Die Erhaltung des Impulses ist in Abbildung 8 graphisch dargestellt. Die Ebenen $(\boldsymbol{p}_1, \boldsymbol{p}_2)$ und $(\boldsymbol{p}_1', \boldsymbol{p}_2')$ fallen im allgemeinen nicht zusammen, wurden jedoch in Abbildung 8 durch eine Drehung zur Deckung gebracht.

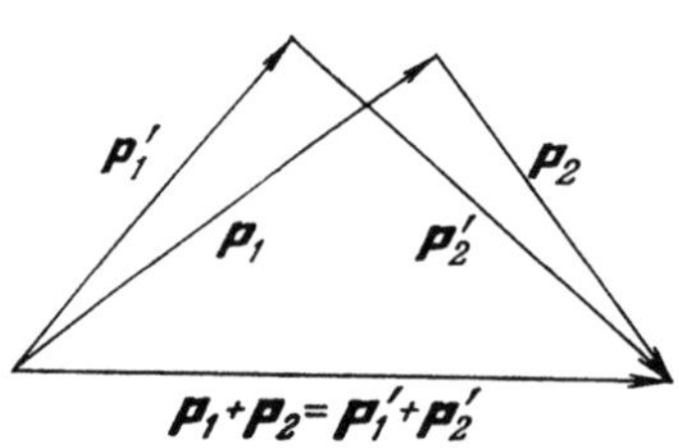

Abb. 8 Quasiimpulserhaltung beim Streuprozeß der Abb. 7

Die Streuwahrscheinlichkeit ist bis auf Konstanten

$$W \propto \int \delta(\varepsilon_1 + \varepsilon_2 - \varepsilon_1' - \varepsilon_2')\, \mathrm{d}^3\boldsymbol{p}_2\, \mathrm{d}^3\boldsymbol{p}_1' .$$

Die Integration erstreckt sich nur über $\boldsymbol{p}_2$ und $\boldsymbol{p}_1'$, weil $\boldsymbol{p}_2'$ bereits durch den

Impulserhaltungssatz bestimmt ist. Der Winkel zwischen den Vektoren $\boldsymbol{p}_1'$ und $\boldsymbol{p}_2'$ ist praktisch durch den Energieerhaltungssatz gegeben. Die δ-Funktion verschwindet durch Integration über diesen Winkel, so daß lediglich die Integration über die absoluten Beträge der Vektoren verbleibt.

Wenn p_1 in der Nähe von p_0 liegt, so befinden sich alle übrigen Impulse ihrem Betrag nach ebenfalls in der Umgebung von p_0 und schließen folglich in Abbildung 8 fast gleiche Winkel mit der Horizontalen (der Summe $\boldsymbol{p}_1 + \boldsymbol{p}_2$) ein. Man findet daher aus den Projektionen auf diese Achse folgende Relationen zwischen den Absolutwerten: $p_1' \approx p_1 + p_2 - p_2'$. Da $p_2' > p_0$, gilt $p_1' < p_1 + p_2 - p_0$. Gleichzeitig aber ist $p_1' > p_0$. Hieraus folgt $p_1 + p_2 - p_0 > p_0$ oder $p_2 > 2p_0 - p_1$. Da p_0 die obere Grenze für p_2 ist, gilt

$$0 > p_2 - p_0 > p_0 - p_1\,, \qquad 0 < p_1' - p_0 < (p_1 - p_0) + (p_2 - p_0)\,.$$

Die Integration ergibt

$$\int \mathrm{d}p_2\,\mathrm{d}p_1' = \frac{(p_1 - p_0)^2}{2}\,.$$

Folglich ist

$$\gamma \backsim W \backsim (p_1 - p_0)^2\,. \tag{2.9}$$

Die vollständige Formel für γ kann aus Dimensionsbetrachtungen gewonnen werden. γ muß proportional zum Quadrat der Wechselwirkungskonstanten und auf Grund obiger Rechnung zur Größe $(p - p_0)^2$ sein. Man muß daher noch einen Faktor einfügen, der sich aus p_0, m und $\hbar$ derart zusammensetzt, daß das Resultat die Dimension einer Energie hat.

Es soll jetzt ein stark wechselwirkendes System betrachtet werden. Mit zunehmender Wechselwirkungskonstanten können im Prinzip auch andere Prozesse mit einer großen Anzahl von Teilchen wesentlich werden, jedoch kann man zeigen, daß die Wahrscheinlichkeiten dieser Prozesse höhere Potenzen von $(p - p_0)$ enthalten. Daher wird für $|p - p_0| \ll p_0$ trotzdem der betrachtete Prozeß dominieren, das heißt, es gilt nach wie vor $\gamma \backsim (p - p_0)^2$. Was die anderen Faktoren anbelangt, so muß man berücksichtigen, daß in einem stark wechselwirkenden System die Dichte stets so ist, daß die mittlere kinetische Energie der Teilchen und die potentielle Energie ihrer Wechselwirkung ungefähr gleich sind. Das bedeutet, daß es nur eine Bezugsenergie gibt: die FERMI-Energie $\mu(0)$. Hieraus folgt, daß die Größe mit der Dimension einer Energie, die proportional $(p - p_0)^2$ ist, gleich

$$\gamma = \alpha\xi^2/\mu \tag{2.10}$$

sein muß, wobei $\alpha \sim 1$.

Wie bereits gesagt, ist das Quasiteilchenkonzept für $\gamma \ll \xi$ gerechtfertigt. Diese Voraussetzung ist tatsächlich in der Nähe des FERMI-Niveaus erfüllt, das heißt für $\xi \ll \mu$. Das rechtfertigt die gemachte Voraussetzung bezüglich des Spektrums in der Umgebung des FERMI-Niveaus, das heißt für Quasiteilchen mit kleinen Energien ξ.

Wenn man eine FERMI-Flüssigkeit im Gleichgewicht bei $T \neq 0$ betrachtet, dann haben die vorliegenden Quasiteilchen stets eine Energie $\xi \sim T$. Die Dämpfung γ ist von der Größenordnung T^2/μ. Hieraus folgt, daß eine Beschreibung der Flüssigkeit durch Quasiteilchen nur für den Fall $T \ll \mu$ gerechtfertigt ist.

Die Größe μ kann mit Hilfe des Gasmodells abgeschätzt werden. Für Elektronen im Metall liegt die DE-BROGLIE-Wellenlänge $\hbar/p_0$ in der Größenordnung der interatomaren Abstände, das heißt 10^{-8} cm, so daß $p_0 \sim 10^{-19}$ g · cm/s. Daraus ergibt sich $p_0^2/2m \sim 1 \div 10$ eV oder nach Division durch die BOLTZMANN-Konstante:

$$T \ll T_0 \sim 10^4 \div 10^5 \,\mathrm{K}\,. \tag{2.11}$$

Diese Bedingung zeigt, daß das Quasiteilchenbild tatsächlich auf feste Metalle bei allen Temperaturen anwendbar ist, da T_0 in jedem Fall erheblich über dem Schmelzpunkt liegt.

Normalerweise wird statt der Begriffe „Teilchen“ und „Antiteilchen“ ein anderes gewohnteres Bild eingeführt. Man stellt sich ein ideales FERMI-Gas mit der Dichte N/V vor, das aus Teilchen mit der Masse m^* besteht. Das Spektrum der Quasiteilchen eines solchen Gases ist genau das gleiche wie das einer FERMI-Flüssigkeit. Daher kann ein solches ideales Gas die Eigenschaften eines realen wechselwirkenden Systems beschreiben. Man muß sich jedoch vor Augen halten, daß diejenigen Eigenschaften des Gasmodells, die von solchen Teilchen abhängen, welche weit vom FERMI-Niveau entfernt sind, nicht denen einer realen FERMI-Flüssigkeit entsprechen.

2.3. Anisotrope Fermi-Flüssigkeit

Alle oben angeführten Ergebnisse beziehen sich auf eine isotrope FERMI-Flüssigkeit. Um die Elektronenspektren in Metallen zu verstehen, sollen zunächst die Wechselwirkungen der Elektronen untereinander unberücksichtigt bleiben oder, genauer gesagt, soll ein Gas nichtwechselwirkender Elektronen betrachtet werden, die sich in einem mittleren periodischen Feld befinden. Die Zustände eines Teilchens in einem solchen Feld wurden im vorhergehenden Kapitel untersucht. Dort wurde gezeigt, daß die Energieniveaus Bänder bilden, zwischen denen verbotene Zonen liegen. Jedes Band hat $2N$ Zustände, wobei N die Zahl der Elementarzellen in der Probe ist.

Sind eine große Anzahl nicht untereinander wechselwirkender Teilchen vorhanden, so verteilen sich diese irgendwie auf die erlaubten Zustände. Bei $T = 0$ (bzw. bei Metallen bei praktisch jeder Temperatur unterhalb des Schmelzpunktes) sind alle unteren Zustände bis zu einem gewissen Maximalniveau (der FERMI-Energie) besetzt und alle darüber liegenden Zustände unbesetzt. Dabei gibt es zwei Möglichkeiten.

1. Das FERMI-Niveau fällt mit dem oberen Rand eines Bandes zusammen (oder liegt zwischen zwei Bändern, Anm. d. Hrsg.), so daß einige Bänder voll

besetzt und die anderen vollständig leer sind. In diesem Fall kann ein nicht übermäßig starkes elektrisches Feld keinen elektrischen Strom hervorrufen. Dies folgt aus der Tatsache, daß im Gleichgewichtszustand jedem Elektron mit dem Impuls $\boldsymbol{p}$ ein anderes mit dem Impuls $-\boldsymbol{p}$ entspricht, also $\varepsilon(\boldsymbol{p})$ eine gerade Funktion des Impulses ist. Daher fließt im Gleichgewichtszustand kein Strom. Um einen Strom hervorzurufen, müssen sich die Elektronen zwischen den Zuständen umverteilen. Das Vorhandensein eines Bereichs verbotener Energie zwischen besetzten und unbesetzten Zuständen erfordert jedoch eine endliche Energieänderung. Ein schwaches elektrisches Feld kann diesen Energiezuwachs nicht liefern. Ein Material mit diesen Eigenschaften ist daher kein Metall, sondern ein Isolator.

2. Das FERMI-Niveau liegt in der Bandmitte. Dieses Band heißt „Leitungsband" (es können auch mehrere Leitungsbänder vorliegen). Es ist nur teilweise gefüllt. Ohne elektrisches Feld kann natürlich kein Strom fließen. Jedoch kann die zum Stromfluß erforderliche Umverteilung der Elektronen zwischen den Zuständen durch unendlich kleine Energiezufuhr erreicht werden: ein beliebig kleines elektrisches Feld kann einen elektrischen Strom erzeugen. Diese Situation liegt bei einem Metall vor. Halbleiter gehören zum Fall 1, jedoch ist bei ihnen die Energielücke zwischen besetzten und unbesetzten Zuständen klein (das kann mit dem Auftreten zusätzlicher Elektronenniveaus durch Fremdatome zusammenhängen). Daher ähneln ihre Eigenschaften bei nicht allzu niedrigen Temperaturen denen von Metallen. Die vorliegenden Ausführungen beschränken sich nur auf echte Metalle.

Man sieht leicht ein, daß, wenn die Zahl der Elektronen pro Elementarzelle ungerade ist, wenigstens ein Band teilweise gefüllt sein muß (es sei daran erinnert, daß jedes Band $2N$ Zustände enthält). Jedoch kann auch für den Fall, daß die Elektronenzahl pro Elementarzelle gerade ist, die Substanz metallisch sein, weil sich im realen dreidimensionalen Fall die Bänder überlappen können. Dabei treten einige teilweise gefüllte Bänder auf.

Das FERMI-Niveau für ein „Gas im Gitter" genügt der Bedingung $\varepsilon(\boldsymbol{p}) = \mu$. Im Impulsraum beschreibt diese Gleichung eine Fläche, die sogenannte FERMI-Fläche. Die Symmetrie dieser Fläche ist durch die Kristallsymmetrie gegeben. Hier können ebenfalls Quasiteilchen des Typs „Teilchen" mit Impulsen außerhalb der FERMI-Fläche und solche des Typs „Antiteilchen" mit Impulsen innerhalb dieser Fläche definiert werden.

Die FERMI-Fläche kann im allgemeinen Fall sehr kompliziert sein. Zwei Beispiele zeigen die Abbildungen 9 und 10.

In Abbildung 9 ist die FERMI-Fläche von Gold dargestellt, das nur ein Leitungsband hat (der BRILLOUIN-Zone entspricht nur eine „Kugel"). Abbildung 10 zeigt die FERMI-Fläche von Blei, bei dem zwei Leitungsbänder vorliegen. Die Fläche in Abbildung 10a umschließt ein Gebiet mit der Energie $\varepsilon > \mu$, in Abbildung 10b entspricht das Innere der Röhren den Energien $\varepsilon < \mu$. Beide Flächen wurden aus Experimenten erhalten.

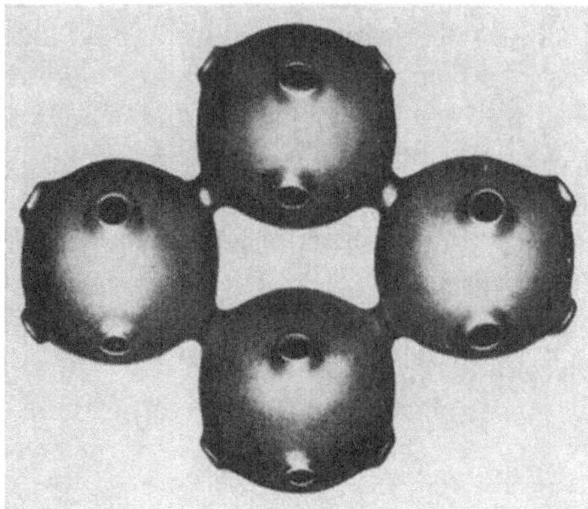

Abb. 9 FERMI-Fläche von Gold

Es gibt allerdings zwei Fälle sehr einfacher FERMI-Flächen. Das trifft einmal zu bei Vorhandensein eines fast leeren Bandes. Die sehr wenigen Elektronen besetzen bei $T = 0$ die niedrigsten Zustände, das heißt, sie befinden sich in der Nähe des Minimums der Funktion $\varepsilon(\boldsymbol{p})$. Wenn diesem Minimum der Punkt $\boldsymbol{p}_m$ entspricht, kann die Energie nach Potenzen von $\boldsymbol{p} - \boldsymbol{p}_m$ entwickelt werden. Hierbei fehlen selbstverständlich die linearen Glieder. Für einen kubischen Kristall und $\boldsymbol{p}_m = 0$ erhält man

$$\varepsilon(\boldsymbol{p}) = \varepsilon_0 + \frac{p^2}{2m^*}, \tag{2.12}$$

wo m^* die sogenannte effektive Masse ist. Im allgemeinen Fall, also bei beliebiger Symmetrie, jedoch weiterhin $\boldsymbol{p}_m = 0$, erhält man statt p^2 eine positiv

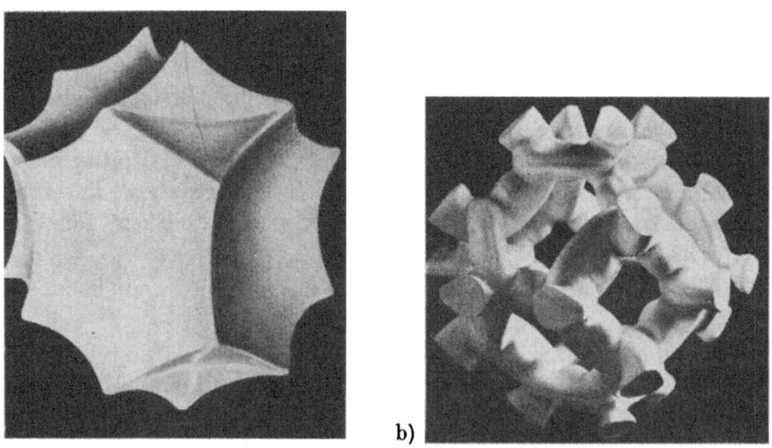

a) b)

Abb. 10 FERMI-Fläche von Blei, die aus (a) einer Lochfläche und (b) einer Elektronenfläche besteht

definite quadratische Form, die sich nach Hauptachsentransformation folgendermaßen darstellt:

$$\varepsilon(\boldsymbol{p}) = \varepsilon_0 + \frac{1}{2}\left(\frac{p_x^2}{m_1} + \frac{p_y^2}{m_2} + \frac{p_z^2}{m_3}\right). \tag{2.13}$$

Für $\boldsymbol{p}_m \neq 0$ müssen in dieser Formel alle p_i durch $p_i - p_{mi}$ ersetzt werden. In diesem Fall gibt es jedoch einige äquivalente Energieminima, und die entsprechenden Vektoren $\boldsymbol{p}_m$ bilden einen „Stern", der die Kristallsymmetrie besitzt.

Eine sehr ähnliche Situation liegt bei einem fast gefüllten Band vor. In diesem Fall betrachtet man nicht die Elektronen, sondern die „Löcher", das heißt die im Band verbleibenden freien Plätze. Diese konzentrieren sich offensichtlich um die Energiemaxima. Folglich gilt für kubische Symmetrie und $\boldsymbol{p}_m = 0$

$$\varepsilon(\boldsymbol{p}) = \varepsilon_0 - \frac{p^2}{2m^*}. \tag{2.14}$$

Das bedeutet, daß sich die Elektronen in diesem Fall wie Teilchen mit negativer Masse verhalten.[1]) Die Verallgemeinerung auf nichtkubisches Gitter oder $\boldsymbol{p}_m \neq 0$ ist trivial. In allen betrachteten Fällen ist die FERMI-Fläche ein Ellipsoid bzw. besteht aus mehreren Ellipsoiden (wenn $\boldsymbol{p}_m \neq 0$).

Metalle mit geringen Elektronen- oder Löcherkonzentrationen im Leitungsband kommen tatsächlich selten vor. Wenn die Elektronenzahl pro Elementarzelle ungerade ist, dann können einige Bänder gefüllt sein; jedoch ist, wie bereits erwähnt, mindestens ein Band teilweise gefüllt. Wenn genau ein Band teilweise gefüllt ist, muß es N Elektronen enthalten. Da die ganze BRILLOUIN-Zone $2N$ Zustände enthält, muß folglich das von der FERMI-Fläche eingeschlossene Volumen[2]) gleich der Hälfte des Volumens der BRILLOUIN-Zone sein. Damit eine kleine Anzahl von Elektronen und Löchern vorliegt, ist erforderlich, daß eine Elementarzelle eine gerade Anzahl von Elektronen enthält und sich die beiden oberen Bänder etwas überlappen. In diesem Fall gehen einige Elektronen aus dem oberen gefüllten Band (dem sogenannten Valenzband) in das untere nicht gefüllte Band (das Leitungsband) über, so daß eine geringe Zahl von Elektronen in dem einen Band und die gleiche Anzahl Löcher im anderen Band vorliegt. Diese Situation trifft auf die „Halbmetalle" Bi, Sb, As und Graphit zu.

Außerdem kann ein Metall einige teilweise gefüllte Bänder haben, wobei in einem Band die Elektronenzahl oder die Löcherzahl gering ist.

Bisher ist das Modell eines Gases nichtwechselwirkender Teilchen im periodischen Feld betrachtet worden. Dieses Modell beschreibt tatsächlich die Eigenschaften von Quasiteilchen im realen Metall in der gleichen Weise, wie das Modell des isotropen idealen Gases die Eigenschaften von Quasiteilchen in einer iso-

[1]) Ein Loch entspricht dem Fehlen eines Elektrons. Deswegen hat ein Loch die Ladung $-e$ und eine Energie $-\varepsilon(\boldsymbol{p}) = -\varepsilon_0 + p^2/2m^*$, also eine positive Masse.

[2]) Erreicht die FERMI-Fläche die Grenzen der BRILLOUIN-Zone, so wird das aufgefüllte Volumen durch die FERMI-Fläche und die BRILLOUIN-Zonengrenzen eingeschlossen.

tropen FERMI-Flüssigkeit beschreibt. Man muß sich jedoch vor Augen halten, daß nur diejenigen Eigenschaften des Gasmodells den Tatsachen entsprechen, die lediglich von Teilchen in der Umgebung der FERMI-Fläche abhängen.

In diesem Zusammenhang könnten Zweifel über die Richtigkeit der Betrachtungen über die Auffüllung der Bänder entstehen (da diese ja auch mit „tief liegenden" Teilchen zusammenhängen). Tatsächlich gibt es aber ein Theorem von LUTTINGER [5], das eine Verallgemeinerung der von LANDAU aufgestellten Formel (2.5) für den FERMI-Grenzimpuls p_0 darstellt. Nach diesem Theorem ist die Elektronendichte

$$\frac{N_e}{V} = \frac{2nN}{V} + \frac{2V_F}{(2\pi\hbar)^3}, \tag{2.15}$$

wobei n eine ganze Zahl und V_F das von der FERMI-Fläche eingeschlossene Volumen ist. Diese Formel entspricht vollkommen den über die Bandauffüllung gemachten Bemerkungen. Der erste Summand erfaßt die gefüllten Bänder und der zweite das Leitungsband.

2.4. Spezifische Wärme der Elektronen

Im folgenden wird ein Ausdruck für die elektronische spezifische Wärme von Metallen hergeleitet. Die Elektronenflüssigkeit wird durch das Modell eines Gases von Quasiteilchen beschrieben, die die Eigenschaften einzelner Elektronen im periodischen Feld besitzen. Zur Vereinfachung sollen diese Quasiteilchen „Elektronen" genannt werden, wobei an den Unterschied dieser „Elektronen" zu den wahren, eine FERMI-Flüssigkeit bildenden Elektronen erinnert sei. Die Energie dieses FERMI-Gases ist durch den Ausdruck

$$E = 2\int \varepsilon(\boldsymbol{p})\, f\, \mathrm{d}^3\boldsymbol{p}\, \frac{V}{(2\pi\hbar)^3} \tag{2.16}$$

gegeben, wobei $2V/(2\pi\hbar)^3$ die Zustandsdichte im Quasiimpulsraum (Faktor 2 bedingt durch die beiden Spinorientierungen) und f die FERMI-Verteilungsfunktion ist:

$$f = \frac{1}{\mathrm{e}^{(\varepsilon-\mu)/T} + 1}. \tag{2.17}$$

Die Integration über den Quasiimpuls ist durch die BRILLOUIN-Zone begrenzt. Wenn es mehrere teilweise gefüllte Bänder gibt, muß man über sie alle summieren.

Die Differentiation von (2.16) nach T ergibt die spezifische Wärme pro Volumeneinheit:

$$c = \frac{1}{V}\left(\frac{\partial E}{\partial T}\right)_V = 2\int \varepsilon(\boldsymbol{p})\, \frac{\partial f}{\partial T}\, \frac{\mathrm{d}^3\boldsymbol{p}}{(2\pi\hbar)^3}. \tag{2.18}$$

Die Ableitung $\partial f/\partial T$ ist

$$\frac{\partial f}{\partial T} = \frac{1}{T} \frac{e^{(\varepsilon-\mu)/T}}{(e^{(\varepsilon-\mu)/T}+1)^2} \left(\frac{\varepsilon-\mu}{T} + \frac{d\mu}{dT}\right).$$

Die Ableitung $\partial f/\partial \varepsilon$ hat die Form

$$\frac{\partial f}{\partial \varepsilon} = -\frac{1}{T} \frac{e^{(\varepsilon-\mu)/T}}{(e^{(\varepsilon-\mu)/T}+1)^2}. \tag{2.19}$$

Folglich gilt

$$\frac{\partial f}{\partial T} = -\frac{\partial f}{\partial \varepsilon} \left(\frac{\varepsilon-\mu}{T} + \frac{d\mu}{dT}\right). \tag{2.20}$$

Das chemische Potential μ ergibt sich aus der Erhaltungsbedingung für die Zahl der Quasiteilchen (die Zahl der Quasiteilchen des Gasmodells ist gleich der Zahl der Flüssigkeitsteilchen). Hieraus folgt

$$\frac{\partial}{\partial T} \frac{N}{V} = 2 \int \frac{\partial f}{\partial T} \frac{d^3\boldsymbol{p}}{(2\pi\hbar)^3} = 0 .$$

Einsetzen von (2.20) in (2.18) und in die letztgenannte Bedingung liefert

$$c = -2 \int \varepsilon \frac{\partial f}{\partial \varepsilon} \left(\frac{\varepsilon-\mu}{T} + \frac{d\mu}{dT}\right) \frac{d^3\boldsymbol{p}}{(2\pi\hbar)^3}, \tag{2.21}$$

$$\frac{\partial}{\partial T} \frac{N}{V} = -2 \int \frac{\partial f}{\partial \varepsilon} \left(\frac{\varepsilon-\mu}{T} + \frac{d\mu}{dT}\right) \frac{d^3\boldsymbol{p}}{(2\pi\hbar)^3} = 0 . \tag{2.22}$$

Beide Formeln enthalten $\partial f/\partial \varepsilon$. Wenn jedoch $T \ll \mu(0)$, was, wie bereits gezeigt, für Metalle stets erfüllt ist, dann ist nur in einem kleinen Energiebereich von der Größenordnung T in der Nähe des Fermi-Niveaus $\mu(0)$ (s. Abb. 6) $\partial f/\partial \varepsilon$ von Null verschieden. Damit ist die Gültigkeit des Modells eines Quasiteilchengases für die Elektronen bei der Berechnung der spezifischen Wärme tatsächlich bewiesen.

Die Integrale über den Impulsraum können folgendermaßen umgeformt werden. Man betrachtet eine Fläche konstanter Energie im Impulsraum $\varepsilon(\boldsymbol{p}) = \text{const}$. Dann kann die Integration über $d^3\boldsymbol{p}$ in eine Integration über diese Fläche und über $d\varepsilon$ zerlegt werden. Wenn dS das Flächenelement der Isoenergiefläche ist, dann ist $d^3\boldsymbol{p} = dS\, dp_n$, wobei dp_n Integration über die Normale zum Flächenelement dS bedeutet. Nun ist aber $dp_n = d\varepsilon/|\partial\varepsilon/\partial\boldsymbol{p}|$, wobei $\partial\varepsilon/\partial\boldsymbol{p}$ der Gradient von $\varepsilon(\boldsymbol{p})$ im Impulsraum ist. Mit der Bezeichnung $v = |\partial\varepsilon/\partial\boldsymbol{p}|$ erhält man

$$\int \cdots d^3\boldsymbol{p} = \int \cdots d\varepsilon \int \frac{dS}{v}. \tag{2.23}$$

Da die Verteilungsfunktion nur von der Energie abhängt, kann über dS unabhängig integriert werden. Es sei

$$\frac{2}{(2\pi\hbar)^3}\int\frac{\mathrm{d}S}{v}=\nu(\varepsilon)\,. \tag{2.24}$$

Um (2.21) und (2.22) zu berechnen, wird folgende Integrationsmethode verwendet. Da $\partial f/\partial\varepsilon$ nur in der Umgebung $\varepsilon=\mu$ von Null verschieden ist, können alle übrigen Größen unter dem Integral nach Potenzen von $(\varepsilon-\mu)$ entwickelt werden. Das bedeutet, daß in dem Integral $\int F(\varepsilon)\,(\partial f/\partial\varepsilon)\,\mathrm{d}\varepsilon$ die Funktion F durch die Reihe

$$F(\varepsilon)=F(\mu)+(\varepsilon-\mu)\,F'(\mu)+\frac{(\varepsilon-\mu)^2}{2}F''(\mu)+\cdots$$

ersetzt wird. Diese Entwicklung ist nur möglich, wenn sich die Funktion F in der Umgebung $\varepsilon=\mu$ nicht zu schnell ändert.

Die Formel (2.19) kann in der Form

$$\frac{\partial f}{\partial\varepsilon}=-\frac{1}{4T\,\mathrm{ch}^2\,[(\varepsilon-\mu)/2T]}$$

geschrieben werden, und die Integration über $z=\varepsilon-\mu$ kann wegen der schnellen Abnahme dieser Funktion mit $\varepsilon-\mu$ von $-\infty$ bis $+\infty$ ausgeführt werden. Da die Funktion gerade ist, verschwinden bei der Integration die ungeraden Terme der Entwicklung von $F(\varepsilon)$. Die verbleibenden Integrale sind

$$\int\frac{\partial f}{\partial\varepsilon}\mathrm{d}\varepsilon=-1\,,$$

$$\int(\varepsilon-\mu)^2\frac{\partial f}{\partial\varepsilon}\mathrm{d}\varepsilon=-\frac{1}{4T}\int_{-\infty}^{\infty}\frac{z^2\,\mathrm{d}z}{\mathrm{ch}^2\,(z/2T)}=-\frac{\pi^2T^2}{3}\,.$$

Somit folgt

$$\int F(\varepsilon)\frac{\partial f}{\partial\varepsilon}\mathrm{d}\varepsilon\approx-F(\mu)-\frac{\pi^2T^2}{6}F''(\mu)\,. \tag{2.25}$$

Aus (2.21) und (2.22) erhält man damit

$$c=\mu\frac{\mathrm{d}\mu}{\mathrm{d}T}\nu(\mu)+\frac{\pi^2T}{3}\frac{\mathrm{d}}{\mathrm{d}\mu}(\mu\nu(\mu))\,,$$

$$\frac{\mathrm{d}}{\mathrm{d}T}\frac{N}{V}=\frac{\mathrm{d}\mu}{\mathrm{d}T}\nu(\mu)+\frac{\pi^2T}{3}\frac{\mathrm{d}\nu(\mu)}{\mathrm{d}\mu}=0\,.$$

Mit der letzten Gleichung findet man

$$\frac{\mathrm{d}\mu}{\mathrm{d}T}=-\frac{\pi^2T}{3}\frac{\nu'(\mu)}{\nu(\mu)}\,, \tag{2.26}$$

so daß die spezifische Wärme

$$c = \frac{\pi^2 T}{3} \nu(\mu) \tag{2.27}$$

ist. Die physikalische Bedeutung dieser Formel ist einfach. Nur die Elektronen in der Nähe des FERMI-Niveaus tragen zur thermischen Anregung des Systems bei. Die Zahl dieser Elektronen ist größenordnungsmäßig durch das Produkt von T mit der Zustandsdichte $\nu(\mu)$ gegeben. Jedes Elektron liefert zur spezifischen Wärme einen Beitrag der Größenordnung Eins (oder der BOLTZMANN-Konstanten k in gewöhnlichen Einheiten). Hiermit erhält man einen Ausdruck, der größenordnungsmäßig mit (2.27) übereinstimmt. Bei der Herleitung von (2.27) brauchten wir keine konkreten Angaben über die FERMI-Fläche zu machen. Folglich ist für alle Metalle die elektronische spezifische Wärme proportional zur absoluten Temperatur.

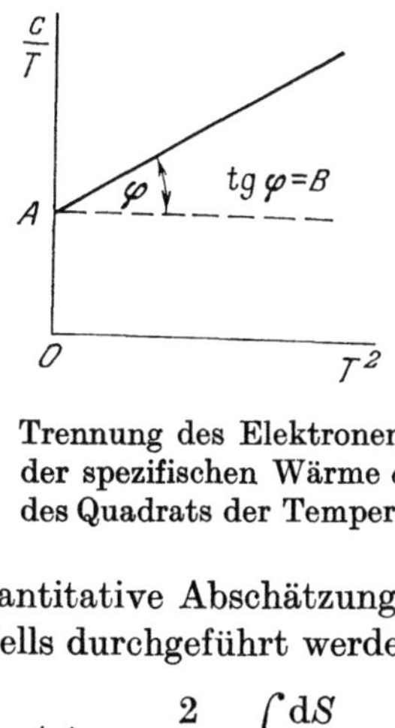

Abb. 11 Trennung des Elektronenanteils AT und des Gitteranteils BT^3 der spezifischen Wärme c durch eine Darstellung von c/T als Funktion des Quadrats der Temperatur T

Eine quantitative Abschätzung der Größe c kann am Beispiel des isotropen Metallmodells durchgeführt werden. In diesem Fall ist

$$\nu(\mu) = \frac{2}{(2\pi\hbar)^3} \int \frac{dS}{v} = \frac{2}{(2\pi\hbar)^3} \frac{4\pi p_0^2}{p_0/m^*} = \frac{p_0 m^*}{\pi^2 \hbar^3}, \tag{2.28}$$

wobei m^* die effektive Masse ist. Somit ist

$$c = \frac{p_0 m^*}{3\hbar^3} T. \tag{2.29}$$

Die effektive Masse m^* kann sich stark von Metall zu Metall ändern, wogegen p_0 für alle Metalle (mit Ausnahme der Halbmetalle) die gleiche Größenordnung hat, nämlich $\hbar\pi/a$ (wobei a die Gitterperiode ist, die sich bekanntlich für die verschiedenen Substanzen wenig unterscheidet). Bei den üblichen Metallen ist m^* von der Größenordnung der freien Elektronenmasse, bei den Übergangsmetallen jedoch, wo die inneren Hüllen nicht vollständig besetzt sind, weicht m^* davon ab. Ihr Wert kann aus der Beziehung $p_0/m^* = \partial\varepsilon/\partial p \sim \Delta\varepsilon/\Delta p$ ermittelt werden, wobei $\Delta\varepsilon$ die Bandbreite und Δp größenordnungsmäßig eine

Periode des reziproken Gitters $\hbar\pi/a$ ist. Die inneren Hüllen überlappen sich schwach, so daß $\Delta\varepsilon$ klein (s. Gl. (1.28)) und m^* groß ist. Diese Tatsache ist der Grund dafür, daß die spezifische Wärme der Übergangsmetalle erheblich größer (manchmal mehr als das Zwanzigfache) als die der Nichtübergangsmetalle ist.

Experimentell wird nicht die elektronische, sondern die gesamte spezifische Wärme gemessen. Bekanntlich hängt jedoch bei niedrigen Temperaturen der von den Gitterschwingungen abhängige Anteil der spezifischen Wärme von der Temperatur nach einem kubischen Gesetz ab (s. z. B. [1]). Daher kann die gesamte spezifische Wärme in der Form

$$c = AT + BT^3$$

dargestellt werden. Wenn man $c/T = f(T^2)$ aufträgt (s. Abb. 11), ergibt sich bei niedrigen Temperaturen die ausgezogene Gerade, aus der beide Koeffizienten A und B ermittelt werden können.

3. Elektrische Leitfähigkeit und Wärmeleitfähigkeit

3.1. Elektron als Wellenpaket

Bisher wurden die Elektronen durch die stationären BLOCH-Lösungen der SCHRÖDINGER-Gleichung $\psi = e^{i\boldsymbol{p}\boldsymbol{r}/\hbar}\, u(\boldsymbol{r})$ beschrieben.

Diese Funktionen sind jedoch ungeeignet zur Untersuchung der Transporteigenschaften, weil sie einem bestimmten Wert des Quasiimpulses $\boldsymbol{p}$ entsprechen, während die Koordinate vollständig unbestimmt bleibt. Dieser Mangel kann abgestellt werden, wenn aus den BLOCH-Zuständen ein Wellenpaket gebildet wird. Dabei soll der Quasiimpuls $\boldsymbol{p}$ dennoch möglichst genau bestimmt sein. Deshalb bildet man die Summe der BLOCH-Wellen über ein kleines Intervall $\Delta\boldsymbol{p}$ (dessen Ausdehnung durch die Genauigkeit der Bestimmtheit der Koordinaten begrenzt ist). Die Unbestimmtheitsrelation besagt

$$\Delta p\, \Delta r \sim \hbar\,.$$

Da die Elektronen gestreut werden und folglich eine endliche freie Weglänge l haben, muß die Unbestimmtheit der Koordinaten kleiner als l sein. Die obere zulässige Grenze von Δp ist offenbar der Teilchenimpuls selbst. Somit muß folgende Bedingung erfüllt sein:

$$p \gg \Delta p \sim \hbar/\Delta r \gg \hbar/l\,. \tag{3.1}$$

Nur unter dieser Bedingung ist die Darstellung mit Hilfe eines Wellenpaketes sinnvoll. Im vorliegenden Fall ist $p \sim p_0$, und p_0 hat die Größenordnung $\hbar/a$, wobei a ein interatomarer Abstand ist. Die Bedingung (3.1) ist demnach erfüllt, wenn $l \gg a$. Schwierigkeiten entstehen lediglich, wenn l in der Größenordnung von a liegt.

Eine weitere bereits erwähnte Bedingung hängt mit der Dämpfung der Quasiteilchen zusammen. Sie hat die Form

$$\xi \gg \gamma\,,$$

wobei γ der Dämpfungskoeffizient[1]) ist, der in die Wellenfunktion des Quasiteilchens eingeht:

$$e^{i\xi t/\hbar - \gamma t/\hbar}\,.$$

[1]) Der Ausdruck (2.10) beschreibt nur die Wechselwirkung der Quasiteilchen untereinander, während jedoch noch weitere Prozesse existieren, die die Lebensdauer der Quasiteilchen begrenzen. Die hier auftretende Größe γ ist dann die Gesamtdämpfung, die infolge aller im folgenden Kapitel untersuchten Mechanismen zustandekommt.

Der Koeffizient γ hängt mit der mittleren Flugzeit zusammen: $\gamma \sim \hbar/\tau$. Daher lautet die zweite Bedingung

$$\xi \gg \hbar/\tau\,.$$

Gewöhnlich ist ξ immer von der Größenordnung der Temperatur T. Daher muß

$$T \gg \hbar/\tau \tag{3.2}$$

gelten.

Um die Geschwindigkeit des durch das Wellenpaket beschriebenen Elektrons zu finden, wird folgendes Integral betrachtet:

$$I = \int\limits_{\boldsymbol{p}^{(0)}+\Delta\boldsymbol{p}} \mathrm{e}^{i\boldsymbol{pr}/\hbar - i\xi(\boldsymbol{p})\,t/\hbar}\, u_{\boldsymbol{p}}(\boldsymbol{r})\,\mathrm{d}^3\boldsymbol{p}\,,$$

das sich über die Umgebung eines bestimmten Quasiimpulses $\boldsymbol{p}^{(0)}$ mit dem Radius Δp erstreckt. Für $\Delta p \ll p^{(0)}$ ist dieses Integral angenähert

$$I = u_{\boldsymbol{p}(0)}(\boldsymbol{r})\,\mathrm{e}^{i\boldsymbol{p}^{(0)}\boldsymbol{r}/\hbar - i\xi(\boldsymbol{p}^{(0)})\,t/\hbar} \int\limits_{\Delta\boldsymbol{p}} \mathrm{e}^{i\delta\boldsymbol{p}(\boldsymbol{r}-(\partial\varepsilon/\partial\boldsymbol{p})\,t)/\hbar}\,\mathrm{d}^3\boldsymbol{p}$$

($\partial\xi/\partial\boldsymbol{p} = \partial\varepsilon/\partial\boldsymbol{p}$, weil $\xi = \varepsilon - \mu$).

Im letztgenannten Ausdruck hat das Integral die Größenordnung

$$(\Delta p)^3 \quad \text{für} \quad \left|\boldsymbol{r} - \frac{\partial\varepsilon}{\partial\boldsymbol{p}}t\right| \ll \frac{\hbar}{\Delta p}\,;$$

$$\frac{(\Delta p)^2\,\hbar}{|\boldsymbol{r} - (\partial\varepsilon/\partial\boldsymbol{p})t|} \quad \text{für} \quad \left|\boldsymbol{r} - \frac{\partial\varepsilon}{\partial\boldsymbol{p}}t\right| \gg \frac{\hbar}{\Delta p}\,.$$

Für genügend kleine Δp ist daher

$$\boldsymbol{r} \approx \frac{\partial\varepsilon}{\partial\boldsymbol{p}}t\,.$$

Folglich bewegt sich das Wellenpaket mit einer Geschwindigkeit

$$\boldsymbol{v} = \frac{\partial\varepsilon}{\partial\boldsymbol{p}}\,. \tag{3.3}$$

Das ist die sogenannte Gruppengeschwindigkeit des Wellenpaketes.

Das Elektron bewege sich unter der Wirkung eines äußeren elektrischen Feldes $\boldsymbol{E}$. Die pro Zeiteinheit vom äußeren Feld geleistete Arbeit ist $\boldsymbol{v}e\boldsymbol{E}$. Diese muß gleich der Energieänderung des Elektrons sein:

$$\frac{\partial\varepsilon}{\partial t} = \frac{\partial\varepsilon}{\partial\boldsymbol{p}}\frac{\mathrm{d}\boldsymbol{p}}{\mathrm{d}t} = \boldsymbol{v}\,\frac{\mathrm{d}\boldsymbol{p}}{\mathrm{d}t}\,.$$

Hieraus folgt

$$\frac{\mathrm{d}\boldsymbol{p}}{\mathrm{d}t} = e\boldsymbol{E}\,. \tag{3.4}$$

Auf den ersten Blick erinnert diese Beziehung an die Newtonsche Bewegungsgleichung eines freien Teilchens. $\boldsymbol{p}$ ist jedoch nicht der Impuls, sondern ein

Quasiimpuls. Eine Zunahme von $\boldsymbol{p}$ bedeutet nicht unbedingt eine Beschleunigung des Elektrons. In Abbildung 12 erkennt man, daß die Geschwindigkeit $\partial\varepsilon/\partial\boldsymbol{p}$ nur im Gebiet A zunimmt, so daß nur in diesem Gebiet das Elektron beschleunigt wird, während im Bereich B das Elektron verzögert wird und seine Geschwindigkeit an den Grenzen der BRILLOUIN-Zone $\hbar\boldsymbol{K}/2$ verschwindet. Das entspricht der Reflexion des Elektrons beim Erreichen der maximal möglichen Energie.

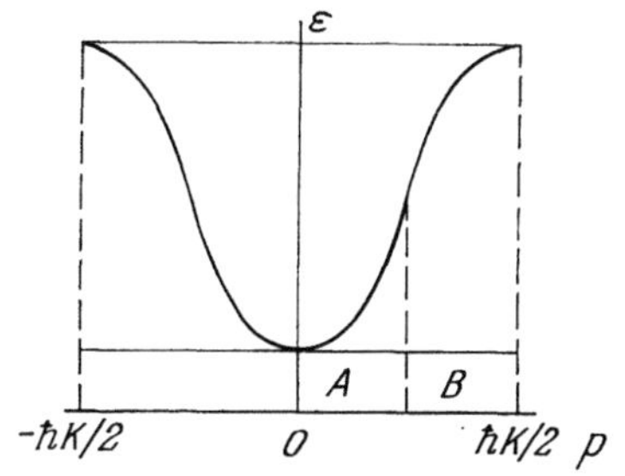

Abb. 12 Ein elektrisches Feld beschleunigt die Elektronen im Gebiet A und verzögert die Elektronen im Gebiet B des Energiebandes

Praktisch tritt jedoch diese Situation niemals ein. Infolge der Streuung kann sich unter der Einwirkung des Feldes der Elektronenimpuls nicht um einen großen Betrag ändern. Die Elektronen werden nur auf der mittleren freien Weglänge beschleunigt. Das in Metallen mögliche elektrische Feld ist jedoch niemals so stark, daß es den Quasiimpuls des Elektrons während des freien Fluges wesentlich ändern kann. Daher verbleiben die Elektronen tatsächlich im Bereich der FERMI-Fläche.

3.2. Kinetische Gleichung

Die Beschreibung mit Hilfe eines Wellenpaketes unter den Bedingungen (3.1) und (3.2) gestattet die Behandlung der Elektronen als klassische Teilchen, die gleichzeitig Koordinate und Quasiimpuls besitzen. Es wird die Nichtgleichgewichtsverteilungsfunktion f im Phasenraum $\boldsymbol{p}$, $\boldsymbol{r}$ eingeführt. Die gesamte zeitliche Änderung von f wird durch die Ableitung $\mathrm{d}f/\mathrm{d}t$ ausgedrückt. Diese Änderung wird infolge von Zusammenstößen des Elektrons mit anderen Elektronen und Phononen, aber auch durch Streuung an Kristalldefekten (Störstellenatome, Strukturdefekte) verursacht. Daher kann man

$$\frac{\mathrm{d}f}{\mathrm{d}t} = I(f) \tag{3.5}$$

schreiben, wobei $I(f)$ das sogenannte Stoßintegral ist.

Die Beziehung (3.5) heißt kinetische Gleichung[1]). Sie wird im folgenden für die Untersuchung der Transporteigenschaften von Metallen verwendet. Die linke Seite von (3.5) kann in folgender Form geschrieben werden:

$$\frac{\mathrm{d}f}{\mathrm{d}t} = \frac{\partial f}{\partial t} + \frac{\partial f}{\partial \boldsymbol{r}}\frac{\mathrm{d}\boldsymbol{r}}{\mathrm{d}t} + \frac{\partial f}{\partial \boldsymbol{p}}\frac{\mathrm{d}\boldsymbol{p}}{\mathrm{d}t}.$$

Wenn $\mathrm{d}\boldsymbol{r}/\mathrm{d}t$ durch $\boldsymbol{v}$ und $\mathrm{d}\boldsymbol{p}/\mathrm{d}t$ durch (3.4) ersetzt wird, ist

$$\frac{\mathrm{d}f}{\mathrm{d}t} = \frac{\partial f}{\partial t} + \boldsymbol{v}\,\frac{\partial f}{\partial \boldsymbol{r}} + e\boldsymbol{E}\frac{\partial f}{\partial \boldsymbol{p}}. \tag{3.6}$$

Das Stoßintegral hängt von den konkreten Streuprozessen ab. Zunächst soll die Streuung an Störstellen (bzw. anderen Defekten) untersucht werden. Unter der unrealistischen Annahme, daß die Wechselwirkung mit den Störstellen schwach ist, wird die BORNsche Näherung verwendet. Jedoch läßt sich zeigen, daß im Falle starker Wechselwirkung der einzige Unterschied darin besteht, daß die BORNsche Streuamplitude durch die Gesamtamplitude ersetzt werden muß, die ebenfalls eine Konstante ist.[2])

Die Streuwahrscheinlichkeit eines Elektrons an den Störzentren ist in der BORNschen Näherung gleich

$$\frac{2\pi}{\hbar}\int |V_{\boldsymbol{pp}'}|^2\,\delta\big(\varepsilon(\boldsymbol{p}) - \varepsilon(\boldsymbol{p}')\big)\,\frac{\mathrm{d}^3\boldsymbol{p}}{(2\pi\hbar)^3}\,V\,, \tag{3.7}$$

wobei $V_{\boldsymbol{pp}'}$ das Matrixelement der Wechselwirkungsenergie des Elektrons mit allen Störatomen ist, die sich an den Stellen $\boldsymbol{R}_1, \boldsymbol{R}_2, \ldots$ befinden; $V(\boldsymbol{r}) = \sum_i v(\boldsymbol{r} - \boldsymbol{R}_i)$.

Das Matrixelement in den BLOCH-Funktionen

$$\frac{1}{\sqrt{V}}\,\mathrm{e}^{i\boldsymbol{pr}/\hbar}\,u_{\boldsymbol{p}}(\boldsymbol{r})$$

(der Faktor $1/\sqrt{V}$ dient zur Normierung, die Funktionen $u_{\boldsymbol{p}}(\boldsymbol{r})$ sind auf 1 normiert) sieht folgendermaßen aus:

$$\begin{aligned} V_{\boldsymbol{pp}'} &= \frac{1}{V}\sum_i \int v(\boldsymbol{r} - \boldsymbol{R}_i)\,\mathrm{e}^{-i\boldsymbol{pr}/\hbar}\,\mathrm{e}^{i\boldsymbol{p}'\boldsymbol{r}/\hbar}\,u_{\boldsymbol{p}}^*(\boldsymbol{r})\,u_{\boldsymbol{p}'}(\boldsymbol{r})\,\mathrm{d}V \\ &= \frac{1}{V}\sum_i \mathrm{e}^{-i(\boldsymbol{p}-\boldsymbol{p}')\boldsymbol{R}_i/\hbar}\int v(\boldsymbol{r})\,u_{\boldsymbol{p}}^*(\boldsymbol{r})\,u_{\boldsymbol{p}'}(\boldsymbol{r})\,\mathrm{e}^{-i(\boldsymbol{p}-\boldsymbol{p}')\boldsymbol{r}/\hbar}\,\mathrm{d}V \\ &= \frac{1}{V}\sum_i \mathrm{e}^{-i(\boldsymbol{p}-\boldsymbol{p}')\boldsymbol{R}_i/\hbar}\,v_{\boldsymbol{pp}'}\,. \end{aligned}$$

[1]) Anmerkung des Herausgebers: Die kinetische Gleichung wird auch als BOLTZMANN-Gleichung bezeichnet.

[2]) Diese Bemerkung trifft nicht ganz zu, wenn die Verunreinigung ein Übergangsmetall ist und die Störatome im Metall einen Spin haben (s. Abschn. 4.6.).

Zur Vereinfachung setzen wir voraus, daß alle Störstellenatome gleich sind und äquivalente Plätze in den Gitterzellen des Kristalls einnehmen, die Auswahl dieser Zellen selbst jedoch zufällig ist. Die Streuwahrscheinlichkeit ist gleich

$$\frac{2\pi}{\hbar}\frac{1}{V^2}\int |v_{\boldsymbol{pp}'}|^2 \sum_{i,k} \mathrm{e}^{-i(\boldsymbol{p}-\boldsymbol{p}')(\boldsymbol{R}_i-\boldsymbol{R}_k)/\hbar}\,\delta\big(\varepsilon(\boldsymbol{p})-\varepsilon(\boldsymbol{p}')\big)\frac{\mathrm{d}^3\boldsymbol{p}}{(2\pi\hbar)^3}\,V\,.$$

Wenn die Konzentration der Störatome gering ist, sind sie zufällig verteilt, und der mittlere Abstand zwischen ihnen ist wesentlich größer als die Abstände zwischen den Atomen. In diesem Fall kann man die Streuwahrscheinlichkeit über die Lage der Störatome mitteln. Dabei gehen alle Glieder in $\sum_{i,k} \mathrm{e}^{-i(\boldsymbol{p}-\boldsymbol{p}')(\boldsymbol{R}_i-\boldsymbol{R}_k)/\hbar}$, die schnell oszillierende Funktionen sind, außer den Gliedern mit $i = k$, gegen Null. Folglich ergibt sich

$$\overline{\sum_{i,k} \mathrm{e}^{-i(\boldsymbol{p}-\boldsymbol{p}')(\boldsymbol{R}_i-\boldsymbol{R}_k)/\hbar}} = N_i\,,$$

wobei N_i die Zahl der Störatome ist. Die Streuwahrscheinlichkeit wird daher

$$\frac{2\pi}{\hbar}\frac{N_i}{V}\int |v_{\boldsymbol{pp}'}|^2\,\delta\big(\varepsilon(\boldsymbol{p})-\varepsilon(\boldsymbol{p}')\big)\frac{\mathrm{d}^3\boldsymbol{p}}{(2\pi\hbar)^3}\,. \tag{3.8}$$

Alle obigen Aussagen beziehen sich auf ein einzelnes Elektron. Es soll jetzt ein System von Elektronen betrachtet werden, die durch eine Verteilungsfunktion beschrieben werden. Infolge der Streuprozesse kann die Zahl der Elektronen, deren Impulse in einem gegebenen Volumenelement des Impulsraumes in der Umgebung eines Wertes $\boldsymbol{p}$ liegen, zunehmen ($\boldsymbol{p}' \to \boldsymbol{p}$) oder abnehmen ($\boldsymbol{p} \to \boldsymbol{p}'$). Jeder Prozeß kann nur dann stattfinden, wenn sich im Anfangszustand ein Elektron befindet und der Endzustand nicht besetzt ist (da das Pauli-Prinzip nicht zuläßt, daß sich zwei Elektronen im gleichen Zustand befinden). Wenn daher von einem System von Elektronen die Rede ist, muß jede individuelle Streuwahrscheinlichkeit mit der Verteilungsfunktion f für den Anfangszustand und $1 - f$ für den Endzustand multipliziert werden. Daher ergibt sich schließlich

$$\begin{aligned} I(f) &= \frac{2\pi}{\hbar}\frac{N_i}{V}\int |v_{\boldsymbol{pp}'}|^2\,[f(\boldsymbol{p}')\,(1-f(\boldsymbol{p})) - f(\boldsymbol{p})\,(1-f(\boldsymbol{p}'))] \\ &\quad\times \delta\big(\varepsilon(\boldsymbol{p})-\varepsilon(\boldsymbol{p}')\big)\frac{\mathrm{d}^3\boldsymbol{p}'}{(2\pi\hbar)^3} \\ &= \frac{2\pi}{\hbar}\frac{N_i}{V}\int |v_{\boldsymbol{pp}'}|^2\,[f(\boldsymbol{p}') - f(\boldsymbol{p})]\,\delta\big(\varepsilon(\boldsymbol{p})-\varepsilon(\boldsymbol{p}')\big)\frac{\mathrm{d}^3\boldsymbol{p}'}{(2\pi\hbar)^3}\,. \end{aligned} \tag{3.9}$$

Die Integration über die Energie ergibt wie im Abschnitt 2.4.

$$I(f) = \frac{2\pi}{\hbar}\frac{N_i}{V}\int |v_{\boldsymbol{pp}'}|^2\,[f(\boldsymbol{p}') - f(\boldsymbol{p})]\,\frac{\mathrm{d}S'}{(2\pi\hbar)^3 v(\boldsymbol{p}')}\,, \tag{3.10}$$

wobei sich das Integral über die Isoenergiefläche $\varepsilon(\boldsymbol{p}') = \varepsilon(\boldsymbol{p})$ erstreckt.

Wenn man in $I(f)$ die nur von der Energie abhängige Gleichgewichtsverteilungsfunktion f_0 einsetzt, verschwindet $I(f_0)$. Wenn das äußere elektrische Feld und der Temperaturgradient hinreichend klein sind, ist die Abweichung vom Gleichgewicht gering, so daß man

$$f = f_0 + f_1$$

schreiben kann, wobei f_1 eine kleine Korrektur mit $|f_1| \ll f_0$ ist. In $I(f)$ geht dann nur f_1 ein.

Eine weitere Vereinfachung des Ausdrucks $I(f)$ kann im isotropen Modell erreicht werden. In diesem Fall sind die Beträge der Impulse $\boldsymbol{p}$ und $\boldsymbol{p}'$ gleich, die Isoenergiefläche ist eine Kugel, die Integration über $\mathrm{d}S'$ geht in eine Integration über den Raumwinkel über, und $v_{\boldsymbol{pp}'}$ hängt schließlich nur vom Winkel zwischen $\boldsymbol{p}$ und $\boldsymbol{p}'$ ab, der mit Θ bezeichnet wird. Führt man die Größe

$$W(\Theta) = \frac{\pi}{\hbar}\frac{N_i}{V}|v(\Theta)|^2\,\nu(\varepsilon)$$

ein, so schreibt sich das Stoßintegral in der Form

$$I(f) = \int W(\Theta)\,[f_1(\boldsymbol{p}') - f_1(\boldsymbol{p})]\,\frac{\mathrm{d}\Omega}{4\pi}\,.$$

Die Störung des Gleichgewichts sei durch ein schwaches elektrisches Feld hervorgerufen (analog liegt der Fall bei Vorhandensein eines kleinen Temperaturgradienten).[1] Der Zusatzterm zur Verteilungsfunktion muß skalar sein und in erster Näherung linear von $\boldsymbol{E}$ abhängen. Die einzig mögliche Form ist

$$f_1(\boldsymbol{p}) = \boldsymbol{pE}\eta(\varepsilon)\,.$$

Durch Einsetzen in das Stoßintegral folgt

$$I(f) = pE\eta(\varepsilon)\int W(\Theta)\,\bigl(\cos\,(\widehat{\boldsymbol{p}',\boldsymbol{E}}) - \cos\,(\widehat{\boldsymbol{p},\boldsymbol{E}})\bigr)\,\frac{\mathrm{d}\Omega}{4\pi}\,.$$

Die Größe $\cos\,(\widehat{\boldsymbol{p}',\boldsymbol{E}})$ kann folgendermaßen umgeformt werden:

$$\cos\,(\widehat{\boldsymbol{p}',\boldsymbol{E}}) = \cos\,(\widehat{\boldsymbol{p},\boldsymbol{E}})\cos\,(\widehat{\boldsymbol{p},\boldsymbol{p}'}) - \sin\,(\widehat{\boldsymbol{p},\boldsymbol{E}})\sin\,(\widehat{\boldsymbol{p},\boldsymbol{p}'})\cos\,(\varphi_E - \varphi_{p'})\,.$$

Bei Integration über $\mathrm{d}\varphi_{p'}$ verschwindet das zweite Glied. Da der Winkel $(\widehat{\boldsymbol{p},\boldsymbol{p}'})$ bereits mit Θ bezeichnet wurde, erhält man durch Einsetzen von $\cos\,(\widehat{\boldsymbol{p}',\boldsymbol{E}})$ in $I(f)$

$$I(f) = (\boldsymbol{pE})\,\eta(\varepsilon)\int W(\Theta)\,(\cos\Theta - 1)\,\frac{\mathrm{d}\Omega}{4\pi}\,.$$

Der Vergleich mit der vorausgesetzten Form von f_1 ergibt

$$I(f) = -\,f_1/\tau\,,$$

[1]) Die im folgenden gemachte Vereinfachung gilt nur für lineare Probleme.

wobei

$$\frac{1}{\tau} = \int W(\Theta)\,(1 - \cos\Theta)\,\frac{\mathrm{d}\Omega}{4\pi}. \tag{3.11}$$

Die Größe τ spielt die Rolle einer mittleren Zeit zwischen den Stößen.

Im vorliegenden Falle erhält somit die kinetische Gleichung folgendes Aussehen:

$$\frac{\partial f}{\partial t} + \boldsymbol{v}\,\frac{\partial f}{\partial \boldsymbol{r}} + e\boldsymbol{E}\,\frac{\partial f}{\partial \boldsymbol{p}} = -\,\frac{f - f_0}{\tau}. \tag{3.12}$$

Diese Form der kinetischen Gleichung wird häufig für die Untersuchung der verschiedenartigsten Prozesse verwendet. Man muß jedoch die Voraussetzungen beachten, die bei ihrer Herleitung gemacht wurden: a) isotropes Modell und b) elastische Streuung der Elektronen (d. h., die Energie ändert sich bei der Streuung nicht). Die erste Voraussetzung trifft im allgemeinen für ein reales Metall nicht zu, auch die zweite gilt nicht für alle Streuprozesse. Dennoch wird im folgenden die Gleichung (3.12) bisweilen zu einfachen Abschätzungen oder zur Erläuterung von Berechnungsmethoden benutzt. Zu Beginn werden zwei einfache Beispiele für die Anwendung der Gleichung (3.12) gebracht.

3.3. Elektrische Leitfähigkeit

Im Metall liege ein homogenes und konstantes elektrisches Feld $\boldsymbol{E}$ vor, und es soll der dabei entstehende Strom ermittelt werden. In der kinetischen Gleichung (3.12) verschwinden die ersten beiden Glieder, und man erhält

$$e\boldsymbol{E}\,\frac{\partial f}{\partial \boldsymbol{p}} = -\,\frac{f - f_0}{\tau}. \tag{3.13}$$

Für ein schwaches Feld kann $f = f_0 + f_1$ gesetzt werden, wobei $f_1 \ll f_0$. Damit erhält (3.13) die Form

$$e\boldsymbol{E}\,\frac{\partial f_0}{\partial \boldsymbol{p}} = -\,\frac{f_1}{\tau}. \tag{3.14}$$

Da f_0 nur von der Energie abhängt, gilt

$$\frac{\partial f_0}{\partial \boldsymbol{p}} = \frac{\partial f_0}{\partial \varepsilon}\,\frac{\partial \varepsilon}{\partial \boldsymbol{p}} = \boldsymbol{v}\,\frac{\partial f_0}{\partial \varepsilon}.$$

Aus (3.14) folgt

$$f_1 = -\,e\boldsymbol{E}\boldsymbol{v}\tau\,\frac{\partial f_0}{\partial \varepsilon}. \tag{3.15}$$

Der elektrische Strom wird folgendermaßen durch die Verteilungsfunktion dargestellt:

$$\boldsymbol{j} = 2e \int \boldsymbol{v} f\,\frac{\mathrm{d}^3\boldsymbol{p}}{(2\pi\hbar)^3}. \tag{3.16}$$

Setzt man die Funktion $f_0(\varepsilon)$ ein, so verschwindet das Integral (das hängt damit zusammen, daß ε eine gerade, $\boldsymbol{v}$ dagegen eine ungerade Funktion von $\boldsymbol{p}$ ist). Daher muß f durch f_1 ersetzt werden. Dabei ergibt sich

$$\boldsymbol{j} = -e^2 \int \boldsymbol{v}(\boldsymbol{v}\boldsymbol{E})\,\tau \frac{\partial f_0}{\partial \varepsilon} \nu(\varepsilon)\,\mathrm{d}\varepsilon \frac{\mathrm{d}\Omega}{4\pi},$$

wobei $\nu(\varepsilon)$ die bereits eingeführte Zustandsdichte ist. Dieses Integral enthält die Ableitung $\partial f_0/\partial \varepsilon$, die nur in einer Umgebung von $\varepsilon = \mu$ ungleich Null ist. Die Berechnung von Integralen, die $\partial f_0/\partial \varepsilon$ enthalten, wurde im Abschnitt 2.4. (Formel (2.25)) angegeben. In erster Näherung kann $\partial f_0/\partial \varepsilon$ als δ-Funktion aufgefaßt werden: $\partial f_0/\partial \varepsilon \approx -\delta(\varepsilon - \mu)$, und die Integration über die Winkel ergibt

$$j = \frac{1}{3} e^2 E [v^2 \tau \nu(\varepsilon)]_{\varepsilon=\mu}.$$

Die Leitfähigkeit σ bestimmt sich als Proportionalitätsfaktor zwischen j und E: $j = \sigma E$. Damit folgt:

$$\sigma = \frac{1}{3} e^2 [v^2 \tau \nu(\varepsilon)]_\mu. \tag{3.17}$$

3.4. Wärmeleitfähigkeit

Im Gegensatz zum elektrischen Strom, der einen Transport elektrischer Ladung darstellt, nehmen am Transport von Energie nicht nur Elektronen, sondern auch Phononen teil, so daß sich die Wärmeleitfähigkeit aus zwei Teilen zusammensetzt: dem Elektronen- und dem Phononenanteil. In der vorliegenden Darstellung wird nur der elektronische Anteil der Wärmeleitfähigkeit behandelt, der normalerweise den Phononenanteil erheblich überwiegt. Eine Ausnahme stellt der Fall sehr niedriger Temperaturen dar, wenn das Metall eine große Anzahl Störatome enthält. Auch in diesem Fall kann man die elektronische Wärmeleitung separieren, wenn man ihr Verhalten im magnetischen Feld benutzt (s. Kap. 6).

Das Vorliegen eines Temperaturgradienten bedeutet das Auftreten einer räumlichen Inhomogenität. Dabei ändert sich auch das chemische Potential längs der Probe. Diese Änderung kann aus der Bedingung der Konstanz der Elektronendichte ermittelt werden. Eine Änderung der Elektronendichte bedeutet nämlich eine Störung der elektrischen Neutralität des Metalls, das heißt das Auftreten einer nichtkompensierten elektrischen Ladung. Im Abschnitt 4.1. wird gezeigt, daß das Auftreten einer solchen Ladung zu einer Umverteilung der Elektronen führt, durch die das elektrische Feld der Ladung in einer Entfernung, die in der Größenordnung der Abstände zwischen den Atomen liegt, vollständig abgeschirmt wird. Daher hat man es im folgenden stets mit einer schwachen Inhomogenität zu tun, bei der sich die physikalischen Bedingungen nur in Abständen wesentlich ändern, die groß gegen die Atomabstände sind. Es wird deshalb immer von physikalischen Größen die Rede sein, die über Gebiete gemittelt werden, die wesentlich größer als die Atomabstände sind. Unter diesen Bedingungen muß die Elektronendichte als unveränderlich angesehen werden.

Die relative Änderung des chemischen Potentials ist jedoch, wie bereits bei der Berechnung der elektronischen spezifischen Wärme (Abschn. 2.4.) geklärt wurde, sehr gering $\left(\sim (T/\mu)^2\right)$. Wenn man sich daher in diesem Falle auf die erste nichtverschwindende Näherung in T/μ beschränkt, kann man für alle physikalischen Effekte die Berechnung unter der Bedingung $\mu = \text{const}$, anstelle von $N = \text{const}$, durchführen. Bei Vorliegen eines elektrischen Feldes ist μ das gesamte chemische Potential, das heißt $\mu_0 + e\varphi$ (φ ist das Potential des elektrischen Feldes). Die Bedingung $\mu = \text{const}$ ist besonders günstig für die Berechnung der thermoelektrischen Effekte (s. Kap. 6).

Die gewöhnliche Energie ist eine Funktion der Elektronenzahl N. Beim Übergang zu der neuen Variablen μ muß statt der Energie die von μ abhängige Größe $E' = E - \mu N$ verwendet werden. Ihre Änderung bei kleiner Veränderung von μ ist $-N\,\mathrm{d}\mu$.

Der Übergang zur Bedingung $\mu = \text{const}$ führt zu einer wesentlichen Vereinfachung aller Rechnungen. Es ergibt sich z. B. (auf die Volumeneinheit bezogen):

$$E' = E - \mu N = 2\int \varepsilon f \frac{\mathrm{d}^3\boldsymbol{p}}{(2\pi\hbar)^3} - 2\mu\int f \frac{\mathrm{d}^3\boldsymbol{p}}{(2\pi\hbar)^3} = 2\int \xi f \frac{\mathrm{d}^3\boldsymbol{p}}{(2\pi\hbar)^3},$$

wobei $\xi = \varepsilon(\boldsymbol{p}) - \mu$. Die spezifische Wärme ist

$$c = 2\int \xi \frac{\partial f}{\partial T}\frac{\mathrm{d}^3\boldsymbol{p}}{(2\pi\hbar)^3} = -\frac{2}{T}\int \xi^2 \frac{\partial f}{\partial \xi}\frac{\mathrm{d}^3\boldsymbol{p}}{(2\pi\hbar)^3} = \frac{\pi^2 T}{3}\nu(\mu)\,,$$

das heißt, man erhält Gleichung (2.27). Dabei ist der Zusammenhang zwischen $\partial f/\partial T$ und $\partial f/\partial \xi$ benutzt worden, der $\left(\text{wegen } f = (\mathrm{e}^{\xi/T} + 1)^{-1}\right)$ im vorliegenden Fall die Form

$$\frac{\partial f}{\partial T} = -\frac{\xi}{T}\frac{\partial f}{\partial \xi} \tag{3.18}$$

hat, sowie die Regel (2.25) zur Berechnung von Integralen, die die Fermi-Funktion enthalten.

Es folgt die Berechnung der Wärmeleitfähigkeit. Wenn ein Temperaturgradient existiert, verschwindet in der Gleichung (3.12) nur der erste Term. Unter der Annahme, daß der Temperaturgradient klein ist, wird wiederum $f = f_0 + f_1$ gesetzt. Da die Temperatur von den Koordinaten abhängt, ist

$$\boldsymbol{v}\frac{\partial f}{\partial \boldsymbol{r}} \approx \frac{\partial f_0}{\partial T}\boldsymbol{v}\nabla T = -\frac{\xi}{T}\frac{\partial f_0}{\partial \xi}(\boldsymbol{v}\nabla T)\,.$$

Die kinetische Gleichung wird damit

$$-\frac{\partial f_0}{\partial \xi}\frac{\xi}{T}\boldsymbol{v}\nabla T = -\frac{f_1}{\tau}. \tag{3.19}$$

Der Energiestrom E' ist

$$\boldsymbol{q} = 2\int \xi \boldsymbol{v} f_1 \frac{d^3\boldsymbol{p}}{(2\pi\hbar)^3}. \tag{3.20}$$

Durch Einsetzen der Formel (3.19) für f_1 folgt

$$\boldsymbol{q} = \int \boldsymbol{v}(\boldsymbol{v}\nabla T)\,\tau\nu(\varepsilon)\,\frac{\xi^2}{T}\frac{\partial f_0}{\partial \xi}\,d\xi\,\frac{d\Omega}{4\pi}. \tag{3.21}$$

Die Integration über den Winkel und Verwendung der Regel (2.25) für Integrale mit der FERMI-Funktion ergibt

$$\boldsymbol{q} = -\frac{1}{9}\pi^2 T\nabla T(\nu v^2\tau)_\mu. \tag{3.22}$$

Hier muß eine Einschränkung gemacht werden. Ein Temperaturgradient ruft im allgemeinen gleichzeitig ein gewisses elektrisches Feld im Metall hervor. Dieses Feld ergibt sich aus der Bedingung, daß kein elektrischer Strom fließt. Man kann leicht zeigen (s. Abschn. 6.1.), daß die Berücksichtigung dieses Umstands nur kleine Korrekturen $\left(\sim (T/\mu)^2\right)$ für $\boldsymbol{q}$ ergibt, die im Rahmen der Genauigkeit der durchgeführten Berechnung unwesentlich sind.

Die Wärmeleitfähigkeit ist der Proportionalitätsfaktor zwischen Wärmestrom und Temperaturgradient:

$$\boldsymbol{q} = -\varkappa\nabla T. \tag{3.23}$$

Aus dem Ausdruck (3.22) für q folgt

$$\varkappa = \frac{\pi^2}{9}T(\nu v^2\tau)_\mu. \tag{3.24}$$

Der Vergleich dieser Formel mit dem Ausdruck (3.17) für σ liefert

$$\frac{\varkappa}{\sigma T} = \frac{\pi^2}{3e^2}. \tag{3.25}$$

Die Konstante auf der rechten Seite hängt nur von der Ladung des Elektrons ab und enthält keine charakteristischen Metallgrößen. Sie wird LORENTZ-Konstante genannt. Die Formel (3.25) ist das WIEDEMANN-FRANZsche Gesetz. Es muß hier wiederum betont werden, daß diese Beziehung aus der kinetischen Gleichung für ein isotropes Modell unter der Voraussetzung elastischer Stöße abgeleitet wurde.

Es erhebt sich die Frage, ob dieses Gesetz nicht allgemeiner als die kinetische Gleichung (3.12) gültig ist. Dazu soll der Fall eines anisotropen Metalls unter der Voraussetzung elastischer Stöße diskutiert werden. Da im Ausdruck (3.10) $I(f_0)$ verschwindet, verbleibt, wie bereits erwähnt, nur $I(f_1)$, das heißt ein gewisser auf f_1 wirkender Integraloperator. Beim Einsetzen von f_0 in die linke Seite der kinetischen Gleichung ergeben sich Ausdrücke, die proportional zu $\partial f_0/\partial \varepsilon$ sind. Deshalb kann vermutet werden, daß f_1 proportional zu $\partial f_0/\partial \varepsilon$ ist. Dies bestätigt sich, und da sich das Integral in (3.10) über eine Isoenergiefläche erstreckt, kann $\partial f_0/\partial \varepsilon$ (und andere von der Energie abhängige Faktoren) aus dem Integral herausgezogen werden. Hieraus und aus Paritätsbetrachtungen bezüglich $\boldsymbol{p}$ folgt, daß f_1 folgende Gestalt haben muß:

$$f_1 = \frac{\partial f_0}{\partial \varepsilon}\left(e\boldsymbol{E}\boldsymbol{v} - \boldsymbol{v}\nabla T\,\frac{\xi}{T}\right)\zeta(\boldsymbol{p})\,,$$

wobei ζ eine gerade Funktion des Quasiimpulses ist, die in der Umgebung von $\varepsilon = \mu$ langsam veränderlich ist.

Im anisotropen Metall lautet der Zusammenhang zwischen Strom und elektrischem Feld $j_i = \sum_k \sigma_{ik} E_k$, das heißt, statt einer einzigen Größe σ tritt der Tensor σ_{ik} auf. Das entsprechende gilt für die Wärmeleitfähigkeit. Auf Grund der Aussagen über die Funktion f_1 kann man folgern, daß das WIEDEMANN-FRANZsche Gesetz für die entsprechenden Komponenten von σ_{ik} und $\varkappa_{ik}$ erfüllt ist.

Für nichtelastische Stöße gilt das WIEDEMANN-FRANZsche Gesetz nicht.

3.5. Konzeption der freien Weglänge

Die Ausdrücke für die elektrische und Wärmeleitfähigkeit, die aus der kinetischen Gleichung (3.12) abgeleitet wurden, können sehr viel einfacher über die Konzeption der freien Weglänge gefunden werden.

Die freie Weglänge wird als der mittlere Abstand definiert, den das Elektron zwischen den Stößen zurücklegt. Wenn τ die Zeit zwischen den Stößen ist, so ist die freie Weglänge $l = v\tau$ (v mittlere Geschwindigkeit).

Es liege im Metall ein elektrisches Feld in Richtung der x-Achse vor. Dann hängt die Verteilungsfunktion der Elektronen von der Kombination $\varepsilon - e\varphi$ ab, wobei φ das Potential des elektrischen Feldes ist ($E = -\,\partial\varphi/\partial x$). Das elektrische Feld ruft einen Strom in x-Richtung hervor. Jedes Elektron trägt zu diesem Strom einen Anteil $ev \cos \Theta$ bei, wobei Θ der Winkel zwischen seiner Geschwindigkeit und der x-Achse ist. Der Gesamtstrom durch eine beliebige Fläche senkrecht zur x-Achse ist

$$j = \int f e v \cos\Theta\, \nu(\varepsilon)\, \mathrm{d}\varepsilon \frac{\mathrm{d}\cos\Theta}{2}\,.$$

Da die Verteilungsfunktion jetzt von den Koordinaten abhängt, muß berücksichtigt werden, daß die Elektronen eine Entfernung, die gleich der freien Weglänge ist, ohne Stöße durchfliegen, so daß das Argument von f nicht x, sondern $x - l\cos\Theta$ ist. Wenn sich die Verteilungsfunktion in Abständen der Größenordnung l wenig ändert, kann sie nach $l \cos \Theta$ entwickelt werden. Damit ergibt sich

$$j = \int f_0(\varepsilon - e\varphi\,(x - l \cos \Theta))\, ev \cos \Theta\, \nu\,(\varepsilon)\, \mathrm{d}\varepsilon \frac{\mathrm{d} \cos \Theta}{2}$$

$$\approx - e^2 vlE \int \frac{\partial f_0}{\partial \varepsilon} \nu(\varepsilon)\, \mathrm{d}\varepsilon \int \cos^2 \Theta \frac{\mathrm{d} \cos \Theta}{2} = \frac{1}{3} e^2 vl\nu\,(\mu)\, E\,.$$

Mit $l = v\tau$ folgt hieraus

$$\sigma = \frac{1}{3} e^2 v^2 \tau \nu(\mu)\,,$$

das heißt der Ausdruck (3.17).

Auf analoge Weise kann die Formel für den Koeffizienten der Wärmeleitfähigkeit gefunden werden. Der Wärmestrom hängt mit der Energiedichte $\mathcal{E}/V$ folgendermaßen zusammen:

$$q = \int (\mathcal{E}/V)\, v \cos \Theta \frac{\mathrm{d} \cos \Theta}{2}\,.$$

Die Energiedichte hängt aber infolge des Temperaturgradienten von den Koordinaten ab. Es muß daher, wie schon zuvor,

$$\mathcal{E}\left(T(x - l \cos \Theta)\right) \approx \mathcal{E}(T) - \frac{\partial \mathcal{E}}{\partial T} \frac{\partial T}{\partial x} l \cos \Theta$$

gesetzt werden. Die Größe $c = (1/V)\, \partial \mathcal{E}/\partial T$ ist die spezifische Wärme pro Volumeneinheit. Damit erhält man

$$q = - \frac{1}{3} clv \frac{\partial T}{\partial x}\,.$$

Durch Einsetzen von $l = v\tau$ und der Formel (2.27) für die spezifische Wärme folgt

$$\varkappa = \frac{\pi^2}{9} T v^2 \tau \nu\,(\mu)\,,$$

was mit Gleichung (3.24) übereinstimmt.

3.6. Elektrische Leitfähigkeit und Wärmeleitfähigkeit in einem Gas freier Elektronen

Für ein Gas freier Elektronen wird Gleichung (3.17) sehr einfach. In diesem Modell ist

$$\nu(\mu) = \frac{\partial}{\partial \mu} \frac{2 V_F}{(2\pi\hbar)^3}\,, \tag{3.26}$$

wobei V_F das Volumen der FERMI-Kugel ist. Da $\mu = p_0^2/2m$ und V_F proportional zu p_0^3 ist, so ist V_F demnach proportional zu $\mu^{3/2}$. Damit folgt

$$\frac{\partial V_F}{\partial \mu} = \frac{3}{2} \frac{V_F}{\mu}$$

und

$$\nu(\mu) = \frac{3}{2} \frac{2}{(2\pi\hbar)^3} \frac{V_F}{\mu} .$$

Die Zahl der Elektronen pro Volumeneinheit ist

$$n = \frac{2}{(2\pi\hbar)^3} V_F ,$$

so daß

$$\nu(\mu) = \frac{3}{2} \frac{n}{\mu} .$$

Die elektrische Leitfähigkeit ist

$$\sigma = \frac{1}{3} e^2 v^2 \tau \nu(\mu) = \frac{2}{3} \frac{e^2}{m} \mu \tau \nu(\mu)$$

(da $\mu = mv^2/2$). Durch Einsetzen von $\nu(\mu)$ folgt

$$\sigma = \frac{ne^2\tau}{m} . \tag{3.27}$$

Aus der WIEDEMANN-FRANZschen Formel (3.25) ergibt sich

$$\varkappa = \frac{\pi^2}{3} \frac{n\tau}{m} T . \tag{3.28}$$

Obgleich diese Ausdrücke für σ und $\varkappa$ nicht auf reale Metalle zutreffen, sind sie dennoch für Abschätzungen sehr nützlich.

4. Streuprozesse

4.1. Streuung an Störstellen

Für reale Metalle sind die Funktionen $\varepsilon(\boldsymbol{p})$ und insbesondere die Streuamplituden sehr kompliziert. Daher ist es sehr schwierig, genaue Zahlenwerte der elektrischen und Wärmeleitfähigkeit zu erhalten. Es ist wesentlich einfacher, Aussagen über die Temperaturabhängigkeit und die Größenordnung dieser Koeffizienten zu machen. Dazu ist in den meisten Fällen sogar nicht einmal die kinetische Gleichung erforderlich, sondern es genügt hierzu vollkommen die Konzeption der freien Weglänge. Zunächst soll die Störstellenstreuung untersucht werden. Im Abschnitt 3.2. wurde dieser Streumechanismus bereits zur Herleitung der kinetischen Gleichung in der Form (3.12) betrachtet, und es müßte möglich sein, entsprechende Abschätzungen auch für σ und $\varkappa$ aus den dort gefundenen Gleichungen zu erhalten. Dieser Weg soll hier jedoch nicht beschritten, sondern die Größen σ und $\varkappa$ aus qualitativen und anschaulichen Überlegungen abgeleitet werden, die auch auf andere Streumechanismen anwendbar sind.

Um den effektiven Streuquerschnitt der Elektronen bezüglich der Störstellen zu ermitteln, können im Hinblick auf das Potential des auf das Elektron wirkenden Störatoms verschiedene Annahmen gemacht werden. Entweder kann man annehmen, daß das Atom neutral ist und sich wie eine harte Kugel mit atomaren Abmessungen verhält, oder (und das ist wahrheitsgemäßer) das Störstellenatom ist ionisiert. Jedoch ist sogar in diesem Fall das Modell der harten Kugeln anwendbar. Um das zu erkennen, wird die Abschirmung des Potentials des Störstellenions durch die Elektronen untersucht.

Wenn n' die bei Einbau eines Ions in das Gitter hervorgerufene Änderung der Elektronendichte ist, dann lautet die MAXWELL-Gleichung, die die Änderung des elektrischen Potentials bestimmt,[1])

$$\Delta\varphi = 4\pi e n' \tag{4.1}$$

(wenn sich das Ion am Punkt $r = 0$ befindet, muß die Lösung $-Ze/r$ für $r \to 0$ gewählt werden). In Anwesenheit des Potentials ist die Energie ε des Elektrons durch $\varepsilon - e\varphi$ zu ersetzen. In die FERMI-Verteilung geht ε in der Kombination

[1]) Anmerkung des Herausgebers: Diese Gleichung wird auch als POISSONsche Gleichung bezeichnet.

$\varepsilon - \mu$ ein, wobei μ das chemische Potential ist. Man kann also sagen, daß μ durch $\mu + e\varphi$ zu ersetzen ist, so daß

$$n' = n(\mu + e\varphi) - n(\mu) \approx e\varphi \frac{\partial n}{\partial \mu}.$$

Damit wird die MAXWELL-Gleichung

$$\Delta\varphi - 4\pi e^2 \varphi \frac{\partial n}{\partial \mu} = 0. \tag{4.2}$$

Die Lösung dieser Gleichung ist

$$\varphi = -Ze \frac{e^{-\varkappa_D r}}{r}, \tag{4.3}$$

wobei Ze die Ionenladung und $\varkappa_D = 1/r_D$ der reziproke DEBYE-Radius ist:

$$\varkappa_D = \sqrt{4\pi e^2 \, \partial n/\partial \mu}. \tag{4.4}$$

Das COULOMB-Potential des Störstellenions wird also durch die Elektronen in Entfernungen abgeschirmt, die größer als der DEBYE-Radius $r_D = 1/\varkappa_D$ sind. Größenordnungsmäßig gilt die Abschätzung

$$\varkappa_D \sim \sqrt{e^2 \frac{p_0^3 m}{\hbar^3 p_0^2}} \sim \frac{p_0}{\hbar} \sqrt{\frac{e^2 m}{p_0 \hbar}} \sim \frac{p_0}{\hbar} \sqrt{\frac{e^2}{\hbar v}}. \tag{4.5}$$

Die Größe $e^2/\hbar v$ ist dimensionslos. Um sie abzuschätzen, muß man beachten, daß die Metallatome in der Hauptsache durch die Leitfähigkeitselektronen gebunden sind. Das bedeutet, daß die potentielle und kinetische Energie der Elektronen die gleiche Größenordnung haben müssen. Das Verhältnis der mittleren potentiellen Energie des Elektrons $e^2/\bar{r}$ zu seiner kinetischen Energie $p_0^2/2m$ ist

$$\frac{e^2/\bar{r}}{p_0^2/2m} \sim \frac{e^2 p_0/\hbar}{p_0^2/m} \sim \frac{e^2}{\hbar v} \sim 1. \tag{4.6}$$

Hierbei wurde benutzt, daß der mittlere Abstand $\bar{r}$ der Elektronen größenordnungsmäßig gleich $\hbar/p_0$ ist. Aus der Beziehung (4.6) folgt, daß die Größe $e^2/\hbar v$ in (4.5) von der Größenordnung 1 ist und daß

$$r_D \sim \hbar/p_0 \sim a \sim 10^{-8}\ \text{cm}.$$

Demnach wird das Potential des Störions in atomaren Abständen abgeschirmt. Folglich ist sogar in diesem Fall das Modell harter Kugeln mit atomaren Abmessungen brauchbar.

Im folgenden wird die Streuung von Elektronen an derartigen Kugeln betrachtet. Wenn Q_{eff} der effektive Streuquerschnitt ($\sim 10^{-16}\ \text{cm}^2$) ist und sich das Elektron um 1 cm verschiebt, so stößt es auf diesem Wege auf die Störatome im Volumen 1 cm $\cdot\, Q_{\text{eff}}$. Wenn $n_i = N_i/V$ die Dichte der Störatome ist, dann ist die Gesamtzahl der Stöße

$$n_i \cdot 1 \cdot Q_{\text{eff}}.$$

Dann ist der mittlere vom Elektron ohne Zusammenstoß zurückgelegte Abstand, das heißt die freie Weglänge

$$l \sim 1/n_i Q_{\text{eff}} . \tag{4.7}$$

Zur Abschätzung der Größenordnung der Leitfähigkeit ergibt sich mit Formel (3.27) für ein freies Elektronengas

$$\sigma \sim \frac{ne^2\tau}{m} \sim \frac{ne^2 l}{mv} \sim \frac{ne^2 l}{p_0} \sim \frac{ne^2}{p_0 n_i Q_{\text{eff}}} .$$

Da die Zahl der Leitungselektronen in normalen Metallen von der gleichen Größenordnung wie die Zahl der Atome ist, ist $n_i/n \sim c_i$ die Störstellenkonzentration. Unter Verwendung von $e^2 \sim \hbar v$ ergibt sich

$$\sigma \sim \frac{v\hbar}{p_0 c_i Q_{\text{eff}}} \sim \frac{\hbar}{m c_i Q_{\text{eff}}} \sim \frac{10^{-27}\,\text{g cm}^2\,\text{s}^{-1}}{10^{-27}\,\text{g}\, c_i Q_{\text{eff}}} \sim \frac{10^{16}}{c_i}\,\text{s}^{-1} . \tag{4.8}$$

Die Leitfähigkeit hängt also nicht von der Temperatur ab.

Aus dem Wiedemann-Franzschen Gesetz (3.25) und aus (4.8) folgt

$$\varkappa \sim \frac{10^4}{c_i}\, T\,(\text{K})\, \frac{\text{erg}}{\text{cm s K}} . \tag{4.9}$$

4.2. Streuung von Elektronen an Elektronen

Ein weiterer Streumechanismus ist die Elektronenstreuung an Elektronen. Die Streuung von Fermi-Teilchen untereinander wurde bereits im Abschnitt 2.2. behandelt. Dabei erwies sich die Streuwahrscheinlichkeit als proportional zu T^2, so daß die Stoßzeit τ porportional zu $1/T^2$ ist. Es muß nur noch ein Koeffizient eingeführt werden, damit τ die Dimension einer Zeit erhält. Da die potentielle Wechselwirkungsenergie der Elektronen von der Größenordnung ihrer kinetischen Energie ist, ist die einzig mögliche Form für τ:

$$\tau \sim \hbar\mu/T^2 .$$

Daher ist ($e^2 \sim \hbar v$)

$$\sigma \sim \frac{ne^2\hbar\mu}{mT^2} \sim \frac{n\hbar^2 p_0 \mu}{m^2 T^2} \sim \left(\frac{\mu}{T}\right)^2 \frac{n\hbar^2 p_0}{\mu m^2}$$

$$\sim \left(\frac{\mu}{T}\right)^2 \frac{n\hbar^2}{p_0 m} \sim \left(\frac{\mu}{T}\right)^2 \left(\frac{p_0}{\hbar}\right)^3 \frac{\hbar^2}{p_0 m} \sim \left(\frac{\mu}{T}\right)^2 \frac{\hbar}{m} \left(\frac{p_0}{\hbar}\right)^2 .$$

Mit $\hbar/p_0 \approx 10^{-8}$ cm folgt

$$\sigma \sim 10^{16} \left(\frac{\mu}{T}\right)^2 \text{s}^{-1} \tag{4.10}$$

(hierbei wird T in Energieeinheiten gemessen). Die Leitfähigkeit variiert also wie $1/T^2$.

Es muß jetzt jedoch eine Bemerkung zur Natur der Stöße gemacht werden. Die Stöße der Elektronen untereinander können nicht als elastisch aufgefaßt werden, da die Energieänderung dabei von der Größenordnung T sein kann. Die Impulsänderungen sind ebenfalls nicht klein, sondern von der Größenordnung p_0 (das hängt damit zusammen, daß die COULOMB-Wechselwirkung der Elektronen ebenso wie ein Störstellenpotential abgeschirmt wird und daher der Wechselwirkungsradius der Elektronen untereinander etwa gleich dem Atomabstand ist). Dennoch kann die Konzeption der freien Weglänge angewendet werden, da jeder Stoß sowohl im Hinblick auf die Impuls-, als auch auf die Energieänderung effektiv ist (daher ist das in den verschiedenen Formeln verwendete τ größenordnungsmäßig dasselbe).

Daher gilt auch größenordnungsmäßig die WIEDEMANN-FRANZsche Formel (3.25). Die Wärmeleitfähigkeit ergibt sich damit zu

$$\varkappa \sim \frac{10^{12}}{T\,(\mathrm{K})} \frac{\mathrm{erg}}{\mathrm{cm\,s\,K}}. \tag{4.11}$$

4.3. Streuung an Gitterschwingungen

Im Abschnitt 3.1. wurde bereits festgestellt, daß sich das Elektron in einem idealen periodischen Gitter wie ein freies Teilchen bewegt. Das Gitter ist jedoch selbst für $T = 0$ nicht ideal, weil die Atome sogenannte Nullpunktsschwingungen ausführen (Formel (2.4)). Dennoch verschwindet der elektrische Widerstand bei $T = 0$. Tatsächlich werden bei einem Streuprozeß Impuls und Energie vom Elektron auf die Gitterschwingungen und umgekehrt übertragen. Ein angeregter Zustand des Gitters kann mit dem Bild eines Gases von Schwingungsquanten, das heißt Phononen beschrieben werden. Dann führt der Streuprozeß dazu, daß das Elektron Phononen emittiert oder absorbiert.

Bei $T = 0$ existieren keine Phononen, so daß keine Absorption auftritt. Dann befindet sich die Elektronenflüssigkeit im Grundzustand und kann keine Phononen erzeugen, da sie dafür keine Energie besitzt.[1]) Bei $T \neq 0$ können alle genannten Prozesse stattfinden. Da wie bisher auch hier nur die Temperaturabhängigkeiten und Größenordnungen von σ und $\varkappa$ ermittelt werden sollen, kann man sich stets auf einfache und abschätzende Ableitungen beschränken.

Zunächst wird die Quantisierung der Gitterschwingungen betrachtet. Die kinetische Energie des Gitters ist

$$E_{\mathrm{kin}} = \sum_i \frac{M\dot{u}_i^2}{2},$$

[1]) In Wirklichkeit erhalten die Elektronen Energie aus dem elektrischen Feld, deren Berücksichtigung jedoch nur eine geringe, im Feld nichtlineare Korrektur zum Strom ergibt.

wobei $\boldsymbol{u}_i$ die Verschiebung des i-ten Atoms und M seine Masse ist. Bei langwelligen Schwingungen kann statt der diskreten $\boldsymbol{u}_i$ die stetige Funktion $\boldsymbol{u}(\boldsymbol{r})$ verwendet und die kinetische Energie in der Form

$$E_{\text{kin}} = \frac{NM}{2V} \int \dot{\boldsymbol{u}}^2(\boldsymbol{r})\, \mathrm{d}V$$

geschrieben werden, wobei N/V die Zahl der Ionen im Einheitsvolumen ist. Der Übergang $\boldsymbol{u}_i \to \boldsymbol{u}(\boldsymbol{r})$ ist strenggenommen nur für lange Wellen gültig, für Abschätzungen jedoch immer geeignet und soll daher hier verwendet werden. Die Vertauschungsrelationen zwischen den Impulsen und Koordinaten der Ionen lauten:

$$M[\dot{u}_i^\alpha, u_{i'}^{\alpha'}] = -\, i\hbar\delta_{ii'}\delta_{\alpha\alpha'}$$

(α bezeichnet die Komponenten des Verschiebungsvektors). Beim Übergang von $\boldsymbol{u}_i$ zu $\boldsymbol{u}(\boldsymbol{r})$ erhält man hieraus

$$\frac{N}{V} M[\dot{u}^\alpha(\boldsymbol{r}, t), u^{\alpha'}(\boldsymbol{r}', t)] = -\, i\hbar\delta_{\alpha\alpha'}\delta(\boldsymbol{r} - \boldsymbol{r}') .$$

Im folgenden wird nur ein Typ von Gitterschwingungen betrachtet und dazu der Operator $u(\boldsymbol{r})$ in ein Fourier-Integral zerlegt. Da $u(\boldsymbol{r})$ ein reeller Operator ist, gilt

$$u(\boldsymbol{r}) = \frac{1}{\sqrt{V}} \sum_{\boldsymbol{k}} (u_{\boldsymbol{k}}\, \mathrm{e}^{i\boldsymbol{kr} - i\omega(\boldsymbol{k})t} + u_{\boldsymbol{k}}^+\, \mathrm{e}^{-i\boldsymbol{kr} + i\omega(\boldsymbol{k})t}) .$$

Hiermit ergibt sich für die kinetische Energie bei Mittelung über die Zeit:

$$\overline{E}_{\text{kin}} = \frac{NM}{2V} \sum_{\boldsymbol{k}} (u_{\boldsymbol{k}} u_{\boldsymbol{k}}^+ + u_{\boldsymbol{k}}^+ u_{\boldsymbol{k}})\, \omega^2(\boldsymbol{k}) .$$

Aus der allgemeinen Vertauschungsrelation folgt

$$[u_{\boldsymbol{k}}, u_{\boldsymbol{k}'}^+] = \frac{V\hbar\delta_{\boldsymbol{kk}'}}{2MN\omega} .$$

Diese Vertauschungsrelationen sind erfüllt, wenn man annimmt, daß der Operator $u_{\boldsymbol{k}}$ folgende Matrixelemente hat:

$$(u_{\boldsymbol{k}})_{n_{\boldsymbol{k}}}^{n_{\boldsymbol{k}}-1} = \sqrt{n_{\boldsymbol{k}}} \sqrt{\frac{V\hbar}{2NM\omega(\boldsymbol{k})}}, \qquad (u_{\boldsymbol{k}}^+)_{n_{\boldsymbol{k}}-1}^{n_{\boldsymbol{k}}} = (u_{\boldsymbol{k}})_{n_{\boldsymbol{k}}}^{n_{\boldsymbol{k}}-1}, \tag{4.12}$$

wobei $n_{\boldsymbol{k}}$ ganze Zahlen sind. Es ist nämlich

$$[u_{\boldsymbol{k}}, u_{\boldsymbol{k}}^+]_{n_{\boldsymbol{k}}}^{n_{\boldsymbol{k}}} = (u_{\boldsymbol{k}})_{n_{\boldsymbol{k}}+1}^{n_{\boldsymbol{k}}} (u_{\boldsymbol{k}}^+)_{n_{\boldsymbol{k}}}^{n_{\boldsymbol{k}}+1} - (u_{\boldsymbol{k}}^+)_{n_{\boldsymbol{k}}-1}^{n_{\boldsymbol{k}}} (u_{\boldsymbol{k}})_{n_{\boldsymbol{k}}}^{n_{\boldsymbol{k}}-1}$$

$$= \frac{V\hbar}{2MN\omega(\boldsymbol{k})} (n_{\boldsymbol{k}} + 1 - n_{\boldsymbol{k}}) = \frac{V\hbar}{2MN\omega(\boldsymbol{k})} .$$

Bei harmonischen Schwingungen sind die mittlere kinetische und die mittlere potentielle Energie einander gleich. Daher kann die Gesamtenergie als die doppelte mittlere kinetische Energie ausgedrückt werden: $E = 2\overline{E}_{\text{kin}}$. Wenn man (4.12) in $\overline{E}_{\text{kin}}$ einsetzt, findet man

$$E = \sum_{\boldsymbol{k}} \hbar\omega(\boldsymbol{k})\,(n_{\boldsymbol{k}} + \tfrac{1}{2})\,.$$

Also ist $n_{\boldsymbol{k}}$ nichts anderes als die Zahl der Phononen. Gemäß (4.12) hat der Operator $u_{\boldsymbol{k}}^{+}$ Matrixelemente, die einer Erhöhung der Phononenzahl um Eins (d. h. einer Phononenemission), und $u_{\boldsymbol{k}}$ solche, die einer Verringerung der Phononenzahl um Eins (einer Absorption) entsprechen.

Im folgenden wird die Wechselwirkung des Elektrons mit den Gitterschwingungen betrachtet. Wenn das Gitter in irgendeiner Weise deformiert wird, tritt eine Polarisation auf. Die Polarisationsladung pro Volumeneinheit ist div $\boldsymbol{P}$, wobei $\boldsymbol{P}$ der Polarisationsvektor ist, das heißt das Dipolmoment der Volumeneinheit. Die Wechselwirkungsenergie der Elektronen mit der Polarisationsladung ist

$$e \int Q(\boldsymbol{r} - \boldsymbol{r}')\, \operatorname{div} \boldsymbol{P}(\boldsymbol{r}')\, \mathrm{d}V'\,.$$

Ohne Abschirmung wäre der Kern Q gleich $1/|\boldsymbol{r} - \boldsymbol{r}'|$. Die Abschirmung macht jedoch die Wechselwirkung kurzreichweitig. Wenn man die Atomabstände als klein annimmt, kann man Q als δ-Funktion darstellen: $Q(\boldsymbol{r} - \boldsymbol{r}') \approx a^2\delta(\boldsymbol{r} - \boldsymbol{r}')$, wobei a die Größenordnung der Atomabstände hat (d. h. $a \sim 10^{-8}$ cm $\sim \hbar/p_0$). Der Polarisationsvektor $\boldsymbol{P}(\boldsymbol{r})$ ist größenordnungsmäßig gleich $ne\boldsymbol{u}$, wobei $\boldsymbol{u}$ den Verschiebungsvektor und $n = N/V$ die Atomdichte bezeichnet, die von der gleichen Größenordnung wie die Elektronendichte ist. Da in die Wechselwirkung div $\boldsymbol{P}$ eingeht, geht in die Fourier-Komponente der Wechselwirkung $ku_{\boldsymbol{k}}$ (oder $ku_{\boldsymbol{k}}^{+}$) ein. Für große Wellenlängen ist $\omega = sk$, wobei s die Schallgeschwindigkeit ist. Somit ist die Fourier-Komponente der Wechselwirkung größenordnungsmäßig

$$V_{\boldsymbol{k}} \sim \frac{1}{\sqrt{V}}\, e^2 a^2 n \frac{\omega}{s} u_{\boldsymbol{k}}\,.$$

Da die Wechselwirkung proportional zu $\boldsymbol{u}$ ist, können in erster Näherung der Störungstheorie solche Prozesse stattfinden, die den Matrixelementen von $u_{\boldsymbol{k}}$ und $u_{\boldsymbol{k}}^{+}$ (4.12), das heißt einer Erzeugung oder Vernichtung eines Phonons entsprechen. Für die Erzeugung folgt zum Beispiel

$$V_{\boldsymbol{p}-\hbar\boldsymbol{k},\boldsymbol{p}} \sim \frac{e^2a^2n}{\sqrt{V}} \sqrt{\frac{\hbar(n_{\boldsymbol{k}}+1)}{nM\omega}}\, \frac{\omega}{s}$$

$$= \frac{na^2e^2}{s\sqrt{V}} \sqrt{\frac{\hbar\omega(n_{\boldsymbol{k}}+1)}{nM}} \sim \frac{1}{\sqrt{V}}\, na^3 \frac{e^2}{a} \sqrt{\frac{\hbar\omega(n_{\boldsymbol{k}}+1)}{n}}\, \frac{1}{s\sqrt{M}}\,.$$

Nun gilt aber $na^3 \sim 1$, $e^2/a \sim p_0^2/m$, und die Schallgeschwindigkeit genügt der Beziehung $s\sqrt{M} \sim v\sqrt{m}$ (wobei M die Ionenmasse, m die Elektronenmasse und v die Elektronengeschwindigkeit ist)[1]). Mit diesen Ausdrücken kann das Matrixelement der Wechselwirkung umgeformt werden:

$$V_{\boldsymbol{p}-\hbar\boldsymbol{k},\boldsymbol{p}} \sim \frac{1}{\sqrt{V}} \frac{p_0^2}{mv\sqrt{m}} \sqrt{\frac{\hbar\omega(n_{\boldsymbol{k}}+1)}{n}}$$

$$\sim \frac{1}{\sqrt{V}} p_0 \sqrt{\frac{\hbar\omega(n_{\boldsymbol{k}}+1)}{nm}}. \tag{4.13}$$

Dabei ist festzustellen, daß die Funktion $u(\boldsymbol{r})$ einen physikalischen Sinn tatsächlich nur an den Punkten $\boldsymbol{r} = \boldsymbol{a}_n$ hat, an denen sich die Atome befinden. In die FOURIER-Entwicklung von $u(\boldsymbol{r})$ an diesen Punkten gehen die Faktoren $e^{i\boldsymbol{k}\boldsymbol{a}_n}$ ein. Diese ändern sich nicht bei Änderung von $\boldsymbol{k}$ um eine Periode des reziproken Gitters. Folglich sind beliebige $\boldsymbol{k}$ und $\boldsymbol{k} + \boldsymbol{K}$ physikalisch äquivalent, und die Funktion $\omega(\boldsymbol{k})$ muß, so wie auch $\varepsilon(\boldsymbol{p})$, periodisch im reziproken Gitter sein und daher innerhalb endlicher Grenzen variiert.

Für kleine k (lange Wellen) liegt Schall vor, und es ist $\omega = sk$. Diese Beziehung gibt auch für große k die richtige Größenordnung wieder. Der Maximalwert von k entspricht den Zonengrenzen der BRILLOUIN-Zone, ist also größenordnungsmäßig gleich $K_{\min} \sim \pi/a$. Daher hat die Grenzfrequenz der Phononen die Größenordnung

$$\omega_D \sim sK_{\min} \sim \frac{s\pi}{a}.$$

Diese Grenze heißt DEBYE-Frequenz. Für Metalle entspricht sie gewöhnlich einer Temperatur von einigen hundert Grad. Da der FERMI-Impuls der Elektronen $\hbar/a \sim p_0$ ist, kann man auch

$$\hbar\omega_D \sim sp_0 \tag{4.14}$$

schreiben. Mit Ausnahme von Spezialfällen, die in Abschnitt 4.4. behandelt werden, kann für die Phononenzahl $n_{\boldsymbol{k}}$ die BOSE-Verteilung

$$n_{\boldsymbol{k}} = 1/[e^{\hbar\omega/T} - 1] \tag{4.15}$$

verwendet werden.

Im folgenden werden zwei Grenzfälle diskutiert: hohe und niedrige Temperaturen.

[1]) Diese Beziehung ist z. B. aus dem Ausdruck für die Oszillatorfrequenz $\omega = \sqrt{\alpha/M}$ ersichtlich, wobei α der Elastizitätskoeffizient ist. Da die COULOMB-Energie im Metall größenordnungsmäßig gleich der kinetischen Energie der Elektronen ist, unterscheidet sich $\hbar\omega$ von den Elektronenenergien für Impulse der Größenordnung p_0 durch einen Faktor $1/\sqrt{M}$. Da $\boldsymbol{v} = \partial\varepsilon/\partial\boldsymbol{p}$ und $s = \partial\omega/\partial k$ ist, überträgt sich dieser Unterschied auf die Geschwindigkeiten.

1. $T \gg \hbar\omega_D$. Bei hohen Temperaturen ist die Emission und Absorption von Phononen mit hohen Energien der Größenordnung $\hbar\omega_D$ am wahrscheinlichsten. Wegen $\hbar\omega_D \ll T$ folgt aus der BOSE-Verteilung

$$n_{\boldsymbol{k}} \approx T/\hbar\omega_D .$$

Da $n_{\boldsymbol{k}} \gg 1$, ist $n_{\boldsymbol{k}} + 1 \approx n_{\boldsymbol{k}}$.

Die Gesamtstreuwahrscheinlichkeit für die Emission eines Phonons ist

$$W = \frac{2\pi}{\hbar} \int |V_{\boldsymbol{p}-\hbar\boldsymbol{k},\boldsymbol{p}}|^2 \, \delta\big(\varepsilon(\boldsymbol{p}) - \varepsilon(\boldsymbol{p} - \hbar\boldsymbol{k}) - \hbar\omega(\boldsymbol{k})\big) \frac{V \, \mathrm{d}^3\boldsymbol{k}}{(2\pi)^3} . \tag{4.16}$$

Für die Phononenabsorption läßt sich eine analoge Formel finden. Die Integration der δ-Funktion über $\mathrm{d}^3\boldsymbol{k}$ ergibt einen Faktor von der Größenordnung

$$\frac{K_{\min}^3}{\mu} \sim \frac{p_0^3/\hbar^3}{p_0^2/m} .$$

Durch Einsetzen der Ausdrücke für $V_{\boldsymbol{p}-\hbar\boldsymbol{k},\boldsymbol{p}}$ und $n_{\boldsymbol{k}}$ folgt

$$W \sim \frac{1}{\hbar} p_0^2 \frac{\hbar\omega_D}{mn} \frac{T}{\hbar\omega_D} \frac{p_0^3}{\hbar^3} \frac{m}{p_0^2} \sim \frac{T}{\hbar}$$

(dabei ist n durch $p_0^3/\hbar^3$ ersetzt worden). Damit gilt

$$\tau \sim \frac{1}{W} \sim \frac{\hbar}{T} . \tag{4.17}$$

Durch Einsetzen in Formel (3.27) für die Leitfähigkeit folgt

$$\sigma \sim \frac{ne^2\tau}{m} \sim \frac{ne^2\hbar}{mT} \sim \frac{n\hbar^2 p_0}{m^2 T} \sim \frac{\mu}{T} \frac{n\hbar^2}{p_0 m} \sim \frac{\mu}{T} \frac{p_0^3 \hbar^2}{\hbar^3 p_0 m}$$

$$\sim \frac{\mu}{T} \left(\frac{p_0}{\hbar}\right)^2 \frac{\hbar}{m} \sim 10^{16} \left(\frac{\mu}{T}\right) \mathrm{s}^{-1} . \tag{4.18}$$

Bei hohen Temperaturen ändert sich also die Leitfähigkeit wie $1/T$.

Da $\hbar\omega_D \ll T$, ändert sich die Elektronenenergie bei Stößen nur geringfügig, so daß die Stöße als elastisch angesehen werden können. Daher gilt das WIEDEMANN-FRANZsche Gesetz, also

$$\varkappa = \text{const} \sim 10^8 \frac{\text{erg}}{\text{cm s K}} . \tag{4.19}$$

2. $T \ll \hbar\omega_D$. Hierbei spielen Phononen mit der Energie $\hbar\omega \sim T$ die wesentlichste Rolle. Daher ändert sich die Energie der Elektronen bei jedem Zusammenstoß merklich. Da der Phononenimpuls im Mittel gleich $\hbar\omega/s \sim T/s$ und der Elektronenimpuls von der Größenordnung p_0 ist, ändert sich der Elektronenimpuls bei jedem Stoß um die relative Größe $T/sp_0 \sim T/\hbar\omega_D \ll 1$. Daher ist dieser Fall entgegengesetzt zu den vorher betrachteten elastischen Stößen, bei

denen sich die Energie wenig ändert, der Impuls sich jedoch stark ändern kann. Deshalb dürfen die bisher benutzten Regeln nicht mehr mechanisch angewendet werden.

Die Konzeption der freien Weglänge ist anwendbar, wenn für die elektrische und die Wärmeleitfähigkeit unterschiedliche Werte τ eingeführt werden. Da sich bei jedem Zusammenstoß die Energie größenordnungsmäßig um T ändert, ist für die Wärmeleitung jeder Zusammenstoß effektiv. Der entsprechende Wert für τ verhält sich wie $1/W$, wobei sich W aus Formel (4.16) bestimmt. Die darin auftretende δ-Funktion kann in der Form

$$\delta\left(\frac{p^2}{2m} - \frac{(\boldsymbol{p} - \hbar\boldsymbol{k})^2}{2m} - \hbar\omega(\boldsymbol{k})\right) = \delta\left(\frac{\hbar\boldsymbol{pk}}{m} - \frac{\hbar^2k^2}{2m} - \hbar\omega(\boldsymbol{k})\right)$$

$$= \delta\left(\cos\Theta - \frac{\hbar k}{2p} - \frac{m\omega}{pk}\right)\frac{m}{\hbar pk}$$

geschrieben werden, wobei Θ der Winkel zwischen $\boldsymbol{p}$ und $\boldsymbol{k}$ ist. Infolge der oben gemachten Aussagen über den Phononenimpuls ist $\hbar k/p_0 \ll 1$. Außerdem gilt $m\omega/pk \sim ms/p_0 \sim s/v \ll 1$.

Das Integral in (4.16) erstreckt sich über den absoluten Betrag und über die Winkel. Wichtig ist, daß der Wert $\cos\Theta$, bei dem das Argument der δ-Funktion gegen Null geht, sehr klein ist, das heißt mit Sicherheit im Wertebereich von $\cos\Theta$ liegt. Daher ergibt die Integration der δ-Funktion über den Winkel den Wert 1. Dann ist

$$W \sim \frac{1}{\hbar}\frac{p_0^2\hbar\omega}{mn}\frac{m}{\hbar p_0 k}k^3 \sim \frac{1}{\hbar}\frac{p_0^2\hbar\omega}{mn}\frac{ms}{p_0\hbar\omega}\left(\frac{\omega}{s}\right)^3$$

$$\sim \frac{1}{\hbar}\frac{p_0^2 T}{m(p_0/\hbar)^3}\frac{ms}{p_0 T}\frac{T^3}{\hbar^3 s^3} \sim \frac{T}{\hbar}\left(\frac{T}{\hbar\omega_D}\right)^2. \tag{4.20}$$

Hierbei wurden die Beziehungen $\hbar\omega \sim T$, $\omega \sim sk$ und $sp_0 \sim \hbar\omega_D$ verwendet. Die Zeit $\tau_t \sim 1/W$ kann im Ausdruck für die Wärmeleitfähigkeit verwendet werden.

Als nächstes wird die elektrische Leitfähigkeit diskutiert. Bei der Herleitung des Stoßintegrals in der Form (3.12) wurde praktisch nur die Tatsache verwendet, daß sich der Elektronenimpuls bei Stößen seinem Betrag nach nur wenig ändert. Das gilt auch im vorliegenden Fall, desgleichen auch die Gleichung (3.11). Der Streuwinkel Θ ist im Mittel etwa gleich dem Verhältnis des Phononenimpulses zum Elektronenimpuls:

$$\Theta \sim \hbar k/p_0 \sim s\hbar k/sp_0 \sim T/\hbar\omega_D \ll 1.$$

Wenn man in (3.11) $1 - \cos\Theta$ nach Θ entwickelt, erhält man für den in die elektrische Leitfähigkeit eingehenden Wert τ_e:

$$\frac{1}{\tau_e} \sim \overline{W(\Theta)\,\Theta^2} \sim \frac{T}{\hbar}\left(\frac{T}{\hbar\omega_D}\right)^4.$$

Daher ist die elektrische Leitfähigkeit

$$\sigma \sim \frac{ne^2\tau_e}{m} \sim \frac{ne^2\hbar}{mT}\left(\frac{\hbar\omega_D}{T}\right)^4 \sim \frac{p_0^2}{\hbar^2}\frac{\hbar}{m}\frac{p_0^2}{mT}\left(\frac{\hbar\omega_D}{T}\right)^4 \sim 10^{16}\left(\frac{\mu}{T}\right)\left(\frac{\hbar\omega_D}{T}\right)^4 \mathrm{s}^{-1}. \tag{4.21}$$

Die Leitfähigkeit ändert sich also bei niedrigen Temperaturen nach dem Gesetz $1/T^5$ (Blochsches Gesetz).

Für die Wärmeleitfähigkeit wird die Zeit $\tau_t = 1/W$ verwendet. Dabei ergibt sich

$$\varkappa \sim clv \sim cv^2\tau_t \sim \frac{p_0 mT}{\hbar^3}\left(\frac{p_0}{m}\right)^2 \frac{\hbar}{T}\left(\frac{\hbar\omega_D}{T}\right)^2 \sim 10^8\left(\frac{T_D}{T}\right)^2 \frac{\mathrm{erg}}{\mathrm{cm\,s\,K}}. \tag{4.22}$$

Hierin wird $T_D = \hbar\omega_D$ in den gleichen Einheiten wie T gemessen.

Durch Vergleich der Ausdrücke für die elektrische und die Wärmeleitfähigkeit folgt

$$\frac{\varkappa}{\sigma} \sim \frac{T}{e^2}\left(\frac{T}{\hbar\omega_D}\right)^2. \tag{4.23}$$

Das Wiedemann-Franzsche Gesetz ist also nicht erfüllt.

4.4. Umklapp-Prozesse

Bisher sind die hauptsächlichsten Streuprozesse untersucht und daraus die elektrische und Wärmeleitfähigkeit bestimmt worden. Insbesondere ist der durch die Elektron-Elektron-Streuung verursachte Widerstand betrachtet worden. In Wirklichkeit ist jedoch nicht vollkommen offensichtlich, wie Elektron-Elektron-Stöße zum Auftreten eines Widerstandes führen können. Wenn ein Strom von Elektronen gebremst wird, so bedeutet das eine Änderung des Gesamtimpulses der Elektronen. Wenn jedoch bei Streuprozessen der Gesamtimpuls erhalten bleibt, dann können diese Stöße keine Stromdissipation bewirken. Es muß aber daran erinnert werden, daß der hier betrachtete Quasiimpuls nicht der wahre Impuls ist. Insbesondere ist der Quasiimpuls nur bis auf $\hbar\boldsymbol{K}$ bestimmt, wobei $\boldsymbol{K}$ eine beliebige Periode des reziproken Gitters ist. Infolgedessen sind Elektron-Elektronen-Stöße möglich, bei denen der Gesamtimpuls nicht erhalten bleibt.

Im folgenden soll das Stoßintegral für Elektron-Elektron-Streuung genauer untersucht werden. Die Streuwahrscheinlichkeit zweier Elektronen sei $W(\boldsymbol{p}_1\boldsymbol{p}_2, \boldsymbol{p}_1'\boldsymbol{p}_2')$. Das Stoßintegral enthält dann zwei Terme, von denen der eine den Austritt eines Elektrons aus dem betrachteten Volumenelement des Impulsraumes und der andere dessen Eintritt beschreibt. In jedem Term müssen Faktoren enthalten sein, die das Vorhandensein von Elektronen in den Ausgangszuständen und das Fehlen von Elektronen in den Endzuständen berücksichtigen.

Damit folgt

$$I(f) = -\int W(\boldsymbol{p}_1\boldsymbol{p}_2, \boldsymbol{p}_1'\boldsymbol{p}_2') \{f(\boldsymbol{p}_1) f(\boldsymbol{p}_2) [1 - f(\boldsymbol{p}_1')] [1 - f(\boldsymbol{p}_2')]$$
$$- f(\boldsymbol{p}_1') f(\boldsymbol{p}_2') [1 - f(\boldsymbol{p}_1)] [1 - f(\boldsymbol{p}_2)]\}$$
$$\times \delta(\varepsilon_1 + \varepsilon_2 - \varepsilon_1' - \varepsilon_2') \frac{\mathrm{d}^3\boldsymbol{p}_2}{(2\pi\hbar)^3} \frac{\mathrm{d}^3\boldsymbol{p}_1'}{(2\pi\hbar)^3}.$$

Hierbei wird über den Impuls des zweiten Elektrons $\boldsymbol{p}_2$ und über den Impuls eines der Elektronen nach dem Streuprozeß $\boldsymbol{p}_1'$ integriert. Der Impuls $\boldsymbol{p}_2'$ dagegen bestimmt sich bis auf $\hbar\boldsymbol{K}$ aus dem Erhaltungssatz

$$\boldsymbol{p}_1 + \boldsymbol{p}_2 = \boldsymbol{p}_1' + \boldsymbol{p}_2' + \hbar\boldsymbol{K}.$$

Der Vektor $\hbar\boldsymbol{K}$ ist beliebig, und das Stoßintegral umfaßt eine Summation über $\hbar\boldsymbol{K}$ unter der Bedingung, daß alle Vektoren $\boldsymbol{p}_1, \boldsymbol{p}_2, \boldsymbol{p}_1', \boldsymbol{p}_2'$ nicht über die Brillouin-Zonengrenze hinausreichen. Die Verteilungsfunktion wird in der Form

$$f = f_0 - \frac{\partial f_0}{\partial \varepsilon}\psi$$

dargestellt. Dabei kann die Ableitung $\partial f_0/\partial\varepsilon$ als

$$\frac{\partial f_0}{\partial \varepsilon} = -\frac{1}{T} \frac{\mathrm{e}^{(\varepsilon-\mu)/T}}{(\mathrm{e}^{(\varepsilon-\mu)/T} + 1)^2} = -\frac{1}{T} f_0(1 - f_0)$$

geschrieben werden. Im Gleichgewicht ändert sich f nicht. Daher ist $\mathrm{d}f_0/\mathrm{d}t = I(f_0) = 0$. Das bedeutet, daß die Kombination von Verteilungsfunktionen, die in den geschweiften Klammern im Stoßintegral steht, verschwindet, wenn statt f die Funktion f_0 eingesetzt wird. Im folgenden wird der Term erster Ordnung in ψ in $I(f)$ bestimmt. Es gibt vier derartige Glieder: eines mit $\psi(\boldsymbol{p}_1)$, ein weiteres mit $\psi(\boldsymbol{p}_2)$ usw. Das Glied mit $\psi(\boldsymbol{p}_1)$ hat die Form

$$-\frac{\psi_1}{T} \{f_1(1 - f_1) f_2(1 - f_1') (1 - f_2') + f_1'f_2'f_1 (1 - f_1) (1 - f_2)\},$$

wobei die Funktionen f in den Klammern Gleichgewichtsfunktionen sind. Da die Kombination im ursprünglichen Stoßintegral für $f = f_0$ verschwindet, kann man den letzteren Ausdruck in folgender Form schreiben:

$$-\frac{1}{T} \psi_1 f_1 f_2 (1 - f_1') (1 - f_2').$$

In ähnlicher Weise können die Glieder mit $\psi(\boldsymbol{p}_2)$, $\psi(\boldsymbol{p}_1')$ und $\psi(\boldsymbol{p}_2')$ umgeformt werden. Dabei zeigt sich, daß in allen diesen Gliedern ein einheitlicher Koeffizient aus Funktionen f_0 auftritt, so daß die Kombination in geschweiften Klammern im Stoßintegral

$$-\frac{1}{T} f_1 f_2 (1 - f_1') (1 - f_2') (\psi_1 + \psi_2 - \psi_1' - \psi_2')$$

wird. Nimmt man an, daß ψ die Form

$$\psi = cp_x\,, \qquad c = \text{const}\,,$$

hat, so verschwindet das Stoßintegral für Prozesse mit Impulserhaltung, weil dabei

$$p_{x1} + p_{x2} - p'_{x1} - p'_{x2} = 0\,.$$

Wenn kein elektrisches Feld anliegt, hat die Funktion $f = f_0 - (\partial f_0/\partial \varepsilon)\,\psi$ die Eigenschaft $\mathrm{d}f/\mathrm{d}t = 0$. Wenn man daher nur Prozesse mit Impulserhaltung berücksichtigt, ist diese Funktion die Lösung der kinetischen Gleichung ohne elektrisches Feld. Gleichzeitig ergibt diese Funktion einen endlichen elektrischen Strom

$$\boldsymbol{j} = 2e \int \boldsymbol{v} f \frac{\mathrm{d}^3\boldsymbol{p}}{(2\pi\hbar)^3}\,.$$

Das bedeutet die Existenz eines Stromes bei Fehlen eines elektrischen Feldes oder, anders ausgedrückt, unendliche Leitfähigkeit.

Tatsächlich müssen auch die Prozesse berücksichtigt werden, bei denen

$$\boldsymbol{p}_1 + \boldsymbol{p}_2 - \boldsymbol{p}'_1 - \boldsymbol{p}'_2 = \hbar\boldsymbol{K} \neq 0\,.$$

Diese Prozesse heißen PEIERLSsche Umklapp-Prozesse. Gerade diese Prozesse führen zu einem endlichen Widerstand. Wie bereits gesagt, müssen alle Vektoren $\boldsymbol{p}_i$ innerhalb der BRILLOUIN-Zone liegen. Wenn sich der Impuls $\boldsymbol{p}_1$ in der Nähe der FERMI-Fläche befindet, dann liegen nach Abschnitt 2.2. auch alle übrigen Impulse in der Nähe der FERMI-Fläche. Um daher einen endlichen Widerstand zu erhalten, muß

$$\max\,(\boldsymbol{p}_1 + \boldsymbol{p}_2 - \boldsymbol{p}'_1 - \boldsymbol{p}'_2) = 4 \max |\boldsymbol{p}| > \hbar\,|\boldsymbol{K}_{\min}| \tag{4.24}$$

gelten. Offensichtlich ist diese Bedingung für den Fall erfüllt, daß die FERMI-Fläche bis zu den Grenzen der BRILLOUIN-Zonen reicht (Abb. 5b und c). Bei den Alkalimetallen erreicht jedoch die FERMI-Fläche nirgends die BRILLOUIN-Zonengrenzen. Dennoch ist sogar in diesen Fällen die Bedingung (4.24) erfüllt. In der Tat ist die FERMI-Fläche eines beliebigen Alkalimetalls einer Kugel sehr ähnlich. Da diese Metalle ein Valenzelektron pro Atom haben, ist das Volumen der FERMI-Kugel gleich der Hälfte des Volumens der BRILLOUIN-Zone (s. Abb. 13a). Daher ist der Radius der FERMI-Kugel sicher größer als $^1/_4$ der kleinsten Periode des reziproken Gitters, was zur Erfüllung der Bedingung (4.24) hinreichend ist.

In Halbmetallen, wie z. B. Wismut, besteht die FERMI-Fläche aus mehreren kleinen geschlossenen Gebieten (Tälern), deren Mittelpunkte einen Abstand $\hbar\boldsymbol{K}/2$ haben (Abb. 13b), was zur Erfüllung der Bedingung (4.24) (für Zwischentalübergänge) hinreichend ist. Daraus folgt, daß für die Elektron-Elektron-Stöße alles günstig aussieht.

Anders jedoch stellt sich die Situation für Elektron–Phonon-Stöße dar. Im Abschnitt 4.3. wurde die Gleichgewichtsverteilungsfunktion für Phononen verwendet. Das ist zulässig, wenn ein unabhängiger Mechanismus existiert, der ein

Gleichgewicht im Phononengas herstellt, z. B. Stöße von Phononen an Störatomen oder Phonon-Phonon-Streuung. Ist jedoch die Störstellenkonzentration klein, ist der erstgenannte Prozeß uneffektiv. Der andere Prozeß kann, wie bei der gegenseitigen Streuung von Elektronen, nur über Umklapp-Prozesse ein Gleichgewicht herstellen. Bei niedrigen Temperaturen sind die Impulse der Phononen klein, so daß die Bedingung (4.24) für Phonon-Phonon-Stöße sicher nicht erfüllt ist. Daher sind in einem reinen Metall die Stöße mit Elektronen der einzige wesentliche Relaxationsmechanismus für Phononen bei tiefen Temperaturen. Dabei weicht die Verteilungsfunktion der Phononen vom Gleichgewicht ab und muß aus der kinetischen Gleichung gefunden werden.

a) 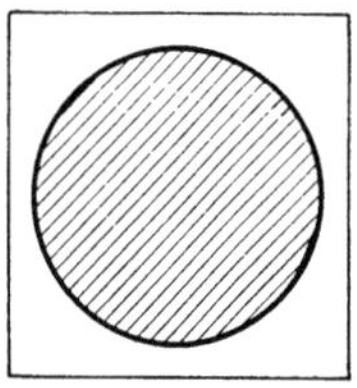 b) 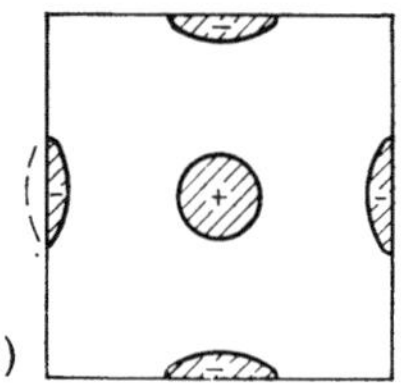

Abb. 13 Schematische FERMI-Fläche von (a) Alkalimetallen und (b) Halbmetallen

Bei Elektron-Phonon-Wechselwirkung ist das Stoßintegral für Phononen

$$I = \int W[f_1(1 - f_2)(1 + n_k) - (1 - f_1) f_2 n_k]\, \delta(\varepsilon_1 - \varepsilon_2 - \hbar\omega) \frac{d^3\boldsymbol{p}}{(2\pi\hbar)^3}.$$

Das erste Glied beschreibt die Emission, das zweite die Absorption eines Phonons. Die Integration erfolgt über alle Elektronenimpulse. Gesucht wird eine Verteilungsfunktion für Phononen in der Form

$$n_{\boldsymbol{k}} = n_{\boldsymbol{k}0} + \frac{1}{T} n_{\boldsymbol{k}0}(1 + n_{\boldsymbol{k}0})\, \varphi\,.$$

Für Elektronen jedoch sei die bisherige Form vorausgesetzt:

$$f = f_0 + \frac{1}{T} f_0(1 - f_0)\, \psi.$$

In erster Näherung in ψ und φ ist das Stoßintegral

$$I \approx \int W f_{10}\,(1 - f_{20})\,(n_{\boldsymbol{k}0} + 1)\,[\psi_1 - \psi_2 - \varphi] \frac{d^3\boldsymbol{p}}{(2\pi\hbar)^3}.$$

Wenn hier $\psi = cp_x$, $\varphi = c\hbar k_x$ eingesetzt wird, ergeben die Prozesse mit Impulserhaltung Null. Das gleiche bezieht sich, nebenbei bemerkt, auch auf das in die kinetische Gleichung für die Elektronen eingehende Stoßintegral sowie auch auf das Phonon-Phonon-Stoßintegral. Daher befriedigt diese Lösung alle kinetischen Gleichungen (ohne Umklapp-Prozesse) und ergibt einen ungedämpften elektrischen Strom bei Vorliegen eines elektrischen Feldes, das heißt eine unendliche Leitfähigkeit.

Aus diesem Grunde müssen die Umklapp-Prozesse nochmals in Betracht gezogen werden. Diese sind jedoch, wie bereits bemerkt, für Phonon-Phonon-Wechselwirkung bei niedrigen Temperaturen nicht möglich. Für Elektron-Phonon-Prozesse gilt der Erhaltungssatz

$$\boldsymbol{p}_1 - \boldsymbol{p}_2 - \hbar \boldsymbol{k} = \hbar \boldsymbol{K}\,.$$

Bei hohen Temperaturen ist der Phononenimpuls von der Größenordnung p_0, und es sind sogar für Alkalimetalle Umklapp-Prozesse möglich. Bei niedrigen Temperaturen jedoch ist der Impuls $\hbar \boldsymbol{k}$ sehr klein und kann vernachlässigt werden. Dabei ergibt sich anstelle von (4.24) die Bedingung

$$2 \max |\boldsymbol{p}| > \hbar |\boldsymbol{K}_{\min}|\,, \tag{4.25}$$

die in Alkalimetallen (s. Abb. 13a) nicht erfüllt ist.

Infolgedessen ändert die Emission und Absorption von Phononen mit $\hbar\omega \sim T$ den Gesamtimpuls der Elektronen nicht. Ein effektiver Prozeß ist die Wechselwirkung mit Phononen, deren Impulse von der Größenordnung $\hbar K_{\min}$ sind, das heißt deren Energie von der Größenordnung $\hbar\omega_D$ ist. Die Zahl dieser Phononen ist größenordnungsmäßig $\mathrm{e}^{-\alpha\hbar\omega_D/T}$, wobei $\alpha \sim 1$. Man könnte meinen, daß dieser Exponentialfaktor direkt in den Ausdruck für den Widerstand eingehen muß. Tatsächlich ist der Sachverhalt jedoch komplizierter. Obwohl die Wechselwirkungsprozesse von Elektronen mit Phononen ohne Umklapp-Prozesse an und für sich nicht zum Auftreten eines Widerstandes führen, ändern sie doch die Bewegung der Elektronen. Man kann sich das als hydrodynamisches Strömen einer zähen Flüssigkeit [6] vorstellen. Die charakteristische Weglänge hat die Größenordnung der Elektron-Phonon-Weglänge ohne Umklapp-Prozesse:

$$l_0 \sim \frac{v}{\omega_D}\left(\frac{\hbar\omega_D}{T}\right)^5.$$

Die Berücksichtigung dieses Umstands führt, wie in [6] gezeigt wird, zu einer außerordentlich komplizierten Temperaturabhängigkeit des Widerstandes infolge gegenseitiger Beeinflussung der verschiedenen Streumechanismen. Dieses Problem soll hier nicht im einzelnen untersucht werden. Es sei lediglich folgendes festgestellt: wenn das Metall hinreichend rein ist und die Weglänge für Störstellenstreuung die Weglänge für Phonon-Streuung bei $T \sim \hbar\omega_D$ übertrifft, das heißt, wenn $l_{\text{Störst.}} \gg v/\omega_D$ ist, so hängt der Phononen-Anteil des Widerstandes bei Temperaturen, die gegenüber der Debye-Temperatur nicht allzu niedrig sind, exponentiell von der Temperatur ab.

Bei den früher abgeleiteten Ausdrücken für die elektrische und die Wärmeleitung wurde in jedem Fall nur ein einziger Prozeß untersucht. Es existieren aber tatsächlich alle Prozesse, und die entsprechenden Streuwahrscheinlichkeiten addieren sich. Das bedeutet, daß nicht die Leitfähigkeit (elektrische und thermische), sondern die reziproken Größen, das heißt die Widerstände, additiv sind.

Man erhält daher für den gesamten elektrischen Widerstand bei niedrigen Temperaturen (mit Ausnahme der Alkalimetalle) das Gesetz

$$\varrho = c + aT^2 + bT^5\,, \tag{4.26}$$

worin a, b, c Konstanten sind. Der Ausdruck (4.26) wurde für alle Metalle bei niedrigen Temperaturen experimentell bestätigt, außer für Alkalimetalle, bei denen es Hinweise auf eine stärkere Temperaturabhängigkeit als T^5 gibt.

Bei hohen Temperaturen dominiert die Elektron-Phonon-Streuung, so daß

$$\varrho = AT\,. \tag{4.27}$$

Für die elektronische Wärmeleitfähigkeit bei niedrigen Temperaturen ergibt sich in analoger Weise

$$\frac{1}{\varkappa} = \frac{d}{T} + fT + gT^2\,. \tag{4.28}$$

Bei hohen Temperaturen ist $\varkappa = \text{const.}$

4.5. „Isotopen"-Streuung

Wenn man ein Metall von Verunreinigungen befreit und die Temperatur erniedrigt, erhält man eine immer höhere Leitfähigkeit. Experimente am Zinn zeigen jedoch, daß eine Grenze existiert, unter die der Widerstand nicht heruntergeht. Außerdem wurde festgestellt, daß der Restwiderstand nicht von der Probengeometrie abhängt. Es ist klar, daß die Elektronen im idealen Kristall bei $T = 0$ noch an den Grenzflächen gestreut werden können; jedoch muß dieser Effekt von den Probenabmessungen abhängen. Deswegen wurde die Vermutung geäußert, daß in diesem Falle die Ursache des Widerstands die Zusammensetzung aus verschiedenen Isotopen ist (Pomerantschuk 1958 [7]).

Welche Änderungen treten in einem Kristall auf, an dessen Gitterpunkten sich Atome mit gleicher elektronischer Struktur, jedoch verschiedener Masse befinden? Die potentielle Energie ändert sich nicht, da sie nur von der elektronischen Struktur abhängt. Die kinetische Energie der Ionen ist jedoch unterschiedlich. Die gesamte kinetische Energie des Ionensystems kann in die mittlere kinetische Energie und ein von der Massendifferenz abhängiges Zusatzglied zerlegt werden. Dieses Zusatzglied kann als Summe über alle Atome geschrieben,

$$\sum_i \frac{M_i - \overline{M}}{2}\,\dot{\boldsymbol{u}}_i^2\,, \tag{4.29}$$

und als Störglied behandelt werden, da der Massenunterschied gering ist. Während üblicherweise in der Störungstheorie ein Teil der potentiellen Energie als Störglied auftritt, übernimmt diese Rolle hier ein Teil der kinetischen Energie.

Die Verschiebung $\boldsymbol{u}$ hat Matrixelemente bei Änderung der Phononenzahl um Eins: $n_{\boldsymbol{k}} \to n_{\boldsymbol{k}} \pm 1$. Da in (4.29) $\dot{\boldsymbol{u}}_i^2$ eingeht, ändert sich bei diesem Übergang die

Phononenzahl um 2 oder bleibt völlig unverändert. Die Elektronenstreuung kann zum Beispiel nach dem in Abbildung 14 dargestellten Prozeß ablaufen. In dieser Abbildung stellen die Punkte V^{I} eine Elektron-Phon-Wechselwirkung und der Punkt V^{II} eine Phonon-Phonon-Wechselwirkung dar. In dem hier skizzierten Prozeß ändert sich im Punkt V^{II} die Phononenzahl nicht. Es sind an diesem Punkt auch andere Prozesse mit Erzeugung oder Vernichtung zweier Phononen möglich. Sie unterscheiden sich von Abbildung 14 durch Änderung der Reihenfolge der Prozesse und der Richtung der Phononenlinien und haben dieselbe Größenordnung. Daher wird nur der in Abbildung 14 dargestellte Prozeß diskutiert.

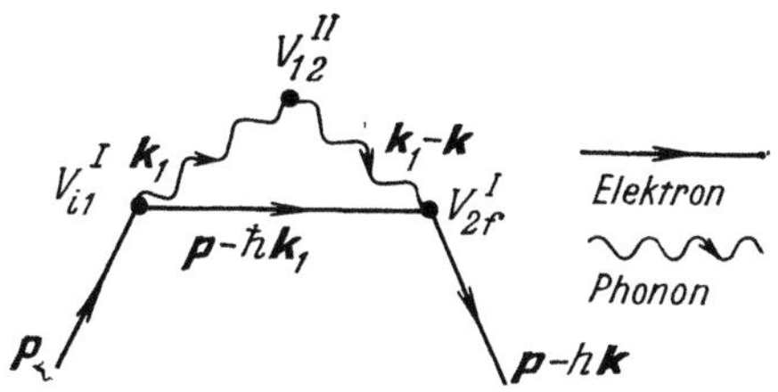

Abb. 14 Isotopenstreuung eines Elektrons durch zwei Elektron-Phonon-Wechselwirkungen (V^{I}) und eine Phonon-Phonon-Wechselwirkung (V^{II})

Das neue Störglied hat die folgende Form:

$$\frac{1}{V}\sum_{i}\sum_{\boldsymbol{k}_1} u_{\boldsymbol{k}_1}\omega(\boldsymbol{k}_1)\,\mathrm{e}^{i\boldsymbol{k}_1\boldsymbol{R}_i}\sum_{\boldsymbol{k}} u^{+}_{\boldsymbol{k}_1-\boldsymbol{k}}\omega(\boldsymbol{k}_1-\boldsymbol{k})\,\mathrm{e}^{i(\boldsymbol{k}-\boldsymbol{k}_1)\boldsymbol{R}_i}(M_i-\overline{M}) \tag{4.30}$$

(bzw. mit $u^{+}_{\boldsymbol{k}} \to u^{-}_{\boldsymbol{k}}$). Die Streuwahrscheinlichkeit hat die übliche Form

$$\frac{2\pi}{\hbar}\int |V_{if}|^2\,\delta(\varepsilon_i-\varepsilon_f)\frac{\mathrm{d}^3\boldsymbol{k}}{(2\pi)^3}\,. \tag{4.31}$$

Der vorliegende Prozeß enthält drei elementare Wechselwirkungen, weshalb die dritte Näherung der Störungstheorie benutzt werden muß:

$$V_{if}=\sum_{1,2}\frac{V^{\mathrm{I}}_{i1}V^{\mathrm{II}}_{12}V^{\mathrm{I}}_{2f}}{(\varepsilon_i-\varepsilon_1)(\varepsilon_i-\varepsilon_2)}\,. \tag{4.32}$$

Zuerst wird der in $|V_{if}|^2$ auftretende Faktor untersucht, in dem über $\boldsymbol{R}_i$ summiert wird:

$$\sum_{i,k}\mathrm{e}^{i\boldsymbol{k}(\boldsymbol{R}_i-\boldsymbol{R}_k)}(M_i-\overline{M})(M_k-\overline{M})\,. \tag{4.33}$$

Da die Verteilung der Isotope willkürlich ist, kann (4.33) über ihre Lagen gemittelt werden. Da die wesentlichen k-Werte von der Größenordnung $1/a$ (a interatomarer Abstand) sind, oszillieren die Glieder mit $\boldsymbol{R}_i \neq \boldsymbol{R}_k$ schnell und verschwinden bei der Mittelung. Es verbleiben daher nur die Glieder mit $\boldsymbol{R}_i = \boldsymbol{R}_k$, die nach Mittelung über die Lagen der Isotope und Summation über die Gitterpunkte

$$\overline{N(M-\overline{M})^2} \tag{4.34}$$

ergeben, wobei N die Zahl der Atome ist. Der Ausdruck (4.30) enthält außerdem den Faktor

$$u_{\boldsymbol{k}_1}\omega(\boldsymbol{k}_1)\, u^+_{\boldsymbol{k}_1-\boldsymbol{k}}\omega(\boldsymbol{k}_1-\boldsymbol{k})\,.$$

Im betrachteten Prozeß haben die Phononenimpulse die Größenordnung p_0. Setzt man die bereits früher gefundenen Matrixelemente ein und berücksichtigt, daß bei $T = 0$ keine Phononen existieren, $n_{\boldsymbol{k}} = 0$, $n_{\boldsymbol{k}} + 1 = 1$, so ergibt sich

$$u_{\boldsymbol{k}_1}\omega(\boldsymbol{k}_1)\, u^+_{\boldsymbol{k}_1-\boldsymbol{k}}\omega\,(\boldsymbol{k}_1-\boldsymbol{k}) \sim \hbar\omega_D/Mn\,. \tag{4.35}$$

Das Kristallvolumen V, dessen Potenz nun bestimmt werden soll, geht in die Matrixelemente und die Summe über die Zustände $\left(\sum_{\boldsymbol{k}} \to V \int \mathrm{d}^3\boldsymbol{k}/(2\pi)^3\right)$ ein. Da die Matrixelemente V^{I} zweimal vorkommen und außerdem noch V_{if} im Quadrat eingeht, ergibt sich in der Streuwahrscheinlichkeit folgender Faktor:

$$N\frac{1}{V^2}\frac{1}{V^2}\frac{V\,\mathrm{d}^3\boldsymbol{k}_1}{(2\pi)^3}\frac{V\,\mathrm{d}^3\boldsymbol{k}_2}{(2\pi)^3}\frac{V\,\mathrm{d}^3\boldsymbol{k}}{(2\pi)^3} = n\,\frac{\mathrm{d}^3\boldsymbol{k}_1\,\mathrm{d}^3\boldsymbol{k}_2\,\mathrm{d}^3\boldsymbol{k}}{(2\pi)^9}\,.$$

Die Integration in der Streuwahrscheinlichkeit erstreckt sich über drei Impulse. Das hängt damit zusammen, daß das Phonon $\boldsymbol{k}_1$ virtuell ist. Die Summation über $\boldsymbol{k}_1$ erfolgt in der Amplitude, die quadratisch eingeht. Danach treten zwei Summationen auf. Außerdem muß noch über alle möglichen Endimpulse der Elektronen summiert werden.

Mit (4.32), (4.34) und (4.35) ergibt sich dann die Streuwahrscheinlichkeit in der Form:

$$\begin{aligned} W \sim \frac{1}{\hbar}\int & n(M-\overline{M})^2\left(\frac{\hbar\omega_D}{Mn}\right)^2 p_0^4\left(\frac{\hbar\omega_D}{mn}\right)^2 \\ & \times [\varepsilon(\boldsymbol{p})-\varepsilon(\boldsymbol{p}-\hbar\boldsymbol{k}_1)-\hbar\omega(\boldsymbol{k}_1)]^{-1} \\ & \times [\varepsilon(\boldsymbol{p})-\varepsilon(\boldsymbol{p}-\hbar\boldsymbol{k}_1)-\hbar\omega(\boldsymbol{k}_1-\boldsymbol{k})]^{-1} \\ & \times [\varepsilon(\boldsymbol{p})-\varepsilon(\boldsymbol{p}-\hbar\boldsymbol{k}_2)-\hbar\omega(\boldsymbol{k}_2)]^{-1} \\ & \times [\varepsilon(\boldsymbol{p})-\varepsilon(\boldsymbol{p}-\hbar\boldsymbol{k}_2)-\hbar\omega(\boldsymbol{k}_2-\boldsymbol{k})]^{-1} \\ & \times \delta\big(\varepsilon(\boldsymbol{p})-\varepsilon(\boldsymbol{p}-\hbar\boldsymbol{k})\big)\frac{\mathrm{d}^3\boldsymbol{k}_1}{(2\pi)^3}\frac{\mathrm{d}^3\boldsymbol{k}_2}{(2\pi)^3}\frac{\mathrm{d}^3\boldsymbol{k}}{(2\pi)^3}\,. \end{aligned}$$

Einer der im Nenner auftretenden Faktoren ist zum Beispiel

$$\varepsilon(\boldsymbol{p})-\varepsilon(\boldsymbol{p}-\hbar\boldsymbol{k}_1)-\hbar\omega\,(\boldsymbol{k}_1) = \frac{\hbar\boldsymbol{p}\boldsymbol{k}_1}{m}-\frac{\hbar^2k_1^2}{2m}-\hbar\omega\,(\boldsymbol{k}_1)\,.$$

Die wesentlichen Werte von $\hbar\boldsymbol{k}$ sind von der Größenordnung p_0. Daher variiert dieser Nenner in den Grenzen von $\hbar\omega_D$ bis $\mu \sim p_0^2/m$. Kleine Werte des Nenners treten nur in einem kleinen Bereich von Winkeln zwischen $\boldsymbol{p}$ und $\boldsymbol{k}_1$ auf, wodurch das Integrationsgebiet über den Winkel eingeschränkt wird und einen Faktor der Größenordnung $\hbar\omega_D/\mu$ ergibt. Jede Differenz $\varepsilon(\boldsymbol{p}) - \varepsilon(\boldsymbol{p} - \hbar\boldsymbol{k}_1)$ tritt im Nenner zweimal auf, so daß der erwähnte kleine Winkelbereich dennoch den Hauptbeitrag zum Integral liefert. Mit dieser Bemerkung folgt

$$W \sim \frac{1}{\hbar} n\overline{(M-\overline{M})^2} \left(\frac{\hbar\omega_D}{Mn}\right)^2 p_0^4 \left(\frac{\hbar\omega_D}{mn}\right)^2 \frac{p_0^9}{\hbar^9} \frac{1}{\mu} \left(\frac{\hbar\omega_D}{\mu}\right)^2 \frac{1}{(\hbar\omega_D)^4}$$

(der Faktor $p_0^9/\hbar^9$ entsteht durch drei $d^3\boldsymbol{k}/(2\pi\hbar)^3$, $1/\mu$ aus der Energie-δ-Funktion und $(\hbar\omega_D/\mu)^2$ aus den Winkelintegrationen). Der erhaltene Ausdruck kann wie folgt umgeformt werden:

$$W \sim \frac{\overline{(M-\overline{M})^2}}{M^2} \left(\frac{\hbar\omega_D}{\mu}\right)^2 \frac{p_0^2}{m\hbar}.$$

Da $\hbar\omega_D \sim sp_0$ und $\mu \sim vp_0$,ist $\hbar\omega_D/\mu \sim s/v \sim \sqrt{m/M}$. Daraus folgt

$$W \sim \frac{\overline{(M-\overline{M})^2}}{M^2} \frac{m}{M} \frac{\mu}{\hbar}. \tag{4.36}$$

Die mittlere freie Weglänge ergibt sich damit zu

$$l \sim v\tau \sim \frac{v\hbar}{\mu} \frac{M^2}{\overline{(M-\overline{M})^2}} \frac{M}{m} \sim 10^{-8} \frac{M^2}{\overline{(M-\overline{M})^2}} \frac{M}{m} \,\text{cm}\,. \tag{4.37}$$

Für Zinn ist

$$l \sim 10^{-8} \cdot 10^3 \cdot 10^5 \approx 1 \,\text{cm}\,.$$

Die Leitfähigkeit hat die Größenordnung

$$\sigma \sim \frac{ne^2\tau}{m} \sim 10^{16} \frac{M}{m} \frac{M^2}{\overline{(M-\overline{M})^2}} \,\text{s}^{-1}\,. \tag{4.38}$$

Dieser Wert der freien Weglänge wurde für Zinn experimentell bestätigt [8]. Das Ergebnis zeigt also, daß man in einem Metall nicht einen endlichen Restwiderstand vermeiden kann, sofern es kein reines Isotop ist.

4.6. Kondo-Effekt

Die bisher untersuchten Streumechanismen führen zu dem Ergebnis, daß der Widerstand bei Erniedrigung der Temperatur fällt bzw. (bei niedrigen Temperaturen) konstant bleibt. Im Experiment wurde jedoch wiederholt gefunden, daß der Widerstand von sehr reinem Gold, Silber und Kupfer mit abnehmender Temperatur manchmal durch ein Minimum geht und anschließend wieder zunimmt. Diese Erscheinung war sehr lange ungeklärt und wurde unlängst durch KONDO (1964) [9] interpretiert und nach ihm benannt. Die Ursache dieser Erscheinung ist das Vorhandensein von Störstellenatomen im Metall mit nicht aufgefüllten inneren Hüllen, die einen von Null verschiedenen Spin besitzen. Derartige magnetische Störatome können Mn, Fe, Cr, Co und andere Übergangsmetalle sein. Die Wechselwirkungsenergie des Elektrons mit diesen Atomen enthält außer dem üblichen Glied $\sum_i v(\boldsymbol{r} - \boldsymbol{R}_i)$ auch einen vom Elektronenspin $\boldsymbol{\sigma}$ und dem Spin $\boldsymbol{S}$ der Verunreinigung abhängigen Term, den man folgendermaßen schreiben kann:

$$V_S = -\frac{J}{n} \sum_i \boldsymbol{\sigma} \boldsymbol{S}_i \delta(\boldsymbol{r} - \boldsymbol{R}_i) . \tag{4.39}$$

Hierbei ist $\boldsymbol{\sigma S} = \sigma^x S^x + \sigma^y S^y + \sigma^z S^z$, und σ^k sind die PAULI-Matrizen. Da der Spin $\boldsymbol{S}$ durch die inneren Atomhüllen hervorgerufen wird, kann man die Wechselwirkung als punktförmig ansehen.[1])

Der Ausdruck (4.39) beschreibt physikalisch Streuprozesse, bei denen der Elektronenspin bei gleichzeitiger Orientierungsänderung des Spins des Störatoms umklappt. Bei Streuung eines Elektrons an gewöhnlichen Atomen bleibt seine Spinorientierung erhalten. Der Koeffizient J hat die Dimension einer Energie ($n = N/V$ wurde zur Normierung eingeführt). J ist in der Regel um einige Male kleiner als die Elektronenenergien (d. h. μ), während die übliche, nicht vom Spin abhängige Wechselwirkung des Elektrons mit dem Störatom die Größenordnung μ hat. Weil jedoch beide Wechselwirkungen nicht in der Streuwahrscheinlichkeit interferieren, kann man sie einzeln untersuchen.

Die Streuamplitude bei der Wechselwirkung (4.39) ist proportional zu

$$-J(\boldsymbol{\sigma S})_{\alpha'\alpha} ,$$

wobei α' die End- und α die Anfangsorientierung des Elektronenspins bezeichnet. Da für die Leitfähigkeit nur der Elektronenimpuls und nicht sein Spin maßgeblich ist, muß die Streuwahrscheinlichkeit über alle Endorientierungen des Spins summiert und über die Anfangsorientierungen gemittelt werden. Das ergibt

$$J^2 \frac{1}{2} \sum_{\alpha'\alpha} (\boldsymbol{\sigma S})_{\alpha\alpha'} (\boldsymbol{\sigma S})_{\alpha'\alpha} = J^2 \frac{1}{2} \sum_{\alpha} (\boldsymbol{\sigma S} \cdot \boldsymbol{\sigma S})_{\alpha\alpha} = J^2 S(S+1) .$$

Der Spinanteil der Wechselwirkung liefert daher in erster Näherung zum Widerstand einen Beitrag von der Größenordnung J^2S^2/μ^2 relativ zur normalen Wechselwirkung mit den gleichen Störatomen. Es scheint so, als sei dies ein kleiner Effekt, den man nicht zu berücksichtigen braucht. Im Abschnitt 3.2. ist bereits gezeigt worden, daß die übliche Wechselwirkung nicht gering ist und streng genommen die BORNsche Näherung für sie nicht zutrifft. Die genaue Rechnung zeigt jedoch, daß es genügt, die BORNsche Streuamplitude durch die exakte Amplitude zu ersetzen. Da beide nicht von der Elektronenenergie abhängen, die gleiche Größenordnung haben und im realen Metall nicht genau be-

[1]) Dies trifft offensichtlich für reale Übergangsmetalle mit entarteten d- oder f-Niveaus nicht zu. Die Berücksichtigung der Winkelabhängigkeit der Streuung hat jedoch keinen wesentlichen Einfluß auf das Ergebnis.

rechnet werden können, ist es klar, daß eine Verbesserung der BORNschen Näherung für die normale Wechselwirkung ohne Bedeutung ist.

Anders ist die Situation für den Spinanteil der Wechselwirkung. Obgleich er kleiner als der spinfreie Anteil ist und daher die Verwendung der BORNschen Näherung in diesem Fall anscheinend gerechtfertigt ist, besteht dennoch ein wesentlicher Unterschied. Dieser liegt darin, daß sich die Korrektur zur BORNschen Näherung als von der Elektronenenergie (genauer von $\xi = \varepsilon - \mu$) abhängig erweist, was schließlich zu einer Temperaturabhängigkeit des Störatomanteils des Widerstands führt.

Bei der Betrachtung der Streuung eines Elektrons an einem bestimmten Atom im Metall in der zweiten BORNschen Näherung ist die Berücksichtigung der anderen, durch die FERMI-Verteilungsfunktion beschriebenen Elektronen sehr wesentlich. Es sind zwei Prozesse möglich:

1. Ein sich im Anfangszustand $\boldsymbol{p}\alpha$ befindliches Elektron geht zunächst in den Zustand $\boldsymbol{p}_1\alpha_1$ und schließlich in den Endzustand $\boldsymbol{p}'\alpha'$ über. Die Summierung erfolgt über die Zwischenzustände, wobei gewährleistet sein muß, daß diese Zustände nicht besetzt sind. Daher wird in die Summe der Faktor $1 - f(\boldsymbol{p}_1)$ eingefügt. Damit ergibt sich für diese Variante

$$\left(\frac{J}{n}\right)^2 \sum_{\alpha_1} \int \frac{(\boldsymbol{\sigma S})_{\alpha'\alpha_1} (\boldsymbol{\sigma S})_{\alpha_1\alpha} \left(1 - f(\boldsymbol{p}_1)\right)}{\varepsilon(\boldsymbol{p}) - \varepsilon(\boldsymbol{p}_1)} \frac{d^3\boldsymbol{p}_1}{(2\pi\hbar)^3}. \tag{4.40}$$

2. Ein Elektron aus einem besetzten Zustand, z. B. $\boldsymbol{p}_1\alpha_1$, geht in den Zustand $\boldsymbol{p}'\alpha'$ über, und dann geht ein im Zustand $\boldsymbol{p}\alpha$ vorhandenes Elektron in den frei gewordenen Zustand $\boldsymbol{p}_1\alpha_1$ über. In diesem Fall muß umgekehrt der Zustand $\boldsymbol{p}_1\alpha_1$ besetzt sein, weshalb der Faktor $f(\boldsymbol{p}_1)$ eingeführt wird, so daß sich

$$-\left(\frac{J}{n}\right)^2 \sum_{\alpha_1} \int \frac{(\boldsymbol{\sigma S})_{\alpha_1\alpha} (\boldsymbol{\sigma S})_{\alpha'\alpha_1} f(\boldsymbol{p}_1)}{\varepsilon(\boldsymbol{p}_1) - \varepsilon(\boldsymbol{p}')} \frac{d^3\boldsymbol{p}_1}{(2\pi\hbar)^3} \tag{4.41}$$

ergibt. Das Minuszeichen hängt mit der Antisymmetrie der Wellenfunktionen der Elektronen bezüglich der Teilchenpermutation zusammen (s. § 3 in [4]).

Da die Prozesse elastisch sind, ist $\varepsilon(\boldsymbol{p}') = \varepsilon(\boldsymbol{p})$. Daher unterscheiden sich die Nenner in den Formeln (4.40) und (4.41) nur durch das Vorzeichen. In den Zählern beider Ausdrücke stehen Spinfaktoren, die man als

$$(\boldsymbol{\sigma S})\,(\boldsymbol{\sigma S})\,,$$

$$\sum_{i,k} \sigma^i \sigma^k S^k S^i$$

schreiben kann. Eine Vertauschung von S^k und S^i ist nicht möglich, da es sich um Operatoren handelt. Deswegen sind die Spinfaktoren für die beiden Varianten unterschiedlich. Mit den Eigenschaften der PAULI-Matrizen folgt

$$\left.\begin{aligned} (\boldsymbol{\sigma S})\,(\boldsymbol{\sigma S}) &= S(S+1) - \boldsymbol{\sigma S}\,, \\ \sum_{i,k} \sigma^i \sigma^k S^k S^i &= S(S+1) + \boldsymbol{\sigma S}\,. \end{aligned}\right\} \tag{4.42}$$

Wenn man diese Ausdrücke in (4.40) und (4.41) einsetzt, ergibt sich die Summe

$$\left(\frac{J}{n}\right)^2 \int \left\{\frac{S(S+1)\,\delta_{\alpha'\alpha}}{\varepsilon(\boldsymbol{p})-\varepsilon(\boldsymbol{p}_1)} + \frac{2f(\boldsymbol{p}_1)-1}{\varepsilon(\boldsymbol{p})-\varepsilon(\boldsymbol{p}_1)}(\boldsymbol{\sigma}\boldsymbol{S})_{\alpha'\alpha}\right\}\frac{\mathrm{d}^3\boldsymbol{p}_1}{(2\pi\hbar)^3}.$$

Da $f(\boldsymbol{p}_1)$ von $\xi(\boldsymbol{p}_1) = \varepsilon(\boldsymbol{p}_1) - \mu$ abhängt, werden statt $\varepsilon(\boldsymbol{p})$ und $\varepsilon(\boldsymbol{p}_1)$ die Veränderlichen ξ und ξ_1 eingeführt. Beim Übergang zum Energieintegral erhält man

$$\left(\frac{J}{n}\right)^2 \int \left\{\frac{S(S+1)\,\delta_{\alpha'\alpha}}{\xi-\xi_1} + \frac{2f(\xi_1)-1}{\xi-\xi_1}(\boldsymbol{\sigma}\boldsymbol{S})_{\alpha'\alpha}\right\}\frac{\nu(\xi_1)}{2}\,\mathrm{d}\xi_1\,. \tag{4.43}$$

Die Zustandsdichte $\nu(\varepsilon)$ hängt in der Umgebung von $\varepsilon = \mu$ schwach von ε ab und kann daher durch $\nu(\mu)$ ersetzt werden. Das erste Glied im Integral ergibt bei Integration über ξ_1 größenordnungsmäßig ξ/μ und kann, da nur Elektronen in der Nähe der FERMI-Grenze interessieren, vernachlässigt werden.

Im zweiten Glied tritt der Faktor

$$2f(\xi_1) - 1 = -\operatorname{th}\frac{\xi_1}{2T}$$

auf, der bezüglich ξ_1 antisymmetrisch ist. Daher kann das Integral über ξ_1 folgendermaßen umgeformt werden:

$$\int_{-\mu}^{\mu}\frac{2f(\xi_1)-1}{\xi-\xi_1}\,\mathrm{d}\xi_1 = \int_0^{\mu}[2f(\xi_1)-1]\left(\frac{1}{\xi-\xi_1}-\frac{1}{\xi+\xi_1}\right)\mathrm{d}\xi_1$$

$$= \int_0^{\mu}[2f(\xi_1)-1]\frac{2\xi_1\,\mathrm{d}\xi_1}{\xi^2-\xi_1^2}$$

(die Integrationsgrenzen haben die Größenordnung $\pm\mu$, jedoch ist ihr genauer Wert unwesentlich, wie man sogleich erkennen wird). Wenn $\xi_1 \gg |\xi|$, kann ξ^2 im Nenner des Ausdrucks unter dem Integral vernachlässigt werden. Wenn $\xi_1 \gg T$, dann ist $2f(\xi_1) - 1 \approx -1$. Damit wird das Integral logarithmisch. Im logarithmischen Integral jedoch genügt es, die Grenzen nur größenordnungsmäßig zu kennen. Die Präzisierung der Grenzen ergibt zu dem großen Wert des Logarithmus eine Korrektur der Größenordnung 1. Unter Vernachlässigung dieser Korrekturen kann man für das letzte Integral

$$2\ln\frac{\mu}{\max\{|\xi|,\,T\}}$$

schreiben. Somit ist die zweite BORNsche Näherung der Streuamplitude infolge Spinwechselwirkung gleich

$$\left(\frac{J}{n}\right)^2 \nu(\mu)\ln\frac{\mu}{\max\{|\xi|,\,T\}}(\boldsymbol{\sigma}\boldsymbol{S})_{\alpha'\alpha}\,.$$

Die erste Näherung ist

$$-\frac{J}{n}(\boldsymbol{\sigma}\mathbf{S})_{\alpha'\alpha}\,.$$

Folglich kann man insgesamt für diese Amplitude

$$-\frac{J}{n}(\boldsymbol{\sigma}\mathbf{S})_{\alpha'\alpha}\left[1-\frac{J}{n}\nu(\mu)\ln\frac{\mu}{\max\{|\xi|,T\}}\right] \tag{4.44}$$

schreiben. Da größenordnungsmäßig

$$\frac{\nu(\mu)}{n}\approx\frac{p_0 m\hbar^3}{\hbar^3 p_0^3}\approx\frac{1}{\mu}$$

ist, hat die Korrektur die relative Größenordnung

$$\frac{J}{\mu}\ln\frac{\mu}{\max\{|\xi|,T\}}\,.$$

Es wird jetzt der Widerstand betrachtet. Da die Elektronen mit $|\xi|\sim T$ die wesentlichste Rolle spielen, kann im Rahmen der berücksichtigten Genauigkeit $\ln(\mu/T)$ geschrieben werden. Da jedoch in den Widerstand das Quadrat der Streuamplitude eingeht, kann man

$$\varrho=\varrho_v+\varrho_J^{(0)}\left(1-\frac{2J}{n}\nu(\mu)\ln\frac{\mu}{T}\right) \tag{4.45}$$

schreiben. Das erste Glied ist durch die gewöhnliche Wechselwirkung und das zweite durch die Spinwechselwirkung bedingt, wobei $\varrho_J^{(0)}$ das Ergebnis der ersten BORNschen Näherung ist. Aus dieser Formel ist ersichtlich, daß bei $J<0$ der Widerstand mit abnehmender Temperatur logarithmisch zunimmt. Das wurde im Experiment gefunden (ALEXEJEWSKI, GAIDUKOW 1956 [10]). Das Verhältnis des temperaturabhängigen Anteils zum Hauptanteil des Restwiderstandes hat die Größenordnung

$$(J/\mu)^3\ln\{\mu/T\}\,.$$

Außer diesem (bei $J<0$) mit abnehmender Temperatur wachsendem Anteil existiert der früher betrachtete Anteil, der mit abnehmender Temperatur abfällt. Das führt zum Auftreten eines Minimums im Gesamtwiderstand. Der wesentlichste abnehmende Teil des Widerstandes ist gewöhnlich durch Phononen bedingt, so daß man insgesamt

$$\varrho=\varrho_v+c_i a\ln\{\mu/T\}+bT^5 \tag{4.46}$$

schreiben kann, wobei die Abhängigkeit von der Konzentration der magnetischen Störungen berücksichtigt worden ist. Durch Differentiation findet man die Lage des Minimums:

$$T_{\min}=(c_i a/5b)^{1/5}\,, \tag{4.47}$$

das heißt, die Minimumtemperatur ist proportional zu $c_i^{1/5}$. In Richtung zu niedrigen Temperaturen bricht die Zunahme des Widerstandes normalerweise dort ab, wo infolge der Wechselwirkung der Spins der Störatome das sogenannte Spinglas entsteht. Dabei wird die Spinorientierung fixiert, so daß keine Streuung mit Spindrehung mehr stattfinden kann. Der Logarithmus in (4.45) wächst nicht mehr weiter an, nachdem er den Wert $\ln(\mu/\Theta)$ erreicht hat, wobei Θ die Temperatur ist, bei der sich das Spinglas bildet (CURIE-Temperatur). Der Abbruch der Streuprozesse mit Spindrehung führt zur Verkleinerung des Koeffizienten $\varrho_J^{(0)}$ in Formel (4.45), so daß bei $T \approx \Theta$ die Kurve $\varrho(T)$ nicht einfach in ein Plateau übergeht, sondern ein schwaches Maximum aufweist.

Die Temperatur des Einfrierens der Spins ist gemäß experimenteller Daten und theoretischer Vorstellungen proportional zur Störstellenkonzentration. Wenn daher die Konzentration verringert wird, kann Θ beliebig klein gemacht werden, sogar kleiner als die Temperatur, bei der das logarithmische Glied in Formel (4.45) groß wird. Letzteres trifft bei der Temperatur

$$T_K \sim \mu \exp\left(-\frac{n}{|J|\,\nu(\mu)}\right) \tag{4.48}$$

(der KONDO-Temperatur) zu. Für den Fall $T \lessgtr T_K$ ist die bei der Herleitung der Formel (4.45) gemachte Näherung schon nicht mehr hinreichend, so daß ein genauerer Ausdruck gefunden werden muß. Es sollen hier lediglich einige Resultate angeführt werden. Die Summation der hauptsächlichsten Korrekturterme, die $\ln(\mu/T)$ und J in gleicher Potenz enthalten, führt zu dem Ergebnis

$$\varrho = \varrho_v + \frac{\varrho_J^{(0)}}{(1 + (J/n)\,\nu(\mu)\ln(\mu/T))^2} \tag{4.49}$$

(ABRIKOSSOW 1965; SUHL 1965 [11, 12]).

Diese Formel ist völlig hinreichend, wenn $J > 0$ ist. Wenn jedoch $J < 0$ ist, geht ϱ bei einer bestimmten Temperatur gegen unendlich. Eine genauere Analyse zeigt, daß der durch den Spin bedingte Anteil des Widerstandes bei Erreichen eines Wertes von der Größenordnung ϱ_v nicht mehr weiter zunimmt und gegen einen konstanten Wert bei $T \to 0$ strebt. Obgleich dieses Ergebnis durch das Experiment bestätigt wird, kann die Theorie, die dieses Ergebnis liefert, noch nicht als endgültig angesehen werden[1]).

[1]) Kürzlich hat WILSON [83] streng gezeigt, daß für $T \to 0$ der Spin eines Störatoms vollständig durch die Elektronen abgeschirmt wird. Er berechnete die Beiträge zu den thermodynamischen Koeffizienten für $T \ll T_K$, nämlich zur spezifischen Wärme $\delta C = n_i(\pi T/3T_{K_0})$ und die zur paramagnetischen Suszeptibilität $\delta\chi = 2n_i(\beta^2/\pi T_{K_0})$, wo n_i die Störatomdichte und β das BOHRsche Magneton sind und ein isotropes Modell benutzt war. $T_{K_0} = a\mu\sqrt{\nu(\mu)\,|J|}\exp[-(\nu(\mu)\,|J|)^{-1}]$ ist die echte KONDO-Temperatur, und $a \sim 1$. Auf Grund dieser Ideen berechnete NOZIERES [89] den durch Spinwechselwirkung bedingten elektrischen Widerstand für $T \ll T_{K_0}$

$$p(T) = p(0)\,[1 - (\pi T/T_{K_0})^2]\,,$$

wobei $p(0) = (n_i/n_e)\,(\pi\hbar^2/p_0e^2)$ gilt.

Eine weitere Besonderheit des Widerstandes, die mit den magnetischen Störstellen in Zusammenhang steht, ist die Möglichkeit der Widerstandsabnahme bei Einschalten eines Magnetfeldes.

In Abwesenheit magnetischer Störstellen beeinflußt ein magnetisches Feld den Widerstand durch Drehung der Elektronenbahnen. Dieser Effekt wird im einzelnen in Kapitel 6 untersucht. Er führt stets zu einer Erhöhung des Widerstandes, wobei in schwachen Feldern

$$\Delta\varrho_1 \sim \varrho(\Omega\tau)^2$$

gilt. Hierin ist $\Omega \sim eH/mc$ die LARMOR-Frequenz und τ die Stoßzeit. Bei Vorhandensein magnetischer Störstellen bewirkt das Magnetfeld außer der Drehung der Elektronen eine Spin-Polarisation der magnetischen Störstellen. Dabei wird die Richtung dieser Spins festgelegt, so daß, wie auch beim Einfrieren der Spins, die Möglichkeit der Elektronenstreuung mit Spindrehung verschwindet. Die Gesamtstreuwahrscheinlichkeit verringert sich dabei und somit auch der Widerstand. Für $S\beta H \ll T$ (β BOHRsches Magneton, $gS\beta$ magnetisches Moment des Störatoms; $g \approx 2$) ist

$$\Delta\varrho_2 \sim -\varrho_J(gS\beta H/T)^2 \,. \tag{4.50}$$

Falls $S\beta H \gg T$, so ist

$$\Delta\varrho_2 \sim -\varrho_J \,.$$

Die Abschätzung von $\Delta\varrho_1$ und $\Delta\varrho_2$ zeigt, daß die gesamte Widerstandsänderung sowohl positiv, als auch negativ sein kann, je nach den konkreten Werten der Probe. Insbesondere kann sich $\Delta\varrho_1$ verkleinern, wenn nichtmagnetische Störstellen zusätzlich eingeführt werden. Dabei verringert sich τ und damit auch $\Delta\varrho_1$, während gewöhnliche Störstellen auf $\Delta\varrho_2$ keinen Einfluß haben.

5. Galvanomagnetische Eigenschaften der Metalle

5.1. Kinetische Gleichung mit Magnetfeld

Die Dynamik der Elektronen hängt bei Anwesenheit elektrischer und magnetischer Felder in erheblichem Maße von der Topologie der FERMI-Fläche ab. Bisher wurde stets nur die BRILLOUIN-Zone allein untersucht. Jetzt ist es dagegen günstiger, das gesamte reziproke Gitter zu betrachten. Die Energie der Elektronen ist in diesem Fall eine periodische Funktion des Quasiimpulses. Das gleiche trifft auch für eine beliebige Fläche $\varepsilon(\boldsymbol{p}) = \text{const}$ und insbesondere für die FERMI-Fläche selbst zu. Alle FERMI-Flächen können in zwei Gruppen eingeteilt werden.

1. *Geschlossene Flächen.* Im reziproken Gitterraum existiert eine sich periodisch wiederholende geschlossene Fläche. Innerhalb einer BRILLOUIN-Zone heißt das, daß die FERMI-Fläche nirgends die Zonengrenzen berührt.

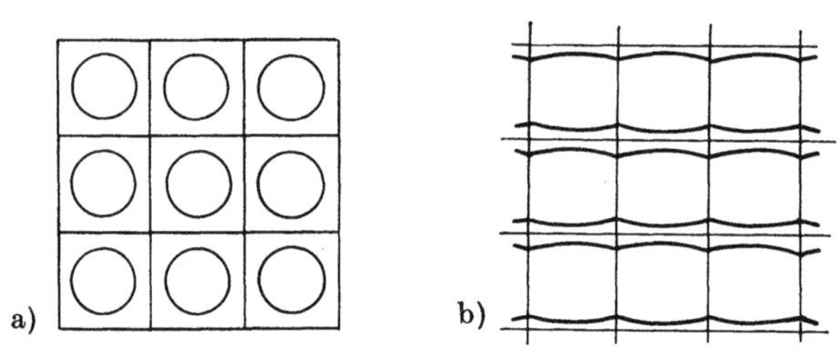

Abb. 15 Zweidimensionale (a) geschlossene und (b) offene FERMI-Fläche

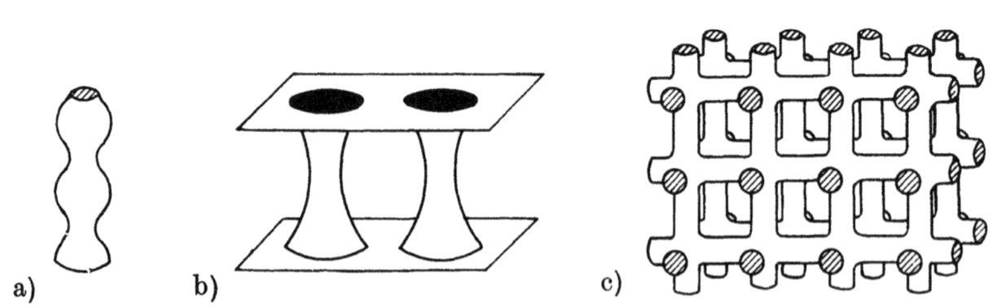

Abb. 16 Dreidimensionale offene FERMI-Flächen: (a) gewellter Zylinder, (b) durch Röhren verbundene Ebenen, (c) Röhrengitter

2. *Offene Flächen.* Dies sind Flächen, die sich ununterbrochen im gesamten reziproken Gitter fortsetzen. Bezüglich einer Brillouin-Zone heißt das, daß die Fläche offensichtlich die Zonengrenzen schneidet. Beispiele für den zweidimensionalen Fall zeigt Abbildung 15a und b. Einige Typen offener Flächen im Dreidimensionalen zeigt Abbildung 16 a, b und c (vergleiche experimentelle Daten für Au (Abb. 9) und Pb (Abb. 10)).

Im folgenden wird ein Elektron behandelt, das sich in einem Magnetfeld bewegt. Unter Vernachlässigung von Quanteneffekten[1]) lautet seine Bewegungsgleichung

$$\frac{\mathrm{d}\boldsymbol{p}}{\mathrm{d}t} = \frac{e}{c}[\boldsymbol{vH}] = \boldsymbol{F}. \tag{5.1}$$

Die Änderung seiner Energie pro Zeiteinheit ist

$$\frac{\partial \varepsilon}{\partial t} = \frac{\partial \varepsilon}{\partial \boldsymbol{p}} \frac{\partial \boldsymbol{p}}{\partial t} = \boldsymbol{vF} = 0 .$$

Folglich ist

$$\varepsilon = \text{const} . \tag{5.2}$$

Aus (5.1) folgt ebenfalls, daß

$$p_z = \text{const} , \tag{5.3}$$

wenn das Magnetfeld in Richtung der z-Achse liegt. Demnach bewegt sich das Elektron so, daß ε und p_z Erhaltungsgrößen sind. Im Impulsraum ist das eine Bahn, die sich durch Schneiden der Fläche $\varepsilon(\boldsymbol{p}) = \text{const}$ mit der Ebene $p_z = \text{const}$ ergibt. Bekanntlich spielen nur die Elektronen in der Umgebung der Fermi-Fläche, das heißt mit $\varepsilon \approx \mu$ eine entscheidende Rolle. Daher sind im Impulsraum die Schnitte der Fermi-Fläche mit den Ebenen $p_z = \text{const}$ mögliche Elektronenbahnen. Ist die Fermi-Fläche geschlossen, so sind alle diese Schnitte geschlossene Konturen, ist sie offen, dann können die Schnitte geschlossen oder auch offen sein, das heißt sich im gesamten reziproken Gitter fortsetzen.

Formel (5.1) lautet in Komponenten

$$\frac{\mathrm{d}p_x}{\mathrm{d}t} = \frac{e}{c} v_y H , \quad \frac{\mathrm{d}p_y}{\mathrm{d}t} = -\frac{e}{c} v_x H . \tag{5.4}$$

[1]) In Kapitel 10 wird gezeigt, daß das Magnetfeld eine Quantisierung der Elektronenenergieniveaus hervorruft (Landau-Quantisierung). Daher ist die Gleichung (5.1) im Gegensatz zu dem Ausdruck $\dot{\boldsymbol{p}} = e\boldsymbol{E}$ im elektrischen Feld nicht korrekt. Da jedoch für die üblichen Metalle in den experimentell erreichbaren Magnetfeldern $\beta H \ll \mu$ (β Bohrsches Magneton) ist, führt die Quantisierung der Niveaus außer in Sonderfällen, die in den Kapiteln 10 bis 12 untersucht werden, nur zu kleinen Korrekturen, die in erster Näherung vernachlässigt werden können.

Quadrieren und Addition beider Gleichungen ergibt

$$\frac{\mathrm{d}p_x^2 + \mathrm{d}p_y^2}{\mathrm{d}t^2} = \frac{e^2}{c^2} H^2(v_x^2 + v_y^2) .$$

$\sqrt{\mathrm{d}p_x^2 + \mathrm{d}p_y^2} = \mathrm{d}l$ ist aber das Längenelement der Elektronenbahn im Impulsraum. Somit ist

$$\frac{\mathrm{d}l}{\mathrm{d}t} = \frac{e}{c} H v_\perp , \qquad v_\perp = \sqrt{v_x^2 + v_y^2}$$

bzw. auch

$$\mathrm{d}t = \frac{\mathrm{d}l}{v_\perp} \frac{c}{eH} , \qquad t = \frac{c}{eH} \int \frac{\mathrm{d}l}{v_\perp} . \tag{5.5}$$

Ist die Elektronenbahn geschlossen, erstreckt sich das Integral über die gesamte Umrandung, und es folgt für die Bewegungsperiode längs der Umrandung

$$T = \frac{c}{eH} \oint \frac{\mathrm{d}l}{v_\perp} . \tag{5.6}$$

In der Ebene $p_z = \text{const}$ wird die Fläche durch das Integral

$$S = \int \mathrm{d}p_x \, \mathrm{d}p_y$$

dargestellt. Anstatt dieses Integral zu nehmen, kann man in der Ebene $p_z = \text{const}$ die Kurven $\varepsilon = \text{const}$ eintragen und längs dieser Konturen und senkrecht zu ihnen integrieren. Der aus den zwei Umrandungen mit ε und $\mathrm{d}\varepsilon$ gebildete Ring hat im vorliegenden Fall die Breite

$$\mathrm{d}\varepsilon / |\partial \varepsilon / \partial \boldsymbol{p}_\perp| = \mathrm{d}\varepsilon / v_\perp .$$

Die Ringfläche ist gleich $\mathrm{d}\varepsilon \int \mathrm{d}l / v_\perp$ (das Integral erstreckt sich über die Umrandung), und die ganze Fläche in der Ebene $p_z = \text{const}$ ist durch das Integral

$$S = \int \mathrm{d}\varepsilon \oint \frac{\mathrm{d}l}{v_\perp}$$

gegeben. Durch Vergleich mit (5.6) findet man

$$T = \frac{c}{eH} \frac{\partial S}{\partial \varepsilon} . \tag{5.7}$$

Unter Einführung der sogenannten „Zyklotronmasse“[1])

$$m^* = (1/2\pi) \, \partial S / \partial \varepsilon \tag{5.8}$$

ergibt sich für die Periode

$$T = 2\pi c m^* / eH . \tag{5.9}$$

[1]) Die Zyklotronmasse fällt auf der Fermi-Fläche im isotropen Modell mit der „effektiven Masse“ zusammen (s. Gl. (2.7)). Um Mißverständnisse zu vermeiden, sei daran erinnert, daß der Begriff „effektive Masse“ hier nur für das isotrope Modell angewendet wird. Im anisotropen Fall bezeichnet m^* stets die Zyklotronmasse.

Die Zyklotronmasse kann nur für geschlossene Bahnen definiert werden. Wenn die Bahn $\varepsilon = \text{const}$ ein Gebiet geringerer Energie umschließt, ist m^* positiv. Das ist der Fall, wenn die Ladungsträger „Elektronen" sind. Das trifft insbesondere für den Fall einer kleinen Anzahl von Elektronen im Band zu, die in der Nähe der Bandkante konzentriert sind. Wenn im Gegensatz dazu die Bahn ein Gebiet höherer Energie umschließt, ist m^* negativ. Das ist der Fall, wenn die Ladungsträger „Löcher" sind. Ein Spezialfall liegt bei einem fast gefüllten Band vor.

Für freie Elektronen gilt

$$S = \pi p_\perp^2 = \pi(p^2 - p_z^2) = \pi(2m\varepsilon - p_z^2)\,,$$

und folglich ist

$$(1/2\pi)\,\partial S/\partial\varepsilon = m$$

die Masse des freien Elektrons.

Von der Bewegung der Elektronen im Impulsraum kann man leicht zu der im Ortsraum übergehen. Die Gleichung (5.1) kann in der Form

$$\mathrm{d}\boldsymbol{p} = \frac{e}{c}\,[\mathrm{d}\boldsymbol{r}\boldsymbol{H}] \tag{5.10}$$

geschrieben werden. Hieraus folgt, daß die Projektion der Elektronenbahn auf die Ebene senkrecht zu $\boldsymbol{H}$ im wesentlichen die Bahn im Impulsraum mit geänderten Koordinaten $x \to -(c/eH)\,p_y$, $y \to (c/eH)\,p_x$ wiederholt. Außerdem bleibt die Bewegung in z-Richtung mit der Geschwindigkeit $v_z = \partial\varepsilon/\partial p_z$ erhalten. Wenn der erwähnte Schnitt der FERMI-Fläche mit der Ebene $p_z = \text{const}$ geschlossen ist, dann ist die Trajektorie im Ortsraum eine Spirale mit der Achse in Richtung von $\boldsymbol{H}$. Falls jedoch die Bahn im Impulsraum offen ist, so ist die Trajektorie in der (x, y)-Ebene ebenfalls offen.

Bei Anliegen eines Magnetfeldes führt man zweckmäßigerweise statt p_x und p_y zwei neue Veränderliche ein: die Energie ε und die „Bewegungszeit entlang der Trajektorie"

$$t_1 = \frac{c}{eH}\int\frac{\mathrm{d}l}{v_\perp}\,,$$

Man muß sich vor Augen halten, daß dies im vorliegenden Fall nicht die wahre Zeit, sondern eine Funktion von p_x und p_y ist, mit denen sie über die Gleichung (5.4) zusammenhängt. Entsprechend den obigen Aussagen ist

$$\int \mathrm{d}p_x\,\mathrm{d}p_y = \int \mathrm{d}\varepsilon\,\mathrm{d}l/v_\perp\,.$$

Da $(c/eH)\,(\mathrm{d}l/v_\perp) = \mathrm{d}t_1$, stellen sich die Integrale über den Impulsraum folgendermaßen dar:

$$\frac{2}{(2\pi\hbar)^3}\int \mathrm{d}p_x\,\mathrm{d}p_y\,\mathrm{d}p_z = \frac{2}{(2\pi\hbar)^3}\,\frac{eH}{c}\int \mathrm{d}p_z\,\mathrm{d}t_1\,\mathrm{d}\varepsilon\,. \tag{5.11}$$

Die kinetische Gleichung kann bei vorliegendem konstanten elektrischen und magnetischen Feld in der Form

$$\frac{\partial f}{\partial t_1}\dot{t}_1 + \frac{\partial f}{\partial p_z}\dot{p}_z + \frac{\partial f}{\partial \varepsilon}\dot{\varepsilon} = I(f) \tag{5.12}$$

geschrieben werden. Für ε erhält man

$$\dot{\varepsilon} = \frac{\partial \varepsilon}{\partial t} = \frac{\partial \varepsilon}{\partial \boldsymbol{p}}\frac{\mathrm{d}\boldsymbol{p}}{\mathrm{d}t} = \boldsymbol{v}\frac{\mathrm{d}\boldsymbol{p}}{\mathrm{d}t}.$$

Bei vorliegendem elektrischen und magnetischen Feld ist

$$\frac{\mathrm{d}\boldsymbol{p}}{\mathrm{d}t} = \frac{e}{c}[\boldsymbol{vH}] + e\boldsymbol{E} \tag{5.13}$$

und daher

$$\dot{\varepsilon} = e\boldsymbol{vE}\,, \tag{5.14}$$

$$\dot{p}_z = eE_z\,. \tag{5.15}$$

Die Variable t_1 ergibt sich aus der Gleichung (5.4), die sich von (5.13) durch das Fehlen eines elektrischen Feldes unterscheidet. In Metallen ist bei nicht zu kleinen Magnetfeldern stets $(v/c)\,H$ größer als E. Daher ist der Unterschied zwischen t_1 und t gering und $\mathrm{d}t_1/\mathrm{d}t \approx 1$. Damit folgt

$$\frac{\partial f}{\partial t_1} + \frac{\partial f}{\partial p_z}eE_z + \frac{\partial f}{\partial \varepsilon}e\boldsymbol{vE} = I(f)\,. \tag{5.16}$$

f wird in der Form

$$f = f_0 - \frac{\partial f_0}{\partial \varepsilon}\psi \tag{5.17}$$

angesetzt. Da ε, p_z und t_1 unabhängige Variable sind, muß man f_0 als unabhängig von p_z annehmen. Damit ergibt sich beim Einsetzen von (5.17) in (5.16) in niedrigster Ordnung in ψ

$$\frac{\partial \psi}{\partial t_1} - I(\psi) = e\boldsymbol{vE}\,. \tag{5.18}$$

Diese allgemeine Gleichung ist für die verschiedenen konkreten Fälle zu lösen.

Die Randbedingungen bezüglich t_1 sind folgende: Wenn die Elektronenbahn geschlossen ist, muß die Funktion ψ offensichtlich periodisch von t_1 abhängen. Ist die Bahn offen, dann ist ψ nicht unbedingt periodisch, muß jedoch überall endlich sein. Diese Bedingungen liefern eine eindeutige Lösung der Gleichung (5.18).

5.2. Galvanomagnetische Erscheinungen im schwachen Magnetfeld

Zunächst wird ein schwaches Magnetfeld betrachtet. In diesem Fall sind die Streuprozesse wesentlich, und es wird nur die Größenordnung der Effekte abgeleitet. Um die Lösung der kinetischen Gleichung (5.18) an einem einfachen Beispiel zu erläutern, wird das isotrope Modell mit $I(\psi) = -\psi/\tau$ betrachtet. Die kinetische Gleichung erhält die Form

$$\frac{\partial \psi}{\partial t_1} + \frac{\psi}{\tau} = e\boldsymbol{v}(t_1)\,\boldsymbol{E}\,. \tag{5.19}$$

Die Lösung dieser Gleichung ist

$$\psi = \int\limits_c^{t_1} e\boldsymbol{v}(t_2)\,\boldsymbol{E}\,\mathrm{e}^{-(t_1-t_2)/\tau}\,\mathrm{d}t_2\,. \tag{5.20}$$

Die Konstante c muß aus den Randbedingungen bestimmt werden. Die Funktion ψ ist periodisch, da im isotropen Fall alle Bahnen geschlossen sind (die Flächen konstanter Energie sind Kugeln). Dabei muß in (5.20) $c = -\infty$ gesetzt werden, denn

$$\begin{aligned}\psi(t_1 + T) &= \int\limits_{-\infty}^{t_1+T} e\boldsymbol{v}(t_2)\,\boldsymbol{E}\,\mathrm{e}^{-(t_1+T-t_2)/\tau}\,\mathrm{d}t_2 \\ &= \int\limits_{-\infty}^{t_1} e\boldsymbol{v}(t_2 + T)\,\boldsymbol{E}\,\mathrm{e}^{-(t_1-t_2)/\tau}\,\mathrm{d}t_2 = \psi(t_1)\,,\end{aligned}$$

da $\boldsymbol{v}(t_2 + T) = \boldsymbol{v}(t_2)$ eine periodische Funktion ist. Gemäß (5.11), (5.17) und (5.20) ist der elektrische Strom

$$\begin{aligned}j_\alpha &= \frac{2e}{(2\pi\hbar)^3}\int f v_\alpha \mathrm{d}^3\boldsymbol{p} = -\frac{2He^2}{(2\pi\hbar)^3\,c}\int \mathrm{d}\varepsilon\,\frac{\partial f_0}{\partial \varepsilon}\int \mathrm{d}p_z\,\mathrm{d}t_1\,v_\alpha\psi \\ &= \frac{2He^3}{(2\pi\hbar)^3\,c}\int\limits_{-p_0}^{p_0}\mathrm{d}p_z\int\limits_0^T \mathrm{d}t_1 v_\alpha(t_1)\int\limits_{-\infty}^{t_1} v_\beta(t_2)\,\mathrm{e}^{-(t_1-t_2)/\tau}\,E_\beta\,\mathrm{d}t_2\,.\end{aligned} \tag{5.21}$$

Im letzten Integral liegen alle Impulse auf der Fermi-Fläche.

Es sei $\boldsymbol{E} \perp \boldsymbol{H}$. Die Indizes α, β nehmen die Werte x, y an. Die Gleichungen (5.4) für t_1 haben die Lösung

$$v_x = v_\perp \cos \Omega t_1\,, \qquad v_y = -\,v_\perp \sin \Omega t_1\,,$$

wobei $p_{x,y} = m^* v_{x,y}$, $\Omega = eH/m^*c$. Hieraus findet man

$$\begin{aligned}\begin{Bmatrix} j_x \\ j_y \end{Bmatrix} &= \frac{2He^3}{(2\pi\hbar)^3\,c}\int\limits_{-p_0}^{p_0} v_\perp^2\,\mathrm{d}p_z\int\limits_0^T \mathrm{d}t_1\begin{Bmatrix} \cos \Omega t_1 \\ -\sin \Omega t_1 \end{Bmatrix} \\ &\quad\times \int\limits_{-\infty}^{t_1} (E_x \cos \Omega t_2 - E_y \sin \Omega t_2)\,\mathrm{e}^{-(t_1-t_2)/\tau}\,\mathrm{d}t_2\,.\end{aligned}$$

Weiterhin ist

$$\int_{-\infty}^{t_1} e^{t_2/\tau}\, e^{i\Omega t_2}\, dt_2 = \frac{e^{t_1/\tau + i\Omega t_1}}{1/\tau + i\Omega} = \frac{e^{t_1/\tau + i\Omega t_1}}{(1/\tau)^2 + \Omega^2}(1/\tau - i\Omega)$$

$$= \frac{e^{t_1/\tau}}{(1/\tau)^2 + \Omega^2}\left[\left(\frac{1}{\tau}\cos\Omega t_1 + \Omega\sin\Omega t_1\right) + i\left(\frac{1}{\tau}\sin\Omega t_1 - \Omega\cos\Omega t_1\right)\right].$$

Real- und Imaginärteil dieser Formel bestimmen die Integrale über dt_2 mit $\cos\Omega t_2$ und $\sin\Omega t_2$. Damit erhält man

$$\begin{Bmatrix} j_x \\ j_y \end{Bmatrix} = \frac{2He^3}{(2\pi\hbar)^3 c}\int_{-p_0}^{p_0}\frac{dp_z v_\perp^2}{\Omega^2 + (1/\tau)^2}\int_0^T dt_1 \begin{Bmatrix} \cos\Omega t_1 \\ -\sin\Omega t_1 \end{Bmatrix}$$
$$\times\left[E_x\left(\frac{1}{\tau}\cos\Omega t_1 + \Omega\sin\Omega t_1\right) - E_y\left(\frac{1}{\tau}\sin\Omega t_1 - \Omega\cos\Omega t_1\right)\right].$$

Integration über die volle Periode ergibt

$$\int_0^T \cos^2\Omega t_1\, dt_1 = \int_0^T \sin^2\Omega t_1\, dt_1 = \frac{T}{2},$$

$$\int_0^T \cos\Omega t_1 \sin\Omega t_1\, dt_1 = 0\,.$$

Daher ist

$$\begin{Bmatrix} j_x \\ j_y \end{Bmatrix} = \frac{2He^3}{(2\pi\hbar)^3 c}\,\frac{T}{2}\,\frac{1}{\Omega^2 + (1/\tau)^2}\begin{Bmatrix} E_x/\tau + E_y\Omega \\ -\Omega E_x + E_y/\tau \end{Bmatrix}\int_{-p_0}^{p_0} v_\perp^2\, dp_z\,.$$

Das letzte Integral ist leicht zu berechnen. Da $v_\perp = p_\perp/m^*$, ist

$$\int_{-p_0}^{p_0} v_\perp^2\, dp_z = \frac{1}{m^{*2}}\int_{-p_0}^{p_0} p_\perp^2\, dp_z = \frac{1}{m^{*2}}\int_{-p_0}^{p_0}(p_0^2 - p_z^2)\, dp_z = \frac{4}{3}\,\frac{p_0^3}{m^{*2}}\,.$$

Somit folgt

$$\begin{Bmatrix} j_x \\ j_y \end{Bmatrix} = \frac{2He^3}{(2\pi\hbar)^3 c}\,\frac{4}{3}\,\frac{p_0^3}{m^{*2}}\,\frac{2\pi c m^*}{2He}\,\frac{1}{\Omega^2 + (1/\tau)^2}\begin{Bmatrix} E_x/\tau + E_y\Omega \\ -\Omega E_x + E_y/\tau \end{Bmatrix}$$

oder

$$\begin{Bmatrix} j_x \\ j_y \end{Bmatrix} = \frac{ne^2}{m^*}\,\frac{1}{\Omega^2 + (1/\tau)^2}\begin{Bmatrix} E_x/\tau + E_y\Omega \\ -E_x\Omega + E_y/\tau \end{Bmatrix}, \qquad (5.22)$$

wobei $n = p_0^3/3\pi^2\hbar^3$ die Elektronendichte im isotropen Modell ist.

Wenn im Experiment der Strom nur in x-Richtung fließt, dann ist $j_y = 0$. Aus (5.22) erhält man dann

$$E_y = \Omega\tau E_x\,, \qquad j_x = \frac{ne^2\tau}{m^*} E_x\,. \tag{5.23}$$

In diesem Modell hat also das Magnetfeld keinen Einfluß auf die Leitfähigkeit, führt aber zum Auftreten eines elektrischen Feldes in y-Richtung senkrecht zum Strom und zum magnetischen Feld. Das ist der sogenannte HALL-Effekt. Die HALL-Konstante ist durch das Verhältnis

$$R = \frac{E_y}{Hj_x} = \frac{eH}{m^*c}\,\frac{\tau E_x m^*}{ne^2\tau H E_x} = \frac{1}{nec} \tag{5.24}$$

definiert. Für das isotrope Modell hängt demnach der HALL-Koeffizient nur von der Zahl der Elektronen im Metall ab.

Für reale Metalle ist diese Aussage, sowie die Tatsache der Unabhängigkeit der Leitfähigkeit vom Magnetfeld nicht mehr zutreffend. Im schwachen Feld hängt die HALL-Konstante von der Streuwahrscheinlichkeit in komplizierter Weise ab, und der Widerstand ändert sich mit dem Magnetfeld. Da $\boldsymbol{H}$ ein Vektor ist, hängt offensichtlich die Widerstandsänderung in kleinen Feldern quadratisch von $\boldsymbol{H}$ ab.

Die physikalische Ursache dieser Abhängigkeit liegt in der Krümmung der Elektronenbahnen im Magnetfeld (darüber wurde bereits im Abschnitt 4.6. gesprochen). Infolgedessen hat die Korrektur zum Widerstand die Größenordnung

$$\Delta\varrho \sim \varrho(l/r_L)^2\,,$$

wobei l die Weglänge und $r_L \sim cp/eH$ der LARMOR-Radius der Präzession des Elektrons im Magnetfeld ist. Da $r_L \sim v/\Omega$ ($\Omega = eH/m^*c = 2\pi/T$ Präzessionsfrequenz) und $l \sim v\tau$, findet man auch

$$\Delta\varrho \sim \varrho(\Omega\tau)^2\,. \tag{5.25}$$

Die Formel (5.25) beschreibt die quadratische Abhängigkeit $\Delta\varrho$ von H und gibt die Größenordnung des Effektes für schwache Felder an. Im folgenden Abschnitt wird gezeigt, daß im umgekehrten Grenzfall großer Felder ($\Omega\tau \gg 1$) ebenfalls ein Gesetz für die Abhängigkeit ϱ von H und die Größenordnung von ϱ gefunden werden kann. Wesentlich ungünstiger liegt der Fall bei mittleren Feldern ($\Omega\tau \sim 1$). Für ein anisotropes Metall ist in diesem Bereich das Auffinden der Abhängigkeit ϱ von H außerordentlich schwierig. Daher wird manchmal die sogenannte KOHLERsche Regel verwendet, die ein Ähnlichkeitsgesetz für $\Delta\varrho(H)$ darstellt. Obwohl diese Regel genau genommen nur für das isotrope Modell begründet werden kann, beschreibt sie jedoch, wie jedes Ähnlichkeitsgesetz, die experimentellen Werte besser als detaillierte Formeln für das Ausgangsmodell. Ein Beispiel für eine analoge Situation ist das Gesetz der korrespondierenden

Zustände und die VAN DER WAALSsche Gleichung beim Phasenübergang Gas-Flüssigkeit.

Die KOHLERsche Regel geht von dem Gedanken einer universellen Weglänge aus, die vom Elektronenimpuls unabhängig ist. Der Widerstand ist zu dieser Länge umgekehrt proportional. Bei Vergrößerung des Magnetfeldes übernimmt der LARMOR-Radius zunehmend die Rolle der Weglänge. Man kann daher annehmen, daß $\varrho(H, T)/\varrho(0, T)$ nur vom Verhältnis l/r_L abhängt. Da aber $r_L \backsim 1/H$ und $l \backsim 1/\varrho(0, T)$, kann man $\varrho(H, T)/\varrho(0, T)$ als nur von dem Verhältnis $H/\varrho(0, T)$ abhängig betrachten. Zur Normierung wird diese Variable gewöhnlich mit ϱ (0,300 K) multipliziert. Wenn das Metall hinreichend rein ist, ist ϱ (0,300 K) nur durch die Phononenstreuung gegeben und hängt nicht von den Störstellen ab, das heißt man kann ϱ (0,300 K) als charakteristische Größe des vorliegenden Metalls ansehen. Subtrahiert man Eins von $\varrho(H, T)/\varrho(0, T)$, erhält man

$$\frac{\Delta\varrho}{\varrho(0, T)} = f\left(\frac{\varrho\ (0{,}300\ \mathrm{K})\ H}{\varrho(0, T)}\right).$$

Das ist die KOHLERsche Regel.

Es soll nochmals betont werden, daß diese Regel nicht streng für ein anisotropes Metall gilt. Wenn die Anisotropie eine wesentliche Rolle spielt, z. B. bei Vorliegen offener Bahnen oder im Fall des magnetischen Durchbruchs (s. Abschnitt 10.7.), entstehen erhebliche Abweichungen von der KOHLERschen Regel. Außerdem wird sie offenbar sicher verletzt, wenn die Abhängigkeit des Widerstandes vom Feld nicht nur durch die Krümmung der Elektronenbahnen, sondern auch durch andere Ursachen bedingt ist, wie sie bei magnetischen Störatomen auftreten können (s. Abschn. 4.6.).

5.3. Galvanomagnetische Erscheinungen im hohen Magnetfeld; geschlossene Bahnen

Im folgenden wird der Grenzfall $\Omega\tau \gg 1$, das heißt ein hohes Magnetfeld behandelt (LIFSCHIZ, ASBEL, KAGANOW 1956 [13]) und ein beliebiges Energiespektrum angenommen. Unter Einführung des kleinen Parameters $\gamma = 1/\Omega\tau$ wird die Gleichung (5.18) mit der Methode der sukzessiven Approximationen gelöst. Wesentlich dafür ist die Tatsache, daß das Stoßintegral $I(\psi)$ bezüglich ψ linear ist. Es sei

$$\psi = \sum_k \psi_k\,, \tag{5.26}$$

wobei $\psi_k \sim \gamma^k$ ist. In nullter Näherung erhält man

$$\partial\psi_0/\partial t_1 = 0\,, \tag{5.27}$$

in erster Näherung

$$\partial\psi_1/\partial t_1 - I(\psi_0) = e\boldsymbol{v}\boldsymbol{E} \tag{5.28}$$

und in zweiter Näherung

$$\partial \psi_2/\partial t_1 - I(\psi_1) = 0 . \tag{5.29}$$

Die folgenden Näherungen sind analog der letzten Gleichung.

Aus (5.27) erhält man $\psi_0 = C_0$, wobei C_0 eine Konstante ist. Somit hängt ψ_0 nicht von t_1 ab. Aus (5.28) findet man

$$\psi_1 = \int_0^{t_1} [I(C_0) + e\boldsymbol{v}(t_2)\,\boldsymbol{E}]\,\mathrm{d}t_2 + C_1 . \tag{5.30}$$

Alle übrigen Gleichungen liefern

$$\psi_k = \int_0^{t_1} I(\psi_{k-1})\,\mathrm{d}t_2 + C_k \qquad (k = 2, 3, \ldots) . \tag{5.31}$$

Das erste Glied in (5.30) und (5.31) wird mit $\tilde{\psi}_k$ bezeichnet. Die Konstanten C_k können durch Mittelung der Gleichungen (5.28), (5.29), ... bestimmt werden. Die Endlichkeit von ψ in allen Fällen ergibt

$$\overline{\frac{\partial \psi}{\partial t_1}} = \lim_{T_1 \to \infty} \frac{1}{T_1} \int_0^{T_1} \frac{\partial \psi}{\partial t_1}\,\mathrm{d}t_1 = \lim_{T_1 \to \infty} \frac{\psi(T_1) - \psi(0)}{T_1} = 0 .$$

Daher folgt

$$-\overline{I(\psi_0)} = e\boldsymbol{E}\overline{\boldsymbol{v}} , \qquad \overline{I(\psi_k)} = 0 \qquad (k = 1, 2, \ldots) .$$

Mit den Bezeichnungen $\psi_k = \tilde{\psi}_k + C_k$ und $\overline{I\,(\mathrm{const})} = I_0$ ist

$$-I_0(C_0) = e\boldsymbol{E}\overline{\boldsymbol{v}} , \tag{5.32}$$

$$-I_0(C_k) = \overline{I(\tilde{\psi}_k)} \qquad (k = 1, 2, \ldots) . \tag{5.33}$$

Die letzteren Gleichungen bestimmen die Konstanten C_k.

Für den Fall geschlossener Bahnen sind v_x und v_y periodisch und $\overline{v}_x = \overline{v}_y = 0$. Aus (5.32) kann man schließen, daß C_0 nur von $\overline{v}_z E_z$ abhängt. Daher können Glieder, die zu E_x und E_y proportional sind, nur in ψ_1 vorkommen. Wenn man v_x und v_y aus den Gleichungen (5.4) bestimmt, erhält man

$$\begin{aligned}\psi_1 &= \int_0^{t_1} \frac{c}{H}\left(E_y \frac{\mathrm{d}p_x}{\mathrm{d}t_2} - E_x \frac{\mathrm{d}p_y}{\mathrm{d}t_2}\right)\mathrm{d}t_2 + \varphi(t_1)\,E_z + C_1 \\ &= C_1 + \frac{c}{H}(E_y p_x - E_x p_y) + \varphi(t_1)\,E_z ,\end{aligned} \tag{5.34}$$

wobei

$$\varphi(t_1)\,E_z = \int_0^{t_1} I(C_0)\,\mathrm{d}t_2 + e\int_0^{t_1} v_z(t_2)\,\mathrm{d}t_2\,E_z .$$

Für die Stromkomponente j_x zum Beispiel erhält man in erster Näherung

$$j_x = \frac{2He^2}{(2\pi\hbar)^3 c} \int \mathrm{d}p_z \int_0^T \mathrm{d}t_1\, v_x(t_1)\, \psi_1 = -\frac{2e}{(2\pi\hbar)^3} \int \mathrm{d}p_z \int_0^T \frac{\mathrm{d}p_y}{\mathrm{d}t_1} \psi(t_1)\, \mathrm{d}t_1$$

$$= -\frac{2e}{(2\pi\hbar)^3} \int \mathrm{d}p_z \left[\int_0^T \frac{\mathrm{d}p_y}{\mathrm{d}t_1} p_x\, \mathrm{d}t_1\, E_y \frac{c}{H} \right.$$

$$\left. - \int_0^T \frac{\mathrm{d}p_y}{\mathrm{d}t_1} p_y\, \mathrm{d}t_1\, E_x \frac{c}{H} + \int_0^T \frac{\mathrm{d}p_y}{\mathrm{d}t_1} \mathrm{d}t_1\, C_1 + \int_0^T \varphi(t_1) \frac{\mathrm{d}p_y}{\mathrm{d}t_1} \mathrm{d}t_1\, E_z \right]$$

(dabei wurden die Gleichung $v_x = -(c/eH)\,(\mathrm{d}p_y/\mathrm{d}t_1)$ und die Formel (5.34) verwendet). Das zweite und dritte Integral verschwinden wegen der Periodizität von p_y: $p_y(T) = p_y(0)$. Daher ist die xy-Komponente des Leitfähigkeitstensors

$$\sigma_{xy} = -\frac{2ec}{(2\pi\hbar)^3 H} \int \mathrm{d}p_z \int_0^T p_x \frac{\mathrm{d}p_y}{\mathrm{d}t_1} \mathrm{d}t_1$$

$$= -\frac{2ec}{(2\pi\hbar)^3 H} \int \mathrm{d}p_z \oint p_x\, \mathrm{d}p_y$$

$$= \frac{2ec}{(2\pi\hbar)^3 H} \int \mathrm{d}p_z\, [S_1(p_z, \mu) - S_2(p_z, \mu)]\,. \tag{5.35}$$

Dabei sind S_1 und S_2 die entsprechenden Schnittflächen der FERMI-Fläche mit der Ebene $p_z = \mathrm{const}$ für die Fälle, daß sich innerhalb der Umrandung ein Gebiet kleinerer (S_1) oder größerer (S_2) Energie befindet. Die Vorzeichenänderung bei den Löchern (S_2) kommt daher, daß ihre Bahnbewegung in entgegengesetzter Richtung zu der der Elektronen verläuft. Allgemein kann das Vorzeichen leicht durch Vergleich mit dem isotropen Fall ($p_x = p_\perp \cos \Omega t$, $p_y = -p_\perp \sin \Omega t$) gefunden werden. Integration über dp_z liefert

$$\sigma_{xy} = (ec/H)\,(n_1 - n_2)\,, \tag{5.36}$$

wobei n_1 die Elektronendichte ($n = 2V_F/(2\pi\hbar)^3$, V_F ist das von der FERMI-Fläche eingeschlossene Volumen im Impulsraum) und n_2 die Löcherdichte bezeichnet. Es wird hierbei vorausgesetzt, daß beide Zahlen nicht gleich sind. Die Gleichung (5.36) hat auch in dem Fall einen Sinn, wenn die FERMI-Fläche offen ist und bei gegebener Feldrichtung alle ihre Schnitte mit den Ebenen $p_z = \mathrm{const}$ geschlossen sind. Dabei ist unter V_F das durch die FERMI-Fläche und die Grenzen der BRILLOUIN-Zone eingeschlossene Volumen zu verstehen.

Eine weitere aus dem Ausdruck für j_x zu ziehende Schlußfolgerung ist das Fehlen von in γ linearen Gliedern in der Komponente σ_{xx} des Leitfähigkeitstensors. Daher ist σ_{xx} höchstens quadratisch von γ abhängig. Das Auftreten derartiger Glieder kann mit Hilfe der nächsten Näherung gezeigt werden. Das gleiche gilt auch für σ_{yy}. Aus dem Ausdruck für j_x folgt, daß σ_{xz} linear in γ ist. Ferner kann man zeigen, daß σ_{yz} von erster Ordnung und σ_{zz} von nullter Ordnung in γ ist. Alle in γ linearen Koeffizienten haben die Eigenschaft $\sigma_{ik} = -\sigma_{ki}$. Dies ist eine Folge des allgemeinen ONSAGERschen Symmetrieprinzips für die kinetischen Koeffizienten: $\sigma_{ik}(\boldsymbol{H}) = \sigma_{ki}(-\boldsymbol{H})$.

Somit kann der gesamte Leitfähigkeitstensor in folgender Form geschrieben werden:

$$\sigma_{ik} = \begin{pmatrix} \gamma^2 a_{xx} & \gamma a_{xy} & \gamma a_{xz} \\ \gamma a_{yx} & \gamma^2 a_{yy} & \gamma a_{yz} \\ \gamma a_{zx} & \gamma a_{zy} & a_{zz} \end{pmatrix}. \tag{5.37}$$

Hieraus ergibt sich der Widerstandstensor $\varrho_{ik} = \sigma_{ik}^{-1}$. Behält man die Glieder kleinster Ordnung von γ bei, so erhält man

$$\varrho_{ik} = \begin{pmatrix} b_{xx} & \frac{1}{\gamma} b_{xy} & b_{xz} \\ \frac{1}{\gamma} b_{yx} & b_{yy} & b_{yz} \\ b_{zx} & b_{zy} & b_{zz} \end{pmatrix}, \tag{5.38}$$

wobei

$$b_{xx} = \frac{a_{yy}a_{zz} - a_{zy}a_{yz}}{a_{xy}a_{yx}a_{zz}}, \qquad b_{yy} = \frac{a_{xx}a_{zz} - a_{xz}a_{zx}}{a_{xy}a_{yx}a_{zz}},$$

$$b_{zz} = \frac{1}{a_{zz}}, \qquad b_{xz} = \frac{a_{zy}}{a_{xy}a_{zz}}, \qquad b_{yz} = -\frac{a_{zx}}{a_{yx}a_{zz}},$$

$$b_{xy} = \frac{1}{a_{yx}}, \qquad b_{yx} = \frac{1}{a_{xy}}. \tag{5.39}$$

Mit der üblichen Definition der HALL-Konstanten

$$R = E_y/j_x H = \varrho_{yx}/H = 1/\sigma_{xy} H,$$

ergibt sich

$$R = 1/(n_1 - n_2)\, ec. \tag{5.40}$$

Die HALL-Konstante wird also in hohen Magnetfeldern durch die Zahl der Elektronen und Löcher festgelegt. Die Komponenten ϱ_{xx} und ϱ_{yy} hängen nicht von H ab. Das bedeutet, daß die transversale Leitfähigkeit in starken Feldern eine Tendenz zur Sättigung hat.[1])

[1]) Die lineare Zunahme des Magnetowiderstandes, die für $\Omega\tau \gg 1$ in den Alkalimetallen beobachtet war, ist jetzt hinreichend gut erklärt als Folge der Krümmung der Stromlinien in realen inhomogenen Metallproben [82].

Bis jetzt wurde der Fall $n_1 \neq n_2$ betrachtet. Wie bereits erwähnt, muß jedoch jedes Metall, das eine gerade Elektronenzahl in einer Zelle enthält, die gleiche Zahl Elektronen und Löcher besitzen. In dem Fall verschwindet das lineare Glied in der Komponente σ_{xy}, so daß diese quadratisch von γ abhängt. Wenn man das in (5.37) berücksichtigt, folgt für die Komponenten des reziproken Tensors

$$\varrho_{\alpha\beta} \sim \frac{1}{\gamma^2} \sim H^2\,, \quad \varrho_{\alpha z} \sim \frac{1}{\gamma} \sim H\,, \quad \varrho_{zz} = \text{const}\,, \quad \alpha, \beta = x, y\,. \quad (5.41)$$

Das bedeutet, daß in diesem Fall der transversale Widerstand quadratisch mit H wächst.

In den Experimenten zum Hall-Effekt erhält man gewöhnlich die Differenz der Hall-Felder für unterschiedliches Vorzeichen von $\boldsymbol{H}$

$$R = \frac{1}{2Hj_x}\,[E_y(\boldsymbol{H}) - E_y(-\boldsymbol{H})] = \frac{1}{2H}\,[\varrho_{yx}(\boldsymbol{H}) - \varrho_{yx}(-\boldsymbol{H})]\,. \quad (5.42)$$

Offensichtlich verschwindet diese Differenz für den Fall $n_1 = n_2$, wo $\varrho_{yx} \sim H^2$ ist. E_y selbst ist jedoch nicht konstant, sondern wächst mit dem Feld wie H^2.

5.4. Galvanomagnetische Erscheinungen im hohen Feld und Topologie offener Fermi-Flächen

In diesem Abschnitt werden offene Fermi-Flächen betrachtet (Lifschiz, Pestschanski 1958 [14]). Die durch die Gleichungen $\varepsilon = \text{const}$ und $p_z = \text{const}$ bestimmten Elektronenbahnen können in diesem Fall offen oder auch geschlossen sein. Im folgenden werden einige Beispiele untersucht, die am häufigsten in Metallen realisiert sind.

1. Die Fläche konstanter Energie sei topologisch einem Zylinder äquivalent (s. Abb. 16a). Wenn dann das Magnetfeld senkrecht zur Zylinderachse liegt,

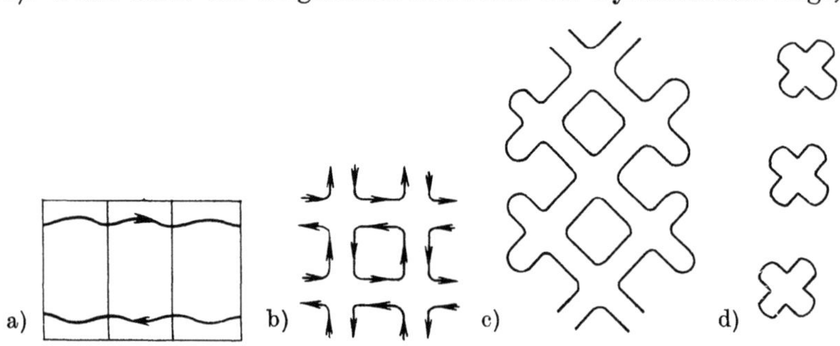

Abb. 17 Impulsbahnen von Elektronen im Magnetfeld auf (a) einem gewellten Zylinder (Abb. 16a) und (b) bis (d) einem Röhrengitter (Abb. 16c). Das Magnetfeld liegt bei (a) senkrecht zur Zylinderachse, bei (b) in Richtung der Normalen zu einer Gitterebene und ist bei (c) schwach bzw. bei (d) stärker aus der Normalenrichtung gedreht (kleiner bzw. großer Winkel Θ in Abb. 18)

ist die Bahn im Impulsraum offen. Diesen Fall zeigt Abbildung 17a. Ist jedoch das Magnetfeld nicht senkrecht zur Zylinderachse, dann sind die Bahnen geschlossen. Daher liegt bei einer zylindrischen Fläche der Fall vor, daß offene Bahnen nur dann auftreten, wenn die Richtung des Magnetfeldes in einer Ebene senkrecht zur Zylinderachse liegt.

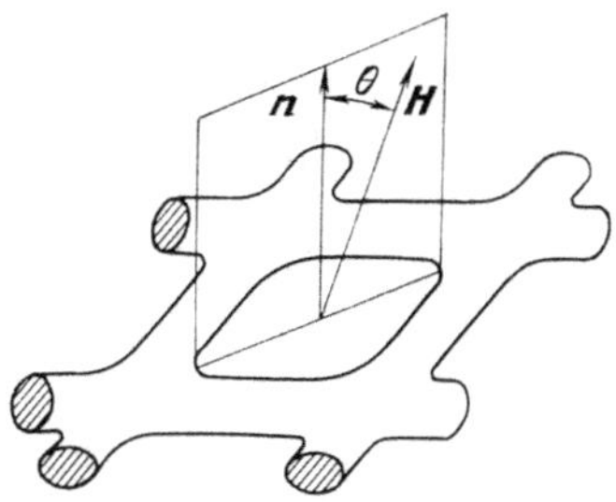

Abb. 18 Drehung des Magnetfeldes **H** aus einer Normalrichtung **n** zu einer Röhrenebene, die zu einem stetigen Übergang von offenen Bahnen (Abb. 17c) zu geschlossenen Bahnen (Abb. 17d) führt

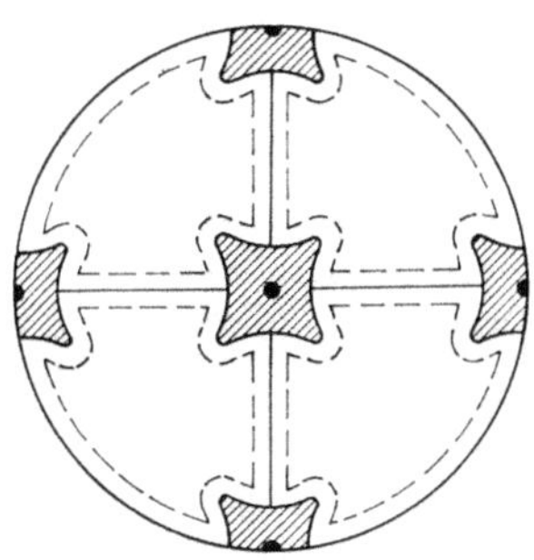

Abb. 19 Stereografische Projektion von Magnetfeldrichtungen im Röhrengitter (Abb. 16c). In der Umgebung von Symmetrieachsen (/ / / / /) mit Ausnahme der Symmetrieachsen selbst (·) sowie auf Symmetrieebenen (———) treten offene Bahnen und in der Umgebung dieser Gebiete (— — —) ausgedehnte geschlossene Bahnen auf

2. In diesem Fall soll die Fermi-Fläche annähernd einem Gitter ähneln, das aus Röhren besteht (s. Abb. 16c[1])). Wenn das Magnetfeld in Richtung der Normalen zu einer dieser Ebenen liegt, treten nur geschlossene Bahnen auf (Abb. 17b). Wenn jetzt das Magnetfeld gedreht wird, ergeben sich innerhalb eines bestimmten Winkelintervalls um diese Normale Bahnen, die in einer Richtung offen sind. Eine Vergrößerung des Winkels Θ in Abbildung 18 führt zum Beispiel zu einer stetigen Änderung der Bahnen vom Typ der Abbildung 17c zum Typ der Abbildung 17d. Wenn jedoch das Magnetfeld innerhalb einer der Basis-

[1]) Der Fall 16b tritt wesentlich seltener auf.

ebenen gedreht wird, dann ist es stets senkrecht zur Achse einer Röhre, was das Auftreten offener Bahnen bedeutet.

Die angegebenen topologischen Besonderheiten können mit Hilfe der stereografischen Projektion dargestellt werden (Abb. 19). Der Kreismittelpunkt entspricht der Normalen in Abbildung 18 und die Kreislinie dem Winkel $\Theta = 90°$. Innerhalb der schraffierten Flächen treten offene Bahnen auf. Die ausgezogenen Linien vom Mittelpunkt zum Rand und der Kreis $\Theta = 90°$ selbst entsprechen offenen Bahnen, die bei Drehung des Feldes in einer Hauptebene entstehen. Die Punkte im Mittelpunkt und auf dem Kreis entsprechen Richtungen, in denen wiederum nur geschlossene Bahnen auftreten. Die gestrichelten Linien schließen Bereiche ein, in denen die Bahnen zwar geschlossen sind, sich jedoch über mehrere Perioden des reziproken Gitters erstrecken.

Die einfachste Variante ist der gewellte Zylinder für den Fall, daß das Magnetfeld senkrecht zur Zylinderachse liegt (Abb. 20). Die Lage der Achsen ist in der Abbildung angegeben (Zylinderachse in Richtung p_x). Aus Abbildung 20 ist ersichtlich, daß sich das Elektron in Richtung p_x bis ins Unendliche bewegen kann, jedoch ist die Bewegung in Richtung p_y begrenzt. Durch Mittelung der Gleichung (5.4) findet man $\bar{v}_x = 0$ und $\bar{v}_y \neq 0$. Letzteres folgt aus

$$\bar{v}_y = \frac{c}{eH} \lim_{T_1 \to \infty} \frac{p_x(T_1) - p_x(0)}{T_1}$$

und der Tatsache, daß sich das Elektron in Richtung p_x bis ins Unendliche bewegen kann. Im Gegensatz zu dem Fall geschlossener Bahnen, wo $\bar{v}_x = \bar{v}_y = 0$ gilt, ist hier nur $\bar{v}_x = 0$. Man kann daher aus (5.32) folgern, daß $\psi_0 = C_0$ nicht nur von E_z, sondern auch von E_y abhängt. Deshalb enthält die Komponente σ_{yy} ebenso wie die σ_{zz}-Komponente keinen kleinen Faktor mehr. Schließlich sind auch die Nichtdiagonalelemente $\sigma_{yz} = \sigma_{zy}$ in diesem Fall nicht klein. Die restlichen Komponenten σ_{ik} haben die gleiche Größenordnung wie auch im Fall geschlossener Bahnen.

Der Leitfähigkeitstensor hat dann die Form

$$\sigma_{ik} = \begin{pmatrix} \gamma^2 a_{xx} & \gamma a_{xy} & \gamma a_{xz} \\ \gamma a_{yx} & a_{yy} & a_{yz} \\ \gamma a_{zx} & a_{zy} & a_{zz} \end{pmatrix}. \tag{5.43}$$

Daraus folgt der Widerstandstensor

$$\varrho_{ik} = \begin{pmatrix} \frac{1}{\gamma^2} b_{xx} & \frac{1}{\gamma} b_{xy} & \frac{1}{\gamma} b_{xz} \\ \frac{1}{\gamma} b_{yx} & b_{yy} & b_{yz} \\ \frac{1}{\gamma} b_{zx} & b_{zy} & b_{zz} \end{pmatrix}. \tag{5.44}$$

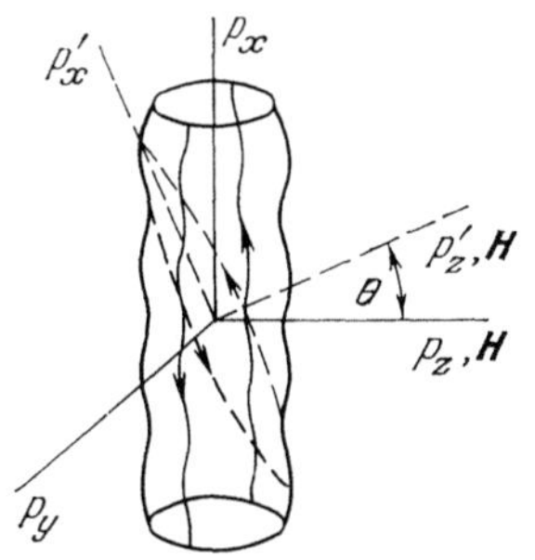

Abb. 20 Offene Bahnen (———) und ausgedehnte geschlossene Bahnen (– – –) auf einem gewellten Zylinder

Bemerkenswert ist, daß $\varrho_{xx} \backsim H^2$ ist. Ein Vergleich von ϱ_{xy} in (5.44) mit (5.38) für den Fall geschlossener Bahnen zeigt, daß in beiden Fällen diese Komponente linear von H abhängt; jedoch kann man zeigen, daß die entsprechenden Konstanten b_{xy} nicht identisch sind.

Von Interesse ist jetzt die Frage nach der Änderung der Abhängigkeit der galvanomagnetischen Koeffizienten vom Magnetfeld beim Übergang von geschlossenen zu offenen Bahnen, wobei das Magnetfeld allmählich seine Richtung ändert. Das Magnetfeld sei um einen kleinen Winkel gegen die Senkrechte zur Zylinderachse geneigt (Abb. 20, gestrichelte Achsen). Die Bahnlänge des Elektrons wächst offensichtlich bei Verkleinerung des Winkels Θ proportional zu $1/\Theta$. Folglich wächst die Umlaufperiode auf dieser Bahn gemäß Formel (5.6) proportional zu $1/\Theta$ ($v_\perp$ ist stets von der Größenordnung v), und die Umlaufsfrequenz ist

$$\Omega \sim \Omega_0 \Theta ,$$

wobei $\Omega_0 \sim eH/mc$ die gewöhnliche Zyklotronfrequenz ist. Bei hinreichend kleinem Winkel Θ ist die Frequenz Ω so klein, daß die Bedingung $\Omega\tau \gg 1$ verletzt wird. Offensichtlich findet dabei gerade der Übergang von σ_{ik} des Typs (5.37) zum Typ (5.43) statt. Der entsprechende Winkelbereich ist $\Theta \sim 1/\Omega_0\tau \sim \gamma \ll 1$.

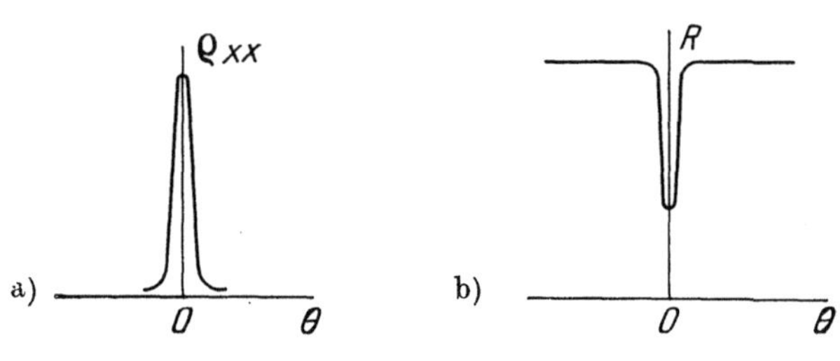

Abb. 21 (a) Transversaler Magnetowiderstand ϱ_{xx} und (b) HALL-Koeffizient R für einen gewellten Zylinder in Abhängigkeit vom Neigungswinkel Θ des Magnetfeldes zur Normalebene des Zylinders (Abb. 20). Die Strukturen bei $\Theta = 0$ entstehen durch offene Bahnen

Bei diesen Winkeln verändert sich der Tensor $\varrho_{ik} = \sigma_{ik}^{-1}$ kontinuierlich von der Form (5.38) zur Form (5.44). Insbesondere ist die Komponente ϱ_{xx} in einem kleinen Winkelbereich $\Theta \sim \gamma \sim 1/\Omega_0\tau$ proportional zu H^2, bei allen übrigen Winkeln jedoch eine Konstante. Demnach muß die Abhängigkeit des Widerstandes vom Winkel so verlaufen, wie es Abbildung 21a darstellt. Das bisher Gesagte trifft selbstverständlich nur für einen Metalleinkristall zu.

Aus dem Ausdruck (5.44) kann man außerdem noch Schlußfolgerungen bezüglich des HALL-Koeffizienten ziehen. Die Komponente σ_{xy} ist sowohl für große als auch für kleine Winkel linear in H, aber die Proportionalitätsfaktoren sind in beiden Fällen unterschiedlich. Der Übergang vom einen zum anderen Fall erfolgt in einem schmalen Winkelbereich $\Theta \sim \gamma$. Eine eingehende Analyse zeigt, daß der HALL-Koeffizient im Gebiet kleiner Winkel kleiner sein muß (Abb. 21b). Bei Vergrößerung des Feldes verringert sich die Breite des Minimums, seine Tiefe bleibt jedoch ebenso wie der Wert für größere Winkel unverändert. Für FERMI-Flächen des in Abbildung 16a dargestellten Typs hängt ferner der HALL-Koeffizient in starken Feldern nicht von den Winkeln ab (mit Ausnahme sehr kleiner Winkel Θ) und ist gleich $1/(n_1 - n_2)\, ec$, wobei n_1 und n_2 durch die Volumina im Impulsraum bestimmt sind, die von der FERMI-Fläche und den BRILLOUIN-Zonengrenzen eingeschlossen werden (Abb. 22). Davon war bereits im Abschnitt 5.3. die Rede.

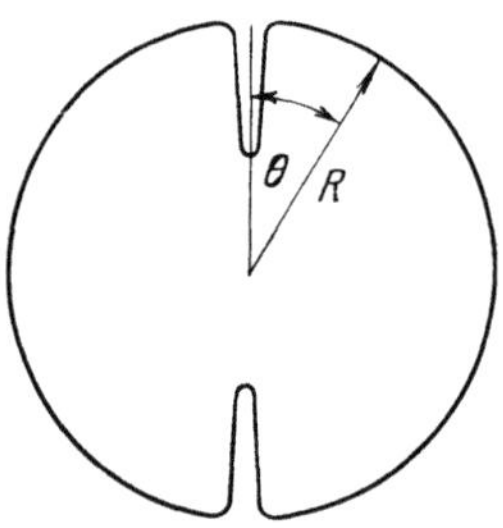

Abb. 22 Winkelabhängigkeit des HALL-Koeffizienten R für einen gewellten Zylinder wie in Abb. 21b, jedoch bei vollständiger Drehung des Magnetfeldes in einer Ebene, die die Zylinderachse enthält

Wenn die Topologie der FERMI-Fläche der Abbildung 16c entspricht, dann kann die Winkelabhängigkeit von ϱ_{xx} in starken Feldern verschiedene Besonderheiten aufweisen. Wenn man in der stereografischen Projektion in Abbildung 19 von einem der vier Sektoren zu einem anderen übergeht und dabei den Durchmesser schneidet, so liegt eine Singularität von der in Abbildung 21a gezeigten Art vor, weil die durch gestrichelte Linien umrandeten Durchmesser diejenigen Richtungen sind, die senkrecht zu zylindrischen Teilen der FERMI-Fläche liegen.

Eine weitere Singularität kann beim Grenzübergang zwischen dem schraffierten und dem unschraffierten Gebiet auftreten. Die schraffierten Bereiche entsprechen Feldrichtungen, bei denen die Bahnen in einer Richtung offen sind. Der Widerstand muß daher in diesem Gebiet mit H^2 wachsen, während er im unschraffierten Bereich konstant bleibt. Diese Art von Singularität ist in Abbildung 23a dargestellt.

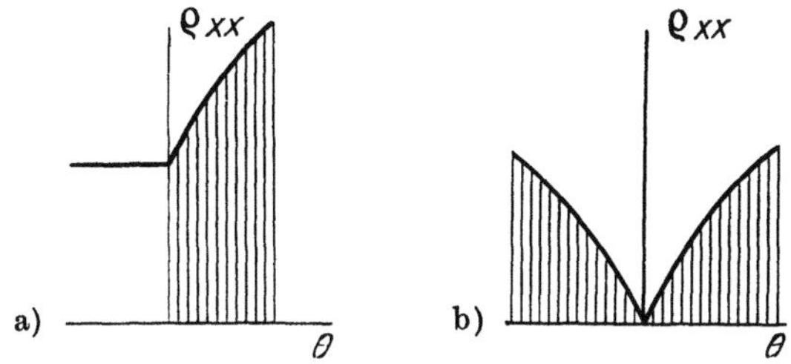

Abb. 23 Winkelabhängigkeit des Magnetowiderstands ϱ_{xx} für ein Röhrengitter (Abb. 16c) (a) bei Übergang von geschlossenen zu offenen Bahnen (Eintritt der Magnetfeldrichtung in einen schraffierten Bereich in Abb. 19), (b) beim Passieren einer isolierten Symmetrierichtung (Punkte in Abb. 19) mit geschlossenen Bahnen. In den schraffierten Bereichen treten offene Bahnen in einer Richtung auf

Ferner gibt es ausgezeichnete Feldrichtungen, die durch Punkte in der stereografischen Projektion der Abbildung 19 bezeichnet sind. Für diese Richtungen gibt es nur geschlossene Bahnen, so daß ϱ_{xx} konstant bleibt. Diese Punkte sind jedoch von schraffierten Bereichen umgeben, wo $\varrho_{xx} \sim H^2$, das heißt groß ist. Dieser Typ von Singularität ist in Abbildung 23b dargestellt.

Auf diese Weise ist also zu erkennen, daß die Untersuchung des Widerstandes einkristalliner Metallproben in starken Magnetfeldern in Abhängigkeit von der Richtung und Größe des Feldes eine Möglichkeit zur Bestimmung der Topologie

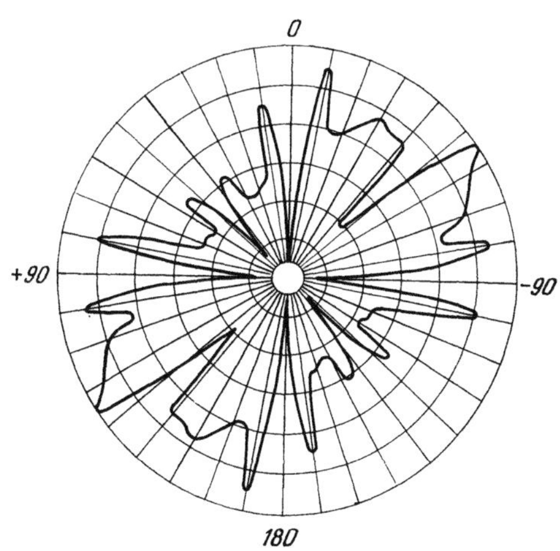

Abb. 24 Experimentelles Polardiagramm des transversalen Magnetowiderstands von Gold (nach [17])

der FERMI-Fläche darstellt. Diese Methode liefert jedoch keine Aussagen über die geschlossenen Teile der FERMI-Fläche. Sie ist in der Praxis verhältnismäßig einfach anwendbar und wurde zur Untersuchung der FERMI-Fläche vieler Metalle benutzt. Bemerkenswert ist, daß in den meisten Fällen die FERMI-Flächen offene Teile haben.

In Abbildung 24 ist als Beispiel für ein Polardiagramm von ϱ_{xx} das Ergebnis für Gold dargestellt [17].

Eine Einschränkung dieser Methode ist die Bedingung $\Omega\tau \gg 1$. Diese Bedingung kann in die folgende Form umgeschrieben werden: $vT \ll v\tau$ oder $r_L \ll l$, wobei r_L der LARMOR-Radius und l die mittlere freie Weglänge ist. Eine Möglichkeit zur Erfüllung dieser Bedingung ist die Vergrößerung des Feldes (dabei verringert sich r_L), eine andere die Reinigung des Metalls und die Erniedrigung der Temperatur (dabei wächst l). Der LARMOR-Radius für Felder der Größenordnung 10^4 Oe ist etwa $r_L \sim cp_0/eH \sim 10^{-3}$ cm. Im Gebiet des Restwiderstandes ist

$$l \sim \frac{1}{N_i\sigma} \sim \frac{1}{10^{22}\, c_i\, 10^{-16}} \sim \frac{10^{-6}}{c_i}\,.$$

Demnach kann die Bedingung $r_L \ll l$ nur erfüllt werden, wenn die atomare Störstellenkonzentration kleiner als 10^{-3} ist, was sehr gut realisierbar ist.

5.5. Magnetowiderstand eines Polykristalls

Bisher ist nur der Fall des Monokristalls betrachtet worden. Wenn die Probe ein Polykristall ist, so ist eine Mittelung über die Orientierungen der Kristallite erforderlich. Eine große Anisotropie des Leitfähigkeitstensors führt in diesem Fall zu einer höchst ungewöhnlichen Abhängigkeit $\varrho(H)$ (DREISIN, DYCHNE 1972 [81]). Im folgenden wird die Theorie nur für den Fall des schwach gewellten Zylinders dargelegt. Der Leser, der sich für andere mögliche Fälle (stark gewellter Zylinder, räumliches Gitter) interessiert, sei auf die Originalarbeit [81] verwiesen.

Den Ausgangspunkt bildet die Bemerkung, daß die Leitfähigkeit nichts anderes als die Diffusion der Elektronen im Metall unter Einwirkung der äußeren Kraft $\boldsymbol{F} = e\boldsymbol{E}$ ist. Schreibt man den elektrischen Strom als Diffusionsstrom

$$\boldsymbol{j} = -\, eD\nabla n$$

und setzt für die Teilchendichte den Ausdruck $n = 2 \int f(\varepsilon - e\varphi)\, \frac{\mathrm{d}^3\boldsymbol{p}}{(2\pi\hbar)^3}$ ein, wobei φ das Potential des elektrischen Feldes ($\boldsymbol{E} = -\,\nabla\varphi$) ist, so erhält man eine Beziehung zwischen der Leitfähigkeit und dem Diffusionskoeffizienten

$$\sigma = e^2\nu(\mu)\, D\,. \tag{5.45}$$

Diese Formel ist das Analogon zur bekannten EINSTEINschen Beziehung für ein entartetes FERMI-System. Somit kann man anstelle von σ den Diffusionskoeffizienten D bestimmen.

Der Erhaltungssatz der elektrischen Ladung (oder der Teilchenzahl) wird durch die Kontinuitätsgleichung beschrieben:

$$\frac{\partial(en)}{\partial t} + \operatorname{div} \boldsymbol{j} = 0 \,.$$

Setzt man den Ausdruck für den Diffusionsstrom ein, erhält man die bekannte Diffusionsgleichung

$$\frac{\partial n}{\partial t} = D \Delta n \,.$$

Folglich ist der mittlere Abstand, den das Teilchen in der Zeit t durchfliegt, durch die Formel

$$\overline{r^2(t)} \sim Dt \tag{5.46}$$

gegeben. Natürlich gilt sie nur für $t \gg \tau$, wobei τ die Stoßzeit ist. Daraus wird nun die Größe D bestimmt.

Ein Elektron bewege sich im Verlaufe einer bestimmten Zeit t. Das Quadrat seiner Verschiebung senkrecht zur Richtung des Magnetfeldes ist in jedem Kristallit $D(\Theta)\,\mathrm{d}t$, wobei Θ die Orientierung des Kristallits relativ zum Magnetfeld charakterisiert und $\mathrm{d}t$ die Zeit ist, in der sich das Elektron im betreffenden Kristallit befindet. Diese Zeit ist das Produkt von t und der Wahrscheinlichkeit, daß die Orientierung des Kristallits im Intervall zwischen Θ und $\Theta + \mathrm{d}\Theta$ liegt. Wählt man die Polarachse parallel zu p_z (Abb. 20) und berücksichtigt, daß es sich um kleine Θ handelt, so erhält man im Falle einer genügend homogenen Verteilung für die Wahrscheinlichkeit $w(\Theta) \sim \sin\left(\frac{\pi}{2} - \Theta\right) \mathrm{d}\Theta \sim \mathrm{d}\Theta$. Somit ist $\mathrm{d}t \sim t\,\mathrm{d}\Theta$. Für die transversale Leitfähigkeit in „normalen" Kristalliten $\Theta \gg \gamma$ erhält man die Formel $\sigma \sim \sigma_0/(\Omega\tau)^2$ (s. Abschn. 5.4.) oder, unter Berücksichtigung von $\Omega = \Omega_0\Theta$, $\sigma \sim \sigma_0\gamma^2/\Theta^2$. Entsprechend ergibt sich für $D(\Theta)$

$$D(\Theta) = \frac{D_0\gamma^2}{\Theta^2} \,. \tag{5.47}$$

Nach Abschnitt 5.4. gilt das für $\Theta \gg \gamma$. Folglich ist die totale Verschiebung gleich

$$\overline{r^2(t)} \sim t \int\limits_{\gamma}^{\pi/2} \frac{D_0\gamma^2}{\Theta^2}\,\mathrm{d}\Theta \sim tD_0\gamma \,. \tag{5.48}$$

Jedoch ist diese Ableitung nicht korrekt. Sie berücksichtigt nicht die Tatsache, daß in Kristalliten mit sehr kleinen Θ der Diffusionskoeffizient groß ist, das heißt die Diffusion in transversaler Richtung schnell erfolgt. Dabei kann sich zeigen, daß die Verschiebung des Elektrons in einem solchen Kristallit nicht durch die Aufenthaltszeit in demselben, sondern durch die Grenzen des Kristallits begrenzt wird. Bezeichnet man den entsprechenden kritischen Winkel mit Θ_0 und nimmt an, daß $\Theta_0 \gg \gamma$ ist (was unten bewiesen wird), so gilt $\overline{r^2(t)} = \overline{(r^2)}_1 + \overline{(r^2)}_2$, wobei $\overline{(r^2)}_1$ von den Kristalliten mit $\Theta > \Theta_0$ und $\overline{(r^2)}_2$ von den Kristalliten mit $\Theta < \Theta_0$ herrührt. Für den ersten Beitrag kann man das Integral in (5.48) mit der unteren Grenze Θ_0 statt γ nehmen und erhält

$$D_1 \sim \frac{\overline{(r^2)}_1}{t} \sim \frac{D_0\gamma^2}{\Theta_0}.$$

Der Beitrag der Kristallite mit $\Theta < \Theta_0$ muß anders betrachtet werden. Die Bewegung des Elektrons wird folgendermaßen modelliert: Zuerst durchfliegt das Elektron schnell einen besonderen Kristallit in einer Richtung senkrecht zum Magnetfeld. Dann diffundiert das Elektron im „Medium" in Feldrichtung (denn die transversale Diffusion in den gewöhnlichen Kristalliten ist klein), bis es den nächsten besonderen Kristalliten trifft usw. Bezeichnet man die Dimension des Kristallits mit a, so ist die entsprechende „Weglänge"

$$L \sim 1/(na^2),$$

wobei n die Anzahl der besonderen Kristallite in der Volumeneinheit ist und a^2 die Rolle eines „effektiven Querschnitts" spielt. Da jedoch na^3 nichts anderes als die Konzentration der besonderen Kristallite, das heißt $na^3 \sim \Theta_0$ ist, gilt folglich

$$L \sim \frac{a}{\Theta_0}.$$

Doch der Diffusionskoeffizient parallel zum Magnetfeld ist D_0, so daß die Flugzeit für die Distanz L

$$\tau \sim \frac{L^2}{D_0} \sim \frac{a^2}{\Theta_0^2 D_0}$$

wird. Während dieser Zeit entspricht die Verschiebung in transversaler Richtung der Dimension des Kristallits, das heißt a. Folglich erhält man für die besonderen Kristallite

$$D_2 \sim \frac{a^2}{\tau} \sim \Theta_0^2 D_0.$$

Schließlich ist der totale Diffusionskoeffizient gleich

$$D = D_1 + D_2 = D_0\left(\Theta_0^2 + \frac{\gamma^2}{\Theta_0}\right). \tag{5.49}$$

Nun muß noch Θ_0 bestimmt werden. Da dies der Winkel ist, bei dem die Verschiebung in einem Kristalliten während der Aufenthaltszeit von der Größenordnung a wird, muß der Übergang vom Bereich mit $\Theta > \Theta_0$ zum Bereich mit

$\Theta < \Theta_0$ stetig erfolgen. Mit anderen Worten bestimmt sich Θ_0 aus der Bedingung, daß beide Glieder in (5.49) von der gleichen Größenordnung sind, das heißt

$$\Theta_0 \sim \gamma^{2/3} . \tag{5.50}$$

Diese Abschätzung kann man auch anders erhalten. Während der Zeit τ wandert das Elektron entlang der gesamten Weglänge L und verbringt im Mittel die gleiche Zeit auf einem beliebigen Abschnitt. Folglich befindet es sich während einer Zeit der Größenordnung $\tau(a/L)$ im ersten besonderen Kristalliten und wird größenordnungsmäßig um

$$\sqrt{D_1(\Theta)\,\tau\frac{a}{L}} \sim \frac{a\gamma}{\Theta_0^{3/2}}$$

verschoben (hier sind die Werte von τ, L sowie ein $D_1(\Theta)$ eingesetzt, das dem nichtintegrierten Wert (5.47) für den betreffenden Winkel entspricht). Der Winkel Θ_0 bestimmt sich aus der Bedingung, daß die Verschiebung von der Größenordnung a wird, woraus sich die Formel (5.50) ergibt. Setzt man diesen Wert in (5.49) ein, erhält man $D \sim D_0\gamma^{4/3}$ oder

$$\sigma_\perp \sim \sigma_0\gamma^{4/3} . \tag{5.51}$$

Jedoch muß wie früher berücksichtigt werden, daß im Experiment nicht $\sigma_\perp$, sondern $\varrho_\perp$ bestimmt wird. Für die Komponente des inversen Tensors erhält man

$$\varrho_\perp \sim \frac{\sigma_\perp}{\sigma_\perp^2 - \sigma_{xy}\sigma_{yx}} .$$

Falls $n_1 \neq n_2$, so ist $\sigma_{xy} = -\sigma_{yx} = (n_1 - n_2)\,ec/H \sim \sigma_0\gamma$. Folglich gilt $\sigma_{xy} \gg \sigma_\perp$, und man erhält aus der obigen Formel

$$\varrho_\perp \sim \frac{\sigma_\perp}{\sigma_{xy}^2} \sim \varrho_0\gamma^{-2/3} , \tag{5.52}$$

wobei $\varrho_0 = \sigma_0^{-1}$.

Falls $n_1 = n_2$, so ist $\sigma_{xy} = \sigma_{yx} \sim \sigma_0\gamma^2 \ll \sigma_\perp$ und daher

$$\varrho_\perp \sim \frac{1}{\sigma_\perp} \sim \varrho_0\gamma^{-4/3} . \tag{5.53}$$

Folglich sollte der Widerstand polykristalliner Metallproben mit einer FERMI-Fläche vom Typ des gewellten Zylinders in hohen Feldern proportional zu $H^{2/3}$ für $n_1 \neq n_2$ und proportional zu $H^{4/3}$ für $n_1 = n_2$ anwachsen. Es ist interessant zu bemerken, daß die Vernachlässigung der Änderung des Diffusionsmechanismus für $\Theta < \Theta_0$ zur Formel (5.48) führen würde, das heißt zum Endergebnis $\varrho_\perp \sim H$ (sowohl im Fall $n_1 = n_2$ als auch für $n_1 \neq n_2$). Dieses Gesetz läßt sich nur bei sehr hohen Feldern mit $\Omega\tau \gg 1$ vom korrekten unterscheiden. Experimentell beobachtet man in schwächeren Feldern ein lineares oder annähernd lineares Anwachsen des Widerstandes mit dem Feld. Dieses Resultat wurde zuerst an einer polykristallinen Probe erhalten (Kapiza 1929 [15]) und danach durch Mittelung des Winkeldiagramms des Widerstands eines Monokristalls [16]. Das letzte Verfahren entspricht nicht dem, was im Polykristall passiert, denn es berücksichtigt nicht die oben beschriebene Besonderheit der Elektronenbewegung im Fall starker Anisotropie des Diffusionskoeffizienten. Für den betrachteten Fall des gewellten Zylinders ergibt dieses Verfahren eine lineare Abhängigkeit $\varrho(H)$:

$$\int \varrho_{xx}(\Theta)\,\mathrm{d}\Theta \sim \frac{\varrho_0}{\gamma^2}\gamma \sim \frac{\varrho_0}{\gamma}\,.$$

6. Thermoelektrische und thermomagnetische Erscheinungen

6.1. Thermoelektrische Erscheinungen

Im Kapitel 3 wurde die Leitfähigkeit untersucht, das heißt der im Metall unter der Wirkung eines elektrischen Feldes entstehende elektrische Strom, desgleichen auch die Wärmeleitfähigkeit, das heißt der Energiestrom unter der Wirkung eines Temperaturgradienten.

Im folgenden sollen die Erscheinungen betrachtet werden, die bei gleichzeitigem Vorhandensein eines elektrischen Feldes und eines Temperaturgradienten auftreten. Der Einfachheit halber wird zunächst der isotrope Fall behandelt. Wenn im Metall ein kleiner Temperaturgradient erzeugt und gleichzeitig ein elektrisches Feld angelegt wird, entstehen ein elektrischer Strom und ein Wärmestrom:

$$\boldsymbol{j} = \sigma \boldsymbol{E} + \beta \nabla T\,, \tag{6.1}$$

$$\boldsymbol{q} = \gamma \boldsymbol{E} + \zeta \nabla T\,. \tag{6.2}$$

Zwischen den Koeffizienten β und γ existiert ein Zusammenhang, der aus dem sogenannten ONSAGERschen Symmetrieprinzip der kinetischen Koeffizienten folgt. Dieses Prinzip (Herleitung desselben s. z. B. [2]) besteht in folgendem. An einem System mögen bestimmte verallgemeinerte Kräfte $X_1, \dots, X_n$ angreifen. Unter der Wirkung dieser Kräfte entstehen in dem System verallgemeinerte Ströme $J_1, \dots, J_n$, die mit den Kräften durch die Beziehungen

$$J_i = -\sum_k \gamma_{ik} X_k \tag{6.3}$$

verknüpft sind. Weiterhin seien Kräfte und Ströme dadurch definiert, daß die zeitliche Änderung der Entropie des Systems in der Form

$$\dot{S} = -\sum_i J_i X_i \tag{6.4}$$

geschrieben werden kann. In diesem Fall müssen nach dem ONSAGERschen Prinzip die Koeffizienten γ_{ik} symmetrisch sein, das heißt

$$\gamma_{ik} = \gamma_{ki}\,. \tag{6.5}$$

Im betrachteten Fall hat die zeitliche Änderung der Entropie zwei Ursachen. Erstens fließt infolge des Wärmestroms pro Volumeneinheit und pro Zeiteinheit eine Wärmemenge ab, die gleich div $\boldsymbol{q}$ ist. Zweitens dissipiert infolge der vom elektrischen Feld verrichteten Arbeit pro Volumen- und Zeiteinheit die Energie $\boldsymbol{jE}$. Hieraus folgt

$$\dot{S} = -\int \frac{1}{T} \operatorname{div} \boldsymbol{q} \, \mathrm{d}V + \int \frac{\boldsymbol{jE}}{T} \mathrm{d}V .$$

Eine partielle Integration des ersten Integrals ergibt

$$\dot{S} = \int \boldsymbol{q} \nabla \frac{1}{T} \mathrm{d}V + \int \frac{\boldsymbol{jE}}{T} \mathrm{d}V . \tag{6.6}$$

Wenn man als verallgemeinerte Ströme $\boldsymbol{j}$ und $\boldsymbol{q}$ nimmt, dann spielen nach (6.4) die Größen $-\boldsymbol{E}/T$ und $-\nabla(1/T) = T^{-2}\nabla T$ die Rolle der verallgemeinerten Kräfte. Durch Umformen der Gleichungen (6.1) und (6.2) in

$$j = -\sigma T\left(-\frac{\boldsymbol{E}}{T}\right) + \beta T^2 \left(\frac{\nabla T}{T^2}\right), \qquad q = -\gamma T\left(-\frac{\boldsymbol{E}}{T}\right) + \zeta T^2 \left(\frac{\nabla T}{T^2}\right)$$

erhält man aus (6.5)

$$\gamma = -\beta T . \tag{6.7}$$

Experimentell ist der elektrische Strom stets einfacher zugänglich als das elektrische Feld im Metallinnern. Daher wird das System (6.1) und (6.2) nach $\boldsymbol{E}$ aufgelöst, und man erhält

$$\boldsymbol{E} = \varrho \boldsymbol{j} + Q \nabla T , \tag{6.8}$$

$$\boldsymbol{q} = \Pi \boldsymbol{j} - \varkappa \nabla T , \tag{6.9}$$

wobei $\varrho = 1/\sigma$, $Q = -\beta/\sigma$, $\Pi = \gamma/\sigma$, $\varkappa = \gamma\beta/\sigma - \zeta$. Infolge der Beziehung (6.7) ergibt sich

$$\Pi = QT , \qquad \varkappa = -\left(\frac{T\beta^2}{\sigma} + \zeta\right). \tag{6.10}$$

Für Metalle ist das erste Glied in der Klammer stets wesentlich kleiner als das zweite (s. weiter unten Formel (6.19)), weshalb auch im Abschnitt 3.4. statt $\varkappa$ der Koeffizient $-\zeta$ berechnet worden ist.

Aus Gleichung (6.8) folgt, daß bei ungleichmäßiger Erwärmung eines Leiters bei fehlendem Strom ein elektrisches Feld

$$\boldsymbol{E} = Q \nabla T$$

entsteht. Wenn $\boldsymbol{E} = -\nabla\varphi$, dann folgt hieraus

$$-\frac{\mathrm{d}\varphi}{\mathrm{d}T} = Q . \tag{6.11}$$

Dies ist die auf die Einheit der Temperaturänderung bezogene Thermokraft, die auch differentielle Thermo-EMK genannt wird.

Im folgenden wird das Thermoelement untersucht. Schematisch stellt es einen aus zwei verschiedenen Metallen verlöteten Ring dar. Hier erhebt sich natürlich die Frage nach den Randbedingungen an der Lötstelle der beiden Metalle. Da die Fermi-Grenzen beider Metalle unterschiedlich sind, beginnen bei Herstellung eines elektrischen Kontaktes die Elektronen aus einem Metall in das andere zu wandern. Daher entsteht im Grenzgebiet eine elektrische Doppelschicht. Die Dicke dieser Schicht liegt in der Größenordnung der interatomaren Abstände, das heißt, sie ist praktisch verschwindend klein. An dieser Schicht erleidet das elektrische Potential einen Sprung, der die totalen chemischen Potentiale (d. h. $\mu_0 + e\varphi$) beider Metalle an der Kontaktstelle ausgleicht. Dieser Sprung heißt Kontaktpotentialdifferenz.

Die Randbedingung ist daher die Gleichheit der chemischen Potentiale an der Grenzschicht. Im Innern eines jeden Metalls muß die Bedingung der elektrischen Neutralität erfüllt sein. Wie bereits im Abschnitt 3.4. festgestellt wurde, kann statt dessen mit hinreichender Genauigkeit die Bedingung $\mu = \text{const}$ verwendet werden. Da an der Kontaktstelle zweier Metalle das chemische Potential stetig ist, kann diese Bedingung auch für eine Kette aus verschiedenen zusammengelöteten Metallen angewendet werden, so daß sie sich als besonders zweckmäßig erweist.

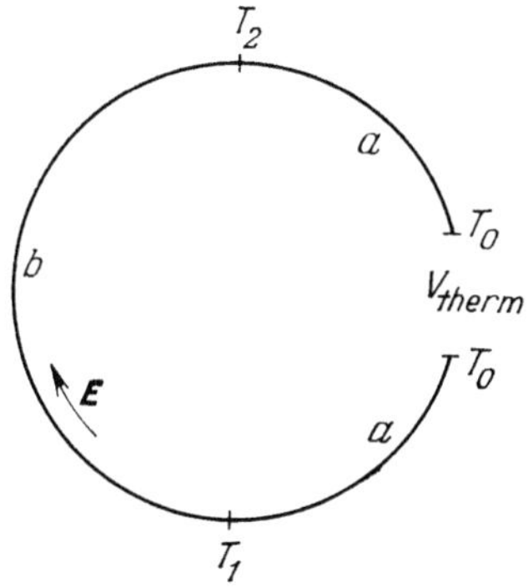

Abb. 25 SEEBECK-Effekt: In einem Thermoelement entsteht eine elektromotorische Kraft V_{therm}, wenn die beiden Lötstellen zwischen den Metallen a und b verschiedene Temperaturen T_1 und T_2 haben

Um die elektromotorische Kraft eines aus den Metallen a und b aufgebauten Thermoelements ohne Stromfluß zu berechnen, sei der Ring an einer Stelle, z. B. im Metall a, unterbrochen (Abb. 25). Die Temperatur an den beiden dabei entstehenden Endstellen wird als gleich (T_0) vorausgesetzt. Die Temperatur der Lötstellen sei T_1 und T_2. Aus Gleichung (6.8) folgt bei $\boldsymbol{j} = 0$:

$$V_{\text{therm}} = \oint Q \frac{\mathrm{d}T}{\mathrm{d}l} \mathrm{d}l$$

$$= \int_{T_0}^{T_1} Q_a \mathrm{d}T + \int_{T_1}^{T_2} Q_b \mathrm{d}T + \int_{T_2}^{T_0} Q_a \mathrm{d}T = \int_{T_1}^{T_2} (Q_b - Q_a) \mathrm{d}T \,. \quad (6.12)$$

Die Thermo-EMK entsteht also durch die Differenz der differentiellen Thermo-EMK der beiden Metalle.

Weiterhin wird der sogenannte PELTIER-Effekt betrachtet. Ein elektrischer Strom fließe über die Lötstelle zweier Metalle (Abb. 26). Die Temperatur sei längs des ganzen zusammengesetzten Leiters konstant. Nach (6.9) verursacht der elektrische Strom einen Wärmestrom. Da jedoch in beiden Metallen die Kon-

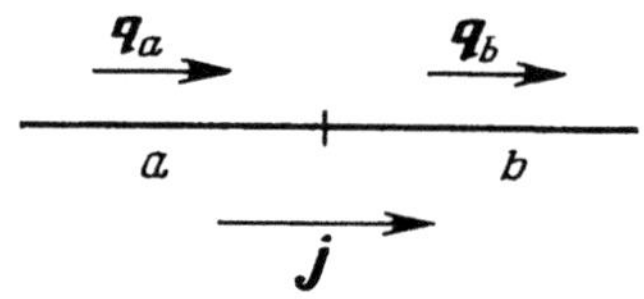

Abb. 26 PELTIER-Effekt: Beiderseits einer stromdurchflossenen Lötstelle zwischen den Metallen a und b sind die Wärmeströme $\boldsymbol{q}_a$ und $\boldsymbol{q}_b$ verschieden

stanten Π verschieden sind, sind die Wärmeströme in beiden Metallen unterschiedlich. Der Wert der an der Lötstelle abgegebenen oder aufgenommenen Überschußwärme ist

$$W_{ab} = q_a - q_b = (\Pi_a - \Pi_b)\, j \,. \tag{6.13}$$

Die Größe Π heißt PELTIER-Koeffizient. Das Vorzeichen des Effektes, das heißt, ob an der Lötstelle Wärme aufgenommen oder angegeben wird, hängt von der Stromrichtung ab. Gemäß (6.10) ist die Kenntnis der differentiellen Thermo-EMK hinreichend zur Berechnung dieses Effektes.

Schließlich ist noch der THOMSON-Effekt zu untersuchen, der darin besteht, daß bei ungleichmäßiger Erwärmung des Leiters eine andere Wärmemenge entsteht als bei konstanter Temperatur. Wie bereits gesagt wurde, ist die pro Volumeneinheit des Leiters in der Zeiteinheit entstehende Wärmemenge gleich

$$W = \boldsymbol{jE} - \operatorname{div} \boldsymbol{q} \,.$$

Wenn man die Formeln (6.8) und (6.9) hierin einsetzt und berücksichtigt, daß die gesamte Inhomogenität nur durch den Temperaturgradienten entsteht, erhält man

$$W = \varrho \boldsymbol{j}^2 + \boldsymbol{j} Q \nabla T - \boldsymbol{j} \frac{\mathrm{d}\Pi}{\mathrm{d}T} \nabla T \,. \tag{6.14}$$

Das erste Glied in dieser Formel ist die gewöhnliche JOULEsche Wärme, während die weiteren Glieder eine infolge des Temperaturgradienten auftretende zusätzliche Wärmemenge darstellen. Diese Glieder können als

$$W = -\mu_T \boldsymbol{j} \nabla T \tag{6.15}$$

geschrieben werden, wobei μ_T als THOMSON-Koeffizient bezeichnet wird. Aus (6.14) und (6.10) folgt

$$\mu_T = -Q + \frac{\mathrm{d}\Pi}{\mathrm{d}T} = T \frac{\mathrm{d}Q}{\mathrm{d}T} \,. \tag{6.16}$$

Die THOMSON-Wärme ist im Unterschied zur JOULEschen Wärme proportional zu $\boldsymbol{j}$, das heißt, sie ändert ihr Vorzeichen bei Änderung der Stromrichtung. Man kann sie daher leicht von der JOULEschen Wärme unterscheiden, wenn man zwei Versuche mit entgegengesetzter Stromrichtung durchführt.

Somit hat sich gezeigt, daß alle thermoelektrischen Erscheinungen im isotropen Fall durch einen Koeffizienten, nämlich die differentielle Thermo-EMK Q, beschrieben werden können.

Im folgenden soll dieser Koeffizient für ein isotropes Metall unter der Annahme elastischer Stöße gefunden werden. Die kinetische Gleichung lautet beim Vorliegen eines Temperaturgradienten und eines elektrischen Feldes (vgl. Abschn. 3.3. und 3.4.):

$$\frac{\partial f_0}{\partial \xi}\left(e\boldsymbol{E}\boldsymbol{v} - \frac{\xi}{T}\boldsymbol{v}\nabla T\right) = -\frac{f_1}{\tau}. \tag{6.17}$$

Hieraus folgt für den elektrischen Strom

$$j = 2e\int \boldsymbol{v} f \frac{\mathrm{d}^3\boldsymbol{p}}{(2\pi\hbar)^3} = -e^2\int \boldsymbol{v}(\boldsymbol{v}\boldsymbol{E})\,\tau\nu(\varepsilon)\frac{\partial f_0}{\partial \xi}\,\mathrm{d}\xi\frac{\mathrm{d}\Omega}{4\pi}$$
$$+ e\int \boldsymbol{v}(\boldsymbol{v}\nabla T)\frac{\xi}{T}\tau\nu(\varepsilon)\frac{\partial f_0}{\partial \xi}\,\mathrm{d}\xi\frac{\mathrm{d}\Omega}{4\pi}. \tag{6.18}$$

Der Vergleich mit (6.1) ergibt

$$\beta = -\frac{\pi^2}{9}eT\frac{\mathrm{d}}{\mathrm{d}\mu}(v^2\tau\nu)_\mu \tag{6.19}$$

und den bekannten Ausdruck (3.17) für σ. Mit der Beziehung $Q = -\beta/\sigma$ folgt

$$Q = \frac{\pi^2 T}{3e}\frac{\mathrm{d}}{\mathrm{d}\mu}[\ln(v^2\tau\nu)_\mu]. \tag{6.20}$$

Wenn es sich um freie, an Störstellen gestreute Elektronen handelt, ist $\tau = l/v$, wobei l nicht von μ abhängt (s. Abschn. 4.1.) und $v \sim \sqrt{\mu}$. Die Zustandsdichte $\nu = p_0 m/\pi^2\hbar^3$ ist ebenfalls proportional zu $\sqrt{\mu}$. Hieraus folgt

$$\frac{\mathrm{d}}{\mathrm{d}\mu}[\ln(v^2\tau\nu)_\mu] = \frac{1}{\mu}.$$

Somit ist für freie Elektronen

$$Q = \frac{\pi^2}{3e}\frac{T}{\mu} \sim 10^{-8}T\,\frac{\mathrm{V}}{\mathrm{K}} \tag{6.21}$$

(dabei wird T in Grad gemessen). Diese Abschätzung gilt praktisch für alle Fälle. Experimentell wurde sie für reine nichtmagnetische Metalle gut bestätigt. Aus den Formeln (6.10), (6.12) und (6.16) folgt

$$\Pi \sim T^2, \quad V_{\mathrm{therm}} \sim T_2^2 - T_1^2, \quad \mu_T \sim T. \tag{6.22}$$

Das Problem ist wesentlich anders bei magnetischen Störstellen (s. Abschn. 4.6.) (KONDO 1965 [8]). Die äußerst komplizierte Untersuchung dieses Problems soll hier nicht durchgeführt werden. Es soll lediglich bemerkt werden, daß in der Streuwahrscheinlichkeit infolge Interferenz der Amplituden der gewöhnlichen Streuung und der Spin-Wechselwirkung des Elektrons mit den Störstellen $(J/n)\,\boldsymbol{\sigma S}$ Glieder auftreten, die sich in der Umgebung der FERMI-Fläche schnell ändern. Diese Glieder sind außerdem bezüglich ξ ungerade. Unter diesen Bedingungen sind die üblichen Integrationsmethoden der FERMI-Funktion (2.25) ungeeignet. Praktisch läuft das darauf hinaus, daß im zweiten Term von (6.18) ein kleiner Faktor T/μ verschwindet.

Das vollständige Ergebnis ist unter der Annahme isotroper Streuamplituden für diesen Fall

$$Q \sim \frac{1}{e}\left[\frac{\nu(\mu)\,J}{n}\right]^2 \frac{JVS\,(S+1)}{V^2 + J^2S\,(S+1)}, \tag{6.23}$$

wobei V die Amplitude ist, die dem gewöhnlichen Streumechanismus für das Elektron entspricht, das heißt der spinunabhängigen Wechselwirkung mit Störstellen, der Wechselwirkung der Elektronen untereinander und der mit Phononen. In allen Fällen ist $|J| \ll V$, so daß $Q \sim \nu^2 J^3/en^2 V$. Bei sinkender Temperatur verringert sich V bis zu einem Grenzwert, der der Störstellenstreuung der Elektronen entspricht. Das führt zu einer Zunahme des Absolutwertes von Q bei abnehmender Temperatur. Liegen im Metall nur magnetische Störstellen vor, dann ist im Grenzfall die Größe J/V nur durch das Verhältnis der Spinwechselwirkungsamplitude zu der Amplitude der nicht vom Spin bestimmten Wechselwirkung gegeben, das gewöhnlich etwa 0,2 beträgt. Da $\nu V/n \sim 1$, ist der Grenzwert von Q von der Größenordnung 10^{-6} V/K. Das Vorzeichen von Q ist nach (6.23) durch das Vorzeichen des Produkts VJ bestimmt. Bei hinreichend niedrigen Temperaturen hängt daher Q nicht mehr von der Temperatur ab. Dabei ist zu beachten, daß die Größe Q selbst nicht von der Störstellenkonzentration abhängt, sondern lediglich die Temperatur, bei der Q zu wachsen beginnt.

Die Unveränderlichkeit von Q bleibt so lange erhalten, wie die Temperatur nicht bis zur KONDO-Temperatur (4.48) absinkt, bei der der Betrag der Thermo-EMK schnell abnimmt und offensichtlich für $T = 0$ Null wird.

Bisher ist das isotrope Metallmodell betrachtet worden. Im allgemeinen Fall eines beliebigen Kristalls ergibt sich anstatt (6.8) ein Ausdruck mit tensoriellen Koeffizienten

$$E_i = \sum_k \varrho_{ik} j_k + \sum_k Q_{ik} \frac{\partial T}{\partial x_k}, \qquad q_i = \sum_k \Pi_{ik} j_k - \sum_k \varkappa_{ik} \frac{\partial T}{\partial x_k}. \tag{6.24}$$

Aus dem Symmetrieprinzip der kinetischen Koeffizienten folgt für diesen Fall

$$\varrho_{ik} = \varrho_{ki}, \quad \varkappa_{ik} = \varkappa_{ki}, \quad \Pi_{ik} = TQ_{ki}, \tag{6.25}$$

so daß im allgemeinen die Koeffizientenmatrizen Π_{ik} und Q_{ik} nicht symmetrisch sind.

6.2. Thermomagnetische Erscheinungen im schwachen Magnetfeld

Befindet sich das Metall in einem Magnetfeld, so behält die Gleichung (6.24) ihre Form, jedoch hängen die Koeffizienten vom Magnetfeld ab. Da bei der Herleitung des Symmetrieprinzips der kinetischen Koeffizienten [2] die Symmetrie der Gleichungen der Mechanik bezüglich Zeitumkehr benutzt wird, muß beachtet werden, daß dabei das Magnetfeld sein Vorzeichen ändert. Folglich ergibt sich anstatt der Beziehung (6.25)

$$\varrho_{ik}(\boldsymbol{H}) = \varrho_{ki}(-\boldsymbol{H}), \quad \varkappa_{ik}(\boldsymbol{H}) = \varkappa_{ki}(-\boldsymbol{H}), \quad \Pi_{ik}(\boldsymbol{H}) = TQ_{ki}(-\boldsymbol{H}). \tag{6.26}$$

Diese Eigenschaft der Matrizen ϱ_{ik} (bzw. $\sigma_{ik} = \varrho_{ik}^{-1}$) ist bereits im Abschnitt 5.3. erwähnt worden.

Gemäß (6.24) werden demnach die Eigenschaften eines Metalls bei Vorliegen eines Temperaturgradienten und eines elektrischen Feldes durch 36 Größen beschrieben, die durch 15 verschiedene Beziehungen (6.26) verknüpft sind. Die verbleibenden 21 unabhängigen Größen hängen in komplizierter Weise von Größe und Richtung des Magnetfeldes ab. Offensichtlich entstehen hier sehr viele verschiedene Erscheinungen, in denen man sich schwer zurechtfindet. Deswegen werden normalerweise nur die Vorgänge im schwachen Magnetfeld ($\Omega\tau \ll 1$) im isotropen Metall betrachtet. Praktisch sind die Ergebnisse dieser Untersuchungen entweder auf polykristalline Proben oder auf Alkalimetalle anwendbar, in denen das Energiespektrum annähernd isotrop ist.

Das Magnetfeld führt sogar im Fall eines isotropen Metalls zu einer Anisotropie, so daß die Beziehungen (6.24) tensoriell bleiben. Beschränkt man sich jedoch auf lineare Glieder in $\boldsymbol{H}$, so kann man davon Gebrauch machen, daß $\boldsymbol{H}$ ein axialer Vektor ist, während $\boldsymbol{E}$, ∇T, $\boldsymbol{q}$ und $\boldsymbol{j}$ polare Vektoren sind. Daraus folgt, daß auf den rechten Seiten der Gleichungen (6.8) und (6.9) lediglich Terme hinzukommen, die proportional zu $[\boldsymbol{Hj}]$ und $[\boldsymbol{H}\nabla T]$ sind. Damit folgt

$$\boldsymbol{E} = \varrho\boldsymbol{j} + R[\boldsymbol{Hj}] + Q\nabla T + N[\boldsymbol{H}\nabla T], \tag{6.27}$$

$$\boldsymbol{q} = \Pi\boldsymbol{j} + B[\boldsymbol{Hj}] - \varkappa\nabla T + L[\boldsymbol{H}\nabla T]. \tag{6.28}$$

Aus dem Symmetrieprinzip für die kinetischen Koeffizienten folgt $B = NT$. Die relative Größenordnung der Zusatzterme in diesen Gleichungen ist $\Omega\tau$, z. B. $NH/Q \sim \Omega\tau$.

Die Gleichungen (6.27) und (6.28) beschreiben eine ganze Reihe unterschiedlicher Effekte. In einem konkreten Fall liege $\boldsymbol{H}$ in z-Richtung, und die Hauptrichtung des Stromflusses sei x.

Das zweite Glied in (6.27) entspricht offensichtlich dem Hall-Effekt. Außer dem normalen Hall-Effekt, der unter der Bedingung $\partial T/\partial y = 0$ beobachtet wird, gibt es den sogenannten adiabatischen Hall-Effekt unter der Bedingung $q_y = 0$. Dafür erhält man aus (6.27) und (6.28)

$$E_y = \left(R + \frac{QB}{\varkappa}\right) H j_x. \tag{6.29}$$

Weiterhin liege ein Strom j_x vor, wobei $\partial T/\partial x = 0$ ist. In diesem Fall folgt aus der y-Komponente der Gleichung (6.28) bei $q_y = 0$, $j_y = 0$ ein Temperaturgradient in y-Richtung:

$$\frac{\partial T}{\partial y} = \frac{B}{\varkappa} H j_x \,. \tag{6.30}$$

Diese Erscheinung heißt ETTINGHAUSEN-Effekt, und die Größe $B/\varkappa$ ist die entsprechende Konstante.

Ist jedoch der Strom $j_x = 0$, während ein Temperaturgradient $\partial T/\partial x$ existiert, so tritt ebenfalls ein Temperaturgradient in y-Richtung auf. Aus (6.28) folgt für $j_x = j_y = q_y = 0$:

$$\frac{\partial T}{\partial y} = \frac{L}{\varkappa} H \frac{\partial T}{\partial x} \,. \tag{6.31}$$

Diese Erscheinung wird LEDUC-RIGHI-Effekt genannt. Der entsprechende Koeffizient ist $L/\varkappa$.

Ein Temperaturgradient entlang der x-Achse kann, ebenso wie auch ein Strom j_x, eine Thermo-EMK in y-Richtung hervorrufen. Aus Gleichung (6.27) folgt für $j_x = j_y = \partial T/\partial y = 0$:

$$E_y = NH \frac{\partial T}{\partial x} \,. \tag{6.32}$$

Dies ist der sogenannte NERNST-Effekt. Wenn die Bedingung $q_y = 0$ statt $\partial T/\partial y = 0$ gefordert wird, so handelt es sich um den adiabatischen NERNST-Effekt. Aus (6.27) und (6.28) folgt, daß dieser Effekt durch die Beziehung

$$E_y = \left(N + \frac{QL}{\varkappa}\right) H \frac{\partial T}{\partial x} \tag{6.33}$$

ausgedrückt wird. Weiterhin gibt es noch zahlreiche Effekte von der Größenordnung $(\Omega\tau)^2$. Jedoch stellen sie alle Korrekturen zu Koeffizienten dar, die auch bei fehlendem Magnetfeld existieren, und sollen daher nicht weiter betrachtet werden.

6.3. Wärmeleitfähigkeit und thermoelektrische Effekte im hohen Magnetfeld

In den Abschnitten 5.3. und 5.4. wurden die Tensoren σ_{ik} und $\varrho_{ik} = \sigma_{ik}^{-1}$ für den Fall $\Omega\tau \gg 1$ bestimmt. Es sollen im folgenden andere Tensorkoeffizienten der Gleichungen (6.24) in starken Magnetfeldern ermittelt werden (ASBEL, KAGANOW, LIFSCHIZ 1957; BYTSCHKOW, GUREWITSCH, NEDLIN 1959 [19, 20]). Da zur Realisierung der Bedingung $\Omega\tau \gg 1$ eine große freie Weglänge erforderlich ist, muß natürlich bei sehr niedrigen Temperaturen gearbeitet werden, bei denen die Elektronenstreuung durch die Störstellen bestimmt ist. Dabei sind die Stöße elastisch, das heißt, die Energie des Elektrons bleibt erhalten. Die kinetische Gleichung lautet

$$\frac{\partial f}{\partial t_1} - I(f) = -\left(e\boldsymbol{v}\boldsymbol{E} - \frac{\xi}{T}\boldsymbol{v}\nabla T\right)\frac{\partial f_0}{\partial \xi}. \tag{6.34}$$

Es muß eine Lösung dieser Gleichung in der Form

$$f = f_0 - \sum_i eE_i\psi_i\frac{\partial f_0}{\partial \xi} + \sum_i \frac{\partial T}{\partial x_i}\varphi_i\frac{\xi}{T}\frac{\partial f_0}{\partial \xi} \tag{6.35}$$

gefunden werden. Da die Energie bei den Stößen erhalten bleibt, können beim Einsetzen des Ausdrucks (6.35) in das Stoßintegral die nur von der Energie abhängigen Faktoren aus dem Integral herausgezogen werden. Man kann dann zeigen, daß ψ_i und ϱ_i identischen Gleichungen der Form

$$\frac{\partial \psi_i}{\partial t_1} - I(\psi) = v_i \tag{6.36}$$

genügen. Da die Randbedingungen für beide Funktionen ebenfalls identisch sind, folgt:

$$\varphi_i = \psi_i. \tag{6.37}$$

Die Ausdrücke für den Strom und den Energiestrom sind dann

$$\begin{aligned} j_i &= \frac{2e^2H}{c(2\pi\hbar)^3}\int v_i f\,\mathrm{d}\xi\,\mathrm{d}t_1\,\mathrm{d}p_z \\ &= -\frac{2e^3H}{c(2\pi\hbar)^3}\sum_k\int\frac{\partial f_0}{\partial \xi}\mathrm{d}\xi\int v_i\psi_k\,\mathrm{d}t_1\,\mathrm{d}p_z\,E_k \\ &\quad + \frac{2e^2H}{cT\,(2\pi\hbar)^3}\int\frac{\partial f_0}{\partial \xi}\xi\,\mathrm{d}\xi\sum_k\int v_i\varphi_k\,dt_1\,\mathrm{d}p_z\frac{\partial T}{\partial x_k}, \end{aligned} \tag{6.38}$$

$$\begin{aligned} q_i &= \frac{2eH}{c(2\pi\hbar)^3}\int \xi v_i f\,\mathrm{d}\xi\,\mathrm{d}t_1\,\mathrm{d}p_z \\ &= -\frac{2e^2H}{c(2\pi\hbar)^3}\sum_k\int\frac{\partial f_0}{\partial \xi}\xi\,\mathrm{d}\xi\int v_i\psi_k\,\mathrm{d}t_1\,\mathrm{d}p_z\,E_k \\ &\quad + \frac{2eH}{cT\,(2\pi\hbar)^3}\int\frac{\partial f_0}{\partial \xi}\xi^2\,\mathrm{d}\xi\sum_k\int v_i\varphi_k\,\mathrm{d}t_1\,\mathrm{d}p_z\frac{\partial T}{\partial x_k}. \end{aligned} \tag{6.39}$$

Das sind die tensoriell verallgemeinerten Ausdrücke (6.1) und (6.2), die in der Form

$$j_i = \sum_k \sigma_{ik}E_k + \sum_k \beta_{ik}\frac{\partial T}{\partial x_k}, \tag{6.40}$$

$$q_i = \sum_k \gamma_{ik}E_k + \sum_k \zeta_{ik}\frac{\partial T}{\partial x_k} \tag{6.41}$$

geschrieben werden.

Bezüglich der Koeffizienten in diesen Gleichungen sind zwei Bemerkungen zu machen. Erstens erfordert das Symmetrieprinzip für kinetische Koeffizienten, daß

$$\gamma_{ik}(\boldsymbol{H}) = - T\beta_{ki}(-\boldsymbol{H}) \tag{6.42}$$

gilt. Dies ist die Verallgemeinerung der Beziehung (6.7). Aus den Gleichungen (6.38) und (6.39) folgt mit Berücksichtigung von (6.37) außerdem noch

$$\gamma_{ik}(\boldsymbol{H}) = - T\beta_{ik}(\boldsymbol{H}) .$$

Danach genügen beide Koeffizienten den Bedingungen

$$\beta_{ik}(\boldsymbol{H}) = \beta_{ki}(-\boldsymbol{H}) , \quad \gamma_{ik}(\boldsymbol{H}) = \gamma_{ki}(-\boldsymbol{H}) , \tag{6.43}$$

das heißt den gleichen Bedingungen wie auch σ_{ik} und ζ_{ik}, was eine Folge der Voraussetzung elastischer Stöße ist.

Zur Berechnung des Integrals über ξ im zweiten Summanden der Gleichung (6.39) wird die Regel (2.25) verwendet, wobei man

$$\zeta_{ik} = - \frac{2eH}{c(2\pi\hbar)^3} \frac{\pi^2 T}{2} \left[\int v_i \varphi_k \, \mathrm{d}t_1 \, \mathrm{d}p_z \right]_\mu$$

erhält. Andererseits folgt aus (6.28)

$$\sigma_{ik} = \frac{2e^3 H}{c(2\pi\hbar)^3} \left[\int v_i \psi_k \, \mathrm{d}t_1 \, \mathrm{d}p_z \right]_\mu .$$

Mit Berücksichtigung von (6.37) ergibt sich

$$\zeta_{ik} = - \frac{\pi^2 T}{3e^2} \sigma_{ik} . \tag{6.44}$$

Drückt man mit Hilfe von (6.40) und (6.41) $\boldsymbol{E}$ und $\boldsymbol{q}$ durch $\boldsymbol{j}$ und ∇T aus, so folgen die Gleichungen (6.24), wobei

$$\varrho_{ik} = \sigma_{ik}^{-1} , \quad Q_{ik} = - \sum_l \varrho_{il} \beta_{lk} ,$$

$$\Pi_{ik} = \sum_l \gamma_{il} \varrho_{lk} , \quad \varkappa_{ik} = \sum_{l,m} \gamma_{il} \varrho_{lm} \beta_{mk} - \zeta_{ik} . \tag{6.45}$$

Aus der Form des Integrals über ξ in den Koeffizienten β_{ik} (6.40) und (6.38) folgt, daß sie proportional zu T sind, so daß wegen (6.42) $\gamma_{ik} \sim T^2$ gilt. Infolgedessen ist das erste Glied des Wärmeleitungskoeffizienten in (6.45) klein im Vergleich zum zweiten (das ist bereits im Abschnitt 6.1. erwähnt). Damit folgt $\varkappa_{ik} = -\zeta_{ik}$, und aus (6.44) erhält man

$$\varkappa_{ik} = \frac{\pi^2 T}{3e^2} \sigma_{ik} . \tag{6.46}$$

Es zeigt sich also die Gültigkeit des Wiedemann-Franzschen Gesetzes bei elastischen Stößen auch für den Fall eines starken Magnetfeldes.

Der Wärmeleitungskoeffizient zeigt demnach die gleichen Besonderheiten wie σ_{ik}, die im Abschnitt 5.3. beschrieben wurden. Insbesondere ist festzustellen, daß die Komponenten $\varkappa_{xx}$ und $\varkappa_{yy}$ (die z-Achse liege in Richtung des Magnetfeldes) für alle Richtungen des Magnetfeldes, bei denen geschlossene Bahnen auftreten, mit dem Feld wie $1/H^2$ abnehmen. Damit ergibt sich die Möglichkeit, den nicht magnetfeldabhängigen Phononenanteil der Wärmeleitung zu ermitteln, so daß man damit beide Anteile der gesamten Wärmeleitfähigkeit des Metalls trennen kann.

Weiterhin hat die Komponente $\varkappa_{xy}$ für ein Metall mit unterschiedlichen Elektronen- und Löcherzahlen nach (5.36) und (6.46) die Form

$$\varkappa_{xy} = \frac{\pi^2 Tc}{3eH}(n_1 - n_2)\,. \tag{6.47}$$

Das bedeutet, daß die Differenz zwischen Elektronen- und Löcherzahl nicht nur aus dem Hall-Effekt, sondern auch aus dem Leduc-Righi-Effekt bestimmt werden kann ($\varkappa_{xy}$ entspricht $-LH$ in (6.31)).

Zur Bestimmung des Tensors der Thermo-EMK Q_{ik} wird mit Hilfe von (2.25) das Integral über ξ ermittelt, so daß man

$$\beta_{ik} = -\frac{2e^2 H\pi^2 T}{3c(2\pi\hbar)^3}\frac{\partial}{\partial\mu}\left[\int v_i\varphi_k\,dt_1\,dp_z\right]_\mu$$

erhält (s. (6.40) und (6.38)). Der Vergleich mit dem Ausdruck für σ_{ik} ergibt bei Berücksichtigung von $\psi_k = \varphi_k$

$$\beta_{ik} = -\frac{\pi^2 T}{3e}\frac{\partial}{\partial\mu}\sigma_{ik}(\mu)\,. \tag{6.48}$$

Man erkennt hieraus, daß die Magnetfeldabhängigkeit der Koeffizienten β_{ik} im allgemeinen die gleiche ist wie die der Koeffizienten σ_{ik}. Eine Ausnahme stellt der Fall geschlossener Fermi-Flächen bei $n_1 = n_2$ dar, da hierbei im allgemeinen $\frac{\partial}{\partial\mu}[n_1(\mu) - n_2(\mu)] \neq 0$ ist.

Es soll nun der Tensor Q_{ik} für einige grundlegende Fälle bestimmt werden.

1. *Geschlossene* Fermi-*Flächen mit* $n_1 \neq n_2$. Der Tensor β_{ik} sieht wegen (6.48) und (5.37) folgendermaßen aus:

$$\beta_{ik} = \begin{pmatrix} \gamma^2 c_{xx} & \gamma c_{xy} & \gamma c_{xz} \\ -\gamma c_{xy} & \gamma^2 c_{yy} & \gamma c_{yz} \\ -\gamma c_{xz} & -\gamma c_{yz} & c_{zz} \end{pmatrix}. \tag{6.49}$$

Multiplikation von vorn mit $-\varrho_{ik}$ (5.38) ergibt

$$Q_{ik} = \begin{pmatrix} v_{xx} & \gamma v_{xy} & v_{xz} \\ \gamma v_{yx} & v_{yy} & v_{yz} \\ \gamma v_{zx} & \gamma v_{zy} & v_{zz} \end{pmatrix}. \tag{6.50}$$

Dabei ist $v_{xx} = v_{yy} = b_{xy} c_{xy}$. Bei Berücksichtigung von $b_{xy} = 1/a_{yx} = -1/a_{xy}$ (s. (5.37)) und Verwendung von (6.48) und (6.36) erhält man

$$Q_{xx} = Q_{yy} = \frac{\pi^2 T}{3e} \frac{\partial}{\partial \mu} \{\ln [n_1(\mu) - n_2(\mu)]\} . \tag{6.51}$$

Die transversale Thermo-EMK ist also isotrop, unabhängig von den Stoßprozessen und bestimmt sich lediglich aus dem Energiespektrum. Man kann hieraus eine weitere charakteristische Größe des Spektrums ermitteln, die auf keine andere Weise gefunden werden kann, nämlich $\frac{\partial}{\partial \mu} \{\ln [n_1(\mu) - n_2(\mu)]\}$.

2. *Geschlossene* FERMI-*Flächen mit* $n_1 = n_2$. Der Tensor β_{ik} behält die Form (6.49), während der Tensor ϱ_{ik}

$$\varrho_{ik} = \begin{pmatrix} \frac{1}{\gamma^2} b_{xx} & \frac{1}{\gamma^2} b_{xy} & \frac{1}{\gamma} b_{xz} \\ \frac{1}{\gamma^2} b_{xy} & \frac{1}{\gamma^2} b_{yy} & \frac{1}{\gamma} b_{yz} \\ -\frac{1}{\gamma} b_{xz} & -\frac{1}{\gamma} b_{yz} & b_{zz} \end{pmatrix}$$

ist. Nach (6.45) folgt

$$Q_{ik} = \begin{pmatrix} \frac{1}{\gamma} v_{xx} & \frac{1}{\gamma} v_{xy} & \frac{1}{\gamma} v_{xz} \\ \frac{1}{\gamma} v_{yx} & \frac{1}{\gamma} v_{yy} & \frac{1}{\gamma} v_{yz} \\ v_{zx} & v_{zy} & v_{zz} \end{pmatrix} . \tag{6.52}$$

In diesem Fall ist $Q_{xx} = -Q_{yy}$, jedoch hängt die konkrete Gestalt dieser Komponenten vom Stoßintegral ab. Die beiden oberen Zeilen des Tensors Q_{ik} wachsen proportional zu H an, das heißt, die Thermo-EMK kann in solchen Metallen in hohen Magnetfeldern sehr groß werden.

3. FERMI-*Fläche, die in Richtung* p_x *offen ist.* Nach (6.48) und (5.43) folgt hierfür

$$\beta_{ik} = \begin{pmatrix} \gamma^2 c_{xx} & \gamma c_{xy} & \gamma c_{xz} \\ -\gamma c_{xy} & c_{yy} & c_{yz} \\ -\gamma c_{xz} & c_{yz} & c_{zz} \end{pmatrix} . \tag{6.53}$$

Der Tensor ϱ_{ik} ist durch die Formel (5.44) gegeben. Aus (6.45) erhält man

$$Q_{ik} = \begin{pmatrix} v_{xx} & \frac{1}{\gamma} v_{xy} & \frac{1}{\gamma} v_{xz} \\ \gamma v_{yx} & v_{yy} & v_{yz} \\ \gamma v_{zx} & v_{zy} & v_{zz} \end{pmatrix} . \tag{6.54}$$

In diesem Fall wachsen also die Komponenten Q_{xy} und Q_{xz} schnell, während im Gegensatz dazu die Komponenten Q_{yx} und Q_{zx} mit dem Feld abnehmen. Ähnlich wie beim Tensor ϱ_{ik} erfolgt der Übergang von der Form (6.50) zu (6.54) in einem schmalen Bereich von Magnetfeldrichtungen der Größenordnung $\Theta \sim 1/\Omega\tau$ um die „kritische" Richtung, in der offene Bahnen vorliegen.

Es soll nochmals hervorgehoben werden, daß viele Herleitungen in diesem Abschnitt ungültig werden, wenn die Stöße nicht rein elastisch sind, das heißt die Elektronenstreuung nicht nur an Störstellen, sondern auch an Phononen erfolgt.

7. Das Metall im hochfrequenten elektromagnetischen Feld. Zyklotronresonanz

7.1. Normaler Skineffekt

Im folgenden wird ein Metall untersucht, das sich in einem hochfrequenten elektromagnetischen Feld befindet. Zunächst wird der Fall betrachtet, daß der übliche Ausdruck für den Strom $\boldsymbol{j} = \sigma \boldsymbol{E}$ anwendbar ist, und der Einfachheit halber das Metall als isotrop vorausgesetzt. Die MAXWELL-Gleichungen haben die Form

$$\operatorname{rot} \boldsymbol{E} = -\frac{1}{c}\frac{\partial \boldsymbol{H}}{\partial t}, \tag{7.1}$$

$$\operatorname{rot} \boldsymbol{H} = \frac{4\pi}{c}\boldsymbol{j} = \frac{4\pi}{c}\sigma \boldsymbol{E}. \tag{7.2}$$

Das Metall befinde sich im Halbraum $x > 0$, und die Welle falle senkrecht zu seiner Oberfläche ein, wobei der Vektor $\boldsymbol{E}$ in y-Richtung und der Vektor $\boldsymbol{H}$ in z-Richtung liegt (Abb. 27).

Es wird eine Lösung gesucht, die proportional zu $\mathrm{e}^{ikx - i\omega t}$ ist. Durch Einsetzen in (7.1) und (7.2) erhält man

$$ikE_y = \frac{i\omega}{c}H_z, \qquad -ikH_z = \frac{4\pi}{c}\sigma E_y.$$

Durch Kombination dieser Gleichungen erhält man den Wert des Wellenvektors

$$k^2 = \frac{4\pi i\omega}{c^2}\sigma.$$

Folglich ist

$$k = \sqrt{\frac{4\pi i\omega}{c^2}\sigma} = \sqrt{\frac{2\pi\omega\sigma}{c^2}}\,(1 + i) = k_1 + ik_2. \tag{7.3}$$

Setzt man $\mathrm{e}^{ikx - i\omega t}$ in (7.3) ein, so erkennt man, daß das elektromagnetische Feld im Metallinnern nach dem Gesetz $\mathrm{e}^{-k_2 x}$ abnimmt, das heißt, das Feld dringt nur in eine Oberflächenschicht des Metalls ein. Diese Erscheinung heißt Skineffekt. Die Skintiefe berechnet sich zu

$$\delta = 1/k_2 = \sqrt{c^2/2\pi\omega\sigma}. \tag{7.4}$$

Die Eigenschaften eines Metalls im hochfrequenten Feld werden durch die sogenannte Impedanz oder den Oberflächenwiderstand Z charakterisiert. Dieser ergibt sich aus dem Verhältnis des elektrischen Feldes an der Metalloberfläche zur Stromdichte, die über die Metalldicke integriert wird:

$$Z = E_y(0) / \int_0^\infty j_y(x)\, dx\,. \tag{7.5}$$

Die Impedanz Z ist komplex und wird in der Form $R - iX$ geschrieben, wobei R der sogenannte aktive und X der reaktive Anteil ist. Die Größen R und X können durch Amplituden- und Phasenänderung der Welle bestimmt werden, die an der Metalloberfläche reflektiert wird. Der Realteil R bestimmt den Energieverlust der elektromagnetischen Welle bei der Reflexion und kann durch die Wärmeentwicklung im Metall, das sich im Hochfrequenzfeld befindet, ermittelt werden.

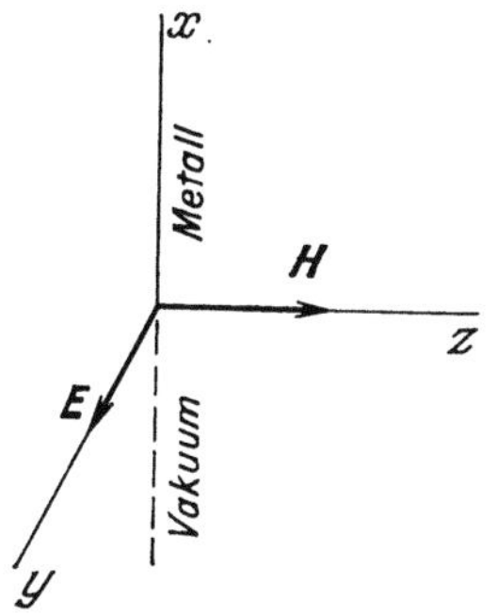

Abb. 27 Wahl des Koordinatensystems für eine elektromagnetische Welle, die senkrecht auf eine Metalloberfläche fällt

Die Beziehung (7.5) kann in eine andere Form gebracht werden. Aus Gleichung (7.2) findet man

$$Z = R - iX = \frac{E_y(0)}{-(c/4\pi)\, H_z|_0^\infty} = \frac{4\pi}{c} \frac{E_y(0)}{H_z(0)}\,. \tag{7.6}$$

Aus Gleichung (7.1) folgt damit

$$Z = \frac{4\pi}{c} \frac{E_y(0)}{H_z(0)} = \frac{4\pi}{c^2} \frac{\omega}{k}\,. \tag{7.7}$$

Die Formeln (7.6) und (7.7) gelten für einen beliebigen Zusammenhang zwischen j und E. Für den Fall $\boldsymbol{j} = \sigma \boldsymbol{E}$ folgt, indem man (7.3) in (7.7) einsetzt,

$$Z = \sqrt{4\pi\omega / i\sigma c^2} = \sqrt{2\pi\omega/\sigma c^2}\,(1 - i)\,.$$

Somit ist in diesem Falle

$$R = X = \sqrt{2\pi\omega / c^2\sigma}\,. \tag{7.8}$$

Diese Formel beschreibt den sogenannten „normalen" Skineffekt.

7.2. Anomaler Skineffekt. Ineffektivitäts-Konzept

Gemäß Gleichung (7.4) für die Eindringtiefe verringert sich δ, wenn die Leitfähigkeit σ für reine Metalle bei niedrigen Temperaturen groß wird. δ kann noch mehr abnehmen, wenn die Frequenz ω erhöht wird. Gleichzeitig wächst bei sinkender Temperatur die mittlere freie Weglänge l. Bei hinreichend niedrigen Temperaturen und hohen Frequenzen kann die Situation eintreten, daß δ kleiner wird als l. In diesem Fall gilt der Zusammenhang von Strom und Feld $\boldsymbol{j} = \sigma \boldsymbol{E}$ nicht mehr, da dieser Ausdruck aus der kinetischen Gleichung unter der Voraussetzung eines homogenen Feldes erhalten wurde. Wenn jedoch das Feld wesentlich innerhalb von Abständen variiert, die kleiner oder vergleichbar mit der freien Weglänge sind, kann das Feld nicht mehr als homogen angesehen werden.

Dieser nun zu untersuchende Fall heißt anomaler Skineffekt (London 1940 [21]). Das physikalische Bild im Grenzfall $l \gg \delta$ ist das folgende: Die Elektronen können sich parallel zur Metalloberfläche oder unter einem großen Winkel zu ihr bewegen. Die unter einem großen Winkel laufenden Elektronen verbringen eine kleine Zeit im elektrischen Feld und wechselwirken daher praktisch nicht mit ihm. Diejenigen Elektronen, die sich parallel zur Metalloberfläche oder unter einem kleinen Winkel zu ihr bewegen, werden im elektrischen Feld beschleunigt und entziehen daher der Welle einen Teil ihrer Energie.

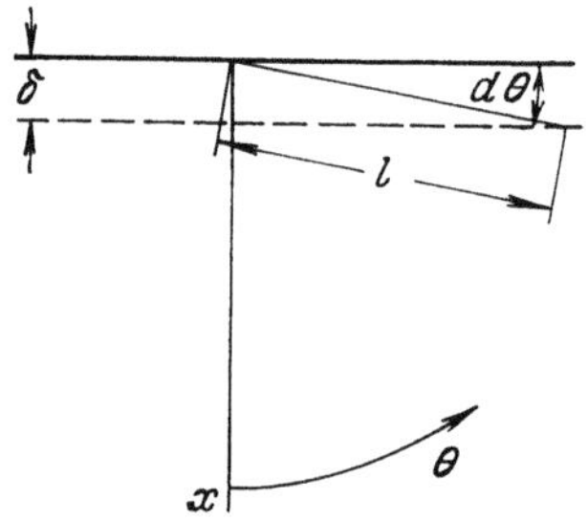

Abb. 28 Anomaler Skineffekt: Nur die unter kleinen Winkeln $\lesssim \mathrm{d}\Theta$ zur Oberfläche sich bewegenden Elektronen legen eine freie Weglänge l innerhalb der Skinschicht der Dicke δ zurück

Im isotropen Fall ist die Zahl der Elektronen, deren Impulse innerhalb eines gewissen Raumwinkels liegen, proportional zu diesem Winkel. Wesentlich sind diejenigen Elektronen, die sich beim Durchlaufen ihrer gesamten freien Weglänge innerhalb der Skinschicht bewegen. Für diese Elektronen (Abb. 28) gilt $\mathrm{d}\Theta \sim \delta/l$, folglich:

$$\mathrm{d}\Omega \sim \sin\Theta\, \mathrm{d}\Theta \sim \mathrm{d}\Theta \sim \delta/l \qquad (\Theta \approx \pi/2)\,.$$

Somit ist die Dichte der effektiven Elektronen

$$n_{\text{eff}} \sim n_0\, \mathrm{d}\Omega/4\pi \sim n_0 \delta/l\,.$$

Die Leitfähigkeit ist proportional zu der Elektronenzahl. Daher enthält die effektive Leitfähigkeit im Vergleich zur gewöhnlichen Leitfähigkeit einen Faktor der Größenordnung δ/l. Die effektive Leitfähigkeit wird in der Form

$$\sigma_{\text{eff}} = i a \sigma_0 / k l \tag{7.9}$$

angesetzt, wobei k der Wellenvektor und a ein reeller Koeffizient der Größenordnung 1 ist. Diese Schreibweise ist möglich, da $\delta = 1/k_2$ und $k_1 \sim k_2$. Tatsächlich ist in der Formel (7.9) die Aussage enthalten, daß in der strengen Theorie bei $|kl| \gg 1$ die Größe i/k die Rolle von l zu übernehmen beginnt (s. Herleitung der Gleichung (7.23)). Im Zusammenhang damit gibt die Formel (7.9) die Möglichkeit, die richtige Beziehung zwischen Real- und Imaginärteil der Impedanz zu ermitteln. Die Formel (7.9) ist die Grundlage des sogenannten „Ineffektivitätskonzeptes".

Wenn man den Ausdruck

$$k = \sqrt{\frac{4\pi i \omega \sigma}{c^2}}$$

verwendet und darin (7.9) für σ einsetzt, erhält man eine Gleichung für k, deren Lösung

$$k = \sqrt[3]{\frac{4\pi\omega a \sigma_0}{c^2 l}}\, e^{i\pi/3} \tag{7.10}$$

ergibt. Die Eindringtiefe des Feldes ist das Reziproke des Imaginärteils von k, also

$$\delta = \sqrt[3]{\frac{c^2 l}{4\pi\omega a \sigma_0}}\, \frac{1}{\sin(\pi/3)}\,. \tag{7.11}$$

Die Oberflächenimpedanz kann aus Gleichung (7.7) errechnet werden:

$$Z = \frac{4\pi\omega}{c^2 k} = \left(\frac{4\pi\omega}{c^2}\right)^{2/3} \left(\frac{l}{a\sigma_0}\right)^{1/3} e^{-i\pi/3}$$

$$= \left(\frac{2}{a}\right)^{1/3} \left(\frac{\pi\omega}{c^2}\right)^{2/3} \left(\frac{l}{\sigma_0}\right)^{1/3} (1 - i\sqrt{3})\,. \tag{7.12}$$

Somit hat man folgende Ergebnisse erhalten: a) Z ist proportional zu $\omega^{2/3}$, b) $X = \sqrt{3}\, R$, c) die Leitfähigkeit geht in (7.11) und (7.12) nur in der Form σ_0/l ein; da aber $\sigma_0 \sim n e^2 \tau/m \sim n e^2 l/p_0$, ist $\sigma_0/l \sim n e^2/p_0$ (diese Beziehung hängt nicht von der Temperatur ab und ist nur durch das Elektronenspektrum bestimmt).

Wenn man die erhaltenen Ergebnisse graphisch in der Form $1/R$ als Funktion von $\sqrt{\sigma}$ aufträgt, erhält man Abbildung 29, wobei das Gebiet A dem normalen und B dem anomalen Skineffekt entspricht. Der normale Skineffekt tritt im Gebiet niedriger Leitfähigkeit (hoher Temperaturen) auf; dort ist $R \sim 1/\sqrt{\sigma}$.

Im Gebiet hoher Leitfähigkeit liegt der anomale Skineffekt vor, und R hängt nicht von σ ab. Diese Kurve wird durch das Experiment bestätigt.

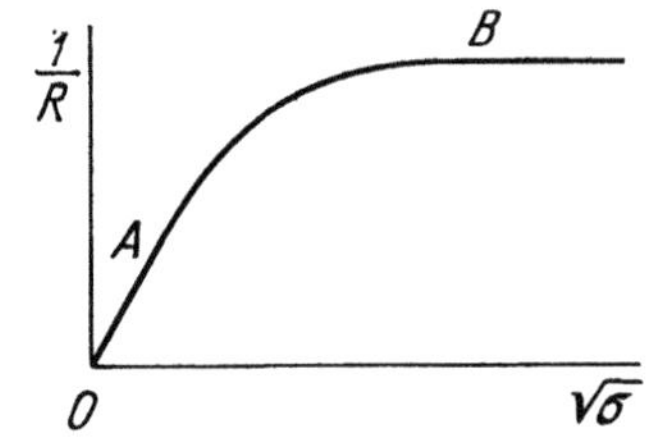

Abb. 29 Reziproker Realteil R der Oberflächenimpedanz als Funktion der Quadratwurzel der Gleichstromleitfähigkeit σ. Der Skineffekt ist im Gebiet A normal und im Gebiet B anomal

Der anomale Skineffekt kann nur oberhalb einer Grenzfrequenz beobachtet werden. Aus der Bedingung $\delta \ll l$, der Gleichung (7.1) und dem Ausdruck für die Leitfähigkeit $\sigma_0 = ne^2l/p_0$ folgt

$$\omega > \frac{c^2 p_0}{2\pi n e^2 l^3}.$$

Mit $n \sim 10^{22}\,\mathrm{cm}^{-3}$, $p_0 = \hbar(3\pi^2 n)^{1/3} \sim 10^{-19}$ (das gilt für ein gutes Metall) folgt

$$\omega > 10^{-2}\, l^{-3}.$$

Wenn $l \sim 10^{-3}$ cm (das ist schon das Gebiet des Restwiderstandes), dann ist $\omega > 10^7\,\mathrm{s}^{-1}$.

7.3. Anomaler Skineffekt. Lösung der kinetischen Gleichung

Im vorhergehenden Abschnitt wurde bemerkt, daß die Oberflächenimpedanz im Gebiet des anomalen Skineffektes die Größe σ/l enthält, die nur von den Parametern des Elektronenspektrums und nicht von den Streuprozessen abhängt. Daher ist zu erwarten, daß die Untersuchung des anomalen Skineffektes Kenntnisse über das Elektronenspektrum vermitteln kann. Zu diesem Zweck wird eine strenge Ableitung der Oberflächenimpedanz auf der Grundlage der kinetischen Gleichung durchgeführt (Reuter, Sondheimer 1948 [22]).

Aus den Gleichungen (7.1) und (7.2) ergibt sich

$$-\operatorname{rot}\operatorname{rot}\boldsymbol{E} = \operatorname{grad}\operatorname{div}\boldsymbol{E} + \nabla^2\boldsymbol{E} = -\frac{4\pi}{c^2}\, i\omega\boldsymbol{j}.$$

Jedoch ist $\operatorname{div}\boldsymbol{E} = 0$, weil vorausgesetzt wurde, daß der Vektor $\boldsymbol{E}$ nur y- und z-Komponenten hat, die nur von x abhängen. Daher kann man

$$\frac{\mathrm{d}^2 E_\alpha}{\mathrm{d}x^2} = -\frac{4\pi i\omega}{c^2}\, j_\alpha \tag{7.13}$$

schreiben (da alle Größen proportional zu $e^{-i\omega t}$ sind). Zur Bestimmung des Stromes j_α muß man die Verteilungsfunktion kennen, die in der Form

$$f = f_0 - \frac{\partial f_0}{\partial \varepsilon} \psi$$

gesucht wird. Damit ergibt sich

$$j_\alpha = 2e \int v_\alpha f \frac{d^3 p}{(2\pi\hbar)^3} = \frac{2e}{(2\pi\hbar)^3} \int v_\alpha \psi \frac{dS}{v} . \tag{7.14}$$

Dabei wurde die Umformung des Impulsintegrals nach (2.23) und die Näherung $\partial f_0/\partial \varepsilon \approx -\delta(\varepsilon - \mu)$ verwendet. Die Integration in (7.14) erstreckt sich über die FERMI-Fläche.

Die kinetische Gleichung wird in der Form (3.12) geschrieben. Die Darstellung des Stoßintegrals

$$I(f) = -(f - f_0)/\tau$$

ist für anisotrope Metalle im allgemeinen nicht gültig. Dennoch kann man sie verwenden. Das hängt in erster Linie damit zusammen, daß im extrem anomalen Fall das Ergebnis überhaupt nicht von τ abhängt. Außerdem ist es eine interessante Besonderheit dieses Falles, daß das Stoßintegral tatsächlich diese Form hat, und zwar mit einem τ, das von $\boldsymbol{p}$ abhängt (s. Schluß dieses Abschnitts). Wenn man den angegebenen Ausdruck für die Verteilungsfunktion in Gleichung (3.12) einsetzt, erhält man

$$-i\omega\psi + v_x \frac{\partial \psi}{\partial x} + \frac{\psi}{\tau} = eE_\alpha v_\alpha . \tag{7.15}$$

Hierbei ist berücksichtigt, daß $\boldsymbol{E}$ nur y- und z-Komponenten hat und daher die Indizes α nur diese Werte annehmen. Über gleiche Indizes soll summiert werden (d. h. $E_\alpha v_\alpha = E_y v_y + E_z v_z$). Die Gleichung (7.15) drückt ψ durch $\boldsymbol{E}(x)$ aus, und ihre Lösung erlaubt die Berechnung von $\boldsymbol{j}(\boldsymbol{E})$. Der Strom wird dann in die MAXWELL-Gleichung (7.13) eingesetzt und daraus $\boldsymbol{E}$ und schließlich die Impedanz bestimmt.

Wenn man Gleichung (7.15) durch v_x dividiert und $(1/\tau - i\omega)/v_x$ mit L bezeichnet, erhält man

$$\frac{\partial \psi}{\partial x} + L\psi = \frac{eE_\alpha v_\alpha}{v_x} .$$

Die Lösung dieser Gleichung ist

$$\psi = e^{-Lx} \int_c^x \frac{eE_\alpha(x_1)\, v_\alpha}{v_x} e^{Lx_1}\, dx_1 , \tag{7.16}$$

wobei c eine Konstante ist, die durch die Randbedingungen bestimmt werden muß. Zunächst ist klar, daß bei $x \to \infty$

$$\psi \to 0$$

gelten muß. Die andere Randbedingung hängt von der Art der Metalloberfläche ab. Bekanntlich erleidet das Potential an der Oberfläche einen Sprung, der den Austritt der Elektronen aus dem Metall verhindert. Dieser Potentialsprung reflektiert die Elektronen in das Metallinnere.

Bei idealer Oberfläche werden die Elektronen spiegelnd reflektiert. Im isotropen Metall bedeutet das, daß sich p_y und p_z nicht ändern, jedoch p_x sein Vorzeichen ändert.

Im hier betrachteten anisotropen Fall ist der Vorgang komplizierter. Infolge der Homogenität des Problems in y- und z-Richtung bleiben nach wie vor p_y und p_z erhalten, jedoch muß nun statt der Änderung des Vorzeichens von p_x die Energieerhaltung gefordert werden.

Im isotropen Metall addieren sich die Wellen mit p_x und $-p_x$, die die gleiche Energie haben, derart, daß die Wellenfunktion bei $x = 0$ gegen Null geht (Potentialwall).

Im vorliegenden Fall findet ebenfalls eine Superposition der Wellen statt, wobei die eine Welle eine Geschwindigkeit $v_x = \partial\varepsilon/\partial p_x > 0$ und die andere $v_x < 0$ hat. Jedoch ist für $\varepsilon(p_x, p_y, p_z) = \varepsilon(p_x', p_y, p_z)$ im allgemeinen $p_x' \neq -p_x$, was zu erheblichen Komplikationen führt.

In dem betrachteten extrem anomalen Skineffekt sind jedoch nur die Elektronen von Bedeutung, die sich fast parallel zur Oberfläche bewegen, das heißt, für die $v_x \approx 0$ ist (s. den vorhergehenden Abschnitt und auch die folgende Ableitung).

In einer kleinen Umgebung dieser Impulse hat die Energie der Elektronen die Form

$$\varepsilon = a\,(p_y, p_z)\,\big(p_x - b(p_y, p_z)\big)^2 + d(p_y, p_z)$$

(für $p_x = b(p_y, p_z)$ ist $\partial\varepsilon/\partial p_x = 0$). Bei spiegelnder Reflexion bedeutet die Erhaltungsbedingung für p_y und p_z, daß sich $v_y \approx \partial d/\partial p_y$ und $v_z \approx \partial d/\partial p_z$ nicht ändern. Die Energieerhaltung beim Übergang von $v_x > 0$ zu $v_x < 0$ bedeutet, daß $p_x - b(p_y, p_z)$ in $-p_x + b(p_y, p_z)$ und folglich $v_x = 2a(p_y, p_z)\,\big(p_x - b(p_y, p_z)\big)$ in $-v_x$ übergeht. Somit kann man unter den Bedingungen des extrem anomalen Skineffektes für die spiegelnde Reflexion die Randbedingung bei $x = 0$ in folgender Form schreiben:

$$\psi(v_x, v_y, v_z) = \psi(-v_x, v_y, v_z) \qquad \text{(Fall 1)}$$

Normalerweise liegen sogar bei einer sehr guten Metalloberfläche Inhomogenitäten in der Größenordnung der Atomabstände vor. Da die freie Weglänge der Elektronen von der gleichen Größenordnung ist, werden sie an der Oberfläche diffus reflektiert, mit anderen Worten, sie verlieren das Gedächtnis an ihre ursprüngliche Bewegungsrichtung. In diesem Fall kann man für $x = 0$

und $v_x > 0$[1]) setzen:

$$\psi = 0 . \qquad \text{(Fall 2)}$$

Die Randbedingung $\psi \to 0$ für $x \to \infty$ bestimmt die Konstante c in (7.16) für $v_x < 0$. Da hierbei im Exponent der Realteil von L negativ ist, muß man $c = \infty$ wählen. Damit ergibt sich

$$\psi_{v_x<0} = \int\limits_{\infty}^{x} \frac{eE_\alpha(x_1)\, v_\alpha}{v_x} \mathrm{e}^{L(x_1-x)}\, \mathrm{d}x_1 . \tag{7.17}$$

Dies gilt für beide Fälle. Wenn jedoch $v_x > 0$, dann geht e^{-Lx} für $x \to \infty$ gegen Null. Daher muß die Konstante c aus der Bedingung für $x = 0$ bestimmt werden, wobei das Ergebnis natürlich in beiden Fällen unterschiedlich ist.

Fall 1. Für $v_x > 0$ erhält man im Fall spiegelnder Reflexion bei $x = 0$

$$\int\limits_{c}^{0} \frac{eE_\alpha(x_1)\, v_\alpha}{v_x} \mathrm{e}^{Lx_1}\, \mathrm{d}x_1 = -\int\limits_{\infty}^{0} \frac{eE_\alpha(x_1)\, v_\alpha}{v_x} \mathrm{e}^{-Lx_1}\, \mathrm{d}x_1 ,$$

weil $-v_x < 0$ für $v_x > 0$ wird (man muß beachten, daß L proportional zu $1/v_x$ ist). Folglich erhält man aus (7.16)

$$\psi_{v_x>0} = \int\limits_{0}^{x} \frac{eE_\alpha(x_1)\, v_\alpha \mathrm{e}^{L(x_1-x)}}{v_x} \mathrm{d}x_1 + \int\limits_{c}^{0} \frac{eE_\alpha(x_1)\, v_\alpha \mathrm{e}^{L(x_1-x)}}{v_x} \mathrm{d}x_1$$

$$= \int\limits_{0}^{x} \frac{eE_\alpha(x_1)\, v_\alpha}{v_x} \mathrm{e}^{L(x_1-x)}\, \mathrm{d}x_1 + \int\limits_{0}^{\infty} \frac{eE_\alpha(x_1)\, v_\alpha}{v_x} \mathrm{e}^{-L(x_1+x)}\, \mathrm{d}x_1 . \tag{7.18}$$

Wenn man (7.17) und (7.18) in den Ausdruck für den Strom (7.14) einsetzt und v_α/v mit n_α bezeichnet, ergibt sich

$$j_\alpha = \frac{2e^2}{(2\pi\hbar)^3} \left\{ \int\limits_{n_x>0} \mathrm{d}S \frac{n_\alpha n_\beta}{n_x} \left[\int\limits_{0}^{x} E_\beta(x_1)\, \mathrm{e}^{-L(x-x_1)}\, \mathrm{d}x_1 \right.\right.$$

$$\left.\left. + \int\limits_{0}^{\infty} E_\beta(x_1)\, \mathrm{e}^{-L(x+x_1)}\, \mathrm{d}x_1 \right] - \int\limits_{n_x<0} \mathrm{d}S \frac{n_\alpha n_\beta}{n_x} \int\limits_{x}^{\infty} E_\beta(x_1)\, \mathrm{e}^{-L(x-x_1)} \mathrm{d}x_1 \right\} .$$

[1]) Diese für die vorliegende Geometrie zutreffende Bedingung gilt nicht allgemein für beliebige Formen von diffus reflektierenden Grenzflächen. Allgemeiner lautet die Grenzbedingung für diffuse Reflexion bei beliebiger Form der Grenzfläche: $\psi(x = 0,\, v_x > 0) = \text{const}$, das heißt Unabhängigkeit der Streufunktion reflektierter Elektronen von der Reflexionsrichtung. Der Wert dieser Konstanten ist durch das Verschwinden des Stromes senkrecht zur Grenzfläche, das heißt $j_x = 0$ bei $x = 0$ bestimmt. Diese Bedingung muß für beliebige Grenzflächen erfüllt sein. Im vorliegenden Fall ebener Grenzflächen bei extrem anomalem Skineffekt $\delta \ll l$ folgt hieraus $\psi(x = 0,\, v_x > 0) = 0$.

Die beiden letzten Integrale können zusammengefaßt werden, wenn das letzte Integral auf das Gebiet $n_x > 0$ transformiert wird. Dazu verändert man im Integral die Vorzeichen aller Impulse, wobei alle Geschwindigkeiten ebenfalls ihr Vorzeichen ändern. Somit ergibt sich

$$j_\alpha = \frac{2e^2}{(2\pi\hbar)^3} \int\limits_{n_x>0} dS \frac{n_\alpha n_\beta}{n_x} \left[\int\limits_0^x E_\beta(x_1)\, e^{-L(x-x_1)}\, dx_1 \right.$$
$$\left. + \int\limits_0^\infty E_\beta(x_1)\, e^{-L(x+x_1)}\, dx_1 + \int\limits_x^\infty E_\beta(x_1)\, e^{L(x-x_1)}\, dx_1 \right].$$

Die x_1-Integration erstreckt sich über das Metallinnere. Wenn man jedoch formal annimmt, daß sich außerhalb des Metalls das elektrische Feld symmetrisch fortsetzt, kann im zweiten Integral x_1 durch $-x_1$ ersetzt werden, wobei man

$$\int\limits_{-\infty}^0 E_\beta(x_1)\, e^{-L(x-x_1)}\, dx_1$$

erhält. Dann ergibt die Summe der ersten beiden Integrale im Ausdruck für $\boldsymbol{j}$

$$\int\limits_{-\infty}^x E_\beta(x_1)\, e^{-L(x-x_1)}\, dx_1 .$$

Wird dieses Integral mit dem letzten Term in der Gleichung für $\boldsymbol{j}$ zusammengefaßt, so ergibt sich

$$j_\alpha(x) = \frac{2e^2}{(2\pi\hbar)^3} \int\limits_{n_x>0} dS \frac{n_\alpha n_\beta}{n_x} \int\limits_{-\infty}^\infty E_\beta(x_1)\, e^{-L|x-x_1|}\, dx_1 . \tag{7.19}$$

Fall 2. In diesem Fall wird die diffuse Streuung der Elektronen an der Grenzfläche betrachtet. Wird die entsprechende Randbedingung für $v_x > 0$ auf (7.16) angewendet, so erhält man $c = 0$. Dies und (7.17) wird in (7.14) eingesetzt und ergibt

$$j_\alpha = \frac{2e^2}{(2\pi\hbar)^3} \left[\int\limits_{n_x>0} dS \frac{n_\alpha n_\beta}{n_x} \int\limits_0^x E_\beta(x_1)\, e^{-L(x-x_1)}\, dx_1 \right.$$
$$\left. - \int\limits_{n_x<0} dS \frac{n_\alpha n_\beta}{n_x} \int\limits_x^\infty E_\beta(x_1)\, e^{-L(x-x_1)}\, dx_1 \right].$$

Geht man jetzt im zweiten Integral von der Integration über $n_x < 0$ zur Integration über $n_x > 0$ über, so folgt

$$j_\alpha = \frac{2e^2}{(2\pi\hbar)^3} \int\limits_{n_x>0} dS \frac{n_\alpha n_\beta}{n_x} \left[\int\limits_0^x E_\beta(x_1)\, e^{-L(x-x_1)}\, dx_1 + \int\limits_x^\infty E_\beta(x_1)\, e^{L(x-x_1)}\, dx_1 \right].$$

Diese beiden Summanden können wiederum zusammengefaßt werden, wobei sich

$$j_\alpha = \frac{2e^2}{(2\pi\hbar)^3} \int\limits_{n_x>0} \mathrm{d}S \frac{n_\alpha n_\beta}{n_x} \int\limits_0^\infty E_\beta(x_1)\, \mathrm{e}^{-L|x-x_1|}\, \mathrm{d}x_1 \tag{7.20}$$

ergibt.

Der Unterschied zwischen dieser Formel für j_α und der Formel (7.19) für spiegelnde Reflexion besteht darin, daß die Integration über x_1 sich dort von $-\infty$ bis ∞, hier aber von 0 bis ∞ erstreckt. Damit erhält man

$$j_\alpha = \begin{cases} \int\limits_{-\infty}^{\infty} K_{\alpha\beta}(x - x_1)\, E_\beta(x_1)\, \mathrm{d}x_1 & \text{spiegelnde Reflexion}\,, \\ \int\limits_0^{\infty} K_{\alpha\beta}(x - x_1)\, E_\beta(x_1)\, \mathrm{d}x_1 & \text{diffuse Streuung}\,, \end{cases} \tag{7.21}$$

wobei der Kern $K_{\alpha\beta}$ gleich

$$K_{\alpha\beta}(x) = \frac{2e^2}{(2\pi\hbar)^3} \int\limits_{n_x>0} \mathrm{d}S \frac{n_\alpha n_\beta}{n_x}\, \mathrm{e}^{-|x|/l^* n_x} \tag{7.22}$$

ist (dabei wurde $1/l^* = (1/\tau - i\omega)/v$ gesetzt).

Die Fourier-Transformierte des Kerns $K_{\alpha\beta}(x)$ ist

$$K_{\alpha\beta}(k) = \int\limits_{-\infty}^{\infty} K_{\alpha\beta}(x)\, \mathrm{e}^{-ikx}\, \mathrm{d}x\,.$$

Da

$$\int\limits_{-\infty}^{\infty} \mathrm{e}^{-ikx-\alpha|x|}\, \mathrm{d}x = 2\int\limits_0^{\infty} \mathrm{e}^{-\alpha x} \cos kx\, \mathrm{d}x = \frac{2\alpha}{\alpha^2 + k^2}$$

für $\operatorname{Re}\alpha > 0$, ergibt sich

$$K_{\alpha\beta}(k) = \frac{4e^2}{(2\pi\hbar)^3} \int\limits_{n_x>0} \mathrm{d}S \frac{n_\alpha n_\beta}{n_x} \frac{l^* n_x}{1 + (l^* n_x k)^2}\,. \tag{7.23}$$

Dieser Ausdruck vereinfacht sich wesentlich für den Fall des extrem anomalen Skineffekts, das heißt für $k \sim 1/\delta \gg l$.

Zuvor soll bemerkt werden, daß man von der Integration über die Fermi-Fläche erheblich einfacher zum Integral über die Winkel übergehen kann, die die Richtung der Normalen zu dieser Fläche (d. h. der Geschwindigkeit $\boldsymbol{v} = \partial\varepsilon/\partial\boldsymbol{p}$) charakterisieren. In Abbildung 30 sei ein Oberflächenelement $\mathrm{d}S$ dargestellt. Die Hauptkrümmungsradien seien R_1 und R_2. Das Flächenelement der Oberfläche ist offenbar $R_1 R_2\, \mathrm{d}\Theta_1\, \mathrm{d}\Theta_2$. Nun wird ein Polarkoordinatensystem Θ, φ für die Normalenrichtung derart gewählt, daß die Ebene des Winkels Θ_1 mit der

Ebene $\varphi = \text{const}$ zusammenfällt, das heißt $d\Theta_1 = d\Theta$. Dann ist offenbar $d\Theta_2 = \sin\Theta\, d\varphi$. Hieraus folgt

$$dS = R_1 R_2\, d\Omega = d\Omega / K(\Theta, \varphi)\,, \tag{7.24}$$

wobei K die sogenannte GAUSSsche Krümmung der Oberfläche ist. Sie ist gleich

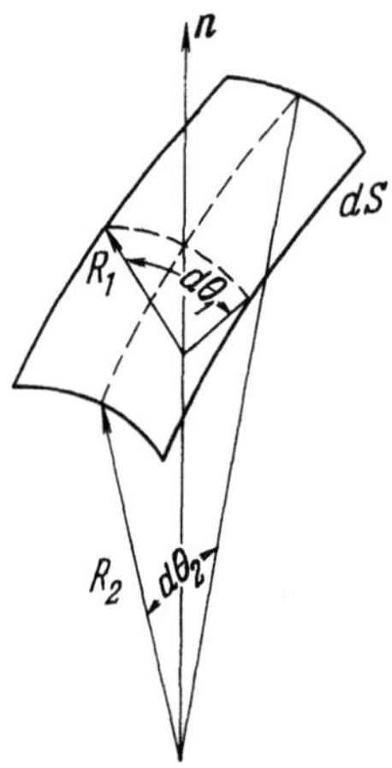

Abb. 30 Oberflächenelement dS der FERMI-Fläche mit der Normalen $\boldsymbol{n}$ und den Hauptkrümmungsradien R_1 und R_2

dem Produkt der reziproken Hauptkrümmungsradien $K = 1/R_1 R_2$ an dem Punkt der Oberfläche, wo die Normalenrichtung Θ, φ ist.

Somit ergibt sich

$$K_{\alpha\beta} = \frac{4e^2}{(2\pi\hbar)^3} \int_0^{2\pi} d\varphi \int_0^{\pi/2} \frac{l^*}{1 + (l^* k \cos\Theta)^2} \frac{n_\alpha n_\beta}{K(\Theta, \varphi)} \sin\Theta\, d\Theta\,. \tag{7.25}$$

Die obere Grenze des Integrals über Θ ist $\pi/2$ (das folgt aus der Bedingung $n_x > 0$). Wenn $kl^* \gg 1$, dann sind nur kleine Werte $\cos\Theta$ wesentlich, so daß man

$$K(\Theta, \varphi) \to K(\varphi) \equiv K(\pi/2, \varphi)$$

setzen darf. Das verbleibende Integral über $\cos\Theta$ wird gleich

$$\int_0^1 \frac{l^*\, dx}{1 + (l^* k x)^2} = \frac{1}{|k|} \int_0^{l^* k} \frac{dy}{1 + y^2} \approx \frac{1}{|k|} \int_0^{\infty} \frac{dy}{1 + y^2} = \frac{\pi}{2|k|}\,.$$

Somit folgt für den Fall $l^* |k| \gg 1$

$$K_{\alpha\beta}(k) = \frac{4e^2}{(2\pi\hbar)^3} \int_0^{2\pi} d\varphi \frac{n_\alpha n_\beta}{K(\varphi)} \frac{\pi}{2|k|} = \frac{e^2 B_{\alpha\beta}}{4\pi^2 \hbar^3 |k|}\,, \tag{7.26}$$

wobei

$$B_{\alpha\beta} = \int_0^{2\pi} \frac{n_\alpha n_\beta}{K(\varphi)} \, d\varphi \tag{7.27}$$

ein Tensor in der (y, z)-Ebene ist.

Es sei darauf hingewiesen, daß im Integral die Werte $\cos \Theta \ll 1$, das heißt $v_x \approx 0$ wesentlich sind. Das entspricht dem „Ineffektivitäts-Konzept", das zur Ableitung der Randbedingung bei spiegelnder Reflexion verwendet wurde.

Die weiteren Rechnungen sind in den beiden Fällen unterschiedlich. Im Fall spiegelnder Reflexion ist die Berechnung erheblich einfacher als bei diffuser Reflexion. Die Resultate unterscheiden sich in beiden Fällen jedoch nur wenig voneinander. Daher soll die Rechnung nur für den Fall der Spiegelung durchgeführt werden, während für diffuse Reflexion lediglich das Endergebnis angegeben wird.

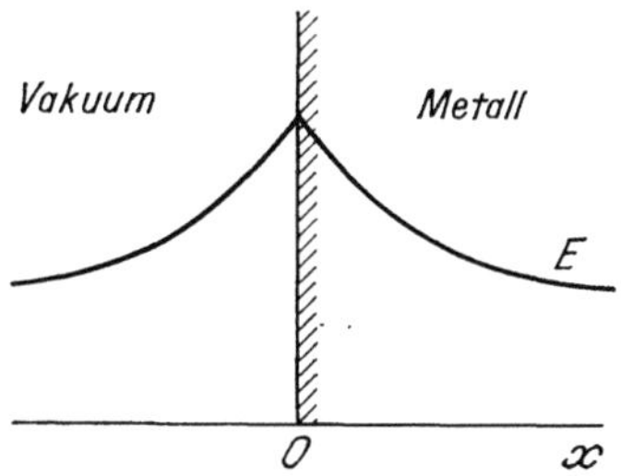

Abb. 31 Spiegelsymmetrische Fortsetzung des elektrischen Feldes E vom Metall in das Außengebiet im Falle spiegelnder Reflexion der Elektronen an der Metalloberfläche

Zur Ableitung der Formel (7.19) ist angenommen worden, daß sich das elektrische Feld symmetrisch in das Gebiet $x < 0$ fortsetzt. Das bedeutet, daß die Ableitung dE/dx bei $x = 0$ einen Sprung von $-E'(0)$ nach $E'(0)$ haben muß (Abb. 31), so daß sich die zweite Ableitung d^2E/dx^2 an der Grenze $x = 0$ wie eine δ-Funktion verhält. Um diesen Umstand zu berücksichtigen, wird Gleichung (7.13) in der Form

$$\frac{d^2 E_\alpha}{dx^2} - 2E_\alpha'(0)\,\delta(x) = -\frac{4\pi i\omega}{c^2} \int_{-\infty}^{\infty} K_{\alpha\beta}(x - x_1)\, E_\beta(x_1)\, dx_1 \tag{7.28}$$

geschrieben. Die FOURIER-Transformation ergibt

$$-k^2 E_{k\alpha} - 2E_\alpha'(0) = -\frac{i\omega e^2}{c^2 \pi \hbar^3} B_{\alpha\beta} \frac{1}{|k|} E_{k\beta}\,. \tag{7.29}$$

Das ist ein System zweier Gleichungen $(\alpha, \beta = y, z)$. Die Achsen in der (y, z)-Ebene kann man beliebig wählen, z. B. in Richtung der Hauptachsen des Tensors $B_{\alpha\beta}$. Hierbei erhält man zwei unabhängige Gleichungen für E_y mit B_1 und für E_z mit B_2. Da diese Gleichungen die gleiche Form haben, genügt es, eine von beiden zu betrachten:

$$- k^2 E_k - 2E'(0) = - \frac{i\omega e^2}{c^2 \pi \hbar^3} B \frac{1}{|k|} E_k . \tag{7.30}$$

Die Lösung bezüglich E_k liefert

$$E_k = - \frac{2E'(0)}{k^2 - ib/|k|} , \tag{7.31}$$

wobei

$$b = \frac{\omega e^2}{c^2 \pi \hbar^3} B . \tag{7.32}$$

Da E_k bezüglich k symmetrisch ist, ergibt sich beim Übergang zu $E(x)$

$$\begin{aligned} E(x) &= \int\limits_{-\infty}^{\infty} \frac{\mathrm{d}k}{2\pi} E_k \,\mathrm{e}^{ikx} = 2 \int\limits_{0}^{\infty} \frac{\mathrm{d}k}{2\pi} E_k \cos kx \\ &= - \frac{2E'(0)}{\pi} \int\limits_{0}^{\infty} \frac{\cos kx}{k^2 - ib/k} \,\mathrm{d}k = - \frac{2E'(0)}{\pi} \int\limits_{0}^{\infty} \frac{k \cos kx \,\mathrm{d}k}{k^3 - ib} . \end{aligned} \tag{7.33}$$

Das Feld an der Metalloberfläche ist

$$E(0) = - \frac{2E'(0)}{\pi} \int\limits_{0}^{\infty} \frac{k \,\mathrm{d}k}{k^3 - ib} .$$

Das Integral ergibt

$$\int\limits_{0}^{\infty} \frac{k \,\mathrm{d}k}{k^3 - ib} = \frac{2\pi}{b^{1/3}} \frac{\mathrm{e}^{i\pi/6}}{3\sqrt{3}} .$$

Damit folgt

$$\frac{E(0)}{E'(0)} = - \frac{4}{b^{1/3}} \frac{\mathrm{e}^{i\pi/6}}{3\sqrt{3}} .$$

Nach (7.6) ist die Oberflächenimpedanz

$$Z = \frac{4\pi}{c} \frac{E_y(0)}{H_z(0)} .$$

Da andererseits

$$\frac{\mathrm{d}E_y}{\mathrm{d}x} = \frac{i\omega}{c} H_z ,$$

ist $H_z(0) = cE_y'(0)/i\omega$, so daß

$$Z = \frac{4\pi i\omega}{c^2} \frac{E_y(0)}{E_y'(0)}. \tag{7.34}$$

Durch Einsetzen von $E(0)/E'(0)$ folgt

$$Z = \frac{8\pi\omega\,(1 - i\sqrt{3})}{c^2 b^{1/3} 3\sqrt{3}}.$$

Setzt man hier schließlich noch den Wert für b (7.32) ein, so ergibt sich

$$Z = \frac{8\pi^{4/3}}{3\sqrt{3}} \omega^{2/3} e^{-2/3} c^{-4/3} \hbar B^{-1/3} (1 - i\sqrt{3}). \tag{7.35}$$

Z ist ein Tensor in der (y, z)-Ebene, dessen Hauptwerte durch die Hauptwerte des Tensors $B_{\alpha\beta}$ bestimmt sind. Dies ist das Ergebnis für den Fall spiegelnder Reflexion.

Für den Fall diffuser Reflexion ergibt sich für Z ein Ausdruck mit dem Faktor $\sqrt{3}$ anstatt des Faktors $8/3\sqrt{3}$ in (7.35), das heißt, das Verhältnis der Z-Werte in beiden Fällen ist 9/8. Dieser geringe Unterschied spielt beim Vergleich zwischen Experiment und Theorie keine große Rolle, zumal sich unabhängige Messungen des Absolutwertes von Z um mindestens 10% unterscheiden.[1]) Man kann daher aus der Hochfrequenzimpedanz nicht auf den Charakter der Reflexion schließen.

Die Stoßzeit ist in (7.35) nicht enthalten. Der Tensor $B_{\alpha\beta}$ hängt nur von den Charakteristika der Fermi-Fläche ab. Daher kann die Änderung der Impedanz für die Untersuchung der Fermi-Fläche realer Metalle verwendet werden. Diese Methode war tatsächlich eine der ersten, die zu diesem Zweck angewendet wurden.

Das Ergebnis (7.35) stimmt mit dem im vorhergehenden Abschnitt mit Hilfe des „Ineffektivitätskonzepts" gefundenen Resultat überein. Die mikroskopische Ableitung mit Hilfe der kinetischen Gleichung erlaubt jedoch die Bestimmung der unbekannten Konstanten und des Phasenfaktors.

Da die Stoßzeit in das Ergebnis nicht eingeht, ist es unwesentlich, welcher Ausdruck für das Stoßintegral verwendet wird. Es kann jedoch gezeigt werden [19], daß die hier verwendete Form des Stoßintegrals im extrem anomalen Fall korrekt ist. Man erhält nämlich für Störstellenstreuung

$$I(f) = \int W(\boldsymbol{p}, \boldsymbol{p}')\,[f(\boldsymbol{p}') - f(\boldsymbol{p})]\,\frac{\mathrm{d}S}{v},$$

[1]) Falkowski [23] hat unlängst gezeigt, daß die Reflexion von Elektronen an der Oberfläche im Fall des extrem anomalen Skineffekts spiegelnd erfolgt. Wenn die charakteristischen Abmessungen der Oberflächenrauhigkeit in atomarer Größenordnung liegen, ergibt die Berechnung lediglich eine Korrektur zur Impedanz von der Größenordnung δ/l. Dieses Ergebnis läßt eine einfache physikalische Deutung zu. Trifft das Elektron unter einem Winkel $\Theta \sim \delta/l$ auf die Grenzfläche und beträgt die charakteristische Größe der Rauhigkeit $a \sim \hbar/p_0$, so legt das Elektron in der „Rauhigkeitsschicht" eine Entfernung a/Θ zurück, wodurch eine Unbestimmtheit des Impulses von der Größenordnung $\Delta p/p_0 \sim \Theta \sim \delta/l$ entsteht.

wobei über die Fläche $\varepsilon(\boldsymbol{p}') = \varepsilon(\boldsymbol{p}) = \text{const}$ integriert wird. Wird $f = f_0 - (\partial f_0/\partial \varepsilon)\, \psi$ eingesetzt, folgt

$$I(f) = \frac{\partial f_0}{\partial \varepsilon} \int W(\boldsymbol{p}, \boldsymbol{p}')\, [\psi(\boldsymbol{p}) - \psi(\boldsymbol{p}')] \frac{\mathrm{d}S}{v},$$

wobei $\boldsymbol{p}$ und $\boldsymbol{p}'$ auf der FERMI-Fläche liegen.

Die Größe ψ als Funktion von $\boldsymbol{p}$ ist etwa $\delta(n_x)$. Das ist dem Ausdruck (7.23) für den Kern $K_{\alpha\beta}$ zu entnehmen, der den Strom bestimmt. Wenn im Stoßintegral $\psi \sim \delta(n_x)$ gesetzt wird, behält das Glied mit $\psi(\boldsymbol{p})$ den Charakter einer δ-Funktion, während im Glied mit $\psi(\boldsymbol{p}')$ die δ-Funktion bei der Integration verschwindet. Daher wird dieses Glied glatt und für die Bestimmung der δ-artigen Funktion ψ unwesentlich. Wird $\int W(\boldsymbol{p}, \boldsymbol{p}')\, \mathrm{d}S/v$ mit $1/\tau(\boldsymbol{p})$, bezeichnet, erhält man das Stoßintegral mit der Stoßzeit $\tau(\boldsymbol{p})$. Da $\tau(\boldsymbol{p})$ bei $n_x = 0$ keine Singularitäten besitzt, kann im Integral (7.25) l^* als eine von Θ unabhängige Größe angesehen werden, die bei der Integration über Θ herausfällt. Analog kann man zeigen, daß die angegebene Form des Stoßintegrals für einen beliebigen Streumechanismus anwendbar ist.

7.4. Zyklotronresonanz

Bei den bisherigen Betrachtungen befand sich das Metall entweder in einem Hochfrequenzfeld oder in einem starken Magnetfeld. Im folgenden wird der Fall betrachtet, daß beide Felder gleichzeitig vorliegen. Von besonderem Interesse ist dabei die sogenannte Zyklotronresonanz.

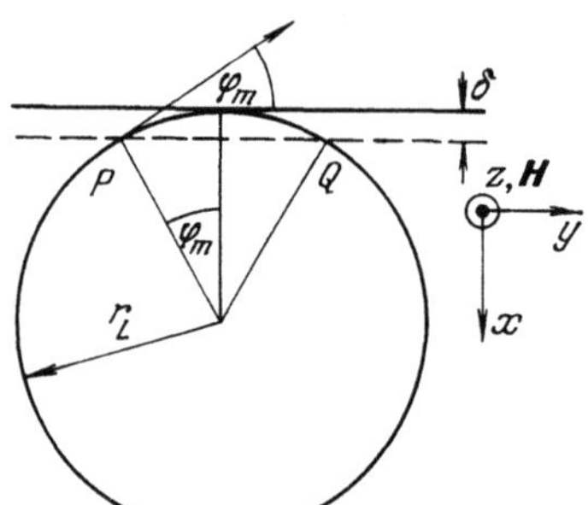

Abb. 32 ASBEL-KANER-Zyklotronresonanz. Das Elektron wird während eines geschlossenen Umlaufs mit dem LARMOR-Radius r_L nur kurzzeitig innerhalb der Skintiefe δ vom elektrischen Feld der Welle beschleunigt

Das Metall befinde sich im Halbraum $x > 0$, und das Magnetfeld liege parallel zur Metalloberfläche in Richtung der z-Achse und senkrecht zur Zeichenebene in Abbildung 32. Die FERMI-Fläche sei geschlossen. Außerdem sei das Feld hinreichend stark, so daß der LARMOR-Radius viel kleiner als die freie Weglänge l ist. In diesem Fall bewegen sich die Elektronen auf Spiralbahnen in Richtung der

z-Achse (die Darstellung als Kreisprojektion auf die (x, y)-Ebene dient zur Vereinfachung; es wird aber tatsächlich der allgemeinere Fall untersucht). Ist die Temperatur hinreichend niedrig und die Frequenz des Wechselfeldes hoch, so ist die Skintiefe sehr klein gegen r_L. In diesem Fall können gewisse Elektronen mehrmals in die Skinschicht zurückkehren, obgleich sie sich den größten Teil der Umlaufzeit außerhalb dieser Schicht befinden.

Das elektrische Feld in der Skinschicht ändert sich zeitlich. Ist die Umlauffrequenz des Elektrons gleich der Frequenz des aufgeprägten Feldes, so wird das Elektron bei jedem Durchlauf durch die Skinschicht infolge des elektrischen Feldes in einer Richtung beschleunigt. Dasselbe tritt natürlich für den Fall ein, daß die Frequenz des elektromagnetischen Feldes ein ganzes Vielfaches der Larmor-Frequenz ist: $\omega = n\Omega$, da die Änderung des Feldes während des Aufenthalts des Elektrons in der Skinschicht unwesentlich ist.

Wenn daher die Resonanzbedingungen erfüllt sind, absorbieren die Elektronen am effektivsten die Energie des elektromagnetischen Feldes. Diese Erscheinung ist den Vorgängen in einem Zyklotron bei Beschleunigung von Elementarteilchen sehr ähnlich und wird daher Zyklotronresonanz genannt (Asbel, Kaner 1956 [24]). Da dieser Effekt von den Elektronenbahnen abhängig ist, kann man erwarten, daß die entsprechenden Experimente gewisse Informationen über das Elektronenspektrum ergeben.

Es soll hier nicht die exakte Theorie dieser Erscheinung dargestellt, sondern einfach das Ineffektivitätskonzept [25] (s. Abschn. 7.2.) benutzt und die unbekannten Koeffizienten durch Vergleich mit dem genauen Ausdruck für die Impedanz in der Grenze $H \to 0$ bestimmt werden, der im Abschnitt 7.3. abgeleitet worden ist.

Zunächst wird die zeitabhängige kinetische Gleichung aufgeschrieben:

$$\frac{\partial f}{\partial t} + \frac{\partial f}{\partial t_1} + \frac{\partial f}{\partial \boldsymbol{r}} \boldsymbol{v} + \frac{\partial f}{\partial p_z} e E_z + \frac{\partial f}{\partial \varepsilon} e \boldsymbol{v} \boldsymbol{E} = - \frac{f - f_0}{\tau}. \tag{7.36}$$

Die Benutzung von τ ist hier in dem gleichen Sinn wie bei fehlendem Magnetfeld (Abschn. 7.3.) gerechtfertigt. Für die Verteilungsfunktion wird wie immer der Ansatz

$$f = f_0 - \frac{\partial f_0}{\partial \varepsilon} \psi$$

gemacht. Wenn ψ von der Zeit wie $e^{-i\omega t}$ abhängt, ist

$$\left(- i\omega + \frac{1}{\tau}\right) \psi + \frac{\partial \psi}{\partial t_1} + \frac{\partial \psi}{\partial \boldsymbol{r}} \boldsymbol{v} = e \boldsymbol{v} \boldsymbol{E} \,. \tag{7.37}$$

Diese Gleichung kann mit Hilfe der Charakteristiken gelöst werden. Schreibt man

$$\mathrm{d}t_1 = \frac{\mathrm{d}x}{v_x} = \frac{\mathrm{d}y}{v_y} = \frac{\mathrm{d}z}{v_z} = \frac{\mathrm{d}\psi}{e\boldsymbol{E}(\boldsymbol{r})\, \boldsymbol{v} - (-i\omega + 1/\tau)\, \psi}, \tag{7.38}$$

so ergeben die ersten Gleichungen

$$\boldsymbol{r}(t_2) - \boldsymbol{r}(t_1) = \int_{t_1}^{t_2} \boldsymbol{v}(t_3)\, \mathrm{d}t_3 . \tag{7.39}$$

Das entspricht der Bewegung eines Elektrons auf seiner Bahn. Durch Einsetzen der Koordinate $\boldsymbol{r}(t_1)$ in die Funktion $\boldsymbol{E}(\boldsymbol{r})$ wird $\boldsymbol{E}$ eine Funktion von t_1, und die Gleichung

$$\frac{\partial \psi}{\partial t_1} + \left(- i\omega + \frac{1}{\tau}\right)\psi = e\boldsymbol{v}(t_1)\, \boldsymbol{E}(\boldsymbol{r}(t_1))$$

hat die Lösung

$$\psi(t_1) = \int_{C}^{t_1} e\boldsymbol{v}(t_2)\, \boldsymbol{E}(\boldsymbol{r}(t_2))\, \mathrm{e}^{(-i\omega + 1/\tau)(t_2 - t_1)}\, \mathrm{d}t_2 . \tag{7.40}$$

Berührt die Bahn die Oberfläche nicht, muß für die untere Grenze des Integrals $-\infty$ genommen werden. In diesem Fall ist ψ periodisch, wie im Abschnitt 5.2. gezeigt wurde. Kommt die Bahn mit der Oberfläche in Berührung, so müssen die Randbedingungen an der Oberfläche benutzt werden. Es soll hierbei diffuse Reflexion vorausgesetzt sein, da sie für dieses Problem einfacher zu behandeln ist als spiegelnde Reflexion[1]). Dabei erinnert sich das Elektron nach der Streuung an der Oberfläche nicht mehr an seinen Zustand vor der Streuung. Als untere Grenze in (7.40) muß daher die Zeit des letzten Zusammenstoßes mit der Oberfläche vor dem Zeitpunkt t_1 gesetzt werden.

Außerdem ist zu berücksichtigen, daß die Funktion ψ in einem vorgegebenen Punkt $\boldsymbol{r}$ betrachtet wird. Da sich jedoch das Elektron nach Gleichung (7.39) längs der Bahn $\boldsymbol{r}(t_1)$ bewegt, muß diejenige Bahn ausgewählt werden, auf der sich das Elektron zum Zeitpunkt t_1 im Punkte $\boldsymbol{r}$ befindet. Aus (7.39) folgt damit

$$\boldsymbol{r}(t_2) = \boldsymbol{r} + \int_{t_1}^{t_2} \boldsymbol{v}(t_3)\, \mathrm{d}t_3 . \tag{7.41}$$

Das ist auch derjenige Punkt $\boldsymbol{r}(t_2)$, von dem die Funktion $\boldsymbol{E}(\boldsymbol{r}(t_2))$ in (7.40) abhängt.

Setzt man (7.40) in den Ausdruck für den Strom ein, so erhält man

$$j_\alpha(\boldsymbol{r}, \omega) = \frac{2e^2}{(2\pi\hbar)^3} \oint \frac{\mathrm{d}S}{v} v_\alpha \int_{c}^{t_1} v_\beta(t_2)\, E_\beta(\boldsymbol{r}(t_2)) \times \exp\left[(t_2 - t_1)\left(\frac{1}{\tau} - i\omega\right)\right] \mathrm{d}t_2 \tag{7.42}$$

(wobei $\alpha, \beta = z, y$). Anstatt der genauen Berechnung des Integrals in (7.42) kann man durch einfache physikalische Überlegungen zum Ergebnis kommen.

[1]) Der Charakter der Reflexion kann sich beträchtlich auf die absolute Größe des Effektes auswirken; die vollständige Untersuchung dieser Frage steht jedoch noch aus.

In Abb. 32 ist eine Elektronenbahn für den Fall $\delta \ll r_\mathrm{L}$ skizziert; dabei ist φ_m der Maximalwinkel, der einem die Oberfläche streifenden Elektron entspricht. Aus der Abbildung folgt, daß

$$\delta = r_\mathrm{L} - r_\mathrm{L} \cos \varphi_m \qquad \text{oder} \qquad r_\mathrm{L}\varphi_m^2 \sim \delta\,.$$

Folglich ist

$$\varphi_m \sim \sqrt{\delta/r_\mathrm{L}}\,. \tag{7.43}$$

Der innerhalb der Skinschicht befindliche Teil der Elektronenbahn hat die Länge $PQ \approx 2r_\mathrm{L}\varphi_m$, so daß die Aufenthaltsdauer des Elektrons in der Skinschicht $2r_\mathrm{L}\varphi_m/v_y$ ist.

Trifft das Elektron nicht auf die Oberfläche, muß in (7.42) von $-\infty$ bis t_1 integriert werden. Bis zum Zeitpunkt t_1 gibt es zahlreiche kurze Zeitintervalle, innerhalb derer sich das Elektron in der Skinschicht befindet. Jedes dieser Intervalle ist so kurz, daß während dieser Zeit alle Größen unter dem Integral als konstant angesehen werden können. Nur diese Intervalle liefern einen Beitrag zum Integral über t_2, da das Feld $\boldsymbol{E}$ in der Zeit, in der das Elektron sich außerhalb der Skinschicht bewegt, gleich Null ist. Da jedoch das Elektron bis zum Eintritt in die Skinschicht jeweils eine ganze Periode T durchläuft, liefert jeder derartige Zeitabschnitt im Vergleich zum vorhergehenden einen zusätzlichen Phasenfaktor $\exp\left[-T(1/\tau - i\omega)\right]$ im Integral (7.42). Setzt man $w = T(1/\tau - i\omega)$, ergibt sich nach Integration über $\mathrm{d}t_2$ die Summe

$$\frac{2r_\mathrm{L}\varphi_m}{v_y}\left(1 + \mathrm{e}^{-w} + \mathrm{e}^{-2w} + \cdots\right) = \frac{2r_\mathrm{L}\varphi_m}{v_y(1 - \mathrm{e}^{-w})}\,. \tag{7.44}$$

Späterhin wird gezeigt, daß der Faktor $(1 - \mathrm{e}^{-w})^{-1}$ zur Resonanz führt. Elektronen, die auf die Oberfläche treffen, ergeben statt (7.44) eine endliche Summe und führen folglich nicht zu einem Resonanzfaktor. Das Integral über $\mathrm{d}S$ kann auf die Form

$$\int \mathrm{d}S \to \int \frac{\mathrm{d}\Omega}{K(\Theta, \varphi)}$$

gebracht werden, wobei K die GAUSSsche Krümmung der Fläche an dem Punkt ist, wo die Richtung der Flächennormale durch die Winkel Θ, φ gegeben ist (s. Abschn. 7.3.).

Da nach dem Ineffektivitätskonzept nur diejenigen Elektronen wirksam sind, die sich in der Skinschicht parallel zur Oberfläche bewegen, ergibt die Integration über $\mathrm{d}\Theta$ größenordnungsmäßig $v_{x\,\max}/v$. Aus Abbildung 32 folgt aber $v_{x\,\max} = v_y\varphi_m$. Damit ergibt die Integration über $\mathrm{d}\Theta$ $v_y\varphi_m/vK(\varphi)$, wobei $K(\varphi) \equiv K(\pi/2, \varphi)$. Werden diese Werte in das Integral (7.42) eingesetzt, so ergibt sich

$$j_\alpha \sim \frac{2e^2}{(2\pi\hbar)^3} \int \frac{1}{1 - \mathrm{e}^{-w}} \frac{2r_\mathrm{L}\varphi_m}{v_y} \frac{v_y\varphi_m}{vK(\varphi)} v_\alpha v_\beta E_\beta \frac{\mathrm{d}\varphi}{v}\,.$$

Setzt man hier $\varphi_m \sim \sqrt{\delta/r_L}$ aus (7.43) ein, so folgt

$$j_\alpha \sim \frac{2e^2}{(2\pi\hbar)^3}\int\limits_0^{2\pi} \frac{1}{1-\mathrm{e}^{-w}}\,\frac{n_\alpha n_\beta}{K(\varphi)}\,\mathrm{d}\varphi\cdot\delta\cdot E_\beta\,. \tag{7.45}$$

Hierbei ist ein konstanter Faktor der Größenordnung 1 unbekannt. Man kann ihn ermitteln, wenn man (7.45) mit dem exakten Ausdruck für $H = 0$ vergleicht. Die Formel (7.45) ist vom gleichen Typ wie der in Abschnitt 7.2. benutzte Zusammenhang $j \sim (\sigma/lk)\,E \sim (\sigma\delta/l)\,E$, so daß der Faktor vor $\delta \cdot E$ als das Verhältnis σ/l aufgefaßt werden kann. Nach Formel (7.12) geht dieser Faktor in die Impedanz mit der Potenz $-1/3$ ein. Im exakten Ausdruck steht jedoch $B^{-1/3}$, wobei $B_{\alpha\beta} = \int \left(n_\alpha n_\beta/K(\varphi)\right)\mathrm{d}\varphi$. Der einzige Unterschied zum Fall $H = 0$ besteht im Tensor $B_{\alpha\beta}$. Unter dem Integral tritt jetzt der neue Faktor $(1 - \mathrm{e}^{-w(\varphi)})^{-1}$ auf. Für diffuse Streuung ergeben sich die Hauptwerte des Impedanztensors aus (7.35) durch Multiplikation mit dem Faktor 9/8[1]):

$$Z_i = (1 - i\sqrt{3})\,\sqrt{3}\,\pi^{4/3}\omega^{2/3}c^{-4/3}\hbar e^{-2/3}B_i^{-1/3}\,, \tag{7.46}$$

wobei jetzt

$$B_{\alpha\beta} = \int\limits_0^{2\pi} \frac{n_\alpha n_\beta}{K(\varphi)}\,\frac{\mathrm{d}\varphi}{1-\mathrm{e}^{-w(\varphi)}}\,. \tag{7.47}$$

Im Nenner des Integranden steht

$$1 - \mathrm{e}^{-w} = 1 - \mathrm{e}^{(2\pi i\omega/\Omega)-(2\pi/\Omega\tau)}\,.$$

Wenn $\Omega\tau \gg 1$, ist der Faktor $\exp(-2\pi/\Omega\tau)$ unwesentlich, und für $\omega = n\Omega$ ergibt sich Resonanz. Man muß jedoch beachten, daß Ω von φ abhängt, so daß bei Integration über φ die Singularität des Integrals verschwinden kann. Daher muß dieses Integral näher untersucht werden.

Im Abschnitt 5.1. wurde gezeigt, daß $\Omega = eH/m^*c$, wobei

$$m^* = \frac{1}{2\pi}\,\frac{\partial S(p_z,\varepsilon)}{\partial\varepsilon}\bigg|_{\varepsilon=\mu}\,.$$

die Zyklotronmasse ist. Außerdem sind nur die Punkte auf der FERMI-Fläche effektiv, bei denen die Geschwindigkeit in der Metalloberfläche liegt, das heißt $v_x = 0$. Dieser Sachverhalt ist in Abbildung 33 für den Fall einer geschlossenen FERMI-Fläche dargestellt. Die gestrichelte Linie verbindet die Punkte, an denen $v_x = 0$ ist. Die eingezeichneten vertikalen ebenen Kurven sind Schnitte der FERMI-Fläche mit den Ebenen $p_z = \text{const.}$

1) Die Formel (7.46) ist nicht streng gültig. Das exakte Ergebnis unterscheidet sich jedoch nur wenig davon. Die genaue Rechnung für das Modell freier Elektronen [26] ergibt in diesem Ausdruck einen gering veränderlichen Faktor, der an der Resonanz 1.3 und zwischen den Resonanzstellen 1 ist.

Für den Fall quadratischer Abhängigkeit der Energie vom Impuls, das heißt $\varepsilon_{ik} = \alpha_{ik} p_i p_k$, ist die Größe m^* offenbar für alle p_z gleich. Im allgemeinen Fall trifft das natürlich nicht zu, und m^* variiert als Funktion von p_z in gewissen Grenzen. Die Frequenz und das Magnetfeld seien etwa derart, daß sich die Elektronen auf einem bestimmten Querschnitt in Resonanz befinden. Werden jetzt das Feld oder die Frequenz ein wenig geändert, so geraten die Elektronen benachbarter Querschnitte in Resonanz. Befinden sich also Elektronen in Resonanz, deren Zyklotronmasse innerhalb ihres Wertebereichs liegt, so kann dies nicht zu einer Singularität der Impedanz führen.

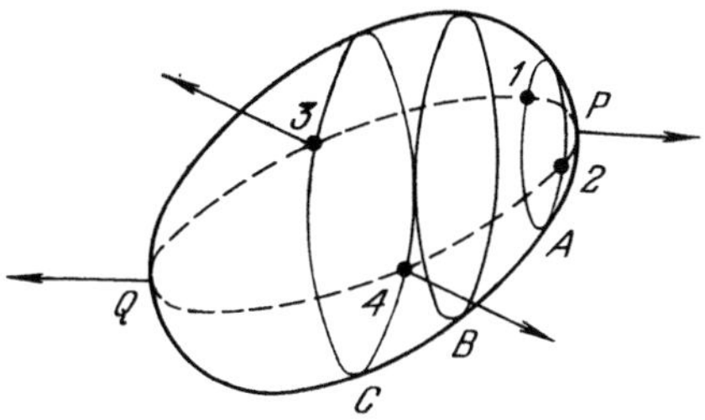

Abb. 33 Zyklotronbahnen A, B, C (———) auf einer geschlossenen FERMI-Fläche. Das Wellenfeld beschleunigt die Elektronen auf der effektiven Zone (— — —), wo die Elektronengeschwindigkeit (———→) parallel zur Metalloberfläche gerichtet ist

Die Situation ist jedoch anders, wenn sich Elektronen mit extremaler (maximaler oder minimaler) Zyklotronmasse in Resonanz befinden. Wird in diesem Fall das Feld in einer Richtung geändert, gelangen andere Elektronen zur Resonanz, während bei umgekehrter Änderung des Feldes die Resonanz vollständig verschwindet. An dieser Stelle ist eine Singularität der Impedanz zu erwarten. Die Resonanzbedingung lautet daher

$$\omega = n\Omega_{\text{extr}}\,, \qquad \Omega_{\text{extr}} = eH/m^*_{\text{extr}}c\,. \tag{7.48}$$

Dieses Problem soll im folgenden ausführlicher behandelt werden. Normalerweise ist im Experiment die Frequenz ω konstant, während das Magnetfeld geändert wird. Befindet man sich in der Nähe einer Resonanzstelle $H = H_n$, so sind für das Integral (7.47) offenbar Werte für φ in der Nähe von φ_0 maßgeblich, die m^*_{extr} entsprechen. Daher läßt sich Ω durch den Ausdruck

$$\Omega = (\omega/n)\,[1 + \Delta + a(\varphi - \varphi_0)^2]$$

annähern, wobei $\Delta = (H - H_n)/H_n$, $a \sim 1$. Ist die Masse bei φ_0 minimal, so ist $a < 0$; ist sie maximal, so ist $a > 0$. Die in (7.47) eingehende Größe $w = 2\pi/\Omega\tau - 2\pi i\omega/\Omega$ ist annähernd $-2\pi i n$. Entwickelt man für den Fall $\Omega\tau \gg 1$ die Größe $1 - \mathrm{e}^{-w}$ nach Δ, $(\varphi - \varphi_0)^2$ und $1/\Omega\tau$, so findet man

$$1 - \mathrm{e}^{-w} \approx w + 2\pi i n \approx 2\pi n/\omega\tau + 2\pi i n\Delta + 2\pi i n a\,(\varphi - \varphi_0)^2\,.$$

Da das Integral (7.47) in der Umgebung von $\varphi = \varphi_0$ schnell konvergiert, können alle dort langsam veränderlichen Größen durch ihre Werte für $\varphi = \varphi_0$ ersetzt und die Integrationsgrenzen über $\varphi - \varphi_0$ unendlich gesetzt werden. Somit erhält man

$$B_{\alpha\beta} = \frac{n_\alpha(\varphi_0)\, n_\beta(\varphi_0)}{K(\varphi_0)} \int\limits_{-\infty}^{\infty} \frac{\mathrm{d}x}{2\pi i n a\,(x^2 + \Delta/a - i/a\omega\tau)}\,. \tag{7.49}$$

Die Extremalmasse bezieht sich dabei auf einen bestimmten Querschnitt $p_z = \text{const}$, der die Kurve $v_x = 0$ an zwei Punkten schneidet (außer an Grenzpunkten, s. weiter unten), denen zwei Winkel φ_{01} und φ_{02} entsprechen. Man muß daher das Gebiet um diese beiden Winkel untersuchen. Die Integrale sind dabei identisch. Die einzige erforderliche Änderung betrifft den Faktor vor dem Integral in (7.49): es muß die Summe von φ_{01} und φ_{02} genommen werden:

$$B_{\alpha\beta}^{(0)} = \frac{n_\alpha(\varphi_{01})\, n_\beta(\varphi_{01})}{K(\varphi_{01})} + \frac{n_\alpha(\varphi_{02})\, n_\beta(\varphi_{02})}{K(\varphi_{02})}\,. \tag{7.50}$$

Für den Fall $|\Delta| \gg 1/\omega\tau$, $a > 0$ ist

$$B_{\alpha\beta} = B_{\alpha\beta}^{(0)} \begin{cases} \dfrac{-i}{2n\sqrt{\Delta a}}\,, & \Delta > 0\,; \\[2ex] \dfrac{1}{2n\sqrt{|\Delta|\, a}}\,, & \Delta < 0 \end{cases} \tag{7.51}$$

und für $a < 0$

$$B_{\alpha\beta} = B_{\alpha\beta}^{(0)} \begin{cases} \dfrac{1}{2\pi\sqrt{\Delta |a|}}\,, & \Delta > 0\,; \\[2ex] \dfrac{i}{2n\sqrt{|\Delta|\, |a|}}\,, & \Delta < 0\,. \end{cases} \tag{7.52}$$

Das Vorzeichen von a bestimmt also wesentlich das Ergebnis, das heißt, maximale und minimale Zyklotronmassen führen zu erheblich unterschiedlichen Auswirkungen auf die Impedanz.

Es soll hier nicht der konkrete Verlauf der Impedanzkurven analysiert, sondern lediglich die Größenordnung der Effekte ermittelt werden. Nach (7.49) können die Formeln (7.51) und (7.52) bei $|\Delta| \gg 1/\omega\tau$ angewendet werden. Nach (7.46) geht in die Impedanz $B^{-1/3}$ ein, das heißt eine Größe der Ordnung $n^{1/3}|\Delta|^{1/6}$. In den genauesten Experimenten wird nicht die Impedanz gemessen, sondern ihre Ableitung nach dem Magnetfeld, z. B. $\mathrm{d}X/\mathrm{d}H$. Diese ist proportional zu $n^{1/3}|\Delta|^{-5/6}/H_n$, das heißt hat einen Pik bei $\Delta \to 0$, dessen Höhe proportional zu $n^{1/3}(\omega\tau)^{5/6}/H_n$ ist. Andererseits gilt zwischen den Maxima $\Delta \approx (H_n - H_{n+1})/H_n \sim 1/n$. Folglich ist in diesen Bereichen $\mathrm{d}X/\mathrm{d}H$ proportional zu $n^{1/3}n^{5/6}/H_n$. Daraus folgt, daß die relative Höhe der Resonanzpiks in $\mathrm{d}Z/\mathrm{d}H$ von der Größenordnung $(\omega\tau/n)^{5/6}$ ist.[1]) Die genaue Form der Resonanzlinien in Z oder dZ/dH kann mit Hilfe der Formeln (7.51), (7.52) und (7.46) gefunden werden.

Des weiteren ist die Lage der Querschnitte mit Extremalmassen von Interesse. Besitzt die FERMI-Fläche ein Symmetriezentrum, so hat der Zentralschnitt unbedingt eine extremale Masse (in Abb. 33 der Querschnitt C). Ferner können auch gewisse zufällige Querschnitte diese Eigenschaft besitzen. Schließlich trifft diese Eigenschaft auch auf die Punkte P und Q in Abbildung 33 zu, die man elliptische Grenzpunkte nennt (an diesen Punkten tangiert eine Ebene $p_z = \text{const}$ die FERMI-Fläche). Zum Beweis sei ein Querschnitt ganz in der Nähe von P, z. B. A, herausgegriffen, der die Linie $v_x = 0$ in den Punkten 1 und 2 schneidet. Diese Punkte entsprechen verschiedenen φ-Werten, gehören jedoch zu einem Querschnitt und haben folglich den gleichen Wert $m^* = (1/2\pi)\,\partial S/\partial\varepsilon$. Folglich entspricht ein bestimmter φ-Wert zwischen diesen Punkten einem Extremum von $\partial S/\partial\varepsilon$, nämlich offenbar der Punkt P.

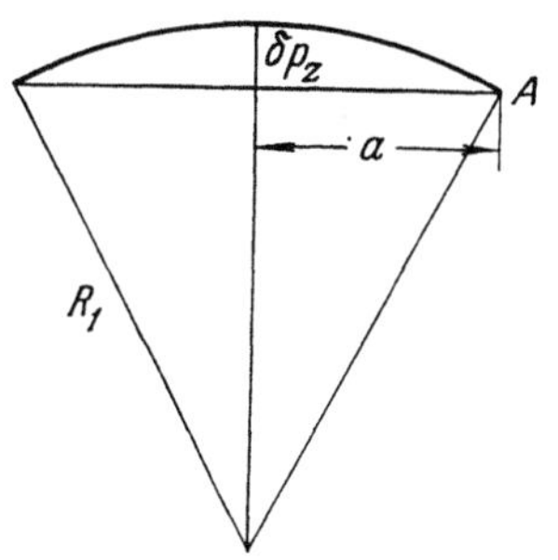

Abb. 34 Schnitt der FERMI-Fläche in Abb. 33 am elliptischen Grenzpunkt P in einer Hauptkrümmungsrichtung mit dem Krümmungsradius R_1. a ist die entsprechende Halbachse der Ellipsenbahn A im Abstand δp_z vom Grenzpunkt

Zur Berechnung von $\partial S/\partial\varepsilon$ am Punkt P wird wiederum ein in der Nähe von P liegender Querschnitt betrachtet, der eine Ellipse (Abb. 34) mit den Halbachsen

$$a = \sqrt{R_1^2 - (R_1 - \delta p_z)^2} \approx \sqrt{2R\delta p_z}\,, \qquad b \approx \sqrt{2R_2\delta p_z}$$

ist, wobei R_1 und R_2 die beiden Hauptkrümmungsradien der FERMI-Fläche sind. Die Querschnittsfläche ist

$$\delta S = \pi ab = 2\pi\sqrt{R_1R_2}\,\delta p_z = 2\pi(\delta p_z/\sqrt{K})\,. \tag{7.53}$$

Im Punkte P hat die Geschwindigkeit die Richtung von $\boldsymbol{H}$, das heißt, es ist $v_z = v = \partial\varepsilon/\partial p_z$, also

$$\delta p_z = \frac{\delta\varepsilon}{v} \quad \text{und} \quad \delta S = \frac{2\pi}{\sqrt{K}}\,\frac{\delta\varepsilon}{v}\,.$$

[1]) Dies gilt, solange $\omega\tau/n \gg 1$ ist. Im entgegengesetzten Grenzfall, z. B. für große n, nimmt die Amplitude der Piks nach dem Gesetz $\exp(-2\pi n/\omega\tau)$ ab.

Da $m^* = (1/2\pi)\, \partial S/\partial \varepsilon$, ist für die elliptischen Grenzpunkte

$$m^* = \frac{1}{v\sqrt{K}}\,. \tag{7.54}$$

Dabei tritt folgende Unklarheit auf. Wie groß ist der LARMOR-Radius, wenn die Geschwindigkeit im Punkt P parallel zum Magnetfeld liegt? Offenbar ist er in diesem Fall gleich Null, während alle Erscheinungen aber auf der Voraussetzung $r_L \gg \delta$ beruhen. Tatsächlich ist dies jedoch kein Widerspruch. In der Nähe des Grenzpunkts ist

$$\Omega = \Omega_0[1 + a(\varphi - \varphi_0)^2]\,,$$

wobei $a \sim 1$. In w tritt aber außer dem Realteil noch ein Imaginärteil $2\pi/\Omega\tau$ auf. Dieser bewirkt eine Verschmierung der Resonanz, ebenso wie die Beteiligung der zu P benachbarten Punkte an der Resonanz. Die Ausdehnung dieses Gebietes ist durch die Bedingung $(\omega/\Omega)\,(\varphi - \varphi_0)^2 \sim 1/\Omega\tau$ bzw.

$$|\varphi - \varphi_0| \sim 1/\sqrt{\omega\tau} \tag{7.55}$$

bestimmt. Andererseits ist der LARMOR-Radius offenbar $r_L \sim r_{L0}(\varphi - \varphi_0)$ (wobei r_{L0} ein gewisser Mittelwert für eine gegebene Fläche ist). Daher haben die an der Resonanz beteiligten LARMOR-Radien in der Nähe der Grenzpunkte die Größenordnung $r_L \sim r_{L0}(1/\sqrt{\omega\tau})$. Die Bedingung $r_L \gg \delta$ bedeutet

$$\sqrt{\omega\tau} \ll r_{L0}/\delta\,. \tag{7.56}$$

Für die Zyklotronresonanz muß zwar $\omega\tau \gg 1$ gelten, jedoch darf dieser Wert nicht zu groß sein. Andernfalls ist es unmöglich, eine Grenzpunktresonanz zu beobachten.

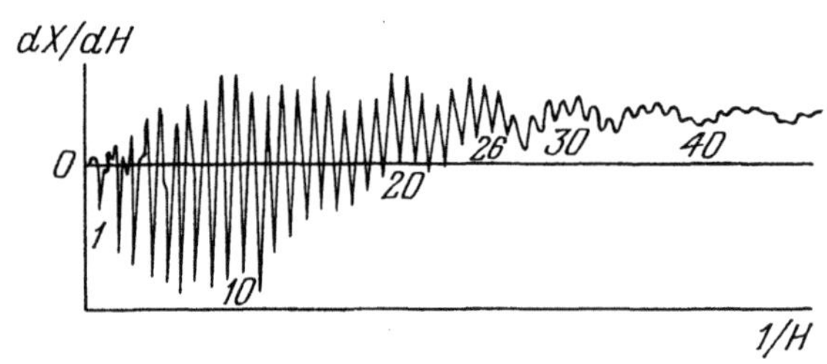

Abb. 35 Experimentelle Zyklotronresonanzkurve für Zinn. Der Imaginärteil der differentiellen Oberflächenimpedanz dX/dH zeigt als Funktion der reziproken Magnetfeldstärke $1/H$ zwei verschiedene Oszillationsperioden (nach [28])

Experimentell können bei der Zyklotronresonanz die verschiedenen Typen von Extremalmassen gut unterschieden werden. An den Grenzpunkten P und Q in Abbildung 33 hat die Elektronengeschwindigkeit die Richtung des Magnetfeldes $\boldsymbol{H}$. Da die Wechselwirkung mit dem elektrischen Feld durch $e\boldsymbol{vE}$ ausgedrückt wird, muß die Grenzpunktresonanz verschwinden, wenn $\boldsymbol{E}$ senkrecht zum konstanten Magnetfeld ist (die Welle fällt senkrecht auf die Metalloberfläche, so daß $\boldsymbol{E}$ in der Oberflächenebene liegt).

Sind die Extremalmassen mit dem Zentralschnitt C in Abbildung 33 verknüpft, so sind die hier wesentlichen Geschwindigkeiten an den Punkten 3 und 4 genau entgegengesetzt. Man kann daher eine Richtung des elektrischen Feldes finden, die senkrecht zu beiden Geschwindigkeiten liegt. In diesem Fall verschwindet die Resonanz, wobei die Geschwindigkeiten aber nicht die Richtung des konstanten Magnetfeldes haben.

Ist schließlich der für die Extremalmassen maßgebliche Querschnitt beliebig, dann liegen die Geschwindigkeiten an den beiden Schnittpunkten von $v_x = 0$ und $p_z = \text{const}$ nicht in der gleichen Richtung. Die Resonanz kann dann nicht verschwinden.

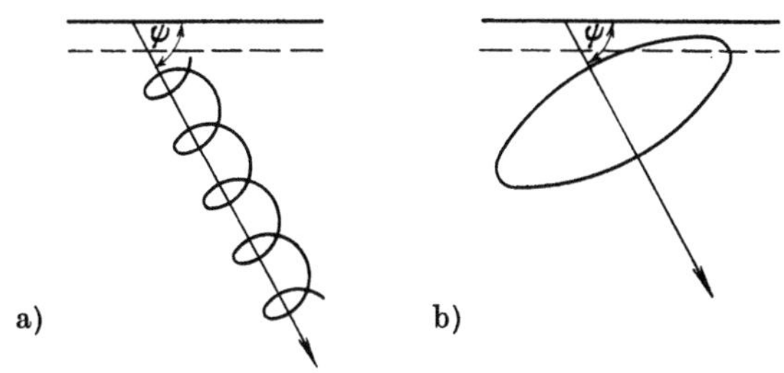

Abb. 36 Elektronenbahnen im Magnetfeld, das um den Winkel ψ zur Metalloberfläche geneigt ist. Die Spiralbahn (a) entspricht einem beliebigen Schnitt und die geschlossene Bahn (b) dem Zentralschnitt einer geschlossenen FERMI-Fläche

Wie bereits gesagt, ist es experimentell leichter, das Magnetfeld anstatt die Frequenz zu variieren. Schreibt man die Resonanzbedingung als

$$1/H = ne/m^*c\omega \,,$$

so sieht man, daß die Oberflächenimpedanz als Funktion von $1/H$ periodisch sein muß (in Abbildung 35 sind zwei Perioden zu erkennen) [28]. Aus der Oszillationsperiode läßt sich m^* ermitteln.

Als nächstes werden einige für das Auftreten der Zyklotronresonanz notwendige Bedingungen betrachtet. Zunächst soll die Grenze der möglichen Neigung des äußeren Magnetfeldes zur Metalloberfläche bestimmt werden. Damit nach Abbildung 36a Resonanz auftritt, muß das Elektron mindestens zweimal in die Skinschicht eintauchen. Die Periode ist $2\pi r_L/v$. Ist die mittlere Geschwindigkeit in Feldrichtung ebenfalls von der Größenordnung v, so bewegt sich das Elektron in x-Richtung mit einer Geschwindigkeit $v\psi$. Im Verlauf einer Periode ist seine Verschiebung in x-Richtung $(2\pi r_L/v)\, v\psi$. Diese muß kleiner als δ sein, also

$$\psi < \delta/2\pi r_L \,. \tag{7.57}$$

Diese Bedingung ist für übliche Metalle bei Feldern um 10^4 Oe für $\psi < 1°$ erfüllt.

Da an den Grenzpunkten $r_L/v_\perp \sim r_{L0}/v$, ist die Bedingung (7.57) auch für diese erfüllt.

Ein Spezialfall liegt bei Zentralschnitten vor. Hier ist die mittlere Elektronengeschwindigkeit in Magnetfeldrichtung Null. Daher ist die Elektronenbahn nicht spiralförmig, sondern geschlossen (Abb. 36b). Die Bedingung für das Auftreten der Resonanz ist hierbei nicht so streng wie im allgemeinen Fall. Man kann sie auf folgende Weise finden. Obwohl auf dem Zentralschnitt selbst $v_z = 0$ ist, beteiligt sich an der Resonanz, wie vorher gezeigt, eine gewisse Umgebung des Zentralquerschnittes. Diese Umgebung ermittelt sich aus den gleichen Überlegungen wie bei den Grenzpunkten, das heißt, sie genügt der Beziehung (7.55). Es ist leicht einzusehen, daß die mittlere Geschwindigkeit v_z bei einem bestimmten $\varphi - \varphi_0$ von der Größenordnung $v(\varphi - \varphi_0)$, das heißt $v/\sqrt{\omega\tau}$ ist. Schließt man analog zur Herleitung von Formel (7.57) weiter, so findet man

$$\psi \ll \delta \sqrt{\omega\tau}/2\pi r_L \,. \tag{7.58}$$

Eine weitere unbedingt einzuhaltende Bedingung besteht darin, daß im Verlauf der Bewegung des Elektrons in der Skinschicht das elektrische Feld konstant bleiben muß. Die Länge dieses Bahnabschnittes ist $2\sqrt{2r_L\delta/\cos\psi}$. Die entsprechende Laufzeit $2\sqrt{2r_L\delta/\cos\psi}/v$ muß kleiner als $T = 1/\nu = 2\pi/\omega$ sein. Da $r_L \sim v/\Omega \sim vn/\omega$, folgt

$$\cos\psi \gg \delta\nu n/v \sim \delta n^2/r_L \,. \tag{7.59}$$

Grundsätzlich muß noch eine weitere Bedingung erfüllt sein: der Bahnbogen in der Skinschicht muß sehr viel kleiner als die gesamte Bahnlänge sein. Diese Bedingung ist $\cos\psi \gg \delta/r_L \sim \delta\nu/vn$, das heißt schwächer als (7.59).

Bezüglich des Exponentialfaktors $e^{-2\pi/\Omega\tau}$ ist folgendes zu bemerken. An der Resonanzstelle ist $\Omega = \omega/n$, so daß dieser Faktor gleich $e^{-2\pi n/\omega\tau} = e^{-n/\nu\tau}$ ist. Bleibt ω konstant, so verkleinert er sich mit zunehmendem n, das heißt, bei gegebenem $\nu\tau$ kann man Resonanzen mit Werten für n beobachten, die kleiner als $\nu\tau$ sind. Das bedeutet, daß zur Beobachtung einer großen Anzahl von Resonanzen große τ erforderlich sind. Für eine Frequenz von $\nu = 10^{10}$ Hz gibt diese Bedingung $10^{10}\tau \sim 10^{10} l/v \sim 10^2 l \gg 1$ (da v bei den meisten Metallen von der Größenordnung 10^8 cm s^{-1} ist). Es muß also $l \gg 10^{-2}$ cm bzw. die Störstellenkonzentration $c_i \ll 10^{-4}$ sein. Die Forderung nach Konstanz des elektrischen Feldes während des Aufenthalts des Elektrons in der Skinschicht beinhaltet eine absolute Begrenzung der Zahl der Resonanzen. Nimmt man in (7.59) $\cos\psi \sim 1$ an, so folgt

$$n < v/\delta\nu \,.$$

Für $\nu \sim 10^{10}$ Hz und $\delta \sim 10^{-4}$ cm ist demnach $n < 10^2$.

8. Größeneffekte [1])

8.1. Abbruch der Zyklotronresonanzbahnen

Im weiteren werden einige Erscheinungen betrachtet, die an dünnen Metallschichten in variablen und konstanten Feldern auftreten. Es gibt eine Vielzahl solcher Erscheinungen unterschiedlicher Natur; sie alle aber bilden die besondere Gruppe der sogenannten Größeneffekte.

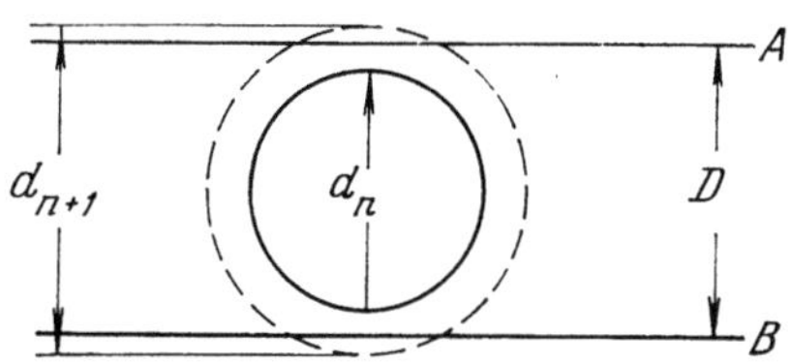

Abb. 37 Abbruch einer Zyklotronresonanzbahn in einem Metallplättchen der Dicke D. Im Gegensatz zur Bahn (———) mit dem Durchmesser $d_n < D$ ergibt die Bahn (— — —) mit dem Durchmesser $d_{n+1} > D$ keine Zyklotronresonanz bei diffuser Streuung der Elektronen an der Oberfläche

Einer dieser Effekte hängt eng mit der Zyklotronresonanz zusammen (Kaner 1958 [27]); zur Illustration dient Abbildung 37. Integriert man die eine der Gleichungen (5.4)

$$\frac{\mathrm{d}p_y}{\mathrm{d}t} = - v_x \frac{e}{c} H$$

über t in den Grenzen von $t = 0$, wenn sich das Elektron in minimalem Abstand von der Oberfläche A (in diesem Punkt ist natürlich $v_x = 0$) befindet, bis $t = t'$, wenn das Elektron der Grenzfläche B am nächsten ist (wieder gilt $v_x = 0$), so erhält man

$$p_y(t') - p_y(0) = - \frac{e}{c} H \int_0^{t'} v_x \,\mathrm{d}t\,.$$

[1]) Anmerkung des Herausgebers: Diese Effekte werden auch wie in der englischen Literatur als Size-Effekte bezeichnet.

Das Integral auf der rechten Seite ist aber einfach die Verschiebung des Elektrons in der x-Richtung, das heißt der Durchmesser der Bahn d. Folglich gilt

$$p_y(t') - p_y(0) = -\frac{eH}{c} d\,. \tag{8.1}$$

Unter der Annahme, daß es sich um eine Zyklotronresonanzbahn handelt, ergibt sich wegen der Beziehung (7.48) für beliebiges n

$$p_y(t') - p_y(0) = -(m^*\omega/n)\, d_n\,. \tag{8.2}$$

Im vorigen Kapitel wurde gezeigt, daß jedes n einer Resonanz entspricht. Nach (8.3) muß der Bahndurchmesser mit wachsendem n zunehmen. Folglich existiert ein gewisses größtes n, für das der Durchmesser d_n kleiner als die Plättchendicke D und der Durchmesser der nächsten Ordnung d_{n+1} bereits größer als D ist. Daher erreichen Elektronen mit Bahndurchmessern d_{n+m} mit $m > 1$ bereits die Probengrenzen und tragen nicht zur Resonanz bei.

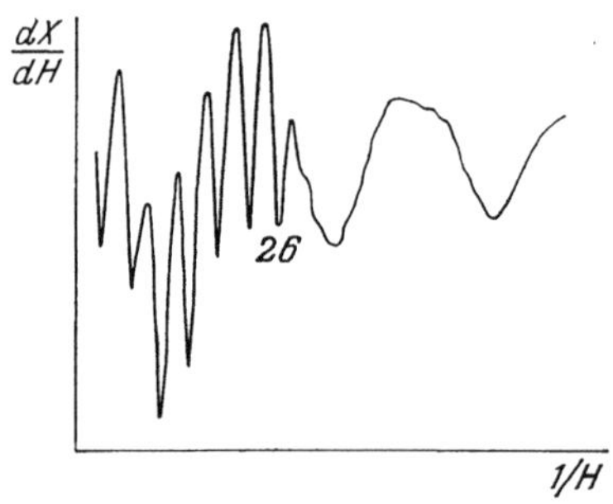

Abb. 38 Experimentelle Zyklotronresonanzkurve für ein Zinnplättchen. Im Imaginärteil der differentiellen Oberflächenimpedanz $\mathrm{d}X/\mathrm{d}H$ als Funktion der reziproken Magnetfeldstärke $1/H$ fehlen die Zyklotronresonanzen der Ordnung $n > 26$ (nach [28])

Anstelle der in Abbildung 35 dargestellten Kurve erhält man in diesem Falle die in Abbildung 38 gezeigte Abhängigkeit [28].[1]) Stellt man die Nummer des letzten beobachtbaren Piks fest und setzt in (8.2) $d_n = D$, findet man den Wert

[1]) Das plötzliche Verschwinden der einen Harmonischen in Abbildung 38 zeugt von der diffusen Reflexion der Elektronen an der Oberfläche. Das ist vom Standpunkt der Überlegungen, die in der Fußnote auf Seite 127 angeführt wurden, vollkommen verständlich. Wenn die n-te Bahn die letzte ist, die in der Probe noch Platz hat, so führt die $n + 1$-te unter einem Winkel $\varphi \sim 1/\sqrt{n}$ zur Oberfläche. Das führt zu einer Unbestimmtheit des Impulses von der Größenordnung $1/\sqrt{n}$ und folglich zu derselben Unbestimmtheit des LARMOR-Radius. Zur Beobachtbarkeit der Resonanz ist es aber nötig, daß sich die Harmonischen nicht überlappen, das heißt $\Delta r_L/r_L < 1/n$. Folglich kann die $n + 1$-te Bahn keine Resonanzbahn sein.

der Größe $p_y(t') - p_y(0)$. Wenn die Resonanz durch einen Zentralquerschnitt der FERMI-Fläche hervorgerufen wird, so ist offenbar $t' = T/2$, wobei T die Periode bedeutet und $p_y(T/2) = - p_y(0)$ gilt. In diesem Falle ergibt sich aus (8.2)

$$p_y(0) = (m^*\omega/2n)\, d_n \,. \tag{8.3}$$

Mit Hilfe dieser Methode kann man daher den FERMI-Impuls messen. Das ist die p_y-Koordinate desjenigen Punktes der FERMI-Fläche, wo der Zentralschnitt $p_z = 0$ die Linie $v_x = 0$ schneidet. Die Genauigkeit dieser Messung hängt von der Zahl n ab, bei der die Resonanzen verschwinden. Wegen $d_n < D < d_{n+1}$ ist der maximale Fehler gleich $1/n$, und man muß daher solche Bedingungen realisieren, die ein möglichst großes n garantieren. Nach (8.3) ist das für hinreichend hohe Frequenzen der Fall. In reinen Zinnkristallen gelang es, Werte von $n \approx 25-30$ zu erreichen.

Kürzlich wurde festgestellt, daß in dünnen Schichten ein besonderer Typ von Zyklotronresonanz beobachtet werden kann, der auch vom Standpunkt der Untersuchung des Elektronenspektrums von Interesse ist. Dabei handelt es sich um Zyklotronresonanz an nichtextremalen Bahnen (WOLODIN, CHAIKIN, EDELMAN 1973 [84]). Man stelle sich vor, daß das Abschneiden der $(n + 1)$-ten Bahn beobachtet wird, die mit einem Zentralquerschnitt der FERMI-Fläche mit maximalem p_y verknüpft ist. Die anderen Querschnitte haben kleinere p_y und folglich auch kleinere Bahndurchmesser. Durch Änderung von p_z gelangt man, ausgehend vom Zentralquerschnitt, zu einem beliebigen anderen Querschnitt, für den die Beziehung

$$p_y(t') - p_y(0) = - [m^*\omega/(n + 1)]\, D$$

gilt. Bei vorgegebener Frequenz ist das ein vollständig bestimmter Querschnitt. Er hat die besondere Eigenschaft, daß alle dem Zentralquerschnitt näher gelegenen Querschnitte nicht an der $(n + 1)$-ten Resonanz teilnehmen können, während alle weiter entfernten bereits daran teilnehmen können. Deshalb muß in der Impedanz für

$$H = \frac{m^* c \omega}{(n + 1)\, e}$$

eine Besonderheit erscheinen. Dem nächsten derartigen Querschnitt entspricht eine analoge Formel mit $n + 2$ und so weiter.

Diese Erscheinung ist experimentell beobachtet worden [84], wobei die Amplitude der entsprechenden Maxima der Kurve $\mathrm{d}R/\mathrm{d}H$ eine Größenordnung kleiner als bei Resonanz am Zentralquerschnitt war. Dennoch ist der Effekt beobachtbar und stellt bisher den einzigen Effekt dar, mit dessen Hilfe die Abhängigkeit der Masse m^* von p_z unmittelbar gemessen werden kann. Es sei darauf hingewiesen, daß außer im Fall konstanter Masse (d. h. eines quadratischen Spektrums vom Typ $\varepsilon = \alpha_{ik} p_i p_k$) jeder derartigen Resonanz ein eigener Wert m^* entspricht, so daß es keinerlei Periodizität der Maxima in $1/H$ wie bei Resonanz an Extremalquerschnitten gibt.

8.2. Innere Hochfrequenzfeldschichten bei Zyklotronresonanz

Wie schon erwähnt, dringt ein hochfrequentes Feld bis zu einer bestimmten Tiefe δ in das Metall ein. Bei Anwesenheit eines Magnetfeldes jedoch existieren im Innern eines Metalles Schichten, in denen das hochfrequente Feld ebenfalls von Null verschieden ist (ASBEL 1960 [29]).

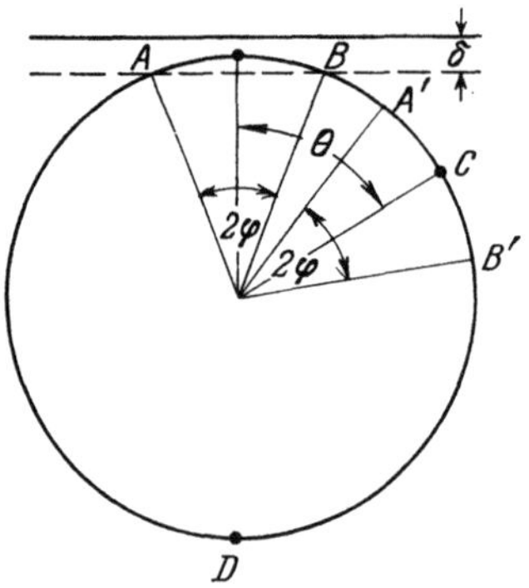

Abb. 39 Bahn eines Elektrons, das innerhalb der Skintiefe δ auf dem Bogen AB beschleunigt wird, auf dem gleichlangen Bogen $A'B'$ außerhalb der Skinschicht wenig zur Stromdichte beiträgt und in der Umgebung des Punktes D erneut eine große Stromdichte ergibt

In Abbildung 39 ist eine Elektronenbahn dargestellt, die in die Skinschicht des Metalles führt. Die Bogenlänge AB ist von der Größenordnung $r_L\varphi$ oder $\sqrt{r_L\delta}$. Mit J als Gesamtstrom durch die Skinschicht wird die Stromdichte gleich $j = J/\delta$. Die Geschwindigkeitskomponente des Elektrons in Richtung der Oberfläche v_y ist in einem beliebigen Punkt C gleich $v \cos \Theta$, und die y-Komponente des Gesamtstromes ist proportional zu $J \cos \Theta$. Dieser Strom verteilt sich längs des Bogens $A'B'$ derselben Länge wie früher, nur beträgt dessen Projektion auf die x-Achse jetzt $\sqrt{r_L\delta} \sin \Theta$. Daher ist die Stromdichte jetzt $J \cos \Theta/\sqrt{r_L\delta} \sin \Theta$, das heißt bei mittleren Winkeln Θ um $\sqrt{\delta/r_L}$ mal kleiner als in der Skinschicht. Im Punkte D der Bahn ergibt sich dann erneut eine große Stromdichte.

Bisher bezogen sich alle Überlegungen auf eine einzige Elektronenbahn; tatsächlich aber existieren verschiedene Bahnen mit verschiedenen Durchmessern. Für den Fall freier Elektronen ergeben sie sich zu $cp_\perp/eH = (c/eH) \sqrt{2m\varepsilon - p_z^2}$. Die Abbildung 40 zeigt daher die tatsächlichen Verhältnisse. In beliebiger Entfernung von der Oberfläche beträgt die Dichte der „zum Strom beitragenden" Elektronen zumindest den δ/r_L-ten Teil des Wertes in der Skinschicht.

Dieser Mangel läßt sich im Falle der Zyklotronresonanz beheben. Bekanntlich nehmen an der Zyklotronresonanz Elektronen mit Frequenzen teil, die den Extremalwerten nahe sind. Es gilt folgende Bedingung:

$$|\omega - n\Omega| \sim 1/\tau .$$

Da Ω nahe dem Extremalwert ist, ergibt sich

$$\Omega \approx \Omega_0 + \frac{1}{2} \frac{\partial^2 \Omega}{\partial p_z^2} (\Delta p_z)^2$$

(Grenzpunkte, für die $\delta\Omega \sim \delta p_z$ gilt, werden hier nicht betrachtet). Da größenordnungsmäßig $\partial^2\Omega/\partial p_z^2 \sim \Omega/p_0^2$ (p_0 mittlerer FERMI-Impuls) ist, erhält man

$$\frac{\omega}{p_0^2} (\Delta p_z)^2 \sim \frac{1}{\tau} \quad \text{oder} \quad \Delta p_z \sim p_0/\sqrt{\omega\tau}\,.$$

Im weiteren werden zwei verschiedene Fälle untersucht.

1. *Zentralschnitte.* Hierbei wird nicht nur $\partial S/\partial \varepsilon$ extremal, sondern auch der Bahndurchmesser. Folglich wird

$$d = d_0 + \frac{1}{2} (\Delta p_z)^2 \frac{\partial^2 d}{\partial p_z^2}\,.$$

Da $\partial^2 d/\partial p_z^2 \sim d_0/p_0^2$, erhält man

$$\Delta d \sim (\Delta p_z)^2 \frac{d_0}{p_0^2} \sim \frac{p_0^2}{\omega\tau} \frac{d_0}{p_0^2} \sim \frac{d_0}{\omega\tau}\,.$$

Da bekanntlich $d_0 \sim r_L \sim v/\Omega \sim nv/\omega$ ist, wird der Variationsbereich des Bahndurchmessers $\Delta d \sim nv/\omega^2\tau$. Damit das elektrische Feld aus dem Gebiet AB zu

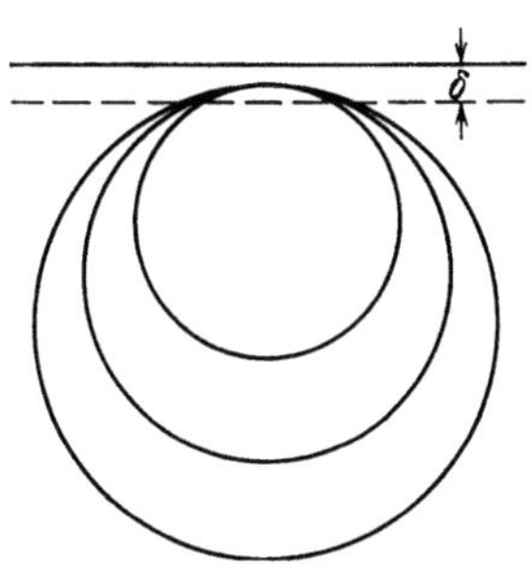

Abb. 40 Verschiedene Elektronenbahnen, die zum Strom in der Skinschicht beitragen

dem tiefer liegenden Punkt D in Abbildung 39 übertragen werden kann, muß die Bedingung $\Delta d < \delta$ erfüllt sein, das heißt, es muß

$$\omega\tau > d_0/\delta \sim r_L/\delta \tag{8.4}$$

gelten. Oben wurde gezeigt, daß für das Auftreten der Resonanz $\omega\tau \gg 1$ notwendig ist. Die Bedingung (8.4) ist eine weitaus schärfere Forderung, die aber trotzdem praktisch noch realisiert werden kann.

2. *Nichtzentrale Schnitte mit extremalem $\partial S/\partial\varepsilon$.* Hierbei gilt

$$\Delta d \sim \Delta p_z d_0/p_0 \sim d_0/\sqrt{\omega\tau}\,.$$

Die Bedingung $\Delta d < \delta$ liefert in diesem Falle ($d_0 \sim r_L$)

$$\omega\tau \gg (r_L/\delta)^2 \,. \tag{8.5}$$

Diese Forderung läßt sich experimentell nur sehr schwer realisieren.

Folglich können nur Resonanzen der Zentralschnitte zur Übertragung des hochfrequenten Feldes ins Metallinnere führen. Dabei entsteht in einer Entfernung d_{extr} von der Oberfläche eine Schicht der Dicke δ, in der sich das Hochfrequenzfeld ausbildet, das amplitudenmäßig mit dem Feld in der Skinschicht vergleichbar ist. Dieses Feld wiederum führt seinerseits zur Entstehung eines weiteren Feldes in einem Abstand $2d_{extr}$ usw. Die exakte Berechnung ergibt den in Abbildung 41 dargestellten Verlauf der Amplituden von E und j im Innern des Metalles.

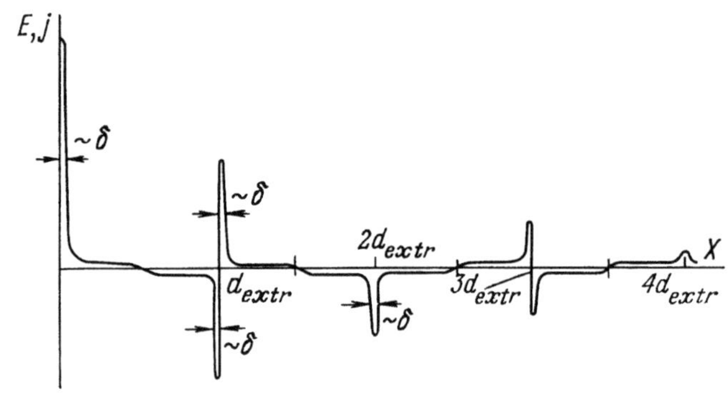

Abb. 41 Amplituden des elektrischen Feldes E und der Stromdichte j als Funktion des Abstandes x von der Metalloberfläche bei Zyklotronresonanz an einem Zentralschnitt der FERMI-Fläche. d_{extr} ist der entsprechende Bahndurchmesser und δ die Skintiefe (nach [29])

Die Ausbildung solcher Feldschichten kann an dünnen Plättchen experimentell beobachtet werden. Man hat Besonderheiten im Verlauf der Oberflächenimpedanz zu erwarten, wenn eine der zusätzlichen „Skinschichten" die gegenüberliegende Oberfläche des Plättchens erreicht. Bei gegebener Frequenz tritt die Resonanz bei bestimmten Magnetfeldwerten auf, das heißt bei bestimmten Abmessungen der Resonanzbahnen. Die Durchmesser dieser Bahnen unterscheiden sich allgemein von der Dicke des Plättchens. Zur Beobachtung sekundärer Skinschichten hat man entweder bei Änderung der Frequenz des Wechselfeldes die Durchmesser der Resonanzbahnen zu variieren und sie der Schichtdicke anzugleichen oder die Schichtdicke zu verändern. Beide Möglichkeiten sind experimentell schwer zu verwirklichen.

Dieselben Parameter des elektronischen Spektrums kann man jedoch mit Hilfe nichtresonanter Größeneffekte bei alleiniger Änderung des Magnetfeldes erhalten. Diese Effekte werden in den nächsten Abschnitten behandelt.

8.3. Nichtresonanter Größeneffekt

Gleichung (8.1) läßt sich auch auf nichtresonante Bahnen anwenden. Wenn der Bahndurchmesser größer als die Schichtdicke ist, so wird das Elektron diffus an der Oberfläche gestreut und „weiß" nichts mehr über seine vorhergehende Bewegung. Vergrößert man jedoch das äußere Feld, so verkleinert sich der Bahndurchmesser und wird schließlich kleiner als die Dicke des Plättchens. Wenn es sich dabei um einen extremalen Durchmesser handelt, so muß bei einem entsprechenden Feldwert eine Besonderheit in der Oberflächenimpedanz auftreten. (GANTMACHER 1962 [30]). Ausführliche Berechnungen ergeben, daß die Ableitung $\mathrm{d}Z/\mathrm{d}H$ bei diesem Feldwert ein Extremum besitzt. Man beachte, daß dieser Effekt kein Resonanzphänomen ist und daher die Lage der Besonderheit nicht von der Frequenz des Wechselfeldes (im Radiofrequenzbereich, Anm. d. Hrsg.) abhängt.

Die Natur dieser Erscheinung wird klar, wenn man analoge Überlegungen wie im vorigen Abschnitt anstellt. Für eine extremale Bahn gilt

$$\Delta d \sim \frac{1}{2} (\Delta p_z)^2 \frac{\partial^2 d}{\partial p_z^2} \sim (\Delta p_z)^2 \frac{d_0}{p_0^2}.$$

Falls $\Delta d \lessgtr \delta$, so gelangt das hochfrequente Feld ins Metallinnere, und es bildet sich eine zusätzliche „Skinschicht" im Abstand d_{extr} aus. Hier ergibt sich jedoch

$$\Delta p_z < p_0 \sqrt{\delta/r_{\mathrm{L}}}\,.$$

Folglich ist nur ein kleiner Teil der Elektronen (mit Bahnen nahe der extremalen) an diesem Effekt beteiligt. Daher beträgt die Stromdichte im Abstand d_{extr} im Metallinneren den $\sqrt{\delta/r_{\mathrm{L}}}$-ten Teil der Stromdichte in der Skinschicht. Trotzdem ist sie größer als die Stromdichte in anderen Abständen von der Skinschicht, da sie dort mindestens um δ/r_{L}-mal kleiner ist als in der Skinschicht.

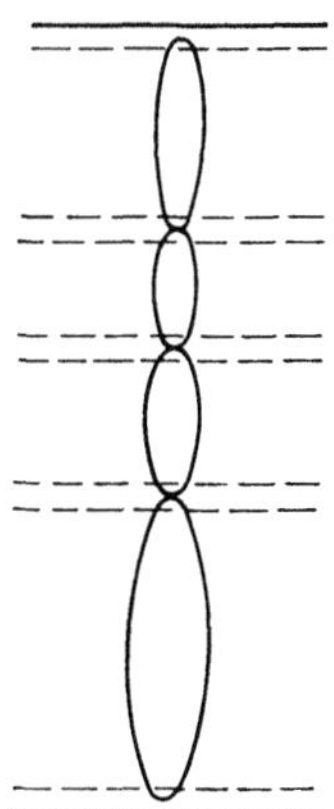

Abb. 42 Feldschichten durch Bahnen mit verschiedenen Extremaldurchmessern, die zu einem nichtresonanten Größeneffekt führen

Wenn die Probendicke hinreichend groß ist, führt die Existenz einer Schicht mit einem hochfrequenten Feld im Metall zur Ausbildung einer weiteren Schicht im Abstand $2d_{\text{extr}}$ und so weiter. Falls es mehrere Extremaldurchmesser gibt, führt die sekundäre Skinschicht des Feldes, die durch einen dieser Durchmesser bedingt wird, zur Entstehung einer zweiten, die durch ein anderes d_{extr} verursacht wird. Folglich befindet sich die zweite induzierte Feldschicht in einem Abstand $d_{\text{extr}}^{(1)} + d_{\text{extr}}^{(2)}$. Allgemein können beliebige Kombinationen verschiedener d_{extr} vorkommen, und die induzierten Feldschichten entstehen in allen Abständen $\sum n_i d_{\text{extr}}^{(i)}$ (Abb. 42). Da jedoch die Stromdichte in jeder induzierten Schicht um den Faktor $\sqrt{\delta/r_{\text{L}}}$ kleiner ist als in der vorhergehenden Schicht, so ist die Stromamplitude von der Größenordnung

$$(\delta/r_{\text{L}})^{\sum_i n_i/2} . \tag{8.6}$$

Wenn eine von diesen induzierten Schichten die gegenüberliegende Oberfläche des Plättchens erreicht, führt die Existenz des Hochfrequenzstromes zur Ausstrahlung eines elektromagnetischen Feldes. Mit anderen Worten, das Plättchen besitzt dann eine höhere Durchlässigkeit für die einfallende elektromagnetische Welle. Diese Erhöhung der Transmission zeigt sich als Besonderheit der

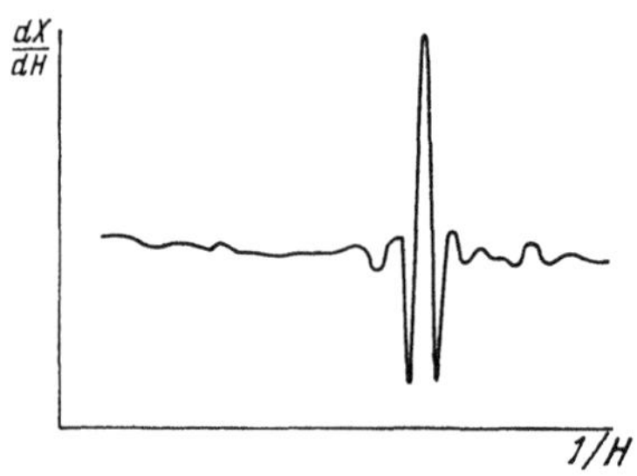

Abb. 43 Experimentelle Radiofrequenz-Größeneffektkurve für ein Zinnplättchen im zur Oberfläche parallelen Magnetfeld. Der Imaginärteil der differentiellen Oberflächenimpedanz $\mathrm{d}X/\mathrm{d}H$ zeigt als Funktion der Magnetfeldstärke H den nichtresonanten Größeneffekt (nach [30])

Oberflächenimpedanz (Extremum von $\mathrm{d}Z/\mathrm{d}H$, Abb. 43) bei entsprechenden Werten des konstanten Magnetfeldes. Nach (8.1) gilt für das Auftreten einer Besonderheit der Oberflächenimpedanz

$$\sum_i n_i [p_y(t') - p_y(0)]_{\text{extr}}^{(i)} = -\frac{eH}{c} D . \tag{8.7}$$

Die Stärke der Besonderheit hängt von ihrer Ordnung gemäß der Relation (8.6) ab.

Die beschriebene Methode erwies sich als außerordentlich effektiv für eine direkte Bestimmung des FERMI-Impulses; sie ist natürlich nur dann anwendbar, wenn die mittlere freie Weglänge größer als die Probendicke oder zumindest von derselben Größenordnung ist.

8.4. Nichtresonanter Größeneffekt im geneigten Feld

Es gibt einen weiteren Größeneffekt desselben Typs wie den in Abschnitt 8.3. betrachteten; nur nimmt die Amplitude nicht so stark mit der Ordnung der Besonderheit ab. Dieser Effekt tritt im geneigten Feld auf und hängt mit den Zentralschnitten der FERMI-Fläche zusammen (KANER 1963 [31]).

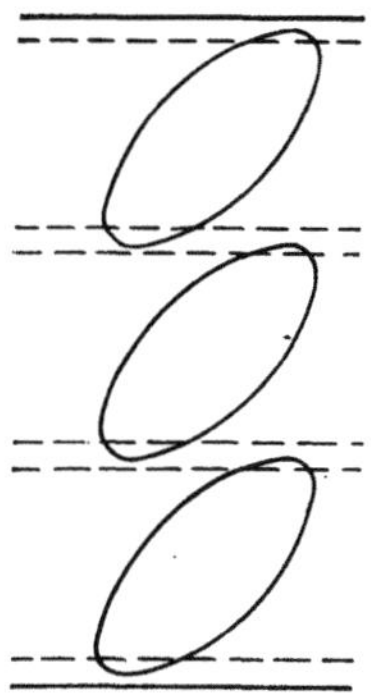

Abb. 44 Feldschichten durch Elektronenbahnen, die dem Zentralschnitt einer geschlossenen FERMI-Fläche entsprechen (Abb. 36b) und zum nichtresonanten Größeneffekt in einem zur Metalloberfläche geneigten Magnetfeld führen

Aus Abbildung 36 ist ersichtlich, daß für einen Zentralschnitt die mittlere Geschwindigkeit in Richtung des Magnetfeldes $\bar{v}_z = 0$ ist. Alle übrigen Elektronen bewegen sich auf Spiralbahnen und bleiben nicht in der Skinschicht. In der Nähe eines Zentralschnittes gibt es eine Gruppe von Elektronen, die während ihrer gesamten freien Flugzeit innerhalb der Skinschicht sind und für die offenbar $v_z\tau \sin\psi < \delta$ bzw. $v_z < \delta/(\tau \sin\psi)$ gilt. Die relative Anzahl solcher Elektronen beträgt $n/n_0 \sim v_z/v \sim \delta/(\tau v \sin\psi)$. Ihr Beitrag zur Leitfähigkeit jedoch erweist sich wegen des mehrfachen Umlaufes in der Skinschicht um $\Omega\tau$ mal größer als der Beitrag der entsprechenden Anzahl von Elektronen, die nicht mehrmals in die Skinschicht gelangen. Daher ist die effektive Leitfähigkeit dieser Elektronen von der Größenordnung

$$\sigma \frac{n}{n_0} \Omega\tau \sim \sigma \frac{\delta\Omega}{v \sin\psi} \sim \sigma \frac{\delta}{r_\mathrm{L} \sin\psi}.$$

Wenn $\sin\psi < \delta/r_\mathrm{L}$ gilt, wird die Leitfähigkeit im wesentlichen durch diese Elektronen bestimmt.

Andererseits ist die Verschmierung der Bahndurchmesser für Elektronen in der Nähe eines Zentralschnittes von der Größenordnung

$$\Delta d \approx d_0 \left(\frac{p_z}{p_0}\right)^2 \approx d_0 \left(\frac{v_z}{v}\right)^2 \approx d_0 \left(\frac{\delta}{l \sin\psi}\right)^2.$$

Wenn diese Größe kleiner als δ wird, so reproduziert sich die Skinschicht im Metallinneren, das heißt, es treten induzierte Feld- und Stromschichten auf (Abb. 44). Folglich ergibt sich als notwendige Bedingung

$$r_L(\delta/l \sin\psi)^2 < \delta$$

oder zusammen mit der vorigen Ungleichung

$$\sqrt{r_L\delta}/l < \sin\psi < \delta/r_L\,. \tag{8.8}$$

Wenn die Probe die Form eines Plättchens hat, so kann man, wie auch im vorhergehenden Fall, durch Änderung des Magnetfeldes erreichen, daß eine der induzierten Feldschichten die gegenüberliegende Seite des Plättchens trifft. Das führt zu einer Besonderheit der Oberflächenimpedanz (Extremum von dZ/dH). Die Stelle der Besonderheit bestimmt sich aus der Bedingung

$$np_y(0) = (eH/2c)\,(D/\cos\psi)\,. \tag{8.9}$$

Im Gegensatz zum Größeneffekt im parallelen Feld nimmt der Strom in den zusätzlichen Skinschichten im Vergleich zum Strom in der primären Schicht nicht merkbar ab. Daher ändert sich die Stärke der Besonderheit auch nur wenig mit der Ordnung.

8.5. Sondheimer-Effekt

Dieser Effekt äußert sich im Verlauf sowohl der statischen Leitfähigkeit als auch der Hochfrequenzimpedanz. Zur Untersuchung der statischen Leitfähigkeit (Sondheimer 1950 [32]) betrachtet man wieder ein Plättchen in einem Magnetfeld, das unter einem Winkel ψ zur Oberfläche gerichtet ist. Das Elektron bewegt

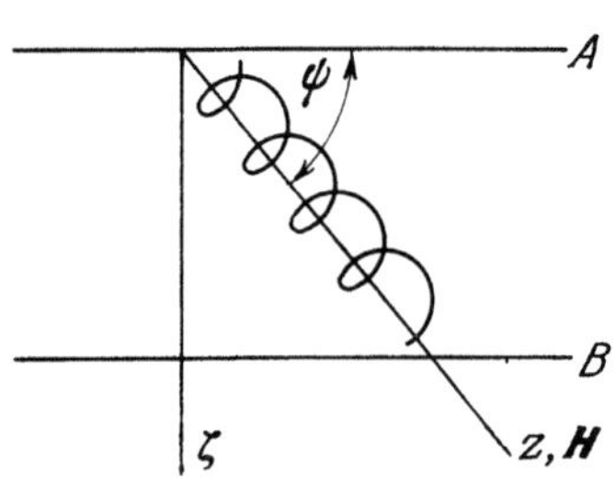

Abb. 45 Spiralförmige Elektronenbahn in einem Metallplättchen, die zum Sondheimer-Effekt führt. Das Magnetfeld $\boldsymbol{H}$ ist um den Winkel ψ zu den Oberflächen A und B geneigt

sich auf einer spiralförmigen Trajektorie (Abb. 45). Mit $\bar{v}_z$ als mittlerer Geschwindigkeit des Elektrons in z-Richtung ergibt sich für die mittlere Geschwindigkeit senkrecht zur Oberfläche

$$v_\zeta = \bar{v}_z \sin\psi\,.$$

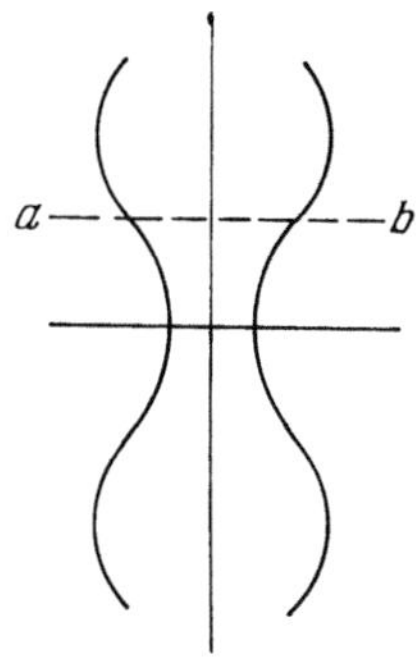

Abb. 46 Querschnitt $a-b$ einer FERMI-Fläche, für den die Änderung der Querschnittsfläche $\partial S/\partial p_z$ extremal ist und der die Periode der SONDHEIMER-Oszillationen bestimmt

Man nimmt nun an, daß sich das Elektron in einem Zeitintervall bewegt, das gleich einem ganzzahligen Vielfachen der Periode ist:

$$t = nT = (2\pi m^* c/eH)\, n\,.$$

Es kann der Fall eintreten, daß im Verlaufe dieser Zeit das Elektron gerade den Abstand zwischen den Oberflächen des Plättchens durchläuft. Die entsprechende Bedingung nimmt die Form

$$v_\zeta t = (2\pi m^* c/eH)\, n v_\zeta = D$$

an. Hieraus folgt

$$H = \frac{2\pi n c m^* v_\zeta}{eD} = \frac{2\pi n c m^* \bar{v}_z \sin \psi}{eD}\,.$$

Daher kann man eine periodische Abhängigkeit verschiedener Eigenschaften eines Metalles vom Magnetfeld erwarten. Die Größe $m^* \bar{v}_z$ hängt von p_z ab, und die Extremalwerte erweisen sich wiederum als die wesentlichen. Die Periode ist gleich

$$\Delta H = \frac{2\pi c \sin \psi}{eD} (m^* \bar{v}_z)_{\text{extr}}\,. \tag{8.10}$$

Betrachtet man nun die Größe $m^* \bar{v}_z$, so handelt es sich wegen $m^* = (1/2\pi)\,\partial S/\partial \varepsilon$ und $v_z = \partial \varepsilon/\partial p_z$ sowie $m^* \bar{v}_z = (1/2\,\pi)\,\partial S/\partial p_z$ offenbar um das Extremum von $\partial S/\partial p_z$ auf der FERMI-Fläche. Ein solches Extremum kann bei einem gewissen zufälligen Querschnitt entstehen, für den

$$\partial^2 S/\partial p_z^2 = 0$$

gilt (Abb. 46, Linie ab). In diesem Fall ergibt sich

$$\Delta H = \frac{c \sin \psi}{eD} \left(\frac{\partial S}{\partial p_z}\right)_{\text{extr}}\,. \tag{8.11}$$

Außerdem entsprechen Extremalwerte von $\partial S/\partial p_z$ elliptischen Grenzpunkten. Das sind einfach Randwerte, und im allgemeinen Falle gilt für Grenzpunkte $\partial^2 S/\partial p_z^2 \neq 0$. Entsprechend (7.53) hat man in diesen Punkten $\partial S/\partial p_z = 2\pi/\sqrt{K}$, wobei K die GAUSSsche Krümmung bedeutet. Folglich ergibt sich für die Oszillationsperiode

$$\Delta H = \frac{2\pi c}{eD} \frac{1}{\sqrt{K}} \sin\psi \,. \tag{8.12}$$

Es ist also möglich, experimentell die GAUSSsche Krümmung in den Grenzpunkten zu bestimmen. Vergleicht man die abgeleiteten Relationen mit Formel (7.54) für die Zyklotronmasse, so ist ersichtlich, daß man durch SONDHEIMER-Effekt und Zyklotronresonanz die FERMI-Geschwindigkeit in den Grenzpunkten bestimmen kann. Ändert man die Magnetfeldorientierung, kann man diese Geschwindigkeit fast für die gesamte FERMI-Fläche angeben.

Um die Größenordnung des oszillierenden Teils der Leitfähigkeit abzuschätzen, wird zur Vereinfachung angenommen, daß das Feld senkrecht zur Oberfläche gerichtet ist.

Für einen Querschnitt mit $\partial^2 S/\partial p_z^2 = 0$ sind solche Elektronen effektiv, die sich in einer gewissen kleinen Umgebung dieses Querschnittes befinden; diese Umgebung bestimmt sich aus der Bedingung, daß zwei benachbarte Oszillationsperioden nicht zusammenlaufen, das heißt $\Delta n < 1$. Dazu ist nach den vorhergehenden Überlegungen die Erfüllung der Ungleichung

$$\Delta(D/\bar{v}_z T) < 1 \tag{8.13}$$

notwendig. Die Größe $(\bar{v}_z T)^{-1}$ jedoch, die $(\partial S/\partial p_z)^{-1}$ proportional ist, besitzt im betrachteten Fall ein Extremum, und folglich ergibt sich

$$\Delta(\bar{v}_z T)^{-1} = \frac{1}{2} \frac{\partial^2}{\partial p_z^2} (\bar{v}_z T)^{-1} (\Delta p_z)^2 \sim \left(\frac{\Delta p_z}{p_0}\right)^2 \frac{1}{\bar{v}_z T} \sim \left(\frac{\Delta p_z}{p_0}\right)^2 \frac{1}{r_L},$$

wobei r_L der LARMOR-Radius ist. Daher bestimmt sich die Umgebung Δp_z aus der Bedingung

$$\Delta p_z \sim p_0 (r_L/D)^{1/2} \,.$$

Hieraus folgt, daß die effektive Anzahl der Elektronen, die Beiträge zum oszillierenden Teil des Stromes liefern, von der Größenordnung

$$n_{\text{eff}} \sim n_0 \frac{\Delta p_z}{p_z} \sim n_0 \left(\frac{r_L}{D}\right)^{1/2}$$

ist. Die Rolle der Zeit τ in der Leitfähigkeit spielt im vorliegenden Falle offenbar die Rotationsperiode, das heißt T. Außerdem muß man berücksichtigen, daß die Elektronen in der Plättchenebene eine endliche Bewegung vollführen; daher entsteht ein Strom auch nur deshalb, weil die Spiralwindungen am Ende offen bleiben. Das führt zum Auftreten eines weiteren Faktors $1/n \sim r_L/D$ im oszillierenden Teil der Leitfähigkeit[1]). Daher erhält man schließlich

$$\sigma_{\text{osz}} \sim \frac{n_{\text{eff}} e^2 \tau_{\text{eff}}}{m} \frac{r_{\text{L}}}{D} \sim \frac{n_0 e^2}{m} \left(\frac{r_{\text{L}}}{D}\right)^{1/2} T \frac{r_{\text{L}}}{D} \sim \sigma_0 \frac{1}{\Omega\tau} \left(\frac{r_{\text{L}}}{D}\right)^{3/2}, \tag{8.14}$$

wobei $\Omega = 2\pi/T$ (GUREWITSCH, 1958) [33]. Die Oszillationsamplitude hängt demnach von H wie $H^{-5/2}$ ab.

Führt man eine analoge Abschätzung für Grenzpunkte durch, so ergibt sich, da $(\bar{v}_z T)^{-1}$ ein Randextremum besitzt,

$$\Delta(\bar{v}_z T)^{-1} = \frac{\partial}{\partial p_z} (\bar{v}_z T)^{-1} \Delta p_z \sim \frac{\Delta p_z}{p_0} \frac{1}{r_{\text{L}}}.$$

Mit der Bedingung (8.13) folgt[2])

$$\Delta p_z / p_0 \sim r_{\text{L}}/D .$$

Die effektive Anzahl der Elektronen hängt anders von Δp_z ab als im vorigen Fall. Die Querschnittsfläche ist proportional dem Abstand Δp_z vom Grenzpunkt (s. (7.53)), und das entsprechende Volumen innerhalb der FERMI-Fläche ist proportional zu $(\Delta p_z)^2$, das heißt

$$n_{\text{eff}} \sim n_0 (\Delta p_z / p_0)^2 .$$

Die effektive Stoßzeit ist von der Größenordnung T. Der Faktor $1/n \sim r_{\text{L}}/D$ tritt wiederum auf, da der Beitrag zum Strom lediglich infolge der unvollständigen Randwindungen entsteht. Damit ergibt sich [33]:

$$\sigma_{\text{osz}} \sim \frac{n_{\text{eff}} e^2 \tau_{\text{eff}}}{m} \frac{r_{\text{L}}}{D} \sim \frac{n_0 e^2}{m} \left(\frac{r_{\text{L}}}{D}\right)^2 T \frac{r_{\text{L}}}{D} \sim \sigma_0 \frac{1}{\Omega\tau} \left(\frac{r_{\text{L}}}{D}\right)^3 . \tag{8.15}$$

Im vorliegenden Fall gilt also $\sigma_{\text{osz}}/\sigma_0 \sim H^{-4}$.

8.6. Driftfokussierung des Hochfrequenzfeldes

Aus den Formeln (8.14) und (8.15) folgt, daß der SONDHEIMER-Effekt nur eine kleine Korrektur der statischen Leitfähigkeit bewirkt. Analog verhält es sich mit der Oberflächenimpedanz. Im Falle eines hochfrequenten Feldes jedoch ruft die Drift der Elektronen längs des Magnetfeldes einen weiteren, wesentlich ausgeprägteren Effekt hervor, der mit der Bildung von induzierten, sekundären Skinschichten im Inneren des Metalles verbunden ist (GANTMACHER, KANER 1963 [34]).

[1]) Es handelt sich um die mittlere Leitfähigkeit, die gleich J/DE ist, wobei J der Gesamtstrom durch die Platte ist.

[2]) Hierbei bezeichnet $r_{\text{L}} \sim \bar{v}_z T$ eine Größe von der Ordnung des gewöhnlichen LARMOR-Radius cp_0/eH. Dieser Umstand wird hier ausdrücklich unterstrichen, da der wahre LARMOR-Radius für Elektronen in der Nähe eines Grenzpunktes von der Größenordnung $cp_\perp/eH$ ist, wobei $p_\perp \sim \sqrt{p_0 \, \Delta p_z}$ bedeutet (s. Herleitung von Formel (7.53)).

Ein „effektives“ Elektron muß sich in der Skinschicht parallel zum elektrischen Feld bewegen. Wenn es eine zusätzliche Skinschicht bildet, so muß es sich auch dort in derselben Richtung bewegen. Folglich muß der Abstand, in dem sich eine solche Skinschicht ausbildet, der Elektronendrift längs des Magnetfeldes im Verlaufe einer ganzen Zahl von Perioden entsprechen. Da weiterhin für verschiedene Elektronen die Verschiebung in Feldrichtung pro Periode verschieden ist, spielen die extremalen Verschiebungen die entscheidende Rolle. Folglich entstehen induzierte Skinschichten des hochfrequenten Feldes in Abständen nu_{extr} von der Oberfläche, wobei u_{extr} die extremale Verschiebung pro Periode in Richtung der Normalen zur Platte bedeutet. Die größte Änderung in der Impedanz tritt dann auf, wenn eine dieser Skinschichten die gegenüberliegende Oberfläche der Platte erreicht, das heißt, wenn

$$nu_{\text{extr}} = n(\bar{v}_z T)_{\text{extr}} \sin \psi = n(2\pi c/eH)\,(m^* \bar{v}_z)_{\text{extr}} \sin \psi = D\,.$$

Obwohl dieser Ausdruck mit der Bedingung für das Auftreten von SONDHEIMER-Oszillationen identisch ist, führt dieser Effekt nicht nur zu kleinen Korrekturen, sondern zu deutlichen Impedanzänderungen. Gerade dieser Umstand ermöglicht es, ihn zu Untersuchungen von elektronischen Charakteristiken heranzuziehen. Interessanterweise kann dieser Effekt der Driftfokussierung auch an Grenzpunkten entstehen. Daher ermöglichen die entsprechenden Ergebnisse Rückschlüsse auf die Eigenschaften von Elektronen mit einem vorgegebenen Impuls.

Um die Bedingungen zu finden, unter denen dieser Effekt beobachtet werden kann, beschreibt man das hochfrequente Feld an der Oberfläche durch eine Superposition ebener Wellen mit Wellenvektoren k, die im Intervall $\Delta k \sim 1/\delta$ variieren. Die Elektronen wechselwirken bei ihrer spiralförmigen Bewegung offenbar mit solchen Harmonischen dieser Wellen am stärksten, für die $n\lambda = u_{\text{extr}}$ gilt, wobei u die Verschiebung des Elektrons pro Periode in Richtung der Welle ist, das heißt in Richtung der Normalen ζ zur Platte. Infolgedessen dringen solche Wellen tief ins Innere des Metalles ein, und ihre Interferenzen induzieren Skinschichten bei $\zeta = nu_{\text{extr}}$ im Metallinneren. Das trifft natürlich nur für $\delta \ll u_{\text{extr}}$ zu. Die Breite solcher Skinschichten ist von der Größenordnung δ, während die Amplitude nach der Beziehung $\exp\,(-\,\zeta/l \sin \psi)$ abnimmt.

Eine möglichst starke Wechselwirkung des Elektrons mit der Welle erfolgt dann, wenn es sich bei der Bewegung in der Skinschicht und im Abstand $\zeta = nu_{\text{extr}}$ von der Oberfläche längs der Wellenfront bewegt, das heißt, wenn dabei $v_\zeta = 0$ ist. Folglich müssen unter den Elektronen mit $u(p_z) = u_{\text{extr}}$ solche existieren, für die $v_\zeta = 0$ gilt. Am Grenzpunkt selbst gilt für beliebigen endlichen Winkel ψ $v_\zeta = v \sin \psi \neq 0$. Falls jedoch der Winkel ψ hinreichend klein ist, können schon in einer geringen Umgebung dieses Punktes Elektronen mit $v_\zeta = 0$ existieren. Das effektive Gebiet in der Nähe eines Grenzpunktes ergibt sich aus folgender Überlegung. Im Verlaufe der Flugzeit τ divergieren Elektronen mit unterschiedlichen Geschwindigkeiten bezüglich der Entfernung ζ größenordnungsmäßig um $[v_\zeta(\psi) - v_\zeta(0)]\,\tau = [v_z(\psi) - v_z(0)] \sin \psi \tau$. Der Effekt ist nur

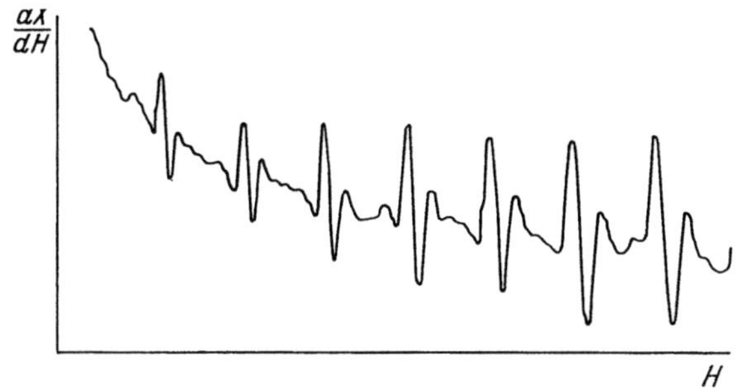

Abb. 47 Experimentelle Abhängigkeit des Imaginärteils der differentiellen Oberflächenimpedanz $\mathrm{d}X/\mathrm{d}H$ von der Magnetfeldstärke H für ein Zinnplättchen im zur Metalloberfläche geneigten Magnetfeld. Die periodischen Oszillationen entstehen durch Feldschichten infolge einer Driftfokussierung von Elektronen (nach [34])

dann beobachtbar, wenn dieser Abstand kleiner als die Skintiefe δ ist. Da jedoch in der Umgebung eines Grenzpunktes $v_z(\psi) = v \cos\psi \approx v(1 - \psi^2/2)$ ist, folgt daraus $v\psi^3\tau \ll \delta$ oder $\psi^3 \ll \delta/l$. Andererseits ist, wie schon erwähnt, zur Beobachtbarkeit des Effektes $\delta \ll u_{\text{extr}}$ notwendig. Wegen $u_{\text{extr}} \sim \psi r_{\text{L}}$ erhält man $\psi \gg \delta/r_{\text{L}}$. Beide Bedingungen ergeben zusammen

$$(\delta/r_{\text{L}})^3 \ll \psi^3 \ll \delta/l\,. \tag{8.16}$$

Experimentelle Ergebnisse an Zinn [34] sind in Abbildung 47 dargestellt.

Mit Hilfe der Driftfokussierung eines Hochfrequenzfeldes können die freie Weglänge eines Elektrons mit vorgegebenem Impuls [34] und ihre Temperaturabhängigkeit (Gantmacher, Scharwin 1965 [35]) gemessen werden. Das kann

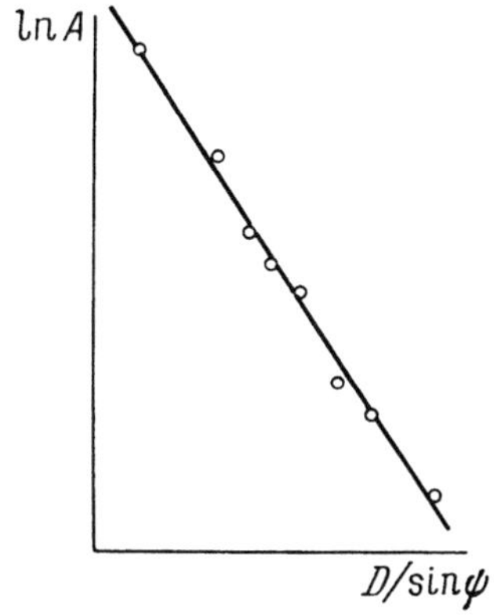

Abb. 48 Logarithmus der Oszillationsamplitude $\ln A$ der Oberflächenimpedanz als Funktion von $D/\sin\psi$ für ein Zinnplättchen der Dicke D im Magnetfeld, das um den Winkel ψ zu den Oberflächen geneigt ist. Die experimentellen Punkte liegen etwa auf einer Geraden, deren negativer Anstieg die reziproke freie Weglänge der Grenzpunktelektronen ist (nach [34])

man leicht einsehen, wenn man berücksichtigt, daß sich ein Elektron in der Umgebung eines Grenzpunktes praktisch genau in z-Richtung bewegt. Mit l_0 als mittlerer Weglänge ist die Anzahl der Elektronen mit einer Weglänge größer l proportional $\exp(-l/l_0)$. Folglich ist die Anzahl der Elektronen, die bis zur anderen Plättchenoberfläche gelangen, proportional zu $\exp(-D/l_0 \sin\psi)$. Daher müssen auch die Amplituden der äquidistanten Signale proportional zu dieser Größe sein, und die Darstellung von $\ln A$ (mit A als Amplitude) über $D/\sin\psi$ muß eine Gerade ergeben (Abb. 48), deren Anstieg die freie Weglänge bestimmt. Im Experiment ergibt sich tatsächlich eine gerade Linie, was die dargestellten Überlegungen bestätigt.

Nach diesem Verfahren kann man die Weglänge in Abhängigkeit vom Impuls des Elektrons und der Temperatur bestimmen. Man muß jedoch beachten, daß Streuung sogar um kleine Winkel die Bedingung für die Elektronenfokussierung aufhebt. Daher bedeutet l_0 die freie Weglänge bezüglich eines einzigen Stoßes (sogar mit Phononen), das heißt, es handelt sich um diejenige Weglänge, die in den Wärmeleitungskoeffizienten eingeht und nicht um die Weglänge, die die elektrische Leitfähigkeit bestimmt und relativ unempfindlich gegen Streuungen um kleine Winkel ist. Experimentell erhält man dementsprechend $1/l_0 = a + bT^3$.

8.7. Größeneffekt bei offenen Trajektorien

Zur Betrachtung des Größeneffektes, der bei offenen Trajektorien auftritt (Gantmacher, Kaner 1963 [34]), möge das Magnetfeld in z-Richtung orientiert sein und in p_x-Richtung eine offene Trajektorie vorliegen.

Die Gleichung für p_x besitzt die Form

$$\frac{\mathrm{d}p_x}{\mathrm{d}t} = \frac{eH}{c} v_y \,.$$

Durch Integration über t ergibt sich

$$p_x(t) - p_x(0) = \frac{eH}{c} \int_0^t v_y \,\mathrm{d}t \,.$$

Für die in Abbildung 49 gezeigte Geometrie erhält man

$$v_\zeta = v_y \sin\Theta \,,$$

$$\int_0^t v_\zeta \,\mathrm{d}t = \frac{c}{eH} [p_x(t) - p_x(0)] \sin\Theta \,.$$

Auf der linken Seite dieser Gleichung steht die Verschiebung des Elektrons in ζ-Richtung, die im folgenden gleich der Plättchendicke sein soll. Weiterhin möge das Magnetfeld derart sein, daß die Impulsänderung gleich einer Periode des reziproken Gitters in p_x-Richtung sei. Dann ergibt sich

$$H = \frac{\sin \Theta}{eD} n\hbar Kc \,, \tag{8.17}$$

wobei K die minimale Periode des reziproken Gitters ist. Offenbar oszilliert die effektive Leitfähigkeit im vorliegenden Falle mit einer Periode, die (8.17) entspricht, das heißt durch eine Periode des Gitters bestimmt ist. Diese Methode kann daher zur Messung von Gitterperioden oder zur Feststellung offener FERMI-Flächen dienen.

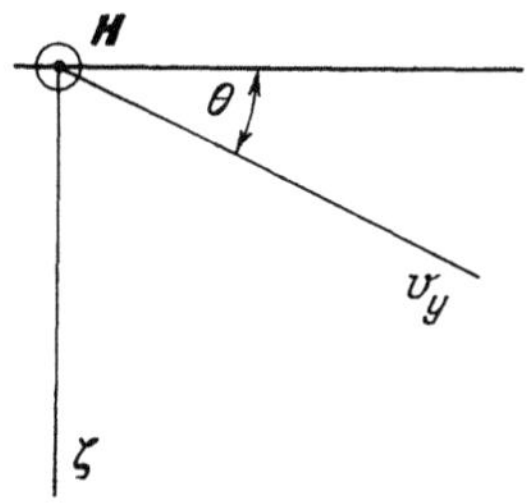

Abb. 49 Geometrie für den Größeneffekt an offenen Bahnen in p_x-Richtung

Der Größeneffekt bei offenen Trajektorien zeigt sich sowohl in der statischen Leitfähigkeit als auch in der Hochfrequenzoberflächenimpedanz. Im letzten Falle hängt er mit der Bildung von induzierten Feldschichten im Metallinnern zusammen und erweist sich als wesentlich ausgeprägter als im statischen Fall.

9. Ausbreitung elektromagnetischer Wellen im Magnetfeld

9.1. Helikonen in Metallen mit unterschiedlicher Anzahl von Elektronen und Löchern

Bekanntlich kann ein hochfrequentes Feld nur bis zur Skinschicht in ein Metall eindringen. Im vorigen Kapitel wurde jedoch gezeigt, daß in einem Magnetfeld unter bestimmten Bedingungen das hochfrequente Feld im Innern des Metalles existieren kann, indem es zusätzliche „Skinschichten" in bestimmten Abständen von der Oberfläche bildet. Im folgenden wird gezeigt, daß in starken Magnetfeldern Wellen auftreten, die sich ohne wesentliche Dämpfung im Metall ausbreiten können (Konstantinow, Perel 1960 [36]). In den letzten Jahren sind zahlreiche Arbeiten dieser Problematik gewidmet worden. Es zeigte sich, daß die Typen solcher Wellen und die Bedingungen, unter denen ihre Ausbreitung möglich ist, außerordentlich verschiedenartig sind. Die Betrachtung sämtlicher Wellen geht über den Rahmen dieses Buches hinaus, daher wird lediglich die Theorie zweier Arten von langwelligen, am einfachsten zu beobachtenden Wellentypen dargelegt. Eingehend und umfangreich ist diese Problematik in einem ausgezeichneten Übersichtsartikel von Kaner und Skobow [37] behandelt.

Bei der Untersuchung solcher Wellenerscheinungen geht man von den Maxwell-Gleichungen aus:

$$\operatorname{rot} \boldsymbol{H} = \frac{4\pi}{c}\boldsymbol{j}\,, \qquad \operatorname{rot} \boldsymbol{E} = -\frac{1}{c}\frac{\partial \boldsymbol{H}}{\partial t}\,. \tag{9.1}$$

Bildet man die Rotation der letzten Gleichung und geht damit in die erste ein, erhält man

$$\operatorname{rot}\operatorname{rot} \boldsymbol{E} = \operatorname{grad}\operatorname{div} \boldsymbol{E} - \nabla^2 \boldsymbol{E} = -\frac{4\pi}{c^2}\frac{\partial \boldsymbol{j}}{\partial t}\,. \tag{9.2}$$

Setzt man hinreichend große Wellenlängen voraus (ein exaktes Kriterium wird unten abgeleitet), kann man annehmen, daß sich das elektrische Feld räumlich nur schwach ändert. In diesem Falle kann man den Leitfähigkeitstensor für ein homogenes elektrisches Feld benutzen, und folglich gilt

$$j_i = \sigma_{ik} E_k\,.$$

Sucht man eine Lösung von (9.2), die proportional $e^{-i\omega t + i\boldsymbol{kr}}$ ist, findet man

$$(k^2\delta_{ik} - k_i k_k)\, E_k = \frac{4\pi i\omega}{c^2}\, \sigma_{ik} E_k\,. \tag{9.3}$$

Dieses homogene Gleichungssystem besitzt eine nichttriviale Lösung, wenn die Determinante verschwindet. Diese Bedingung

$$\mathrm{Det}\left[k^2\delta_{ik} - k_i k_k - \frac{4\pi i\omega}{c^2}\,\sigma_{ik}\right] = 0 \tag{9.4}$$

liefert das Dispersionsgesetz $\omega(k)$.

Die Lösung von Gleichung (9.4) setzt jedoch die Kenntnis des Leitfähigkeitstensors voraus, den man mit Hilfe der kinetischen Gleichung

$$\frac{\partial\psi}{\partial t} + \frac{\partial\psi}{\partial t_1} + \boldsymbol{v}\,\frac{\partial\psi}{\partial \boldsymbol{r}} + \frac{\psi}{\tau} = e\boldsymbol{vE}$$

ableiten kann. Setzt man $\psi \sim e^{-i\omega t + i\boldsymbol{kr}}$, erhält man

$$\left(-\,i\omega + \frac{1}{\tau}\right)\psi + i\boldsymbol{kv}\psi + \frac{\partial\psi}{\partial t_1} = e\boldsymbol{vE}\,.$$

Die Ableitung $\partial\psi/\partial t_1$ ist von der Größenordnung $\Omega\psi$, wobei $\Omega = eH/m^*c$ die Zyklotronfrequenz bedeutet. Die Größe vk/Ω ist größenordnungsmäßig kr_L, da $v/\Omega \sim r_\mathrm{L}$. Nimmt man

$$kr_\mathrm{L} \ll 1 \tag{9.5}$$

an, kann man den Term mit $\boldsymbol{kv}$, das heißt die räumliche Änderung von ψ, vernachlässigen. Falls außerdem

$$\left|-\,i\omega + \frac{1}{\tau}\right| \ll \Omega \tag{9.6}$$

gilt, so kommt man zur kinetischen Gleichung, die den Tensor der statischen Leitfähigkeit in starken Magnetfeldern liefert. Setzt man also die Bedingungen (9.5) und (9.6) als erfüllt voraus, kann man den Leitfähigkeitstensor anwenden, der in Abschnitt 5.3. abgeleitet wurde.

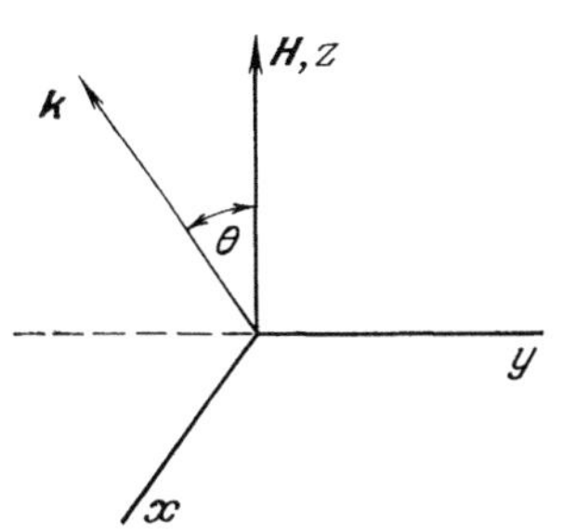

Abb. 50 Geometrie für die Ausbreitung von Helikonen, deren Wellenvektor $\boldsymbol{k}$ einen Winkel Θ mit dem Magnetfeld $\boldsymbol{H}$ bildet

Im Falle einer geschlossenen FERMI-Fläche und ungleicher Ladungsträgerkonzentrationen von Elektronen und Löchern ist Formel (5.37) anwendbar mit

$$\gamma \sim \left(\frac{1}{\tau} - i\omega\right) \Big/ \Omega$$

und

$$\sigma_{xy} = \gamma a_{xy} = ec\,(n_1 - n_2)/H\,. \tag{9.7}$$

Die Formel (5.37) galt für ein Feld in z-Richtung. Legt man die übrigen Achsen derart, daß der Vektor $\boldsymbol{k}$ in der (y, z)-Ebene liegt und mit der z-Achse den Winkel Θ bildet (Abb. 50), so erhält man, wenn man in der Determinante (9.4) nur Terme nullter und erster Ordnung in γ berücksichtigt,

$$\begin{vmatrix} k^2 & -\dfrac{4\pi i\omega}{c^2}\sigma_{xy} & -\dfrac{4\pi i\omega}{c^2}\sigma_{xz} \\ \dfrac{4\pi i\omega}{c^2}\sigma_{xy} & k_z^2 & -k_yk_z - \dfrac{4\pi i\omega}{c^2}\sigma_{yz} \\ \dfrac{4\pi i\omega}{c}\sigma_{xz} & -k_yk_z + \dfrac{4\pi i\omega}{c^2}\sigma_{yz} & k_y^2 - \dfrac{4\pi i\omega}{c^2}\sigma_{zz} \end{vmatrix} = 0\,. \tag{9.8}$$

Entsprechend (5.37) ist σ_{zz} die größte Komponente. Unter der Voraussetzung

$$k^2 \approx \frac{4\pi i\omega}{c^2}\sigma_{xy} \approx \frac{4\pi i\omega}{c^2}\sigma_{yz} \ll \frac{4\pi i\omega}{c^2}\sigma_{zz}$$

folgt aus (9.8)

$$k^2k_z^2 + \left(\frac{4\pi i\omega}{c^2}\right)^2 \sigma_{xy}^2 = 0\,,$$

was die Richtigkeit der Voraussetzung zeigt.

Mit (9.7) und $k_z = k\cos\Theta$ ergibt sich

$$\omega = \frac{c^2k^2\cos\Theta}{4\pi\,|\sigma_{xy}|} = \frac{ck^2H\cos\Theta}{4\pi e\,|n_1 - n_2|}\,. \tag{9.9}$$

Man sieht, daß ω proportional zu H und k^2 ist und die Welle sich in beliebigem Winkel zu $\boldsymbol{H}$, außer $\Theta = \pi/2$, ausbreiten kann. Wellen solchen Typs heißen Helikonen.

Um die Änderung des elektrischen Feldes in einer solchen Welle zu untersuchen, betrachtet man die letzte Gleichung von (9.3), die der letzten Zeile der Matrix (9.8) entspricht. Offenbar ist wegen des großen Wertes von σ_{zz} im Vergleich zu den anderen Komponenten von σ_{ik} $E_z \ll E_x, E_y$.

Aus der ersten Gleichung von (9.3) folgt

$$k^2E_x - \frac{4\pi i\omega}{c^2}\sigma_{xy}E_y = 0\,.$$

Mit den Ausdrücken (9.7) für σ_{xy} und (9.9) für ω erhält man

$$E_x = i \cos \Theta E_y \,. \tag{9.10}$$

Das ist eine elliptisch polarisierte Welle. Für $\Theta = 0$ folgt $E_x = iE_y$, was eine zirkular polarisierte Welle bedeutet.

9.2. Magnetoplasmawellen in Metallen mit gleicher Anzahl von Elektronen und Löchern

Im Falle eines Metalles mit gerader Ordnungszahl, also gleicher Ladungsträgerkonzentration von Elektronen und Löchern sowie geschlossener FERMI-Fläche (CHAIKIN, FALKOWSKI, EDELMAN, MINA 1963 [90], KANER, SKOBOW 1963 [37]) besitzt der Tensor der statischen Leitfähigkeit folgende Form:

$$\sigma_{ik} = \begin{pmatrix} \gamma^2 a_{xx} & \gamma^2 a_{xy} & \gamma a_{xz} \\ \gamma^2 a_{yx} & \gamma^2 a_{yy} & \gamma a_{yz} \\ \gamma a_{zx} & \gamma a_{zy} & a_{zz} \end{pmatrix}. \tag{9.11}$$

Falls nun die Frequenz so hoch ist, daß

$$1/\tau \ll \omega \,, \tag{9.12}$$

aber die Bedingungen (9.6) und (9.5) noch erfüllt sind, kann man den Leitfähigkeitstensor benutzen. Man muß jedoch in Formel (9.11) $1/\tau$ durch $-i\omega$ ersetzen, da in die kinetische Gleichung die Kombination $1/\tau - i\omega$ eingeht. Zum Beispiel ist im statischen Fall mit $n_1 = n_2$

$$\sigma_{xy} \approx \frac{ecn}{H} \frac{1}{\Omega\tau}.$$

Folglich gilt im vorliegenden Fall

$$\sigma_{xy} = \frac{ecn}{H}\left(-\frac{i\omega}{\Omega}\right) a_{12}$$

mit $a_{12} \sim 1$. Auf diese Weise kann man auch alle übrigen Komponenten des Leitfähigkeitstensors bestimmen. Man erhält schließlich

$$\sigma_{ik} = \frac{ecn}{H} \begin{vmatrix} -\frac{i\omega}{\Omega} a_1 & -\frac{i\omega}{\Omega} a_{12} & a_{13} \\ -\frac{i\omega}{\Omega} a_{12} & -\frac{i\omega}{\Omega} a_2 & -a_{32} \\ -a_{13} & a_{32} & \frac{i\Omega}{\omega} a_3 \end{vmatrix}, \tag{9.13}$$

wobei alle a_i und $a_{ik} \sim 1$.

Man führt nun zwei Koordinatensysteme ein (s. Abb. 51), wobei ζ in Richtung von $\boldsymbol{k}$ orientiert ist, die η-Achse in der $(\boldsymbol{H}, \boldsymbol{k})$-Ebene liegt und die x-Achse für

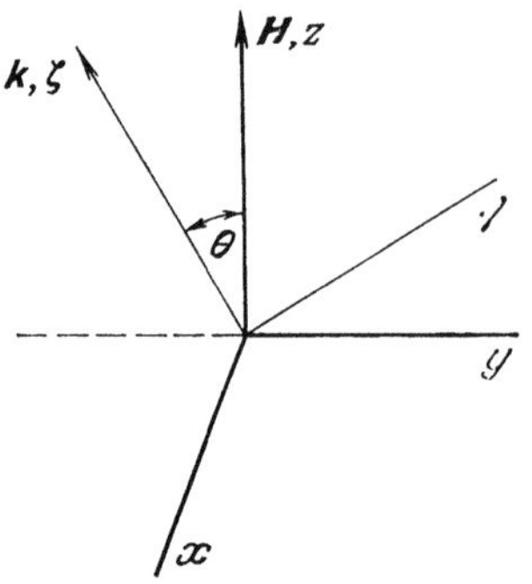

Abb. 51 Geometrie für die Ausbreitung von Magnetoplasmawellen, deren Wellenvektor $\boldsymbol{k}$ einen Winkel Θ mit dem Magnetfeld $\boldsymbol{H}$ bildet

beide Koordinatensysteme zusammenfällt. Aus der dritten Gleichung (9.4) erhält man im Koordinatensystem x, η, ζ

$$E_\zeta = -(\sigma_{\zeta x} E_x + \sigma_{\zeta\eta} E_\eta)/\sigma_{\zeta\zeta}\,.$$

Setzt man diese Beziehung in die anderen Gleichungen (9.4) ein, so erhält man zwei homogene Gleichungen in E_x und E_η. Durch Nullsetzen der Determinante des Systems ergibt sich

$$\operatorname{Det}\left[k^2\delta_{\alpha\beta} - \frac{4\pi i\omega}{c^2}\tilde{\sigma}_{\alpha\beta}\right] = 0\,. \tag{9.14}$$

Die Indices α und β können die Werte x und η annehmen, und

$$\tilde{\sigma}_{\alpha\beta} = \sigma_{\alpha\beta} - \frac{\sigma_{\alpha\zeta}\sigma_{\zeta\beta}}{\sigma_{\zeta\zeta}}\,. \tag{9.15}$$

Die Transformation des Leitfähigkeitstensors (9.13) aus dem x,y,z- ins x,η,ζ-System stellt eine zwar einfache, aber mühevolle Umrechnung dar. Beschränkt man sich auf die hauptsächlichen Terme in ω/Ω, erhält man

$$\tilde{\sigma}_{\alpha\beta} = -\frac{i\omega}{\Omega}\frac{nec}{H}A_{\alpha\beta} \tag{9.16}$$

mit

$$A_{\alpha\beta} = \begin{pmatrix} a_1 + \dfrac{a_{13}^2}{a_3} & \left(a_{12} + \dfrac{a_{13}a_{32}}{a_3}\right)\sec\Theta \\ \left(a_{12} + \dfrac{a_{13}a_{32}}{a_3}\right)\sec\Theta & \left(a_2 + \dfrac{a_{23}^2}{a_3}\right)\sec^2\Theta \end{pmatrix}. \tag{9.17}$$

Setzt man (9.16) in (9.14) ein, kann man die letzte Gleichung in der Form

$$\mathrm{Det}\left[\frac{v_a^2 k^2}{\omega^2}\delta_{\alpha\beta} - A_{\alpha\beta}\right] = 0 \tag{9.18}$$

schreiben, wobei $v_a^2 = c\Omega H/4\pi ne$. Für freie Elektronen ist $\Omega = eH/mc$, so daß $v_a = H/\sqrt{4\pi nm}$. Allgemein ist v_a proportional zu H, und der Wert für freie Elektronen liefert die Größenordnung von v_a. Aus (9.18) folgt

$$\left(\frac{v_a k}{\omega}\right)^4 - \left(\frac{v_\alpha k}{\omega}\right)^2 \mathrm{Sp}\, A_{\alpha\beta} + \mathrm{Det}\, A_{\alpha\beta} = 0\,,$$

woraus

$$\frac{v_a k}{\omega} = \left[\frac{\mathrm{Sp}\, A_{\alpha\beta}}{2} \pm \sqrt{\frac{(\mathrm{Sp}\, A_{\alpha\beta})^2}{4} - \mathrm{Det}\, A_{\alpha\beta}}\right]^{1/2}$$

oder

$$\frac{\omega}{k} = \frac{v_\alpha}{(\mathrm{Det}\, A_{\alpha\beta})^{1/2}}\left[\frac{A_{xx} + A_{yy}}{2} \mp \sqrt{\frac{(A_{xx} - A_{yy})^2}{4} + A_{xy}^2}\right]^{1/2} \tag{9.19}$$

folgen.

Es existieren also zwei Wellentypen mit einem linearen Dispersionsgesetz $\omega \sim k$. Diese Wellen heißen Magnetoplasmawellen. Die Geschwindigkeiten beider Wellen sind zu H proportional. Wenn das Magnetfeld in Richtung einer Symmetrieachse des Kristalls orientiert ist, so vereinfacht sich der Tensor $A_{\alpha\beta}$ (alle $a_{ik} = 0$, wenn $i \neq k$ und $a_1 = a_2$):

$$A_{\alpha\beta} = A_{xx}\begin{pmatrix} 1 & 0 \\ 0 & \sec^2\Theta \end{pmatrix}. \tag{9.20}$$

Damit nimmt (9.19) die Form

$$\frac{\omega}{k} = \frac{v_a}{\sqrt{A_{xx}}}\cos\Theta\left[\frac{1}{2}\left(1 + \frac{1}{\cos^2\Theta}\right) \mp \frac{1}{2}\left(1 - \frac{1}{\cos^2\Theta}\right)\right]^{1/2}$$

an. Folglich erhält man für den einen Wellentyp

$$\omega_1/k = v_a/\sqrt{A_{xx}} \tag{9.21}$$

und für den anderen

$$\omega_2/k = (v_a/\sqrt{A_{xx}})\cos\Theta\,, \tag{9.22}$$

was

$$\omega_2/\omega_1 = \cos\Theta \tag{9.23}$$

liefert.

Aus (9.22) folgt, daß für $\cos\Theta = 0$ nur noch ein Wellentyp existiert. Dieser Schluß ist jedoch nicht völlig korrekt, da bei der Ableitung des Tensors $A_{\alpha\beta}$ (9.17) $\cos\Theta \gg \omega/\Omega$ angenommen wurde. Falls die entgegengesetzte Ungleichung gilt, das heißt Θ sehr nahe bei $\pi/2$ ist, so muß die Rechnung neu durchgeführt werden. Trotzdem existiert auch dann, wie aus den Rechnungen folgt, nur ein Wellentyp mit linearem Dispersionsgesetz.

9.3. Experimentelle Untersuchungen

Es gibt eine Reihe von experimentellen Methoden zur Untersuchung von Wellen. Eine dieser Methoden (Technik stehender Wellen) besteht in der Messung der Hochfrequenzoberflächenimpedanz metallischer Proben in Abhängigkeit vom Magnetfeld. Durch Änderung des Magnetfeldes bei fester Frequenz variiert man die Wellenlänge der sich im Metall ausbreitenden Wellen. Bei gewissen Werten von H ist die Probendicke gleich einem ganzzahligen Vielfachen der halben Wellenlänge ($D = q\lambda/2$, q — ganze Zahl). Das ist die Bedingung für das Auftreten stehender Wellen. Man kann also eine periodische Abhängigkeit der Oberflächenimpedanz von D/λ oder Dk erwarten. Im ersten betrachteten Fall ist $\omega \sim Hk^2$. Folglich wird die Oberflächenimpedanz eine periodische Funktion von $1/\sqrt{H}$. Wenn $H \sim 10^4$ Oe und $D \sim 1$ mm, so wird in normalen Metallen der Effekt bei Frequenzen der Größenordnung $\omega/2\pi = \nu \sim cH/D^2en \sim 10^4$ Hz auftreten, das heißt bei relativ niedrigen Frequenzen. Experimentell wurden Wellen dieses Typs an Na, Cu, Ag, Au, Al und vielen anderen Metallen untersucht.

Wellen des zweiten Typs sind an Wismut beobachtet worden, das gleiche Ladungsträgerkonzentrationen von Elektronen und Löchern besitzt. In diesem Falle sind die Werte von n und m^* sehr klein ($n \sim 10^{17}$ cm^{-3}, $m^* \sim 10^{-2}$ m). Deshalb muß $\nu \sim H/D(nm^*)^{1/2} \sim 10^{10}$ Hz bei Feldern von $\sim 10^3$ Oe sein ($D \sim 1$ mm). Wiederum traten stehende Wellen auf, jedoch hing die Oberflächenimpedanz periodisch von $1/H$ ab. Auf diese Weise wurden beide Typen von Magnetoplasmawellen beobachtet. Wenn dabei das Magnetfeld in Richtung einer Hauptachse des Kristalls orientiert ist, genügen die Frequenzen der Relation (9.23).

Eine andere Methode der Untersuchung von Wellen ist die sogenannte Interferenztechnik, die sich mit den Interferenzerscheinungen auffallender und durchgehender Wellen befaßt.

Außer dem Dispersionsgesetz, das heißt der Funktion $\omega(k)$, ist die Dämpfung elektromagnetischer Wellen im Metall von besonderem Interesse. Das trifft speziell für solche Frequenzen und Magnetfelder zu, bei denen Resonanzmechanismen der Dämpfung wesentlich werden, die nicht mit Stößen der Elektronen zusammenhängen (d. h., die auch für $\tau \to \infty$ existieren).

Einer dieser Mechanismen, der erstmalig bei der Untersuchung von Schwingungen im Gasplasma beobachtet wurde, ist die Landau-Dämpfung, die in folgendem besteht. Im Magnetfeld führt ein Elektron eine spiralförmige Bewegung aus, wobei seine mittlere Geschwindigkeit in Richtung des Magnetfeldes gleich $\bar{v}_z$ sein möge. Geht man zu einem neuen Koordinatensystem über, das sich mit dieser Geschwindigkeit bewegt, so wird das Feld der elektromagnetischen Welle, das im Ausgangssystem proportional zu $e^{i\boldsymbol{kr}-i\omega t}$ war, im neuen Koordinatensystem zu $e^{-i(\omega-k_z\bar{v}_z)t+i\boldsymbol{kr}}$ proportional sein. Wenn

$$\omega = k_z v_z \tag{9.24}$$

ist, so wird das Elektron dieses Feld als statisch „empfinden“. Dabei ergeben sich Möglichkeiten eines spürbaren Übergangs der Energie von der Welle auf die Elektronen.

Diese Erscheinung kann man auch in anderer Weise beschreiben. In Abbildung 52 sind die Bewegung eines Elektrons und die Ausbreitung einer Welle dargestellt. Die gestrichelten Linien entsprechen Ebenen gleicher Phase. Dann bedeutet die Bedingung (9.24), daß sich das Elektron stets in Phase mit der Welle befindet.

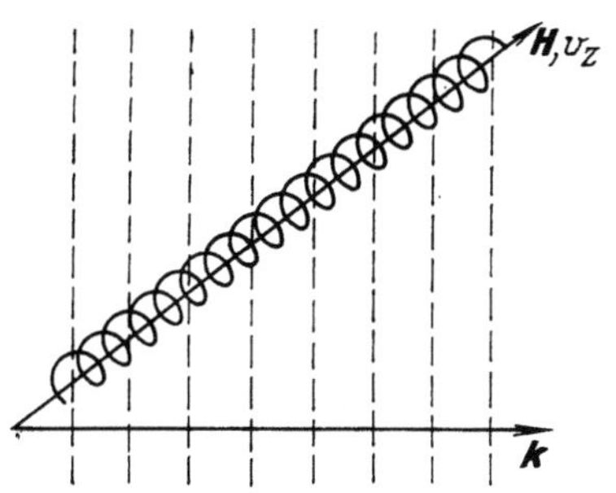

Abb. 52 Spiralbahn eines Elektrons im Magnetfeld **H** und in einem Wellenfeld mit dem Wellenvektor **k**. LANDAU-Dämpfung der Welle tritt ein, wenn sich das Elektron in **k**-Richtung im Mittel genau so schnell wie die Welle bewegt

Berücksichtigt man, daß die Geschwindigkeiten der Elektronen in den Grenzen von $-v$ bis v variieren können, wobei v der maximale Wert von $\bar{v}_z$ ist, der in der Regel einem Grenzpunkt entspricht, so sieht man, daß die Bedingung (9.24) von einer bestimmten Gruppe von Elektronen erfüllt werden kann, wenn nur

$$\omega < kv \cos\Theta \,. \tag{9.25}$$

Wenn die Frequenz fest ist und das Feld geändert wird, so liefert diese Bedingung die untere Grenze des Magnetfeldes. Mißt man dieses Feld, kann man v finden, das heißt die FERMI-Geschwindigkeit im Grenzpunkt. Im Experiment stellt die LANDAU-Dämpfung einen außerordentlich effektiven Absorptionsmechanismus dar, der zum Beispiel bei einer Impedanzmessung zu einem in Abbildung 53 [38] dargestellten Verhalten führt (diese Abbildung bezieht sich auf ein gerades Metall, nämlich Wismut; liegt ein ungerades Metall vor, so erhält man eine ähnliche Abhängigkeit in den Koordinaten $Z\,(1/\sqrt{H})$).

Die Formel (9.25) mit $\omega(k)$ in der Form (9.9) oder (9.19) kann nur dann angewendet werden, wenn die Bedingung (9.5) erfüllt ist, das heißt mit anderen Worten, wenn $\omega \ll \Omega$. Das ist gewöhnlich bei ungeraden Metallen der Fall. Tatsächlich gilt für $H \sim 10^4$ Oe $\lambda = 2\pi/k \sim 0{,}1$ cm, $\omega \sim 10^5\,\mathrm{s}^{-1}$ und $\Omega \sim 10^{11}\,\mathrm{s}^{-1}$. Bei geraden Metallen kann jedoch die Bedingung (9.5) auch verletzt werden, und das Kriterium (9.25) erweist sich auch für $kr_{\mathrm{L}} \gtrsim 1$ als richtig, obwohl in diesem Fall nicht mehr das Dispersionsgesetz $\omega(k)$ in der Form (9.9) und (9.19) angewendet werden kann.

Für $kr_L \sim 1$ tritt noch ein interessanter Dämpfungsmechanismus in Kraft, die sogenannte DOPPLER-verschobene Zyklotronresonanz. Dieser Mechanismus hängt damit zusammen, daß das Elektron in einem mit der Geschwindigkeit $\bar{v}_z$ sich bewegenden Koordinatensystem eine geschlossene Bahn mit der Zyklotronfrequenz $\Omega = eH/m^*c$ beschreibt. Wenn die Frequenz des elektromagnetischen Feldes im neuen Koordinatensystem mit Ω zusammenfällt, so wird die Bedingung für das Auftreten der Zyklotronresonanz erfüllt. Damit lautet die entsprechende Bedingung

$$\omega - k_z\bar{v}_z = \Omega \,. \tag{9.26}$$

Für ein ungerades Metall ist gewöhnlich, wie schon erwähnt, $\omega \sim \Omega$. Folglich tritt dieser Mechanismus in Kraft, wenn

$$kv \cos \Theta > \Omega \,. \tag{9.27}$$

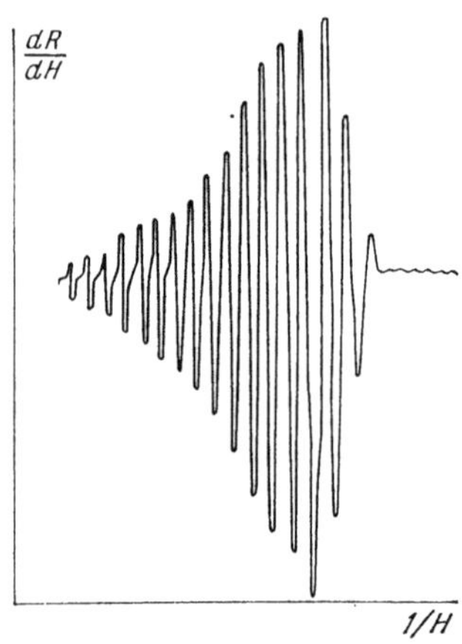

Abb. 53 Experimentelle Abhängigkeit des Realteils der differentiellen Oberflächenimpedanz $\mathrm{d}R/\mathrm{d}H$ von der reziproken Magnetfeldstärke $1/H$ für ein Wismutplättchen. Die periodischen Oszillationen beruhen auf stehenden Magnetoplasmawellen und verschwinden unterhalb einer kritischen Magnetfeldstärke infolge von LANDAU-Dämpfung (nach [38])

Bei geraden Metallen ist unter normalen Bedingungen im Experiment $\omega \approx \Omega$, und daher folgt aus (9.26), daß das Dämpfungsgebiet zweiseitig begrenzt ist:

$$\omega - kv \cos \Theta < \Omega < \omega + kv \cos \Theta \,. \tag{9.28}$$

Im ersten Falle sieht das experimentelle Bild etwa wie in Abbildung 53 aus (allerdings in den Koordinaten $Z\,(1/\sqrt{H})$) und im zweiten wie in Abbildung 54 [38].

Die Formeln (9.27) und (9.28) beziehen sich auf ein Gebiet, wo die Bedingung (9.5) verletzt ist, und daher sind die Formeln (9.9) und (9.19) nicht anwendbar. Da jedoch das tatsächliche Dispersionsgesetz im selben Versuch festgestellt wird, kann es statt einer theoretischen Formel benutzt werden. Daher kann

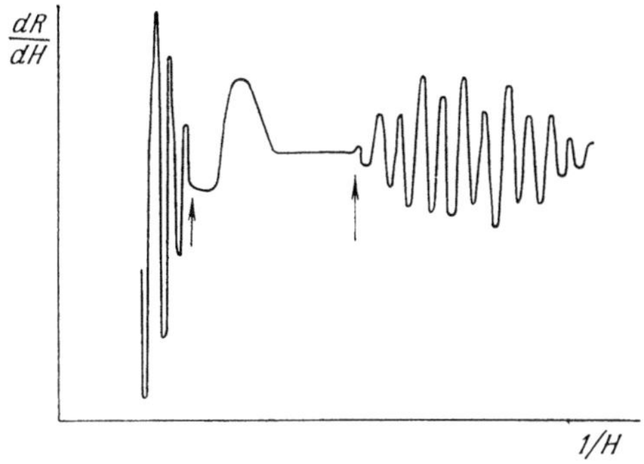

Abb. 54 Experimentelle Abhängigkeit des Realteils der differentiellen Oberflächenimpedanz $\mathrm{d}R/\mathrm{d}H$ von der reziproken Magnetfeldstärke $1/H$ für ein Wismutplättchen bei höherer Wellenfrequenz als in Abb. 53. Die Magnetoplasmawellen verschwinden innerhalb eines durch Pfeile markierten Intervalls von Magnetfeldstärken infolge Dämpfung durch DOPPLER-verschobene Zyklotronresonanz (nach [38])

man aus der Dämpfungsgrenze im Falle eines ungeraden Metalls die Größe $m^*v = 1/\sqrt{K}$ bestimmen, wobei K die GAUSSsche Krümmung im Grenzpunkt ist, und im Falle eines geraden Metalls sowohl m^* als auch $v = 1/(m^* \sqrt{K})$. Mit Hilfe derartiger Messungen ist es gelungen, bei einer Reihe von Metallen die Parameter der Spektren zu präzisieren.

10. Magnetische Suszeptibilität und de-Haas-van-Alphen-Effekt

10.1. Spinparamagnetismus

Bisher wurde ein Elektron als ein klassisches Teilchen betrachtet, das sich auf einer bestimmten Trajektorie bewegt. Im weiteren werden Erscheinungen behandelt, bei denen die Quantennatur des Elektrons wesentlich wird. Zunächst erfolgt die Untersuchung von Elektronen in schwachen Magnetfeldern.

Jedes Elektron hat den Spin $\hbar \boldsymbol{s}$ und das magnetische Moment $2\beta \boldsymbol{s}$, wobei die Projektion von $\boldsymbol{s}$ auf eine bestimmte Richtung gleich $\frac{1}{2}$ oder $-\frac{1}{2}$ sein kann und $\beta = e\hbar/2mc$ das Bohrsche Magneton ist. Offensichtlich werden die magnetischen Momente der Elektronen in einem äußeren Magnetfeld polarisiert, und es entsteht ein makroskopisches magnetisches Moment. Diese Erscheinung heißt Spin- oder Paulischer Paramagnetismus.

Die entsprechende magnetische Suszeptibilität ist leicht zu finden. Die Wechselwirkungsenergie des magnetischen Moments eines Elektrons mit dem äußeren Feld ist gleich $-2\beta \boldsymbol{s}\boldsymbol{H}$. Wenn daher der Spin des Elektrons in Richtung des Magnetfeldes orientiert ist, so wird die Energie des Elektrons $\varepsilon - \beta H$, bei entgegengesetztem Spin $\varepsilon + \beta H$. In die Fermi-Verteilung geht die Energie jedoch in Verbindung mit dem chemischen Potential $\varepsilon - \mu$ ein. Daher kann man, anstatt die Änderung der Energie unter dem Einfluß des Feldes zu betrachten, annehmen, daß das chemische Potential für Elektronen mit einem Spin parallel zum Feld den Wert $\mu + \beta H$ annimmt und mit einem antiparallelen Spin den Wert $\mu - \beta H$.

Für $T = 0$ und $H = 0$ ist die Ladungsträgerkonzentration gleich

$$n = \int_0^{\mu} \nu(\varepsilon)\, d\varepsilon .$$

Im vorliegenden Fall wird die Anzahl von Elektronen mit verschiedener Spinorientierung unterschiedlich. Für die entsprechenden Ladungsträgerkonzentrationen erhält man leicht

$$n_+ = \tfrac{1}{2} \int_0^{\mu+\beta H} \nu(\varepsilon)\, d\varepsilon , \qquad n_- = \tfrac{1}{2} \int_0^{\mu-\beta H} \nu(\varepsilon)\, d\varepsilon .$$

Das gesamte magnetische Moment pro Volumeneinheit wird $\beta(n_+ - n_-)$. Daher gilt

$$M = \beta(n_+ - n_-) = \tfrac{1}{2} \int_{\mu-\beta H}^{\mu+\beta H} \nu(\varepsilon)\, d\varepsilon \approx \beta^2 H \nu(\mu) , \tag{10.1}$$

falls $\beta H \ll \mu$. Folglich ergibt sich die magnetische Suszeptibilität

$$\chi = \beta^2 \nu(\mu) . \tag{10.2}$$

Auf den ersten Blick scheint diese Formel auch für eine FERMI-Flüssigkeit richtig zu sein (s. Abschn. 2.2.), da die Integration in (10.1) nur über eine Umgebung der FERMI-Fläche erfolgt. In der Theorie der FERMI-Flüssigkeit nach LANDAU wird jedoch gezeigt, daß sich das Energiespektrum selbst bei Variation der Verteilungsfunktion ändert, was in einer Reihe von Fällen zu anderen Ergebnissen führt. Insbesondere gilt das auch für die Formel (10.2), die in Wirklichkeit nur die Größenordnung des Effektes bestimmt. In Kapitel 12 werden diese Fragen detaillierter behandelt.

Da die Temperaturkorrekturen, die für Elektronen von der Größenordnung $(T/\mu)^2$ sind, vernachlässigt werden können, bleibt die Voraussetzung $T = 0$ ohne Beschränkung der Allgemeinheit richtig.

10.2. Quantisierung der Niveaus freier Elektronen im Magnetfeld

Bei der Betrachtung eines freien Elektrons im konstanten Magnetfeld ersetzt man die Impulsoperatoren durch $\boldsymbol{p} - \frac{e}{c}\boldsymbol{A}$, wo $\boldsymbol{A}$ das Vektorpotential und $\boldsymbol{p} = -i\hbar\nabla$ der verallgemeinerte Impuls ist, und schreibt den HAMILTON-Operator in der Form

$$\mathcal{H} = \frac{1}{2m}\left(-i\hbar\nabla - \frac{e}{c}\boldsymbol{A}\right)^2 . \tag{10.3}$$

Der Spinterm $(-2\beta \boldsymbol{s}\boldsymbol{H})$ wurde nicht berücksichtigt, da er lediglich eine Verschiebung der Niveaus um $\pm\beta H$ liefert. Wenn das Feld $\boldsymbol{H}$ in z-Richtung ist und das Vektorpotential in der Form $A_y = Hx$, $A_x = A_z = 0$ gewählt wird, nimmt die SCHRÖDINGER-Gleichung $\mathcal{H}\psi = \varepsilon\psi$ die Form

$$-\frac{\hbar^2}{2m}\frac{\partial^2\psi}{\partial x^2} + \frac{1}{2m}\left(-i\hbar\frac{\partial}{\partial y} - \frac{e}{c}Hx\right)^2\psi - \frac{\hbar^2}{2m}\frac{\partial^2\psi}{\partial z^2} = \varepsilon\psi \tag{10.4}$$

an. Da in diese Gleichung offenbar nur die Koordinate x eingeht, kann man eine Lösung in der Form

$$\psi(x, y, z) = \mathrm{e}^{ip_y y/\hbar}\,\mathrm{e}^{ip_z z/\hbar}\,\psi(x) \tag{10.5}$$

suchen. Mit (10.4) erhält man

$$-\frac{\hbar^2}{2m}\frac{\mathrm{d}^2\psi(x)}{\mathrm{d}x^2} + \frac{1}{2m}\left(p_y - \frac{e}{c}Hx\right)^2\psi(x) + \frac{p_z^2}{2m}\psi(x) = \varepsilon\psi(x)$$

oder

$$-\frac{\hbar^2}{2m}\frac{\mathrm{d}^2\psi(x)}{\mathrm{d}x^2} + \frac{e^2H^2}{2mc^2}\left(x - \frac{p_y c}{eH}\right)^2\psi(x) = \left(\varepsilon - \frac{p_z^2}{2m}\right)\psi(x) . \tag{10.6}$$

(10.6) ist der Gleichung für den eindimensionalen Quantenoszillator

$$-\frac{\hbar^2}{2m}\frac{d^2\psi}{dx^2} + \frac{kx^2}{2}\psi = E\psi \tag{10.7}$$

sehr ähnlich. Die Eigenwerte der letzten Gleichung sind

$$E = \hbar\omega\,(n + \tfrac{1}{2}) \tag{10.8}$$

mit $\omega = \sqrt{k/m}$. Vergleicht man (10.7) mit (10.6), so sieht man, daß sie identisch sind, wenn man nur die Ruhelage um den Abstand cp_y/eH vom Koordinatenursprung verschiebt. Die Größe eH/mc entspricht ω und $\varepsilon - p_z^2/2m$ der Oszillatorenergie. Folglich ergibt sich

$$\varepsilon = p_z^2/2m + \beta H\,(2n + 1) \tag{10.9}$$

mit $\beta = e\hbar/2mc$. Diese Formel beschreibt die sogenannten LANDAU-Niveaus (1930) [39]. An Stelle stetiger Abhängigkeiten der Energie ε von p_y und p_x erhält man diskrete Niveaus, was in Abbildung 55 illustriert ist. Da der Abstand zwischen den LANDAU-Niveaus proportional H ist, vereinigt jedes Niveau ein Intervall des kontinuierlichen Spektrums auf sich, das proportional zu H ist. Folglich müssen die LANDAU-Niveaus entartet sein mit einem Entartungsgrad proportional zu H.

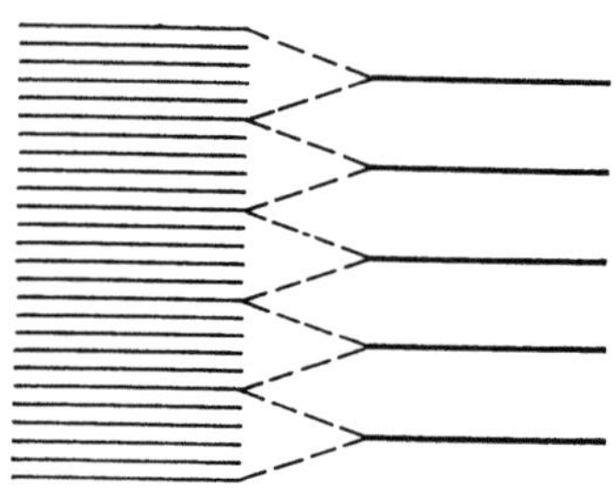

Abb. 55 Bildung diskreter LANDAU-Niveaus (———) von freien Elektronen im Magnetfeld aus dem Kontinuum von Zuständen (———) ohne Magnetfeld. Die LANDAU-Niveaus haben einen energetischen Abstand βH (β BOHRsches Magneton, H Magnetfeldstärke) und sind entsprechend der Anzahl der Kontinuumszustände in diesem Intervall entartet

Um einen exakten Ausdruck für den Entartungsgrad jedes Niveaus zu finden, betrachtet man — wie schon gehandhabt — einen rechteckigen Kasten mit den Kantenlängen L_1, L_2 und L_3. Das Oszillatorzentrum, das von p_y abhängt, muß im Intervall von 0 bis L_1 liegen, so daß

$$0 < cp_y/eH < L_1 \quad \text{oder} \quad 0 < p_y < eHL_1/c\,.$$

Die Zahl der Zustände in den Intervallen dp_z und dp_y ist dieselbe wie auch für ein freies Elektron, das heißt

$$dn_y = dp_y\,L_2/2\pi\hbar\,, \qquad dn_z = dp_z\,L_3/2\pi\hbar\,.$$

Folglich ist die Zahl der Zustände für das ganze p_y-Intervall $L_1 L_2 eH/2\pi c\hbar$. Durch Multiplikation mit $\mathrm{d}n_z$ erhält man für die Zahl der Zustände, die einem bestimmten Intervall $\mathrm{d}p_z$ und n entspricht,

$$\frac{eH}{c} \frac{V}{(2\pi\hbar)^2} \mathrm{d}p_z .$$

Schreibt man $\mathrm{d}p_z$ in der Form $\mathrm{d}p_z = (\mathrm{d}p_z/\mathrm{d}\varepsilon)\,\mathrm{d}\varepsilon$ und beachtet die zweifache Spinentartung, erhält man für die Zustandsdichte

$$\nu(\varepsilon) = \frac{2V}{(2\pi\hbar)^2} \frac{eH}{c} \frac{\mathrm{d}p_z}{\mathrm{d}\varepsilon} . \tag{10.10}$$

10.3. Landauscher Diamagnetismus

Bringt man ein Metall in ein Magnetfeld, ändert sich die Bewegung der Elektronen: sie beginnen, auf Spiralbahnen umzulaufen. Dabei induzieren die Elektronen ein zusätzliches Magnetfeld, das dem äußeren entgegengerichtet ist. Mit anderen Worten, die Änderung der Bahnbewegung der Elektronen unter dem Einfluß eines äußeren Feldes führt zum diamagnetischen Effekt.

Man kann leicht zeigen, daß dieser Effekt Quantennatur besitzt und in klassischer Näherung nicht auftritt. In der klassischen Mechanik wird der Impuls des Elektrons im Magnetfeld durch die Differenz $\boldsymbol{p} - (e/c)\,\boldsymbol{A}$ ersetzt, wobei $\boldsymbol{A}$ das Vektorpotential ist. Die Energie des Elektrons hängt von dieser Kombination ab. Da jedoch die thermodynamischen Größen nur von der Energie des Elektrons abhängen und Integrale über alle Impulse darstellen, so kann man in ihnen zur Integration über $\boldsymbol{p} - (e/c)\,\boldsymbol{A}$ übergehen. Es zeigt sich, daß die Integrale dabei magnetfeldunabhängig bleiben.

Der tatsächlich existierende Diamagnetismus entsteht durch die Quantisierung der Energieniveaus des Elektrons im Magnetfeld.

Zur Untersuchung der magnetischen Eigenschaften berechnet man das thermodynamische Potential

$$\Omega = -T \sum_i \ln\left(1 + \mathrm{e}^{(\mu - \varepsilon_i)/T}\right) , \tag{10.11}$$

wobei über alle Zustände summiert wird. Dieser bekannte Ausdruck läßt sich aus der Beziehung

$$-(\partial\Omega/\partial\mu)_T = N = \sum_i n(\varepsilon_i)$$

herleiten, wobei $n(\varepsilon_i)$ die Fermi-Verteilung bedeutet. Führt man die Zustandsdichte $\nu(\varepsilon)$ gemäß (10.10) ein, erhält man

$$\Omega = -\frac{2VT}{(2\pi\hbar)^2} \frac{eH}{c} \int \mathrm{d}\varepsilon \sum_n \frac{\mathrm{d}p_z}{\mathrm{d}\varepsilon} \ln\left(1 + \mathrm{e}^{(\mu-\varepsilon)/T}\right) .$$

Integriert man partiell und setzt aus (10.9)

$$p_z(\varepsilon, n) = \pm \sqrt{2m\,[\varepsilon - \beta H(2n+1)]} \tag{10.12}$$

ein, findet man

$$\Omega = -\frac{2 \cdot 2V}{(2\pi\hbar)^2}\frac{eH}{c}\int \mathrm{d}\varepsilon \sum_n \frac{\sqrt{2m\,[\varepsilon - \beta H(2n+1)]}}{\mathrm{e}^{(\varepsilon-\mu)/T}+1}. \tag{10.13}$$

Die Summation über n wird hierbei durch die Bedingung $\varepsilon > \beta H\,(2n+1)$ eingeschränkt, und der Faktor 2 berücksichtigt die möglichen zwei Vorzeichen der Wurzel in (10.12).

Der Ausdruck (10.13) gilt für beliebige Temperaturen. Falls $T \ll \mu$, kann man $T = 0$ setzen, da die Korrektur im Falle schwacher Magnetfelder von der Größenordnung $(T/\mu)^2$ ist. Daher ersetzt man die FERMI-Verteilung durch eine Stufenfunktion und erhält nach Vertauschung von Summation über n und Integration über ε

$$\Omega = -\frac{4VeH}{c(2\pi\hbar)^2}\sum_n \int\limits_{\beta H(2n+1)}^{\mu} \mathrm{d}\varepsilon \sqrt{2m\,(\varepsilon - \beta H(2n+1))}$$

$$= -\frac{8}{3}\frac{VeH}{c(2\pi\hbar)^2}\sqrt{2m}\sum_n [\mu - \beta H(2n+1)]^{3/2} \quad \left(n < \frac{\mu}{2\beta H} - \frac{1}{2}\right).$$

Für kleine H kann man von der Summation mit Hilfe der Formel

$$\sum_{n=0}^{n_0} f(n) = \int\limits_{-1/2}^{n_0+1/2} f(n)\,\mathrm{d}n - \frac{1}{24}\left[f'\left(n_0+\frac{1}{2}\right) - f'\left(-\frac{1}{2}\right)\right] \tag{10.14}$$

zur Integration übergehen und erhält

$$\Omega = -\frac{8}{15}\frac{Ve\sqrt{2m}\,\mu^{5/2}}{\beta c\,(2\pi\hbar)^2} + \frac{Ve\beta H^2\sqrt{2m}\,\mu^{1/2}}{3c(2\pi\hbar)^2}.$$

Setzt man $\beta = e\hbar/2mc$ und $\mu = p_0^2/2m$ ein, findet man

$$\Omega = -\frac{p_0^5 V}{15m\pi^2\hbar^3} + \frac{V\beta^2H^2}{6}\frac{p_0 m}{\pi^2\hbar^3}.$$

Das magnetische Moment pro Volumeneinheit wird dann gleich

$$M = -\frac{1}{V}\frac{\partial\Omega}{\partial H} = -\beta^2\frac{H}{3}\frac{p_0 m}{\pi^2\hbar^3}.$$

Die magnetische Suszeptibilität ergibt sich folglich zu (LANDAU 1930 [39])

$$\chi = -\frac{\beta^2}{3}\frac{p_0 m}{\pi^2\hbar^3}. \tag{10.15}$$

Aus der Relation (2.28) folgt, daß $p_0 m/\pi^2\hbar^3$ gerade die Zustandsdichte für freie Elektronen ist. Aus dem Vergleich von (10.15) und (10.2) findet man, daß die Quantisierung der Energieniveaus zu einer diamagnetischen Suszeptibilität führt, die nur ein Drittel des Wertes der paramagnetischen Spinsuszeptibilität für ein freies Elektronengas beträgt. Daher wird ein Gas freier Elektronen paramagnetisch sein.

In Wirklichkeit kommen in der Natur viele diamagnetische Metalle vor. Qualitativ kann man das durch die Verschiedenheit des elektronischen Energiespektrums der Metalle vom Spektrum eines idealen Gases erklären. Nimmt man zum Beispiel den einfachsten Fall an — ein isotropes Spektrum $\varepsilon = p^2/2m^*$ mit einer effektiven Masse m^*, so unterscheiden sich die Größen β, die in die Formeln (10.2) und (10.15) eingehen. In (10.2) geht das BOHRsche Magneton ein und enthält die Masse eines freien Elektrons. Die Formel (10.15) hingegen enthält ein β, das mit der Bahnbewegung des Elektrons verbunden ist, das heißt $e\hbar/2m^*c$. Die Zustandsdichte enthält ebenfalls m^*. Hieraus folgt

$$\frac{\chi_{\text{dia}}}{\chi_{\text{para}}} = \frac{1}{3}\left(\frac{m}{m^*}\right)^2.$$

Diese Größe kann aber größer als Eins sein.

Diese Darstellung ist natürlich nur ein einfachstes Modell. Es ist außerordentlich schwierig, in realen Fällen den Diamagnetismus zu berechnen, da auch virtuelle Übergänge aus tiefer gelegenen elektronischen Zuständen in das Leitfähigkeitsband einen Beitrag liefern (Polarisationseffekte).

10.4. Quasiklassische Quantisierung der Energieniveaus für ein beliebiges Spektrum

Auf eine Untersuchung der Formel (10.13) für große Felder und endliche Temperaturen wird im weiteren verzichtet, da die interessantesten Schlußfolgerungen nicht nur für das Modell freier Elektronen, sondern auch für den Fall eines beliebigen energetischen Spektrums hergeleitet werden können. Natürlich ist es im allgemeinen nicht möglich, die Energieniveaus genau zu bestimmen. Wenn man jedoch den Abstand zwischen den Niveaus βH mit dem chemischen Potential μ vergleicht, sieht man, daß für Feldstärken der Größenordnung $\sim 10^4$ Oe die Relation

$$\beta H/\mu \sim 10^{-4}$$

gilt. Da alle Quanteneffekte mit diskreten Energieniveaus verbunden sind, zeigt diese Abschätzung, daß sie zu Korrekturen der Größenordnung $(\beta H/\mu)^m$ führen, die nur sehr gering sind; m ist für verschiedene konkrete Effekte unterschiedlich. Da $\mu > \beta H$ ist, sind nur hohe Niveaus mit großen Werten n wesentlich, und man kann die quasiklassischen BOHRschen Quantisierungsregeln anwenden.

Die Impulse werden

$$\boldsymbol{P} = \boldsymbol{p} - \frac{e}{c}\boldsymbol{A}.$$

Nimmt man $A_y = Hx$, $A_x = A_z = 0$ an, findet man

$$P_x = -i\hbar\frac{\partial}{\partial x}, \qquad P_y = -i\hbar\frac{\partial}{\partial y} - \frac{e}{c}Hx,$$

wobei die verallgemeinerten Impulse der Vertauschungsregel

$$P_yP_x - P_xP_y = -i\hbar eH/c \tag{10.16}$$

genügen. Führt man die Bezeichnung $Y = (c/eH)\,P_x$ ein, so spielt Y die Rolle der zum Impuls P_y kanonisch konjugierten Koordinate:

$$P_yY - YP_y = -i\hbar\,.$$

Im Falle einer geschlossenen Bahn kann man die BOHRsche Quantisierungsregel

$$\oint P_y\,\mathrm{d}Y = 2\pi\hbar\,\big(n + \gamma(n)\big)$$

anwenden, wobei $\gamma(n)$ $(0 < \gamma < 1)$ eine sich langsam verändernde Funktion bedeutet. Drückt man Y durch P_x aus, erhält man

$$\oint P_y\,\mathrm{d}P_x = (2\pi e\hbar H/c)\,\big(n + \gamma(n)\big)\,.$$

Das Integral auf der linken Seite ist aber die Fläche, die von der Elektronentrajektorie umschlossen wird. Bekanntlich wird eine solche Trajektorie durch die Bedingungen $p_z = \text{const}$ und $\varepsilon = \text{const}$ bestimmt, das heißt, sie stellt den Schnitt der FERMI-Fläche mit der Ebene $p_z = \text{const}$ dar. Man erhält also (ONSAGER 1952 [40])

$$S(\varepsilon, p_z) = \frac{2\pi e\hbar H}{c}\big(n + \gamma(n)\big)\,. \tag{10.17}$$

Für freie Elektronen ist

$$S = \pi p_\perp^2 = \pi(p^2 - p_z^2) = \pi(2m\varepsilon - p_z^2)\,,$$

und folglich erhält man

$$\varepsilon = \frac{p_z^2}{2m} + \frac{e\hbar H}{2mc}(2n + 2\gamma)\,,$$

was für große n mit (10.9) zusammenfällt.

Die Formel (10.17) läßt sich auch leicht aus dem Korrespondenzprinzip herleiten. Für geschlossene Bahnen ist die Zyklotronfrequenz gleich $\Omega = eH/m^*c$, wobei $m^* = (1/2\pi)\,\partial S/\partial\varepsilon$ ist. Im quasiklassischen Fall muß man ein äquidistantes System von Niveaus mit Abständen $\hbar\Omega$ erhalten. Folglich wird

$$\Delta\varepsilon = \hbar\Omega = \frac{eH\hbar}{c(1/2\pi)\,\partial S/\partial\varepsilon}\,,$$

was in der Form

$$\frac{\partial S}{\partial\varepsilon}\Delta\varepsilon = \Delta S = \frac{2\pi eH\hbar}{c} \tag{10.18}$$

geschrieben werden kann, woraus man die Formel (10.17) erhält.

Nach Formel (5.10) ist die Projektion der Trajektorie auf die (x, y)-Ebene des Ortsraumes der Trajektorie im Impulsraum ähnlich. Die entsprechende Fläche ist $(c/eH)^2\,S$. Nach Formel (10.18) ändert sich diese Fläche beim Übergang vom Niveau n zu $n+1$ um $2\pi c\hbar/eH$. Durch Multiplikation mit H erhält man die Änderung des Induktionsflusses, der diese Kontur durchsetzt, zu

$$\Delta\Phi = 2\pi c\hbar/e = \Phi_0 \,. \tag{10.19}$$

Die Größe Φ_0 enthält nur Elementarkonstanten und heißt Quant des Induktionsflusses (F. London 1950 [41]); ihr Wert beträgt $4{,}1 \cdot 10^{-7}$ Oe cm². Damit ändert sich eine Elektronentrajektorie derart, daß der sie durchsetzende Induktionsfluß sich um ein ganzzahliges Vielfaches des Induktionsflußquantes ändert (Abb. 56). Diese Regel erweist sich als universal (s. z. B. Abschn. 13.4.).

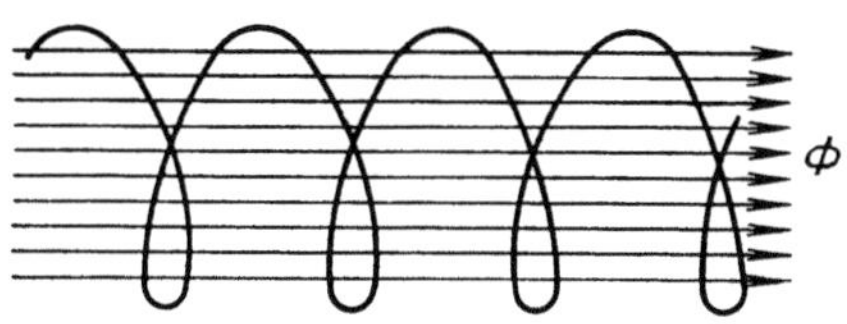

Abb. 56 Magnetischer Fluß Φ durch eine Elektronenbahn im Magnetfeld

Um die Zahl der Zustände zu finden, die im quasiklassischen Fall $(n \gg 1)$ auf ein Niveau n und das Intervall $\mathrm{d}p_z$ entfallen, berechnet man den Ausdruck

$$\frac{V}{(2\pi\hbar)^3}\,\mathrm{d}p_z \iint \mathrm{d}P_y\,\mathrm{d}P_x \,.$$

Das Integral $\iint \mathrm{d}P_y\,\mathrm{d}P_x$ stellt die Fläche in der Ebene $p_z = \text{const}$ dar, die im vorliegenden Fall dem Intervall von n bis $n+1$ entspricht. Das ist aber gerade ΔS, bestimmt durch die Formel (10.18). Damit wird die gesuchte Zahl von Zuständen gleich

$$\frac{V\,\mathrm{d}p_z}{(2\pi\hbar)^2}\,\frac{eH}{c}\,,$$

was dem Ausdruck für den Fall freier Elektronen entspricht.

Die durchgeführten Untersuchungen beziehen sich nur auf geschlossene Trajektorien. Existieren für eine bestimmte Richtung auch offene Bahnen, so ändert sich das Spektrum wesentlich und besteht aus kontinuierlichen Bändern endlicher Breite, was hier nicht weiter betrachtet werden soll.

10.5. De-Haas-van-Alphen-Effekt

In den Abschnitten 10.1 und 10.3 wurde die magnetische Suszeptibilität eines Gases freier Elektronen hergeleitet. Die dort verwendete Näherung war eine erste Korrektur des thermodynamischen Potentials bezüglich des Magnetfeldes von der Größenordnung $(\beta H/\mu)^2$. Die nächste Korrektur liefert einen mit dem Magnetfeld schnell oszillierenden Beitrag, und ihre Ableitung nach H kann bei hinreichend tiefen Temperaturen den monotonen Teil des magnetischen Momentes übertreffen. Dieser Effekt wurde von Landau (1930) [42] theoretisch vorausgesagt und experimentell von de Haas und van Alphen gefunden (1930) [43].

Im folgenden werden die Berechnungen für ein beliebiges Energiespektrum durchgeführt (Lifschiz, Kosewitsch 1955 [44]). Die Ausdrücke für die Energieniveaus und die Zustandsdichte sind im vorigen Abschnitt bereits abgeleitet worden.

Das thermodynamische Potential schreibt sich in der Form (10.11), das heißt im gegebenen Fall

$$\Omega = -\frac{VTeH}{(2\pi\hbar)^2 c}\sum_n\sum_\sigma\int \ln\left(1 + e^{\frac{\mu-\varepsilon_\sigma(n,p_z)}{T}}\right)dp_z\,. \tag{10.20}$$

Der Index σ bezeichnet die Projektionen des Spins und $\varepsilon_\sigma = \varepsilon(n, p_z) \pm \beta H$[1]. Im weiteren braucht man die Poissonsche Formel

$$\sum_{n_0}^{\infty}\varphi(n) = \int_a^{\infty}\varphi(n)\,dn + 2\,\mathrm{Re}\sum_{k=1}^{\infty}\int_a^{\infty}\varphi(n)\,e^{2\pi ikn}\,dn\,, \tag{10.21}$$

wobei a zwischen $n_0 - 1$ und n_0 liegt. Zum Beweis dieser Formel überzeugt man sich leicht, daß

$$\sum_{n=-\infty}^{\infty}\delta(x-n) = \sum_{k=-\infty}^{\infty} e^{2\pi ikx}\,. \tag{10.22}$$

Tatsächlich muß die rechte Seite überall verschwinden, mit Ausnahme von $x = n$. Wenn $x \neq n$ ist, erhält man, von k zu $k + k_1$ (k und k_1 sind ganze Zahlen) übergehend,

$$\sum_{k=-\infty}^{\infty} e^{2\pi ikx} = e^{2\pi ik_1x}\sum_{k=-\infty}^{\infty} e^{2\pi ikx}\,.$$

Da $e^{2\pi ik_1x} \neq 1$, so wird $\sum_{k=-\infty}^{\infty} e^{2\pi ikx} = 0$ für $x \neq n$. Andererseits ist der rechte Teil von (10.22) eine periodische Funktion von x mit der Periode 1. Durch Integration

[1] In schwachen Feldern addieren sich die Effekte der Spinpolarisation und der Bahnquantisierung einfach, was ihre unabhängige Berechnung wie in den Abschnitten 10.1. und 10.3. zuläßt. Bei der Berechnung der oszillierenden Zusatzterme jedoch ist eine solche Trennung nicht mehr möglich.

der rechten Seite von (10.22) von $-\delta$ bis $+\delta$ und anschließenden Grenzübergang $\delta \to 0$ erhält man

$$\int_{-\delta}^{\delta} \sum_{k=-\infty}^{\infty} e^{2\pi i k x}\, dx = \sum_{k=-\infty}^{\infty} \frac{e^{2\pi i k \delta} - e^{-2\pi i k \delta}}{2\pi i k}$$

$$= \sum_{k=-\infty}^{\infty} \frac{\sin 2\pi k \delta}{\pi k} = \int_{-\infty}^{\infty} \frac{\sin 2\pi k \delta}{\pi k}\, dk = 1\,.$$

Der Übergang von der Summe zum Integral ist hier gerechtfertigt, wenn $\delta \to 0$, weil dabei nur Summenterme mit großem k wesentlich sind.

In der Nähe des Punktes $x = 0$ verhält sich also die rechte Seite von (10.22) wie die δ-Funktion. Infolge der Periodizität und des Verschwindens dieser Summe bei nicht ganzzahligen Werten von x erhält man Formel (10.22). Multipliziert man diese Formel mit $\varphi(x)$ und integriert von a bis ∞, wobei $n_0 - 1 < a < n_0$, ergibt sich die POISSONsche Formel (10.21). Der erste Term entspricht $k = 0$, während im zweiten Term die Summanden mit k und $-k$ kombiniert sind.

Wendet man die POISSONsche Formel (10.21) auf die Summe (10.20) an, so zerfällt diese dabei in zwei Integrale, und nur das zweite Integral liefert einen oszillierenden Anteil. Damit ergibt sich

$$\tilde{\Omega} = -2\,\mathrm{Re} \sum_{\sigma, k} I_{k\sigma}\,, \tag{10.23}$$

wobei $\tilde{\Omega}$ den oszillierenden Teil von Ω bezeichnet und

$$I_{k\sigma} = \frac{VeHT}{(2\pi\hbar)^2 c} \int_a^{\infty} dn \int_{-\infty}^{\infty} dp_z \ln\left[1 + e^{\frac{\mu_\sigma - \varepsilon(n, p_z)}{T}}\right] e^{2\pi i k n}\,.$$

Hier ist $\mu - \varepsilon_\sigma(n, p_z)$ durch $\mu_\sigma - \varepsilon(n, p_z)$ ersetzt worden, wobei $\mu_\sigma = \mu + \beta H \sigma_z$. Geht man zur Integration über die Energie über, erhält man

$$I_{k\sigma} = \frac{VTeH}{(2\pi\hbar)^2 c} \int_0^{\infty} d\varepsilon \ln\left(1 + e^{\frac{\mu_\sigma - \varepsilon}{T}}\right)$$

$$\times \int_{p_{z\,\min}}^{p_{z\,\max}} \frac{\partial n}{\partial \varepsilon}(p_z, \varepsilon)\, e^{2\pi i k n(p_z, \varepsilon)}\, dp_z\,. \tag{10.24}$$

Als untere Grenze des Integrals wurde Null angenommen. Tatsächlich ist jedoch nur die Umgebung der FERMI-Fläche wesentlich und damit die Wahl der unteren Grenze belanglos. Die Grenzen $p_{z\,\min}$ und $p_{z\,\max}$ beziehen sich auf einen gegebenen Wert ε.

Der Faktor $e^{2\pi ikn}$ im Integral über p_z stellt eine schnell oszillierende Funktion dar. Nimmt man an, daß n bei irgendeinem Wert p_z^m einen Extremwert n_m erreicht, folgt

$$n(p_z, \varepsilon) = n_m + \frac{1}{2}\left(\frac{\partial^2 n}{\partial p_z^2}\right)_{p_z^m} (p_z - p_z^m)^2 \,.$$

Dabei hängt n_m natürlich von ε ab. Bei der Integration über p_z sind lediglich diese Extrema wesentlich. In der Nähe jedes beliebigen dieser Extrema wird das Integral über p_z gleich

$$\left(\frac{\partial n}{\partial \varepsilon}\right)_m e^{2\pi ikn_m} \int\limits_{-\infty}^{\infty} \exp\left[i\pi k\left(\frac{\partial^2 n}{\partial p_z^2}\right)_m z^2\right] dz \,, \tag{10.25}$$

wobei $z = p_z - p_z^m$. Falls $(\partial^2 n/\partial p_z^2)_m$ positiv ist, gilt

$$\int \exp\left[i\pi k\left(\frac{\partial^2 n}{\partial p_z^2}\right)_m z^2\right] dz = e^{i\pi/4} \int\limits_{-\infty}^{\infty} \exp\left[-\pi k\left(\frac{\partial^2 n}{\partial p_z^2}\right)_m y^2\right] dy$$

mit $z = e^{i\pi/4}\, y$. Im Falle $(\partial^2 n/\partial p_z^2)_m < 0$ ist $z = e^{-i\pi/4}\, y$ zu setzen. Die Integration ergibt

$$\int \exp\left[i\pi k\left(\frac{\partial^2 n}{\partial p_z^2}\right)_m z^2\right] dz = e^{\pm i\pi/4}\left(k\left|\frac{\partial^2 n}{\partial p_z^2}\right|_m\right)^{-1/2} . \tag{10.26}$$

Setzt man (10.25) und (10.26) in (10.24) ein, findet man

$$\begin{aligned} I_{k\sigma} = {} & \frac{VTeH}{(2\pi\hbar)^2\, c} \sum_m \int\limits_0^{\infty} d\varepsilon \ln\left[1 + \exp\left(\frac{\mu_\sigma - \varepsilon}{T}\right)\right] \\ & \times e^{\pm i\pi/4}\left(\frac{\partial n}{\partial \varepsilon}\right)_m e^{2\pi ikn_m}\left(k\left|\frac{\partial^2 n}{\partial p_z^2}\right|_m\right)^{-1/2} , \end{aligned} \tag{10.27}$$

wobei über alle Extrema von $n(p_z, \varepsilon)$ summiert wird.

Bei der Integration dieses Ausdruckes über ε muß man berücksichtigen, daß nur der Logarithmus und der Faktor $e^{2\pi ikn_m}$ sich schnell ändernde Funktionen sind und daher die übrigen Faktoren als konstant angenommen werden können. Nach partieller Integration hat man

$$I_{k\sigma} = \frac{VeH}{(2\pi\hbar)^2\, ck^{3/2} 2\pi i} \sum_m e^{\pm i\pi/4} \int\limits_0^{\infty} \frac{d\varepsilon\, e^{2\pi ikn_m} |\partial^2 n/\partial p_z^2|_m^{-1/2}}{e^{(\varepsilon-\mu_\sigma)/T} + 1} \,, \tag{10.28}$$

wobei lediglich der oszillierende Term belassen wurde.

Den wesentlichsten Beitrag zum Integral liefert die Umgebung von $\varepsilon = \mu_\sigma$. Man muß beachten, daß $e^{2\pi ikn_m}$ eine schnell oszillierende Funktion ist. Jedoch

n_m selbst ändert sich gleichmäßig und kann nach Potenzen von $\varepsilon - \mu_\sigma$ entwickelt werden:

$$n_m(\varepsilon) = n_m(\mu_\sigma) + \left(\frac{\partial n_m}{\partial \varepsilon}\right)_{\mu_\sigma} (\varepsilon - \mu_\sigma) .$$

Im Ergebnis erhält man

$$\int\limits_0^\infty \frac{e^{2\pi i k n_m}}{e^{(\varepsilon-\mu_\sigma)\,T} + 1} d\varepsilon = e^{2\pi i k n_m(\mu_\sigma)} \int\limits_{-\infty}^\infty \frac{\exp\left[2\pi i k x (\partial n_m/\partial \varepsilon)_{\mu_\sigma}\right]}{e^{x/T} + 1} dx ,$$

wobei $x = \varepsilon - \mu_\sigma$ ist (die untere Grenze kann gleich $-\infty$ gesetzt werden). Benutzt man die Beziehung

$$\int\limits_{-\infty}^\infty \frac{e^{i\alpha y}}{e^y + 1} dy = -\frac{i\pi}{\operatorname{sh} \alpha\pi} ,$$

erhält man

$$I_{k\sigma} = -\frac{VeHT}{2c(2\pi\hbar)^2\, k^{3/2}} \sum_m e^{\pm i\pi/4} \frac{e^{2\pi i k n_m(\mu_\sigma)}\, |\partial^2 n/\partial p_z^2|_{m,\,\mu_\sigma}^{-1/2}}{\operatorname{sh}\left[2\pi^2 k (\partial n_m/\partial\varepsilon)_{\mu_\sigma} T\right]} . \qquad (10.29)$$

Setzt man diesen Ausdruck in (10.23) ein, muß man über die Projektionen des Spins summieren. Da nur der Faktor $e^{2\pi i k n_m(\mu_\sigma)}$ schnell oszillierenden Charakter hat, kann man in allen übrigen Termen $\mu_\sigma \approx \mu$ setzen. Beachtet man noch $\beta H \ll \mu$, kann man schreiben

$$\sum_\sigma e^{2\pi i k n_m(\mu_\sigma)} = e^{2\pi i k n_m(\mu)} \sum_\sigma \exp\left[2\pi i k \left(\frac{\partial n_m}{\partial \varepsilon}\right)_\mu \beta H \sigma_z\right]$$

$$= 2 e^{2\pi i k n_m(\mu)} \cos\left(2\pi k \left(\frac{\partial n_m}{\partial \varepsilon}\right) \beta H\right) . \qquad (10.30)$$

Gemäß (10.17) ist

$$n_m \approx \frac{c}{2\pi\hbar e H} S_m . \qquad (10.31)$$

Setzt man nun (10.29), (10.30) und (10.31) in (10.23) ein, erhält man endgültig für den oszillierenden Teil des thermodynamischen Potentials

$$\tilde{\Omega} = \frac{V}{2^{3/2}\pi^{7/2}\hbar^3} \left(\frac{e\hbar H}{c}\right)^{5/2} \sum_m \left|\frac{\partial^2 S}{\partial p_z^2}\right|^{-1/2} [m^*(p_z^m, \varepsilon)]^{-1}$$

$$\times \sum_k \frac{\psi(k\lambda)}{k^{5/2}} \cos\left(k \frac{c S_m}{e\hbar H} \pm \frac{\pi}{4}\right) \cos\left(\pi k \frac{m^*}{m}\right) , \qquad (10.32)$$

wobei

$$\psi(z) = \frac{z}{\operatorname{sh} z} , \qquad \lambda = \frac{2\pi^2 T c m^*}{e\hbar H} , \qquad m^* = \frac{1}{2\pi} \frac{\partial S}{\partial \varepsilon} .$$

Die Summe über m bezeichnet die Summation über die extremalen Querschnitte der FERMI-Fläche.

Welche Rolle spielt nun der oszillierende Korrekturterm in den thermodynamischen Größen? Zur Beantwortung dieser Frage ist es zweckmäßig, das Verhältnis $\widetilde{\Omega}/\Omega_0$, dem Potential bei $H = 0$ zu finden. Die Größenordnung von Ω_0 ist

$$\Omega_0 \sim Vn\mu \sim V\frac{p_0^3}{\hbar^3}\frac{p_0^2}{m} \sim \frac{VS^{5/2}}{m\hbar^3}.$$

Aus (10.32) erhält man bei $\psi \sim 1$ und $m^* \sim m$

$$\widetilde{\Omega} \sim \frac{V(e\hbar H/c)^{5/2}}{m\hbar^3}.$$

Folglich ergibt sich

$$\widetilde{\Omega}/\Omega_0 \sim (e\hbar H/cS)^{5/2} \sim (\beta H/\mu)^{5/2}.$$

Das ist eine sehr kleine Größe. Der nichtoszillierende Korrekturterm zu Ω_0 besitzt die Größenordnung $(\beta H/\mu)^2$, so daß der oszillierende Teil sogar im Vergleich zu dieser Korrektur noch klein ist.

Der oszillierende Teil der Magnetisierung ist gleich

$$\widetilde{M} = -\frac{1}{V}\frac{\partial\widetilde{\Omega}}{\partial H}.$$

Aus (10.32) findet man

$$\widetilde{M} = -\frac{1}{2^{3/2}\pi^{7/2}\hbar^3}\left(\frac{e\hbar}{c}\right)^{3/2} H^{1/2}\sum_m \left|\frac{\partial^2 S_m}{\partial p_z^2}\right|^{-1/2}\frac{S_m}{m^*} \times \sum_{k=1}^{m}\frac{\psi(k\lambda)}{k^{3/2}}\sin\left[k\frac{cS_m}{e\hbar H} \pm \frac{\pi}{4}\right]\cos\left(\pi k\frac{m^*}{m}\right). \tag{10.33}$$

Bei hinreichend tiefen Temperaturen ist $\psi \sim 1$, und dann wird

$$\widetilde{M} \sim \frac{1}{\hbar^3}\left(\frac{e\hbar}{c}\right)^{3/2} H^{1/2}\frac{S}{m}.$$

Da der nichtoszillierende Teil des magnetischen Moments von der Größenordnung

$$M_0 \sim \beta^2\frac{1}{\hbar^3}p_0 mH$$

ist, findet man für das Verhältnis

$$\widetilde{M}/M_0 \sim (\mu/\beta H)^{1/2}. \tag{10.34}$$

Folglich liefert bei tiefen Temperaturen der oszillierende Teil einen größeren Beitrag zum magnetischen Moment als der monotone. Das hängt mit der hohen Oszillationsfrequenz zusammen, die den Effekt bei Differentiation stark hervorhebt.

Bei nicht zu tiefen Temperaturen kann man die Summation über k in (10.33) durch einen einzigen Term ersetzen, und man erhält

$$\tilde{M} \approx -\frac{2^{1/2}T}{\pi^{3/2}\hbar^3}\left(\frac{e\hbar}{c}\right)^{1/2} H^{-1/2} \sum_m S_m \left|\frac{\partial^2 S_m}{\partial p_z^2}\right|^{-1/2}$$

$$\times\, e^{-\frac{2\pi^2 T c m^*}{e\hbar H}} \sin\left(\frac{cS_m}{e\hbar H} \pm \frac{\pi}{4}\right)\cos\left(\frac{\pi m^*}{m}\right). \tag{10.35}$$

Damit erweist sich das magnetische Moment als eine periodische Funktion von $1/H$ (Abbildung 57 zeigt eine Darstellung von M/H für Wismut) [45]. Die Periode beträgt

$$\Delta(1/H) = 2\pi e\hbar/cS_m\,. \tag{10.36}$$

Bei tiefen Temperaturen darf man sich nicht auf einen Term in der Summe über k beschränken. Die Periodizität des Moments als Funktion von $1/H$ mit der Periode (10.36) bleibt allerdings auch in diesem Falle erhalten.

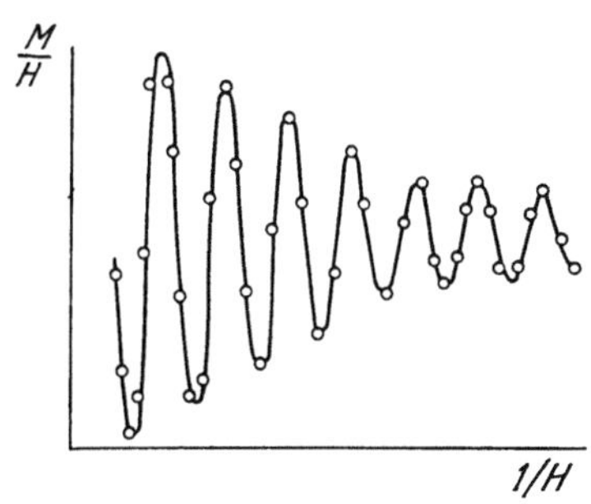

Abb. 57 Experimentelle DE-HAAS-VAN-ALPHEN-Oszillationen von M/H (M Magnetisierung, H Magnetfeldstärke) als Funktion von $1/H$ für Wismut (nach [45])

Bei der Herleitung wurde die Streuung der Elektronen nicht berücksichtigt. Qualitativ läßt sich die Rolle von Stößen leicht abschätzen. Die Stöße bewirken im vorliegenden Fall dasselbe wie die Temperatur — sie verwaschen die scharfe Kante der FERMI-Verteilung.[1]) Bei einer mittleren Stoßzeit τ liegt die Unbestimmtheit in der Energie der Elektronen in der Größenordnung $\hbar/\tau$. Da diese Größe dieselbe Rolle wie die Temperatur spielt, kann man erwarten, daß die Berücksichtigung von Stößen in (10.35) zu einem weiteren Exponentialfaktor führen wird. Tatsächlich ergibt sich in der Formel (10.35) ein Faktor (DINGLE 1952 [46])

$$\exp\left(-\,2\pi c m^*/e\tau H\right). \tag{10.37}$$

[1]) Tatsächlich spielen Temperatur und Stöße eine unterschiedliche Rolle. Während eine endliche Temperatur zu einer Umverteilung der Elektronen bezüglich der Energieniveaus führt, bewirken die Stöße eine Änderung dieser Niveaus selbst (infolge der Nichterhaltung der Zahlen n und p_z bei Stößen ändert sich die Klassifizierung der Niveaus). Falls die Stoßzeit nicht zu klein ist, kann man annehmen, daß die Niveaus $\varepsilon(n, p_z)$ eine endliche Breite von der Größenordnung $\hbar/\tau$ besitzen. Im betrachteten Fall führt das zu denselben Effekten, die auch eine endliche Temperatur bewirkt.

Obwohl die DE-HAAS-VAN-ALPHEN-Oszillationen durch sehr langwierige Berechnungen hergeleitet wurden, kann man physikalisch ihre Herkunft relativ einfach erklären, wenn man die Auffüllung der Elektronenzustände betrachtet. In Abbildung 58a sind die Niveaus dargestellt, die den verschiedenen Werten n entsprechen (genauer bedeutet jede horizontale Linie den Beginn von Niveaus mit gegebenem n und verschiedenen p_z). Die gestrichelte Linie entspricht dem chemischen Potential μ. Die niederen Niveaus sind besetzt, die oberen leer. Da $\mu \gg \beta H$, so ist die Anzahl von Niveaus unterhalb μ sehr groß. Nimmt nun das

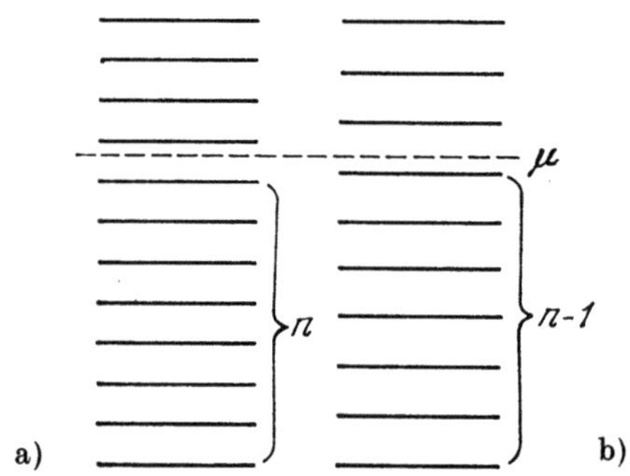

Abb. 58 Übergang eines Zustandes mit (a) n ($\gg 1$) besetzten LANDAU-Niveaus in einen nahezu äquivalenten Zustand mit (b) $n - 1$ besetzten LANDAU-Niveaus unterhalb der FERMI-Energie μ bei Erhöhung der Magnetfeldstärke um eine DE-HAAS-VAN-ALPHEN-Periode

Magnetfeld zu, dann wächst der Abstand zwischen den Niveaus an, und eines der niederen Niveaus schneidet schließlich die FERMI-Grenze $\varepsilon = \mu$ (Abb. 58b). Die Verteilung der Energieniveaus hat sich dabei kaum geändert, allerdings existieren jetzt nur noch $n - 1$ Niveaus unterhalb μ statt n. Da nun n sehr große Werte annimmt, ist dieser Unterschied unbedeutend, und man kann erwarten, daß der neue Zustand dem alten äquivalent ist. Das bedeutet aber gerade eine periodische Abhängigkeit vom Magnetfeld.

Außerordentlich einfach kann man die Oszillationen des magnetischen Moments mit Hilfe eines zweidimensionalen Modells (ohne p_z) bei $T = 0$ herleiten [47]. In diesem Modell besitzen die Niveaus das Aussehen $\varepsilon = \beta H\,(2n + 1)$. Jedes Niveau ist entartet, und die entsprechende Anzahl von Zuständen beträgt pH ($p = eV/2\pi\hbar c = \text{const}$).

Wenn die Gesamtzahl der Elektronen kleiner als pH ist, befinden sich alle auf dem untersten Niveau mit der Energie βH. Folglich wird in diesem Fall die Gesamtenergie

$$E = N\beta H$$

und das magnetische Moment

$$MV = -\,(\partial E/\partial H) = -\,N\beta\,.$$

Wenn sich nun das Magnetfeld verringert derart, daß $2pH > N > pH$ oder $N/2p < H < N/p$, dann müssen die Elektronen außer dem ersten Niveau in diesem Falle auch noch das zweite mit $n = 1$ besetzen. Daher hat man

$$E = \beta HpH + 3\beta H(N - pH) = 3\beta NH - 2\beta pH^2 ,$$

$$MV = - 3\beta N + 4\beta pH .$$

Folglich ändert sich das magnetische Moment bei $H = N/p$ sprunghaft vom Wert $- N\beta$ auf den Wert $N\beta$ und bei kleineren Feldern linear bis zum Wert $- N\beta$ bei $H = N/2p$.

Betrachtet man nun den Fall $3pH > N > 2pH$ oder $N/3p < H < N/2p$, dann spielt auch das Niveau mit $n = 2$ eine Rolle, und man erhält

$$E = \beta HpH + 3\beta HpH + (N - 2pH)\, 5\beta H = 5\beta HN - 6\beta pH^2 ,$$

$$MV = - 5\beta N + 12\beta pH .$$

Stellt man die Kurve $M(H)$ graphisch dar, dann erhält man den in Abbildung 59 gezeigten Verlauf. Die Sprünge treten bei $H = N/qp$ oder $1/H = qp/N$ auf, wobei q eine ganze Zahl bedeutet. Natürlich gibt dieses zweidimensionale Modell nicht alle Einzelheiten des tatsächlichen dreidimensionalen Falles wieder, aber es erklärt den Effekt qualitativ.

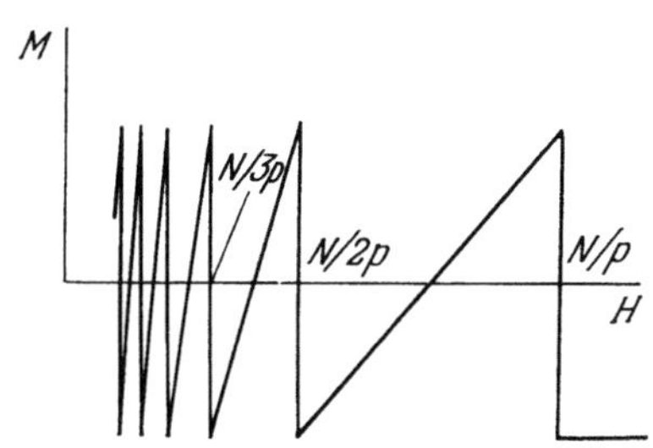

Abb. 59 DE-HAAS-VAN-ALPHEN-Oszillationen der Magnetisierung M als Funktion der Magnetfeldstärke H in einem zweidimensionalen Modell für die Temperatur $T = 0$. N ist die Anzahl der Elektronen und pH der Entartungsgrad der LANDAU-Niveaus

Um die Bedingungen für die Beobachtbarkeit des Effektes zu finden, geht man von der Formel (10.35) aus. Nimmt man an, daß das Metall hinreichend rein ist, so wird der Faktor (10.37), der von τ herrührt, gleich Eins. (Der Ausdruck im Exponenten ist von der Größenordnung $2\pi/\Omega\tau$, wobei Ω die Zyklotronfrequenz ist, so daß $\Omega\tau \gg 2\pi$ sein muß.)

Im Exponenten des Temperaturfaktors steht $2\pi^2 T/\beta^* H \approx 20 T/\beta^* H$. Wenn $m^* \sim m$, so daß $\beta^* \sim \beta$ und $T \sim 1$ K, so wird der Exponent näherungsweise Eins bei Feldern $H \sim 5 \cdot 10^5$ Oe. Solche Felder kann man im Prinzip erzeugen, wenn auch nicht einfach. Weiterhin hat für $\beta H \sim 20$ K das Argument im Sinus von (10.35) die Größenordnung $\mu/\beta H \sim 10^3$, da $\mu \sim (2 - 3) \cdot 10^4$ K, während die Oszillationsperiode gleich 2π ist. Folglich muß man das Feld mit einer

Genauigkeit bis zu 1—0,1% homogen und konstant halten, was die experimentelle Beobachtung des Effektes relativ schwierig macht.[1])

In Halbmetallen jedoch reichen wegen $m^* \sim 0{,}01\, m$ und $\beta^* \sim 100\,\beta$ schon Felder von der Größenordnung 10^4 Oe bei $T \sim 1$ K. Da die Ladungsträgerkonzentration in Halbmetallen ebenfalls gering ist, beträgt auch die FERMI-Energie nur einige Hundertstel ihres Wertes in normalen Metallen. Infolgedessen wird das Argument im Sinus von der Größenordnung Eins, und die Anforderungen an die Feldhomogenität sind nicht mehr so streng.

In „guten" Metallen existieren ebenfalls Teile der FERMI-Fläche mit kleinen Querschnitten und geringen effektiven Massen. Diese Teile sind daher mit Hilfe der Methoden, die in den vorigen Kapiteln beschrieben wurden, schwer zu untersuchen, da ihr Einfluß auf die Leitfähigkeit verschwindend gering ist. Die DE-HAAS-VAN-ALPHEN-Oszillationen dieser Teile jedoch besitzen eine große Amplitude und eine große Periode. Natürlich ist die Fläche eines Extremalquerschnitts nicht in dem Maße eine direkte Charakteristik des Spektrums wie zum Beispiel der unmittelbare Wert des FERMI-Impulses. Trotzdem kann man durch Messung dieser Größe bei verschiedenen Richtungen des Magnetfeldes praktisch die gesamte FERMI-Fläche mit guter Genauigkeit konstruieren.

Da, historisch gesehen, der DE-HAAS-VAN-ALPHEN-Effekt zum ersten Male die Möglichkeit bot, Energiespektren zu untersuchen, ist das Energiespektrum des Halbmetalls Wismut zuerst bestimmt worden (SHOENBERG 1939 [42]).

10.6. Diamagnetische Domänen

In den Formeln des vorhergehenden Abschnittes fungierte das äußere Feld H als wirksames Feld. Tatsächlich unterscheiden sich natürlich die Felder im Innern und Äußern eines Metalls. Solange jedoch die magnetische Suszeptibilität gering ist, kann man diesen Unterschied vernachlässigen. Der DE-HAAS-VAN-ALPHEN-Effekt kann jedoch offenbar zu großen magnetischen Suszeptibilitäten führen. Tatsächlich erhält man aus (10.33) bei $T \lesssim \beta H$

$$\chi = \partial M/\partial H \sim (\mu/\beta H)^{3/2} \gg 1\,.$$

Infolgedessen muß man klären, welches Feld in die Formeln (10.33) und (10.35) für M einzusetzen ist.

Bekanntlich bewegen sich die Elektronen in Metallen auf LARMOR-Bahnen. Deshalb ist das von ihnen erzeugte Magnetfeld über Gebiete mit Abmessungen der Größenordnung $r_L \sim cp_0/eH \sim 10^{-3}$ cm (bei Feldern von $\sim 10^4$ Oe) gemittelt. Da der mittlere Abstand zwischen den Elektronen 10^{-8} cm beträgt, wirkt auf die Elektronen im Metall ein gemitteltes Feld. Bekanntlich ist aber der

[1]) Die Forderung nach Homogenität des Feldes ist keine unüberwindliche Schwierigkeit, da es mit Hilfe moderner Anlagen bereits gelungen ist, Homogenitäten mit einer Genauigkeit bis zu $10^{-3}-10^{-4}$ % zu erreichen.

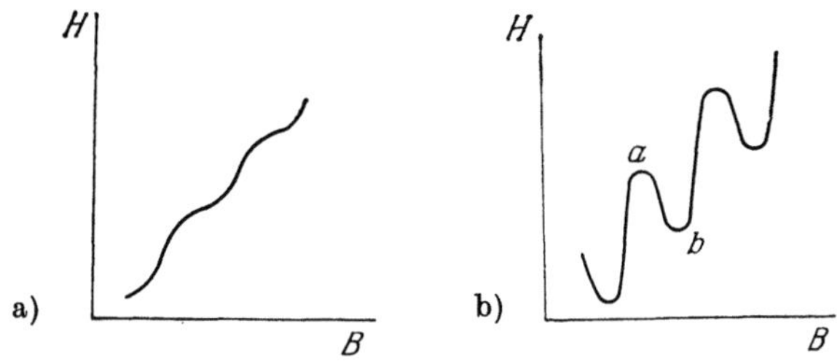

Abb. 60 Magnetfeldstärke H als Funktion der magnetischen Induktion B beim DE-HAAS-VAN-ALPHEN-Effekt für (a) tiefe und (b) sehr tiefe Temperaturen. Der Bereich $a-b$ ist thermodynamisch instabil

Mittelwert des mikroskopischen Feldes nichts anderes als die Induktion B, und folglich hat man in der Formel für das Moment H durch B zu ersetzen, wenn die Suszeptibilität groß wird. Dabei ergibt sich die Abhängigkeit $B(H)$ oder $M(H)$ schon nicht mehr aus der Formel (10.33), sondern muß aus der Gleichung

$$H = B - 4\pi M(B) \tag{10.38}$$

bestimmt werden.

Dieser Umstand führt zu unerwarteten Folgerungen. Für nicht zu tiefe Temperaturen ist $M(B) \ll B$, und die Abhängigkeit $H(B)$ hat die in Abbildung 60a dargestellte Form. Bei Erniedrigung der Temperatur jedoch wächst die Am-

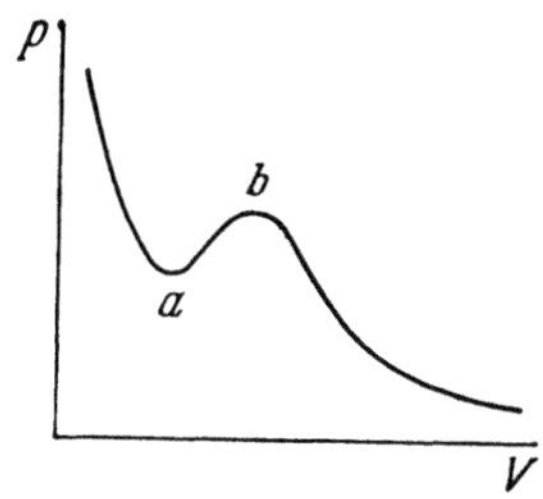

Abb. 61 Druck p als Funktion des Volumens V bei konstanter Temperatur (Isotherme) für ein VAN-DER-WAALSsches Gas. Der Bereich $a-b$ ist thermodynamisch instabil

plitude der Oszillationen, und man kommt zu dem in Abbildung 60b gezeigten Verlauf. Dabei entstehen Gebiete, in denen einem Wert des Magnetfeldes H drei verschiedene Werte B entsprechen. Eine solche Mehrdeutigkeit zeugt von einer Instabilität des Zustandes, wie sie zum Beispiel auch für die Zustandsgleichung eines VAN-DER-WAALSschen Gases existiert (Abb. 61). Diese Analogie ist nicht zufällig. So wie im Falle der VAN-DER-WAALSschen Gleichung infolge der thermodynamischen Ungleichung $(\partial p/\partial V)_T < 0$ der Kurventeil zwischen den Punkten a und b nicht realisiert werden kann, existiert auch im betrachteten Fall eine thermodynamische Ungleichung $\partial H/\partial B > 0$, die den Teil ab in Abbildung 60b verbietet (SHOENBERG 1962 [48]). Die Analogie geht noch weiter. So wie die VAN-DER-WAALSsche Kurve in Wirklichkeit einen Phasenübergang erster Art aus dem gasförmigen in den flüssigen Zustand beschreibt, stellt die Kurve in Abbildung 60b aufeinanderfolgende Phasenübergänge mit sprungartiger Änderung der Induktion dar (PIPPARD 1963 [49]). Zwar ist die Situation im Magnetfeld wegen des Entmagnetisierungseffektes komplizierter, doch bleibt die Analogie vollständig erhalten, wenn man einen langgestreckten Zylinder im Längsfeld annimmt.

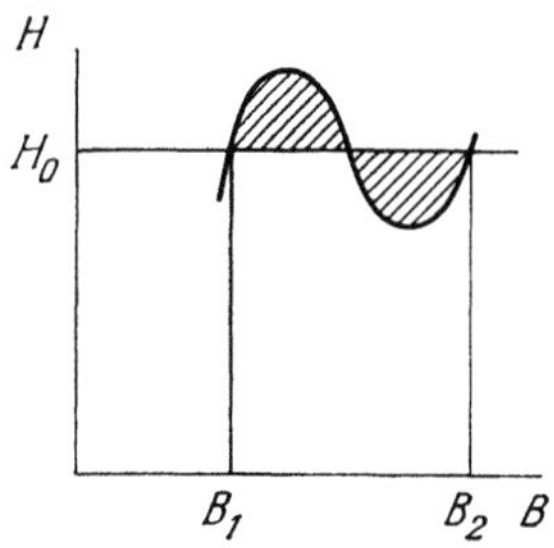

Abb. 62 Magnetfeldstärke H als Funktion der magnetischen Induktion B mit einem instabilen Bereich wie in Abb. 60b. Das Magnetfeld H_0 und der Sprung der Induktion B_2-B beim Phasenübergang bestimmen sich aus der Gleichheit der gestrichelten Flächen

Somit erweist sich das Auftreten von Kurventeilen in der Abhängigkeit $H(B)$ mit $\partial H/\partial B < 0$ oder

$$\chi = \partial M(B)/\partial B > 1/4\pi \tag{10.39}$$

als Bedingung für eine sprungartige Änderung der Induktion. Der Sprung der Induktion erfolgt im konstanten äußeren Feld und wird durch die Gleichheit der freien Energien im gegebenen Feld, das heißt $\int B\,\mathrm{d}H$, bestimmt. Diese Gleichheit kann man als

$$\int_1^2 B\,\mathrm{d}H = H_0(B_2 - B_1) - \int_1^2 H\,\mathrm{d}B = 0 \tag{10.40}$$

darstellen, was zur Gleichheit der gestrichelten Flächen in Abbildung 62 führt. Während also die Kurve $B(H)$ aus glatten Stücken und Sprüngen besteht, besitzt die Abhängigkeit $M(H)$ den in Abbildung 63a dargestellten Verlauf.

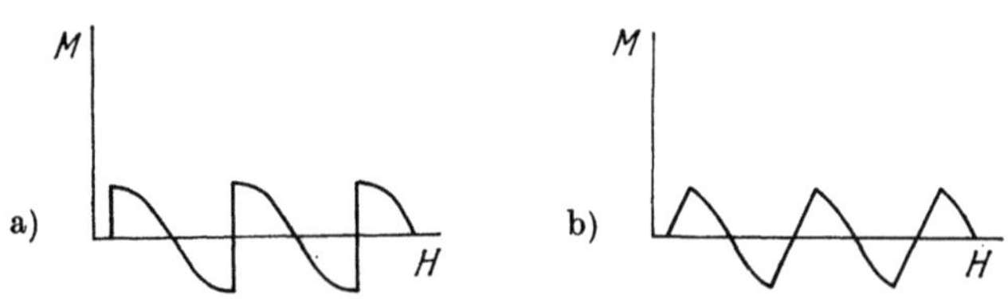

Abb. 63 Magnetisierung M als Funktion der Magnetfeldstärke H (a) ohne und (b) mit Entmagnetisierungseffekten

Zur Betrachtung nichtzylindrischer Geometrien nimmt man ein beliebiges Ellipsoid mit einem Entmagnetisierungsfaktor n an (für einen Zylinder im Längsfeld ist $n = 0$, für einen Zylinder im transversalen Feld ist $n = \frac{1}{2}$, für eine Kugel $n = \frac{1}{3}$, und für eine unendliche Scheibe im senkrechten Feld ist $n = 1$). Das effektive innere Feld ist bekanntlich $H_i = H - 4\pi n M$, gleichzeitig aber auch nach (10.38) $B - 4\pi M$. Hieraus findet man

$$H = B - 4\pi(1 - n)\, M\,. \tag{10.41}$$

Das ist eine neue Kurve $H(B)$. Da im vorliegenden Fall H_i die Rolle von H übernimmt, ist die Abhängigkeit $H_i(B)$ wie gehabt durch Abbildung 60 gegeben. Folglich ergibt sich für die „besonderen" Kurventeile $H_0 = H - 4\pi n M$ oder

$$M = (H - H_0)/4\pi n\,, \tag{10.42}$$

das heißt eine lineare Abhängigkeit anstelle von Sprüngen. Diese Abhängigkeit tritt in einem Intervall $B_1 < B < B_2$ auf oder gemäß (10.41) und (10.42)

$$nB_1 + (1 - n)\, H_0 < H < nB_2 + (1 - n)\, H_0\,. \tag{10.43}$$

Der vollständige Verlauf der Abhängigkeit $M(H)$ ist in Abbildung 63b dargestellt.

Es ergibt sich nun die Frage, worin in diesem Fall das Wesen des „besonderen" Gebietes besteht. Denn die Probe kann sich entweder nur im Zustand mit der Induktion B_1 oder im Zustand mit der Induktion B_2 befinden, während im Fall $n \neq 0$ die Induktion alle Zwischenwerte annehmen kann. Die oben dargelegte formale Theorie beschreibt vollständig lediglich die gemittelten Größen; die Induktion B, die in (10.41) eingeht, ist der Mittelwert über die gesamte Probe. Da nun tatsächlich nur die Werte B_1 und B_2 möglich sind, so müssen in der Probe aufeinanderfolgende Domänen mit Werten der Induktion B_1 und B_2 existieren (Condon 1966 [50]). Das Verhältnis der Volumina dieser Phasen ist derart, daß die mittlere Induktion dem Wert B entspricht. Besonders einfach gestalten sich die Verhältnisse im Fall einer ebenen Platte senkrecht zum äußeren Feld ($n = 1$). Dann muß wegen der Stetigkeit der Normalkomponente der Induktion $B = H$ sein. Daher existieren die Domänen für $B_1 < H < B_2$, und folglich sind einzelne Domänen paramagnetisch magnetisiert und andere diamagnetisch.

Die in Abbildung 63a und 63b dargestellten Abhängigkeiten der Magnetisierung vom Feld sind experimentelle Ergebnisse [50]. Außerdem wurde mit Hilfe von Kernresonanzmessungen gezeigt, daß an Silberproben bei tiefen Temperaturen Domänen mit verschiedener Induktion existieren, wobei sich bei Variation des äußeren Feldes nur die Konzentration der Phasen änderte, nicht aber der Wert der Induktion.

Alle bisherigen Überlegungen ermöglichen es, die Existenz von Domänen, die Werte der Induktion in den Domänen und die relative Konzentration der Phasen festzustellen. Die genaue magnetische Struktur selbst jedoch bleibt dabei unbestimmt. Es ist nun am naheliegendsten anzunehmen, daß infolge der räumlichen Homogenität und der Symmetrie des Problems in einer Platte senkrecht zum äußeren Feld eine periodische Struktur aufeinanderfolgender Domänen entsteht, die die Form ebener Schichten parallel zum äußeren Feld besitzen. Zur Bestimmung der Periode dieser Struktur muß man einen neuen Begriff einführen — die Oberflächenenergie an der Grenze zwischen den Schichten.

Verständlicherweise befindet sich die Übergangsschicht zwischen den Phasen in einem ausgezeichneten Zustand, denn die Induktion ändert sich in ihr von B_1 auf B_2, das heißt räumlich inhomogen. Folglich muß diese Schicht mit irgendeiner zusätzlichen Energie verbunden sein. Man muß an dieser Stelle bemerken, daß alle oben beschriebenen Verhältnisse nur für den Fall positiver Oberflächenenergie gültig sind. Andernfalls wäre es energetisch vorteilhafter, wenn die Zahl der Zwischenphasengrenzen unbeschränkt wachsen würde, was zu einer vollständigen Vermischung der Phasen führen würde. Das träfe nicht nur für den Fall $n \neq 0$ zu, sondern sogar für einen Zylinder im Längsfeld. In diesem Falle hätte der gesamte Übergang einen vollständig anderen Charakter. Prinzipiell ist das möglich (ASBEL 1967 [52]), aber in der Regel liegt der Fall positiver Oberflächenenergie vor (PRIWOROZKI 1967 [53]), der im weiteren qualitativ behandelt wird.

Im thermodynamischen Gleichgewicht muß sich der Stoff entweder im Zustand mit der Induktion B_1 oder B_2 befinden, und jeder beliebige Zwischenwert der Induktion muß einen zusätzlichen Energiebetrag liefern. Dieser Energiebetrag muß für $B = B_1$ und $B = B_2$ verschwinden, und er ist proportional zu

$$\left(\frac{B_1 - B_2}{2}\right)^2 - \left(B - \frac{B_1 + B_2}{2}\right)^2,$$

wenn sich B_1 und B_2 wenig voneinander unterscheiden. In der gesamten Übergangsschicht ist dieser Ausdruck von der Größenordnung $(B_1 - B_2)^2$. Da in die freie Energie das Integral $\frac{1}{4\pi}\int H \, \mathrm{d}B$ eingeht, so muß auf die Volumeneinheit der Übergangsschicht eine Energie von der Größenordnung

$$\frac{1}{4\pi}\left(\frac{\partial H}{\partial B}\right)_{1,2} (B_1 - B_2)^2$$

entfallen (die Indizes bezeichnen die Ableitung der Kurve von Abbildung 62 im Punkt B_1 oder B_2). Durch Multiplikation mit der Dicke der Übergangsschicht d erhält man für die Energie pro Grenzflächeneinheit, das heißt für die Oberflächenenergie

$$\alpha \sim \frac{1}{4\pi} d \left(\frac{\partial H}{\partial B}\right)_{1,2} (B_1 - B_2)^2 .$$

Wenn $B_1 - B_2$ von der Größenordnung der Periode der DE-HAAS-VAN-ALPHEN-Oszillationen ist, so verbleibt als einziger Parameter mit der Dimension einer Länge der LARMOR-Radius r_L, so daß $d \sim r_L$.

Nimmt man eine Platte an mit der Dicke D sowie einer Länge und Breite, die gleich der Einheit sind und hat die Struktur die Periode b, so erhält man für die Anzahl der Schichten $1/b$; die Gesamtfläche aller Grenzen beträgt $2D/b$. Damit liefert die Oberflächenenergie zur Gesamtenergie den Beitrag $2\alpha D/b$.

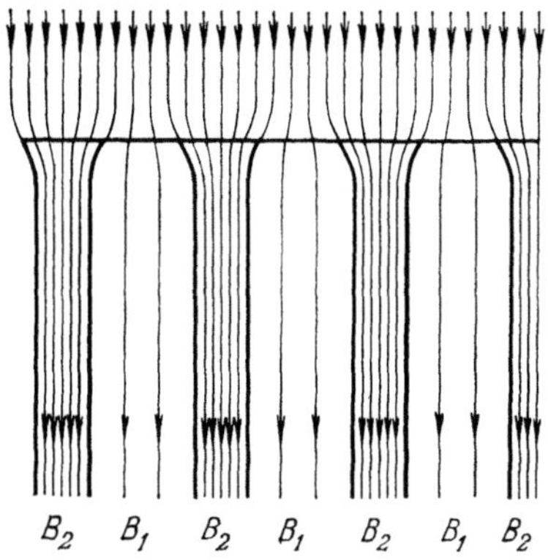

Abb. 64 Ausbildung von magnetischen Domänen mit den magnetischen Induktionen B_1 und B_2 in einem Metall. Das äußere Magnetfeld ist homogen und senkrecht zur Metalloberfläche gerichtet

In Abbildung 64 ist dargestellt, welches Aussehen die Schichten an der Probenoberfläche besitzen. Die Stetigkeit des magnetischen Flusses bedeutet die Stetigkeit der magnetischen Kraftlinien. In hinreichender Entfernung von der Probe sind die Linien mit homogener Dichte verteilt, im Innern unterscheidet sich die Dichte in verschiedenen Domänen. Andererseits führt eine starke Krümmung der Kraftlinien zu einem weiteren Energiebeitrag. Hieraus folgt, daß sich die Grenzschichten an der Oberfläche verbiegen müssen, wie in Abbildung 64 dargestellt. Die linearen Abmessungen einer solchen Krümmung sind von der Größenordnung der Schichtdicke, das heißt von der Größenordnung der Strukturperiode b, während die Energie dieser Abschnitte offenbar näherungsweise gleich $\frac{1}{4\pi}(B_1 - B_2)^2 b^2$ ist. Da die Anzahl der Schichten gleich $1/b$ ist, beträgt der Gesamtbeitrag der Krümmungen zur Energie etwa $\frac{1}{4\pi}(B_1 - B_2)^2 b$. Damit ergibt sich die Gesamtenergie zu

$$C_1 \frac{(B_1 - B_2)^2}{4\pi}\left[d\left(\frac{\partial H}{\partial B}\right)_{1,2}\frac{D}{b} + C_2 b\right],$$

wobei C_1, $C_2 \sim 1$. Nimmt man das Minimum dieses Ausdruckes bezüglich b, findet man für die Periode der Struktur

$$b = \sqrt{\left(\frac{\partial H}{\partial B}\right)_{1,2}\frac{Dd}{C_2}},$$

das heißt, die Abmessungen der Domänen wachsen mit zunehmender Plattendicke wie $\sqrt{D}$.

Die Bildung von Domänen infolge des DE-HAAS-VAN-ALPHEN-Effektes ist in vielem analog zu anderen Fällen der Entstehung magnetischer Domänen bei nichtzylindrischer Geometrie; das trifft zum Beispiel für Ferromagnetika und Supraleiter erster Art (Zwischenzustand) zu. In allen diesen Fällen liegt ein Gleichgewicht zweier verschiedener Phasen vor, und es existiert eine zusätzliche Oberflächenenergie an der Phasengrenze. Wie schon im betrachteten Fall erweist sich die Größe der Domänen proportional $\sqrt{D}$.

10.7. Magnetischer Durchbruch

Bisher wurde der Abstand zwischen den LANDAU-Niveaus βH lediglich mit T und ε_F verglichen, nicht aber mit der Größe der verbotenen Zone im elektronischen Energiespektrum, die durch ε_g bezeichnet wird. Offensichtlich ist die einfache quasiklassische Quantisierung nicht mehr anwendbar, wenn βH von der Größenordnung ε_g wird (tatsächlich ist das schon bei wesentlich geringeren Werten der Fall, wie unten gezeigt wird). Gewöhnlich beträgt der Abstand zwischen den magnetischen Niveaus etwa 10^{-8} eV pro 1 Oe, während die Energien zur Charakterisierung der Bandstruktur von der Größenordnung 2—10 eV sind. Bekanntlich existieren jedoch Fälle, bei denen die Energie der Bandaufspaltungen wesentlich kleiner als 1 eV ist. Am bekanntesten ist die Aufspaltung, die durch Spin-Bahn-Kopplung der Elektronen hervorgerufen wird.

Das Wesen dieser Spin-Bahn-Kopplung besteht in folgendem: Es ist durchaus möglich, daß die Niveaus eines Elektrons, das sich im elektrostatischen Potential der Ionen und der übrigen Elektronen bewegt, entartet sind. Gewöhnlich ist das in Punkten des reziproken Raumes mit erhöhter Symmetrie der Fall.

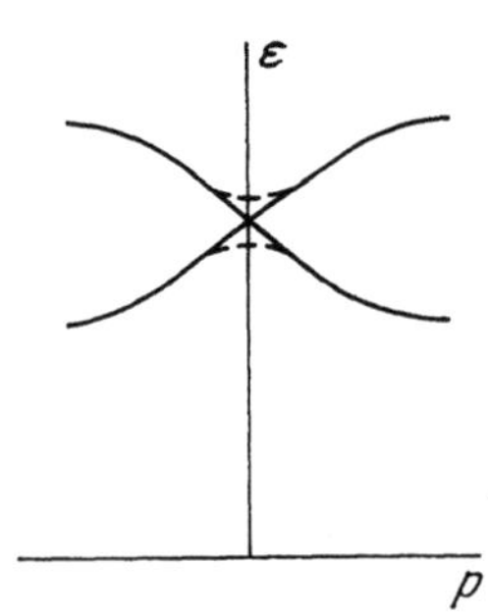

Abb. 65 Zwei entartete Energiebänder (———) und Aufhebung der Entartung (— — —) durch Spin-Bahn-Kopplung

Diese Entartung kann nun infolge eines gewissen relativistischen Effektes aufgehoben werden, den man als Spin-Bahn-Kopplung bezeichnet. Geht man nämlich zu einem Koordinatensystem über, das sich zusammen mit dem Elektron bewegt, entsteht ein zusätzliches, relativ schwaches Magnetfeld der Größenordnung $(v/c)\,\nabla V$, wobei v die Geschwindigkeit des Elektrons, c die Lichtgeschwindigkeit und V das periodische elektrostatische Potential des Gitters bedeuten. Dieses Magnetfeld wechselwirkt mit dem magnetischen Moment des Elektrons und kann das elektronische Energiespektrum verändern. Die relative Größe der Energiekorrektur ist von der Ordnung $(v/c)^2\, f(Z)$, wobei $f(Z)$ eine wachsende Funktion der Ordnungszahl ist. Da $v \sim 10^8$ cm/s ist, beträgt diese Energie etwa 10^{-3}–10^{-2} eV.

Obwohl dieser Effekt also sehr schwach ist, kann er sich doch als wesentlich bei der Aufhebung der Entartung von Niveaus erweisen. Das trifft zum Beispiel für den in Abbildung 65 dargestellten Fall zu, bei dem sich zwei Bänder in einem Punkte berühren, der sowohl dem energetischen Maximum des einen Bandes als auch dem Minimum des anderen Bandes entspricht. In diesem Fall führt die Aufhebung der Entartung durch die Spin-Bahn-Kopplung zum Entstehen einer kleinen Lücke im energetischen Spektrum.

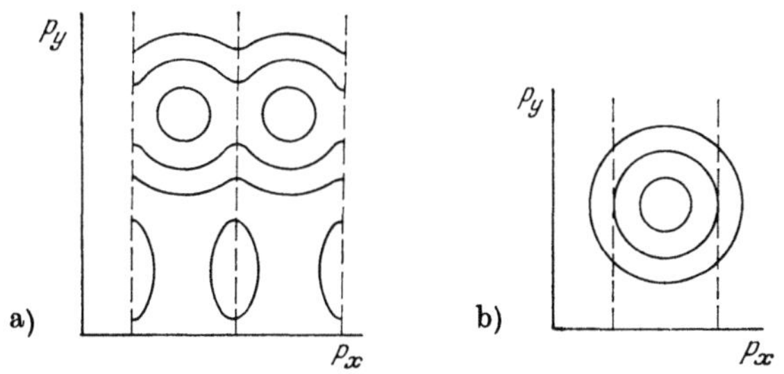

Abb. 66 Flächen konstanter Energie im Impulsraum für (a) freie Elektronen und (b) fast freie Elektronen in einem Gitter, das in einer Dimension periodisch ist

Wenn das Magnetfeld, das auf ein solches Metall einwirkt, hinreichend schwach ist, bewegen sich die Elektronen auf entsprechenden, quasiklassischen Bahnen. Mit anwachsendem Feld jedoch kann der Fall eintreten, daß die schmalen Energielücken unwesentlich werden. Dann erfolgt die Bewegung der Elektronen auf Bahnen, die durch vollständige Vernachlässigung der schmalen Energielücken charakterisiert sind. Diese Erscheinung heißt „magnetischer Durchbruch" (Cohen, Falicov 1961 [54]).

Bei den Zwischenwerten des Magnetfeldes verbreitern sich die Energieniveaus zu energetischen Zonen, was zu gewissen eigentümlichen Effekten führt (z. B. zur Änderung des Charakters der Streuung der Elektronen). Das bezieht sich jedoch nur auf das direkte Übergangsgebiet.

Zur Illustration diene der Fall, daß ein fast freies Elektron in ein Gitter gebracht wird, das in einer Richtung periodisch ist (Abb. 66a). Entsprechend Kapitel 1 braucht man lediglich eine Brillouin-Zone zu betrachten; diejenigen Teile der Isoenergiefläche, die außerhalb der Brillouin-Zone liegen, hat man bereits als zum nächsten Energieband gehörig zu interpretieren. Aus Abbildung 66b ist ersichtlich, daß bei hinreichend großen Energiewerten ein „gewellter“ Zylinder in einer Zone und eine geschlossene Fläche in der anderen Zone entstehen. Wenn das Magnetfeld in z-Richtung orientiert ist, so sind bei

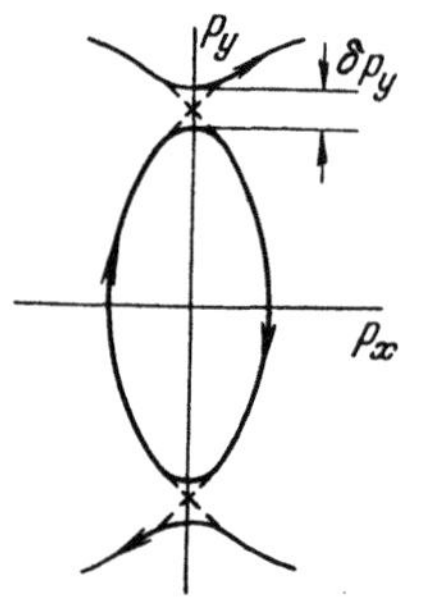

Abb. 67 Magnetischer Durchbruch zwischen zwei Bahnen (———) fast freier Elektronen. In hohen Magnetfeldern durchlaufen die Elektronen kreisförmige Bahnen (– – –) wie freie Elektronen

schwachen Feldern nur die DE-HAAS-VAN-ALPHEN-Oszillationen der geschlossenen Flächen sichtbar, während der Widerstand ϱ_{xx} proportional H^2 anwächst, da hier der Fall eines gewellten Zylinders im senkrechten Feld vorliegt (s. Abschn. 5.4.). Wenn jedoch das Magnetfeld hinreichend stark wird, so stellt der magnetische Durchbruch die ursprüngliche FERMI-Kugel für freie Elektronen wieder her, und der äquatoriale Querschnitt liefert die DE-HAAS-VAN-ALPHEN-Oszillationsperiode, während ϱ_{xx} gegen einen Sättigungswert strebt.

Um die Größenordnung der Magnetfelder abzuschätzen, die zum magnetischen Durchbruch notwendig sind, betrachtet man die Abbildung 67. Diese Abbildung kann man nicht nur als Darstellung der Isoenergiefläche interpretieren, sondern auch als Darstellung ihres Querschnitts mit der Ebene $p_z = 0$, das heißt der Elektronentrajektorie. Die Abhängigkeit der Energie vom Impuls für fast freie Elektronen wurde in Abschnitt 1.3. behandelt. Mit Formel (1.42) ergibt sich bei entsprechender Umbezeichnung der Impulse für die in Abbildung 67 dargestellte Trajektorie die Gleichung

$$\frac{p_y^2 + p_x^2 + (\hbar K/2)^2}{2m} \pm \sqrt{\left(\frac{p_x \hbar K}{2m}\right)^2 + |U_K|^2} = \varepsilon\,, \tag{10.44}$$

wobei U_k die Energielücke bedeutet.

Der kürzeste Abstand zwischen zwei Trajektorien entspricht $p_x = 0$ und ist gleich

$$\delta p_y = \sqrt{2m\left[\varepsilon - \frac{1}{2m}\left(\frac{\hbar K}{2}\right)^2 + U_K\right]} - \sqrt{2m\left[\varepsilon - \frac{1}{2m}\left(\frac{\hbar K}{2}\right)^2 - U_K\right]}$$

$$\approx \frac{\sqrt{2m}\, U_K}{\sqrt{\varepsilon - (1/2m)\,(\hbar K/2)^2}} \sim \sqrt{m}\,\frac{U_K}{\sqrt{\mu}}\,.$$

Hierbei wird $U_K \ll \varepsilon - \frac{1}{2m}\left(\frac{\hbar K}{2}\right)^2 \sim \mu$ angenommen. Wie schon in Abschnitt 5.1. bemerkt (Formel (5.10)), sind die Trajektorien im Orts- und Impulsraum einander ähnlich. Durch Änderung des Maßstabes findet man daher aus der Größe des „verbotenen Intervalls" im Impulsraum δp_y für den Wert des verbotenen Intervalls im Ortsraum

$$\delta x \sim \frac{c}{eH}\sqrt{m}\,\frac{U_K}{\sqrt{\mu}}. \tag{10.45}$$

Dieser Bereich stellt die Potentialbarriere dar, die von einem klassischem Elektron nicht überwunden werden kann. In der Quantenmechanik existiert jedoch bekanntlich eine Wahrscheinlichkeit, mit Hilfe des sogenannten Tunneleffektes diese Barriere zu durchdringen. Diese Wahrscheinlichkeit des Tunneleffektes ist proportional

$$W \sim \exp\left[-\frac{2}{\hbar}\,\mathrm{Im}\,(p_x)\,\delta x\right].$$

Der Imaginärteil von p_x ergibt sich aus Gleichung (10.44) im verbotenen Intervall der Abbildung 67. Größenordnungsmäßig kann man ihn bestimmen, indem man von der Bedingung ausgeht, daß das imaginäre p_x unter der Wurzel in (10.44) den Term $|U_k|^2$ kompensiert. Daraus folgt

$$\mathrm{Im}\,p_x \sim \frac{U_K m}{\hbar K} \sim \frac{U_K\sqrt{m}}{\sqrt{\mu}}. \tag{10.46}$$

Setzt man (10.45) und (10.46) in die Formel für die Tunnelwahrscheinlichkeit ein, findet man (Blount 1962 [55]):

$$W \sim \exp\left(-\alpha\,\frac{2cm}{eH\hbar}\,\frac{U_K^2}{\mu}\right) = \exp\left(-\alpha\,\frac{U_K^2}{\beta H \mu}\right), \tag{10.47}$$

wobei $\alpha \sim 1$. Hieraus folgt, daß zum Auftreten des magnetischen Durchbruches nicht die Bedingung $\beta H \sim U_K$, sondern $\beta H \sim U_K^2/\mu$ notwendig ist, das heißt eine weitaus kleinere Größe. So sind zum Beispiel für $U_k \sim 10^{-2}$ eV und $\mu \sim 1$ eV bereits Felder von 10^4 Oe ausreichend.

In Wirklichkeit wird das betrachtete Modell in der Natur nicht unmittelbar realisiert, und die Bedingungen für die Beobachtbarkeit des magnetischen Durchbruches liegen nicht oft vor. Ein Beispiel ist das Magnesium, bei dem in starken Feldern Querschnittsflächen beobachtet wurden, die größer als die Querschnitte der Brillouin-Zone sind [54]. Dieser Umstand läßt sich folgendermaßen interpretieren. Magnesium besitzt ein hexagonal dicht gepacktes Gitter. Betrachtet man einen Zentralschnitt der Fermi-Fläche senkrecht zur Hauptachse, so besitzt der Querschnitt der Brillouin-Zone in diesem Fall die Form eines regelmäßigen Sechseckes (Abb. 68).

Zeichnet man die Elektronenbahnen nach dem Modell freier Elektronen, so hat man Kreise mit dem Mittelpunkt im Zentrum jedes Sechseckes zu ziehen. Diese Kreise überschneiden sich. Wie üblich wird diese Überschneidung in Wirklichkeit aufgehoben, und man erhält eine geschlossene Linie in der Mitte und „Dreieckskonturen" an den Rändern des Sechseckes. Wesentlich ist hierbei, daß die Aufhebung der Entartung nur durch die Spin-Bahn-Wechselwirkung erfolgt. In schwachen Feldern werden die Oszillationsperioden durch die in Abbildung 68 schraffierten Flächen bestimmt. Wenn jedoch das Feld hinreichend stark ist, so entsteht die Bahn eines freien Elektrons, und es ergibt sich ein Querschnitt, der größer als die Fläche des Sechseckes ist.

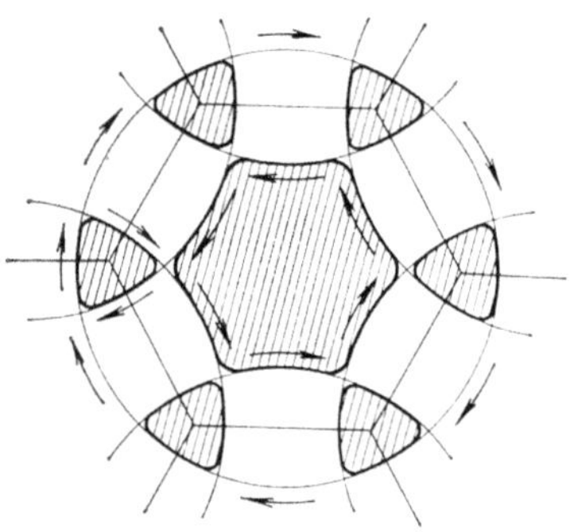

Abb. 68 Zentraler Querschnitt der FERMI-Fläche (———) von Magnesium mit „dreieckigen" Elektronenbahnen und einer zentralen Lochbahn. Die Pfeile markieren die Umlaufsrichtung der Elektronen im Magnetfeld, und das Sechseck ist der Querschnitt der BRILLOUIN-Zone. Die DE-HAAS-VAN-ALPHEN-Perioden sind in schwachen Magnetfeldern durch die schraffierten Flächen und bei magnetischem Durchbruch in starken Magnetfeldern durch die große Kreisfläche bestimmt

Das Magnetfeld muß streng in Richtung der Hauptachse orientiert sein, da die große Bahn durch die Schnittpunkte der freien FERMI-Kugeln gehen und gleichzeitig in einer Ebene liegen muß, die senkrecht zum Feld ist. Wenn das Magnetfeld anders gerichtet ist, so sind die kleinen Bahnen durch große Abstände getrennt, was ihre Verschmelzung zu einer großen Bahn nur sehr schwer möglich macht. Alle diese Eigenschaften werden experimentell beobachtet. Der Effekt des magnetischen Durchbruches verschwindet, wenn die Abweichung des Magnetfeldes von der Achse 4° übersteigt.

11. Quantenerscheinungen in der Hochfrequenz-Oberflächenimpedanz

11.1. „Gewöhnliche“ Quantenoszillationen

Oszillationen desselben Typs, wie sie beim DE-HAAS-VAN-ALPHEN-Effekt auftreten, werden auch in den kinetischen Erscheinungen beobachtet, z. B. in der elektrischen Leitfähigkeit (SCHUBNIKOW-DE-HAAS-Effekt) und in der Wärmeleitung. Eine der genauesten Methoden zur Messung von S_{extr} ist die Beobachtung von Oszillationen in der Hochfrequenz-Oberflächenimpedanz, deren Theorie im folgenden dargelegt werden soll (ASBEL 1958 [56]).

Streng betrachtet, erfordert die quantenmechanische Behandlung der kinetischen Erscheinungen ein vollkommen anderes Herangehen. Die Wechselwirkung der Elektronen mit Störstellen oder Phononen wird nur in nullter Näherung in $\hbar$ durch das Stoßintegral beschrieben. Daher ist diese Näherung für die Berechnung der Quantenoszillationen unzureichend, was in manchen Fällen außerordentlich wichtig ist. Im SCHUBNIKOW-DE-HAAS-Effekt (Oszillationen der statischen Leitfähigkeit) zum Beispiel liefern gerade die Quanteneffekte in den Stößen den Hauptbeitrag, und die Vernachlässigung dieser Tatsache führt zu Fehlern.

Allgemein kann man sagen, daß in der Regel jeder beliebige Effekt, der wesentlich von τ abhängt, nicht durch einfache quasiklassische Methoden berechnet werden kann, wie sie unten dargelegt werden. Solche Erscheinungen erfordern Methoden der Quantenfeldtheorie, was weit über den Rahmen dieses Buches hinausgeht. Im Falle der Hochfrequenz-Oberflächenimpedanz unter den Bedingungen des anomalen Skineffektes spielt der Ausdruck $\sigma\delta/l$ die Rolle der effektiven Leitfähigkeit, das heißt einer Größe, die nicht von der freien Weglänge abhängt. Dieser Umstand erlaubt es, den Einfluß der Quantisierung der Niveaus auf die Stöße zu vernachlässigen.

Die Möglichkeit einer quasiklassischen Betrachtung von Quantenkorrekturen ist auch durch die Bedingung eingeschränkt, daß das Wellenfeld keine realen Übergänge zwischen den magnetischen Quantenniveaus hervorrufen darf. Dazu ist offenbar nötig, daß die Frequenz der Welle nicht zu hoch sein darf, das heißt, es muß $\omega \ll \Omega$ sein. Eine solche Bedingung ist jedoch nicht hinreichend. Zu Beginn des Abschnittes 12.7. werden die Erhaltungssätze bei der Quantenabsorption durch ein Elektron behandelt. Obwohl es sich dort um Schallwellen handelt, ist die Formel (12.46) jedoch in gleicher Weise auch für den Fall der Absorption eines elektromagnetischen Quantes anwendbar. Aus dieser Formel folgt für $n = n'$, daß reale Übergänge vermieden werden, falls $k_z \ll m\omega/p_0$.

Da $k \approx 1/\delta$ ist, darf der Neigungswinkel des Magnetfeldes zur Oberfläche den Wert

$$\psi \ll m\omega\delta/p_0$$

nicht überschreiten. Für $\omega \sim 10^{10}\,\mathrm{s}^{-1}$, $\delta \sim 10^{-4}$ cm und $v = p_0/m \sim 10^8$ cm/s findet man $\psi \ll 10^{-2} \sim 1°$. In diesem Fall kann man das elektrische Feld als quasiklassisch betrachten.

Die Bedingung der Parallelität von Magnetfeld und Metalloberfläche fällt mit (7.57) zusammen, die für das Auftreten der Zyklotronresonanz erfüllt sein muß (da dort $\omega \sim \Omega$).

Im weiteren wird lediglich der Fall eines parallelen Feldes behandelt; am Ende dieses Abschnittes werden diejenigen Änderungen hervorgehoben, die sich im geneigten Feld ergeben.

Wenn das elektrische Feld der Welle quasiklassischen Charakter hat, so führt es lediglich zu einer Verschiebung der Energieniveaus, wie sie früher abgeleitet wurden. Aber es ergibt sich ein Korrekturterm zur Verteilungsfunktion $\left(-\partial f_0/\partial\varepsilon(n, p_z)\right)\,\psi(E, n, p_y, p_z)$, wobei E das elektrische Feld bedeutet. Im klassischen Grenzfall ist die Änderung der Verteilungsfunktion $-(\partial f_0/\partial\varepsilon)\,\psi$ (s. Kap. 7). Hierbei ist ψ eine sich langsam ändernde Funktion der Energie. Entsprechend dem Korrespondenzprinzip kann man sagen, daß im klassischen Grenzfall $\psi(E, n, p_y, p_z)$ in die Funktion ψ übergeht, die in Kapitel 7 betrachtet wurde. Wegen der langsamen Änderung der Funktion ψ jedoch sind die Quantenkorrekturen in dieser Funktion im Verhältnis zu den Korrekturen der Funktion $\partial f/\partial\varepsilon$ außerordentlich gering. Infolgedessen kann man sofort den klassischen Wert von ψ benutzen.

Statt (7.42) erhält man folgenden Ausdruck für den Strom:

$$j_\alpha = \frac{e^3 H}{(2\pi\hbar)^2\, c} \sum_\sigma \sum_n \int \mathrm{d}p_z \frac{\partial f_0}{\partial\varepsilon(n, p_z, \sigma)} \times \overline{\left[v_\alpha(t_1) \int_{-\infty}^{t} \mathrm{e}^{(t_2 - t_1)(1/\tau - i\omega)}\, v_\beta(t_2)\, E_\beta[\boldsymbol{r}(t_2)]\,\mathrm{d}t_2\right]}, \tag{11.1}$$

wobei der Strich die Mittelung über eine Periode bedeutet und

$$\boldsymbol{r}(t_2) = \boldsymbol{r} + \int_{t_1}^{t_2} \boldsymbol{v}(t_3)\,\mathrm{d}t_3\,.$$

Durch Anwendung der Poissonschen Formel (10.21) erhält man für den oszillierenden Teil des Stromes $\tilde{j}$

$$\tilde{j}_\alpha(\boldsymbol{r}) = -\frac{2e^3 H}{(2\pi\hbar)^2\, c} \sum_\sigma \sum_{k=1}^{\infty} \int_0^{\infty} \cos 2\pi k n\,\mathrm{d}n \int \frac{\partial f_0}{\partial\varepsilon(n, p_z, \sigma)}\,\mathrm{d}p_z \times \frac{1}{T_1}\int_0^{T_1} \mathrm{d}t_1\, v_\alpha(t_1) \int_{-\infty}^{t_1} \mathrm{d}t_2\, \mathrm{e}^{(t_2 - t_1)(1/\tau - i\omega)}\, v_\beta(t_2)\, E_\beta[\boldsymbol{r}(t_2)] \tag{11.2}$$

(mit T_1 ist die Periode bezeichnet, um sie von der Temperatur zu unterscheiden). Da das gesamte Integral $\frac{1}{T_1}\int\limits_0^{T_1} \mathrm{d}t_1$ eine nur langsam veränderliche Funktion von ε und p_z ist, kann man es folgendermaßen umformen. Wie aus Abschnitt 10.5. bekannt ist, sind die Werte ε in der Umgebung von μ und die Werte p_z in der Umgebung von p_z^m am wesentlichsten; sie entsprechen den Extremalquerschnitten. Daher kann man das Integral $\frac{1}{T_1}\int\limits_0^{T_1} \mathrm{d}t_1$, genommen bei diesen Werten ε und p_z, als konstant annehmen und es mit Q bezeichnen.

Wie früher hat man

$$\tilde{j} = 2\,\mathrm{Re} \sum_{k,\sigma} j_{k\sigma} ,$$

$$j_{k\sigma} = -\frac{e^3 H}{(2\pi\hbar)^2 c}\int\limits_0^\infty \mathrm{e}^{2\pi i k n}\,\mathrm{d}n \int\limits_{-\infty}^{\infty} \frac{\partial f_0}{\partial\varepsilon(n, p_z, \sigma)}\,\mathrm{d}p_z\, Q\,. \tag{11.3}$$

Geht man mit Hilfe der Relation

$$\mathrm{d}n = \frac{\partial n}{\partial\varepsilon}\mathrm{d}\varepsilon = \frac{c}{2\pi e\hbar H}\,\frac{\partial S}{\partial\varepsilon}\mathrm{d}\varepsilon = \frac{c m^*}{e\hbar H}\mathrm{d}\varepsilon$$

von der Integrationsvariablen n zu ε über, erhält man

$$j_{k\sigma} = -\frac{2\pi e^2}{(2\pi\hbar)^3}\int\limits_0^\infty \mathrm{d}\varepsilon\,\frac{\partial f_{0\sigma}}{\partial\varepsilon}\int\limits_{p_{z\,\mathrm{min}}}^{p_{z\,\mathrm{max}}} m^*(p_z, \varepsilon)\,\mathrm{e}^{2\pi i k n(p_z, \varepsilon)}\,\mathrm{d}p_z\, Q\,, \tag{11.4}$$

wobei $f_{0\sigma}$ die Funktion f_0 mit $\mu_\sigma = \mu + \beta H\sigma_z$ bedeutet. Durch Integration über p_z erhält man

$$j_{k\sigma} = -\frac{2\pi e^2}{(2\pi\hbar)^3\sqrt{k}}\int\limits_0^\infty \mathrm{d}\varepsilon\,\frac{\partial f_{0\sigma}}{\partial\varepsilon}\sum_m \mathrm{e}^{\pm i\frac{\pi}{4}}\,\mathrm{e}^{2\pi i k n_m(\varepsilon)}\,m_m^*(\varepsilon)\left|\frac{\partial^2 n}{\partial p_z^2}\right|_m^{-1/2} Q_m\,. \tag{11.5}$$

Ersetzt man $n_m(\varepsilon)$ durch den Ausdruck

$$n_m(\varepsilon) = n_m(\mu_\sigma) + \left(\frac{\partial n_m}{\partial\varepsilon}\right)_\mu (\varepsilon - \mu_\sigma)$$

und integriert über ε, ergibt sich

$$\int \exp\left[2\pi i k \left(\frac{\partial n_m}{\partial \varepsilon}\right)_\mu (\varepsilon - \mu)\right] \frac{\partial f_0}{\partial \varepsilon} \mathrm{d}\varepsilon$$

$$= -\frac{1}{T} \int\limits_{-\infty}^{\infty} \frac{\exp\,[2\pi i k (\partial n_m/\partial \varepsilon)_\mu\, x]\, \mathrm{d}x}{(\mathrm{e}^{x/T} + 1)\,(\mathrm{e}^{-x/T} + 1)}$$

$$= -\frac{1}{2} \int\limits_{-\infty}^{\infty} \mathrm{d}y \frac{\exp\,(4\pi i T k (\partial n_m/\partial \varepsilon)_\mu\, y)}{\mathrm{ch}^2\, y} = -\psi(\lambda k)\,,$$

wobei $\psi(z) = z/\mathrm{sh}\, z$ und $\lambda = 2\pi^2 T (\partial n_m/\partial \varepsilon)_\mu$. Weiterhin ist analog dem Abschnitt 10.5.

$$\sum_\sigma \mathrm{e}^{2\pi i k n_m(\mu\sigma)} = \mathrm{e}^{2\pi i k n_m(\mu)}\, 2 \cos\left[\left(\frac{\partial n_m}{\partial \varepsilon}\right)_\mu 2\pi k \beta H\right].$$

Damit folgt für $\tilde{j}$

$$j = \frac{8\pi e^2}{(2\pi\hbar)^3} \sum_k \sum_m \frac{\psi(\lambda k)}{\sqrt{k}} \cos\left[2\pi k n_m(\mu) \pm \frac{\pi}{4}\right]$$

$$\times \cos\left[2\pi k \beta H \left(\frac{\partial n_m}{\partial \varepsilon}\right)_\mu\right] \left|\frac{\partial^2 n_m}{\partial p_z^2}\right|^{-1/2} m_m^*(\mu)\, Q_m\,.$$

Benutzt man schließlich die Relationen $n_m = S_m c/2\pi e\hbar H$ und $(1/2\pi)\,(\partial S_m/\partial \varepsilon) = m^*$, so folgt

$$\tilde{j} = \frac{e^2}{\pi^2 \hbar^3} \left(\frac{e\hbar H}{c}\right)^{1/2} (2\pi)^{1/2} \sum_m \left|\frac{\partial^2 S_m}{\partial p_m^2}\right|^{-1/2} m^* Q_m$$

$$\times \sum_k \frac{\psi(k\lambda)}{\sqrt{k}} \cos\left[k \left(\frac{cS_m}{e\hbar H}\right) \pm \frac{\pi}{4}\right] \cos\left(\pi k \frac{m^*}{m}\right). \qquad (11.6)$$

Vergleicht man diese Formel mit (10.33) und differenziert dort nach H, erhält man eine Summe über k vom selben Typ wie in (11.6). Damit nimmt die Relation (11.6) die Form

$$\tilde{j} = 4\pi^2 e^2 \sum_m \left(\frac{\partial \ln S_m}{\partial \varepsilon}\right)^2 H^2 \frac{\partial \tilde{M}_m}{\partial H} Q_m \qquad (11.7)$$

an, wobei $\tilde{M}_m$ der Term in (10.33) ist, der einem bestimmten m entspricht.

Zur Vermeidung umständlicher Rechnungen wird der Wert von Q_m nicht angegeben. Vergleicht man (11.2) mit der Formel (7.42) für den Strom im hochfrequenten Feld bei Anwesenheit eines Magnetfeldes H und geht man mit Hilfe der Beziehung

$$\oint \frac{\mathrm{d}S}{v} = \frac{eH}{c} \int \mathrm{d}p_z \, \mathrm{d}t_1$$

zu neuen Integrationsvariablen über (s. Formel (5.11)), so findet man

$$j_0(H) = \frac{2e^3H}{(2\pi\hbar)^3 c} \int QT_1 \, \mathrm{d}p_z$$

mit $j_0(H)$ als „klassischem“ Strom (7.42). Benutzt man das „Ineffektivitäts-Konzept“ und führt man eine effektive Leitfähigkeit ein, so ist das Verhältnis von variablem zu konstantem Teil der effektiven Leitfähigkeit gleich $\tilde{j}/j_0(H)$, wobei $\tilde{j}$ durch den Ausdruck (11.7) gegeben wird. Da nach (7.7) und (7.3) die Impedanz proportional $\sigma_{\mathrm{eff}}^{-1/2}$ ist, ergibt sich

$$\frac{\tilde{Z}}{Z_0(H)} = -\frac{1}{2} \frac{\tilde{\sigma}_{\mathrm{eff}}}{\sigma_{\mathrm{eff}\,0}(H)} \sim \frac{\tilde{j}}{j_0(H)} . \tag{11.8}$$

Durch Einsetzen der entsprechenden Ausdrücke erhält man

$$\frac{\tilde{Z}_{\alpha\beta}}{Z_{0\,\alpha\beta}(H)} = \sum_m A_{m\alpha\beta} \frac{\partial \tilde{M}_m}{\partial H} \frac{\hbar^3 m_m^* H^2}{S_m^{5/2}} , \tag{11.9}$$

wobei für die Koeffizienten $A_{m\alpha\beta} \sim 1$ gilt. Durch Vergleich mit der Relation (10.33) für das Moment erhält man

$$\tilde{Z}/Z_0(H) \sim (e\hbar H/cS)^{1/2} \sim (\beta H/\mu)^{1/2} . \tag{11.10}$$

Wie schon im vorigen Kapitel erwähnt wurde, vergrößert jede Differentiation nach H wegen der großen Oszillationsfrequenz die relative Amplitude der Oszillationskorrektur. Deshalb sind Experimente, in denen $\partial X/\partial H$ oder $\partial R/\partial H$ gemessen wird, bezüglich der Quantenoszillationen besonders vorteilhaft. Impedanzmessungen besitzen einen weiteren Vorteil gegenüber dem DE-HAAS-VAN-ALPHEN-Effekt. Im letzteren Fall tragen alle Extremalquerschnitte zum magnetischen Moment bei und daher ist es nicht leicht, die verschiedenen Oszillationstypen voneinander zu trennen. Bei Impedanzmessungen jedoch bestimmt man im wesentlichen eine effektive Leitfähigkeit σ_{eff}, die proportional $v_\alpha v_\beta$ ist. Ändert man daher die Polarisation der einfallenden Welle, so kann man einige der Oszillationen unterdrücken: Insbesondere lassen sich die Oszillationen des Zentralquerschnitts leicht eliminieren, weil die beiden wesentlichen Punkte, in denen die Kurve $v_x = 0$ den Zentralschnitt schneidet (s. Abb. 33), entgegengesetzte Richtungen der Geschwindigkeit besitzen. Nimmt man $\boldsymbol{Ev} = 0$, fallen die entsprechenden Oszillationen vollkommen heraus.

Zum Schluß dieses Abschnitts sei auf einige qualitative Änderungen hingewiesen, die sich im geneigten Feld ergeben. Wie schon erwähnt, darf man in diesem Falle nicht die oben dargelegte quasiklassische Methode anwenden.

Strenge Rechnungen (s. [4] im Verzeichnis der Übersichtsartikel) zeigen, daß in diesem Fall die Oszillationsgröße im Vergleich zum parallelen Feld im Verhältnis $k_z v/\max(1/\tau, \omega)$ anwächst. Folglich ergibt sich

$$\frac{\tilde{Z}}{Z_0(H)} \sim \sqrt{\frac{\beta H}{\mu}} \frac{k_z v}{\max(1/\tau, \omega)}.$$

In hinreichend starken Feldern und bei hohen Frequenzen kann dieses Verhältnis größer als Eins werden, das heißt, es liegen dann Riesenoszillationen vor. Dem Wesen nach ähnelt diese Erscheinung den Riesenoszillationen bei der Schallabsorption (s. Abschn. 12.7.). Mit $\omega \sim 10^{10}\,\mathrm{s}^{-1}$, $\sim k\ 1/\delta \sim 10^4\,\mathrm{cm}$ und $H \sim 10^4\,\mathrm{Oe}$ folgt aus der angegebenen Abschätzung $\tilde{Z}/Z_0(H) \sim 0{,}1-1$, woraus folgt, daß Riesenoszillationen der Impedanz durchaus auftreten können.

11.2. Zyklotronresonanz bei „Girlanden"-Bahnen

Bei der Behandlung der Zyklotronresonanz wurde diffuse Reflexion der Elektronen an den Grenzflächen des Metalls vorausgesetzt. Das ist gerechtfertigt, da die Wellenlänge des Elektrons von der Größenordnung der interatomaren Abstände und der mittleren Abmessungen der Oberflächeninhomogenität ist.

Allerdings bedarf diese Behauptung einer gewissen Präzisierung. Beim Vergleich der Wellenlänge des Elektrons und der Abmessungen der Inhomogenität ist diejenige Wellenlänge wesentlich, die nur mit der Bewegung des Elektrons in Richtung der Normalen zur Oberfläche verknüpft ist. Die entsprechende Impulskomponente kann sehr klein sein, wenn sich das Elektron unter einem kleinen Winkel zur Oberfläche bewegt.[1]) Dabei entstehen Bedingungen für eine spiegelnde Reflexion. Gewöhnlich ist die Zahl solcher Elektronen vernachlässigbar und ihr Einfluß auf die Eigenschaften des Metalls gering. Unter bestimmten Bedingungen können solche Elektronen jedoch eine bemerkenswerte Rolle spielen.

Wenn sich ein Metall zum Beispiel in einem schwachen Magnetfeld parallel seiner Oberfläche befindet, so sind Elektronentrajektorien möglich, wie sie in Abbildung 69 dargestellt sind. Wenn der Winkel, unter dem das Elektron zur Oberfläche gelangt, klein ist, so erleidet das Elektron eine spiegelnde Reflexion, und der nächste Teil der Trajektorie reproduziert den vorigen. Solche Bahnen heißen „Girlanden"-Bahnen.

Die Bewegung eines Elektrons längs Girlanden-Bahnen ist bezüglich der Normalen zur Oberfläche periodisch und daher quantisiert. Es entstehen diskrete Niveaus, zwischen denen durch Absorption von Energie eines hochfrequenten Feldes Übergänge möglich sind. Daher tritt im Gebiet sehr schwacher Magnet-

[1]) Man kann zeigen, daß in einem anisotropen Metall die effektive Wellenlänge $\hbar/(p_x - p_{x0})$ entspricht, wobei p_{x0} der Wert von p_x im Punkte mit $v_x = 0$ ist.

felder ein höchst eigenartiger Resonanzmechanismus der Energieabsorption eines Hochfrequenzfeldes auf (CHAIKIN 1960 [57]; NEE, PRANGE 1967 [58]).

Obwohl sich dieser Effekt dem physikalischen Wesen nach kaum von der Zyklotronresonanz unterscheidet, gibt es doch einen bemerkenswerten Unterschied. Bei der Zyklotronresonanz handelt es sich infolge der Ungleichung $\hbar\Omega \ll \varepsilon_F$ um Übergänge zwischen energetisch sehr hohen Quantenniveaus; daher ist dieser Effekt dem Wesen nach klassisch. Die Resonanz bei Girlanden-Bahnen entsteht durch Übergänge zwischen energetisch sehr tiefen Niveaus, so daß eine klassische Betrachtung dieser Niveaus unmöglich ist.

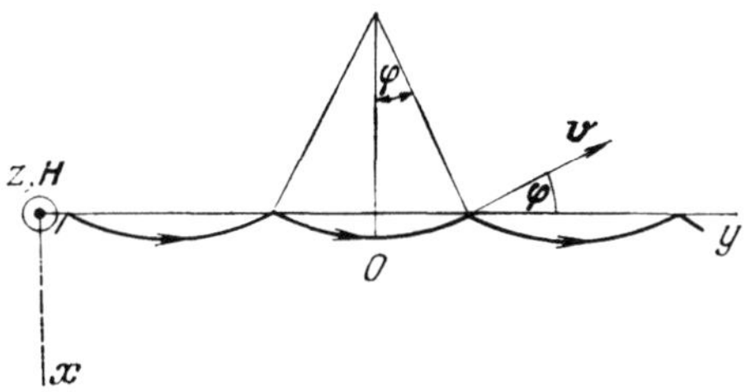

Abb. 69 Girlandenbahn eines Elektrons an einer Metalloberfläche in einem schwachen, parallel zur Oberfläche gerichteten Magnetfeld $\boldsymbol{H}$. Bei kleinem Glanzwinkel φ wird das Elektron an der Oberfläche spiegelnd reflektiert

Im Impulsraum entspricht der Bewegung längs einer Trajektorie der Abbildung 69 eine Bewegung auf einer geschlossenen Bahn, die das schraffierte Segment in Abbildung 70 begrenzt. Nach Formel (10.17) ist die schraffierte Fläche gleich $(2\pi e\hbar H/c)\,[n + \gamma(n)]$, wobei γ von n abhängen kann und sich in den Grenzen $0 < \gamma < 1$ befindet. Die quasiklassische Quantisierungsregel gibt keine weiteren Informationen über die Funktion γ. Das war im Falle der Quantisie-

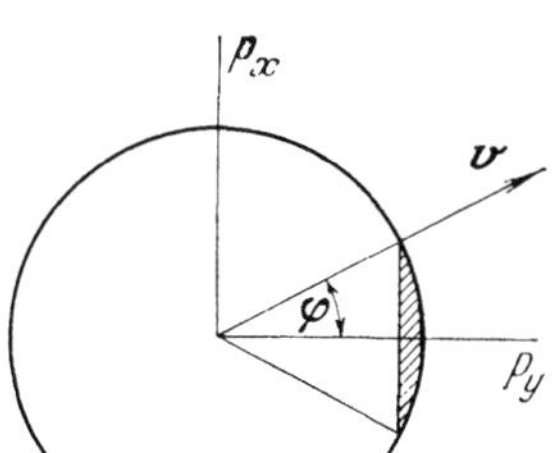

Abb. 70 Geschlossene Bahn im Impulsraum, die der Girlandenbahn in Abb. 69 entspricht und die schraffierte Fläche einschließt

rung gewöhnlicher Bahnen unwesentlich, weil es sich um energetisch hohe Niveaus handelte. Hier jedoch ist $n \sim 1$, so daß die Kenntnis von $\gamma(n)$ notwendig ist. Im betrachteten Fall gelingt es, die Funktion $\gamma(n)$ für ein beliebiges Spektrum zu bestimmen, da nur ein sehr kleiner Teil der gesamten geschlossenen Bahn wesentlich ist, den man als Teil eines Kreises auffassen kann. Es erweist sich, daß für beliebiges $n\,\gamma(n) \approx -1/4$ ist. Der relative Fehler im Ausdruck $n + \gamma(n)$ beträgt sogar für $n = 1$ weniger als 2% und nimmt mit wachsendem n wie $1/n^2$ ab. Im weiteren wird der Ausdruck $n + \gamma(n) = n - 1/4$ durch n_1 bezeichnet.

Da der Winkel φ klein ist, kann man den entsprechenden Teil der Trajektorie durch einen Kreis approximieren. Dann ist die Höhe des Segmentes x in Abbildung 69 gleich

$$x = R(1 - \cos\varphi) \approx R\varphi^2/2\,,$$

wobei $R = cp/eH$ (p ist der Krümmungsradius der Bahn im Impulsraum). Die Fläche des Segmentes in Abbildung 69 beträgt

$$\frac{2\varphi}{2\pi}\pi R^2 - R^2 \sin\varphi\cos\varphi \approx \frac{2}{3} R^2\varphi^3 = \frac{4}{3}\sqrt{2x^3R}\,.$$

Nach Formel (5.10) ist die Fläche im Impulsraum gleich der Fläche im Ortsraum, multipliziert mit $(eH/c)^2$. Nach der Quantisierungsregel ergibt sich damit

$$S_n = \left(\frac{eH}{c}\right)^2 \frac{4}{3}\sqrt{2x_n^3R} = \frac{2\pi e\hbar H}{c} n_1\,,$$

woraus

$$x_n = \left(3\pi\hbar/2\sqrt{2}\right)^{2/3} (c/eHp)^{1/3}\, n_1^{2/3} \tag{11.11}$$

folgt. Jetzt ist es nicht mehr schwer, die Energieniveaus zu finden. Da auf das Elektron die Lorentz-Kraft $\frac{e}{c}[\boldsymbol{vH}]$ wirkt und die Geschwindigkeit des Elektrons $\boldsymbol{v}$ fast parallel der Grenzfläche ist, so kann man näherungsweise annehmen, daß die Kraft in Richtung der Normalen wirkt und dem Betrage nach gleich $(e/c)\,v_yH$ ist. In diesem Fall kann man ein Potential $V(x) = (e/c)\,v_yHx$ ($x > 0$) einführen. Eine spiegelnde Reflexion an der Grenzfläche kann man sichern, wenn man die Grenzfläche als unendlich hohe Potentialbarriere darstellt. Dann erhält man die in Abbildung 71 dargestellte unendliche Potentialgrube. Offenbar entspricht jedem möglichen Aufenthaltspunkt eine Energie

$$\varepsilon_n = eHv_yx_n/c\,. \tag{11.12}$$

Die Resonanzfrequenzen, die den Absorptionslinien entsprechen, ergeben sich zu

$$\omega_{nm} = \frac{\varepsilon_n - \varepsilon_m}{\hbar} = \left(\frac{3\pi e}{2\sqrt{2}\,c}\right)^{2/3}\left(\frac{H^2}{p\hbar}\right)^{1/3} v_y(n_1^{2/3} - m_1^{2/3})\,. \tag{11.13}$$

Tatsächlich ist jedoch die Frequenz vorgegeben, und das Magnetfeld ändert sich. Die Resonanzwerte des Feldes haben die Form

$$H_{nm} = \frac{2\sqrt{2\hbar}}{3\pi}\,\frac{c}{e}\,\omega^{3/2}\left(\frac{p}{v_y^3}\right)^{1/2} (n_1^{2/3} - m_1^{2/3})^{-3/2}\,. \tag{11.14}$$

Der Faktor $(p/v_y^3)^{1/2}$ (p ist der Krümmungsradius der Bahn im Impulsraum) entspricht einer Linie auf der FERMI-Fläche mit $v_x = 0$. Er hängt von p_z ab. Offenbar müssen in die Werte H_{nm} die Extremalwerte von p/v_y^3 eingehen. Der Effekt wird jedoch bedeutend stärker, wenn sich der Parameter p/v_y^3 über einem ganzen Teil der FERMI-Fläche wenig ändert, was offensichtlich für eine FERMI-

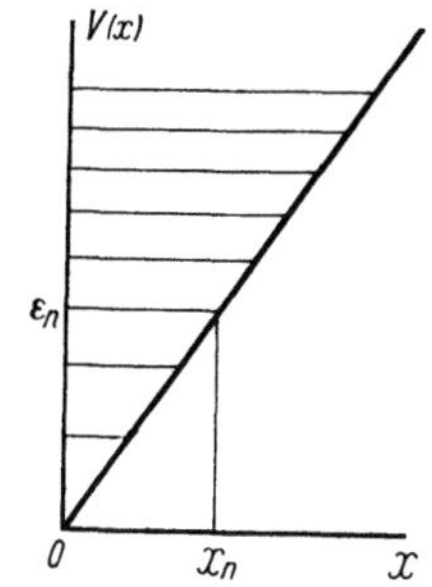

Abb. 71 Effektives Potential V im Magnetfeld als Funktion des Abstandes x von der Metalloberfläche mit Energieniveaus ε_n der magnetischen Oberflächenzustände von Elektronen in Girlandenbahnen

Fläche mit zylindrischen Abschnitten der Fall ist. Gerade solche Teile liefern dann auch die Maxima der Absorption, wie sie experimentell an Wismut, Zinn und Indium gefunden worden sind.

Die Resonanzlinien, beschrieben durch Formel (11.14), können nach Serien klassifiziert werden. Jede Serie wird durch ein bestimmtes m_1 charakterisiert, und man erhält alle Linien dieser Serie aus (11.14), indem man $n_1 = (m+1)_1$, $(m+2)_1, \ldots$ setzt. Man kann sich leicht davon überzeugen, daß jede folgende Serie bei einem größeren Feldwert beginnt als die vorhergehende, und alle Linien dieser Serie werden in Richtung kleiner Feldwerte gezählt. Aus der Relation (11.14) kann man formal beliebig große Werte von Resonanzfeldern erhalten. Tatsächlich jedoch werden nur solche Bahnen effektiv sein, die sich innerhalb der Skinschicht befinden. Diesen Bahnen entsprechen aber relativ geringe Werte m_1 und n_1, wie im folgenden gezeigt wird.

Nimmt man an, daß n_1 groß sei und $n_1 - m_1 = \Delta n \ll n_1$, so erhält man aus (11.14)

$$H \approx \frac{2\sqrt{2}}{3\pi}\left(\frac{3}{2}\right)^{3/2}\frac{\hbar^{1/2}c}{e}\,\omega^{3/2}\left(\frac{p}{v_y^3}\right)^{1/2}\frac{n^{1/2}}{\Delta n^{3/2}}.$$

Setzt man H in (11.11) ein, so folgt

$$x_n \approx \frac{3\pi}{2\sqrt{2}}\sqrt{\frac{2}{3}}\left(\frac{\hbar v_y}{p\omega}\right)^{1/2}(n\,\Delta n)^{1/2} < \delta\,.$$

Da der kleinste Wert von Δn gleich 1 ist, hat man folglich

$$n < \frac{3}{2}\left(\frac{2\sqrt{2}}{3\pi}\right)^2\frac{\delta^2 p\omega}{\hbar v_y} = n_{\lim}\,.$$

Für $\omega \sim 10^{10}\,\mathrm{s}^{-1}$, $\delta \sim 10^{-4}$ cm, $p/\hbar \sim 10^8$ cm und $v_y \sim 10^8$ cm/s findet man, daß n einige Zehner nicht überschreiten kann. Bei großen Werten von n nimmt die Intensität der Resonanzpiks außerordentlich schnell ab.[1])

Der Wert $\Delta n = 1$ entspricht dem Beginn einer Serie. Für große Δn ergibt sich die Beschränkung

$$1 < \Delta n < n_{\mathrm{lim}}/n$$

mit n_{lim} als absoluter Grenze von n.

Setzt man in der Formel für H $\Delta n = 1$ und $n = n_{\mathrm{lim}}$, findet man

$$H < 1 \div 10\ \mathrm{Oe}\,.$$

Da $\delta \sim \omega^{-1/3}$, so trägt eine Erhöhung der Frequenz nur wenig zu einer Vergrößerung zulässiger n bei, obwohl natürlich die Resonanzwerte von H dabei anwachsen.

Da die Elektronen, die sich auf Girlanden-Bahnen bewegen, stets in der Skinschicht sind, tragen sie sehr effektiv zur Absorption elektromagnetischer Wellen bei, und die Resonanzen, die durch zylindrische Teile der FERMI-Fläche verursacht werden, liefern beträchtliche Piks in der totalen Oberflächenimpedanz.

[1]) Außerdem sind bei großen Zahlen n und m die Resonanzen nicht mehr getrennt, da die Differenz benachbarter Werte ω_{nm} kleiner als $1/\tau$ wird.

12. Schallabsorption in Metallen

12.1. Absorptionskoeffizient bei fehlendem Magnetfeld; tiefe Frequenzen

Die Schallabsorption in Metallen hängt von der Größe $\omega\tau$ ab, aber auch vom Verhältnis der Wellenlänge zur Weglänge λ/l oder (im Falle $\lambda/l \ll 1$) vom Verhältnis λ/δ mit δ als Skintiefe bei der Schallfrequenz. Für $\omega\tau \gg 1$ kann man von Emission und Absorption einzelner Quanten sprechen. Im Falle $\omega\tau \ll 1$ spielt die Schallwelle die Rolle eines äußeren Feldes, das auf die Elektronen wirkt. Im folgenden wird zunächst dieser Fall betrachtet (ACHIESER, KAGANOW, LJUBARSKI 1957 [59]).

Bisher wurden stets die Eigenschaften der Elektronen in einem ruhenden Kristall betrachtet. Da beim Durchgang der Schallwelle das Kristallgitter in Schwingungen gerät, muß man beachten, daß das Energiespektrum der Elektronen in einem Bezugssystem gegeben ist, das mit dem Kristallgitter verbunden ist und das den folgenden Überlegungen zugrunde liegt.

Die Energie der Elektronen im Feld der Schallwelle hat die Form

$$\varepsilon(\boldsymbol{p}, \boldsymbol{r}, t) = \varepsilon(\boldsymbol{p}) + \lambda_{ik}(\boldsymbol{p})\, u_{ik}(\boldsymbol{r}, t)\,, \tag{12.1}$$

wobei

$$u_{ik} = \frac{1}{2}\left(\frac{\partial u_i}{\partial x_k} + \frac{\partial u_k}{\partial x_i}\right) \tag{12.2}$$

der Deformationstensor, $\boldsymbol{u}$ der Verschiebungsvektor im Punkte $\boldsymbol{r}$ und λ_{ik} der sogenannte Deformationspotentialtensor sind. Im Prinzip müßte auch der Trägheitsterm $m\boldsymbol{v}\, \partial\boldsymbol{u}/\partial t$ (das Ergebnis der Entwicklung der Energie $m(\boldsymbol{v} + \partial\boldsymbol{u}/\partial t)^2/2$ nach $\boldsymbol{u}$) eine Beschleunigung der Elektronen ergeben. Die Größenordnung dieses Terms jedoch ist $mv\omega u \sim mvsku$ (s ist die Schallgeschwindigkeit und k der Wellenvektor), während der zweite Term in (12.1) von der Größenordnung $u\mu k \sim mv^2uk$ ($\lambda_{ik} \sim \mu$) ist und folglich um $v/s \sim 10^3$ mal größer als der Trägheitsterm ist.

Die kinetische Gleichung hat die Form

$$\frac{\partial f}{\partial t} + \boldsymbol{v}\,\frac{\partial f}{\partial \boldsymbol{r}} + \dot{\boldsymbol{p}}\,\frac{\partial f}{\partial \boldsymbol{p}} = I(f)\,. \tag{12.3}$$

Im weiteren ist es zweckmäßig, eine andere Näherung für $I(f)$ zu verwenden:

$$I(f) = (f - \bar{f})/\tau\,,$$

wobei $\bar{f}$ den Mittelwert über alle Richtungen des Impulses bei fester Energie bedeutet:

$$\bar{f} = \frac{\int f \, \mathrm{d}S/v}{\int \mathrm{d}S/v}.$$

Da auf der linken Seite von Gleichung (12.3) die vollständige Ableitung $\mathrm{d}f/\mathrm{d}t$ steht, erhält man durch Integration von (12.3) über die Impulse $\mathrm{d}n/\mathrm{d}t = 0$, das heißt die Erhaltung der Elektronendichte. Das folgt aus der angenommenen Form des Stoßintegrals. Physikalisch ergibt sich diese Bedingung aus der Tatsache, daß eine Nichterhaltung der Elektronendichte zur Entstehung von Volumenladungen führen würde. Wie jedoch schon mehrfach bemerkt wurde, wird im Metall eine beliebige Ladung bereits innerhalb atomarer Abstände abgeschirmt. Da hier wesentlich größere Entfernungen interessieren, wird die Volumenladung vernachlässigt. Mit anderen Worten, die Elektronendichte darf sich nicht von der Gleichgewichtsverteilung ohne Schall unterscheiden:

$$\int f \frac{\mathrm{d}^3 \boldsymbol{p}}{(2\pi\hbar)^3} = \int f_0(\varepsilon_0) \frac{\mathrm{d}^3 \boldsymbol{p}}{(2\pi\hbar)^3},$$

dabei bedeutet $f_0(\varepsilon_0)$ die FERMI-Verteilungsfunktion bei fehlendem Schall.

Die in die kinetische Gleichung eingehende Ableitung $\dot{\boldsymbol{p}}$ ist gleich

$$\dot{\boldsymbol{p}} = -\frac{\partial \varepsilon}{\partial \boldsymbol{r}} + e\boldsymbol{E}.$$

Der erste Term hängt mit dem Feld der Schallwelle zusammen, der zweite mit den elektrischen Feldern, die beim Durchgang des Schalls entstehen. Da, wie oben erwähnt, Volumenladungen nicht auftreten, kann das elektrische Feld nur Wirbelcharakter haben, das heißt $\operatorname{div} \boldsymbol{E} = 0$, und es bestimmt sich aus den MAXWELL-Gleichungen

$$\operatorname{rot} \boldsymbol{E} = -\frac{1}{c}\frac{\partial \boldsymbol{H}}{\partial t}, \qquad \operatorname{rot} \boldsymbol{H} = \frac{4\pi}{c}\boldsymbol{j}.$$

Kombiniert man diese Gleichungen und benutzt $\operatorname{div} \boldsymbol{E} = 0$, erhält man

$$\nabla^2 \boldsymbol{E} = \frac{4\pi}{c^2}\frac{\partial \boldsymbol{j}}{\partial t}. \tag{12.4}$$

Die kinetische Gleichung (12.3) wird wie üblich gelöst mit folgendem Lösungsansatz:

$$f = f_0 - \frac{\partial f_0}{\partial \varepsilon}\psi.$$

Als Funktion f_0 jedoch wählt man die FERMI-Funktion der realen Energie ε und mit einem anderen chemischen Potential μ:

$$f_0(\varepsilon) = (\mathrm{e}^{(\varepsilon-\mu)/T} + 1)^{-1}.$$

Das chemische Potential bestimmt man derart, daß die Bedingung konstanter

Elektronendichte für $f_0(\varepsilon)$ erfüllt ist. Durch Entwicklung nach u_{ik} und $\mu - \mu_0$ erhält man

$$\int (\lambda_{ik} u_{ik} - \mu + \mu_0) \frac{\partial f_0}{\partial \varepsilon} \frac{d^3 \boldsymbol{p}}{(2\pi\hbar)^3} = 0 ,$$

woraus

$$\mu = \mu_0 + \bar{\lambda}_{ik} u_{ik}$$

folgt. Da in der Verteilungsfunktion die Differenz $\varepsilon - \mu$ auftritt, kann man die Korrektur zum chemischen Potential in die Energie einbeziehen und

$$\varepsilon - \mu = \varepsilon_0(\boldsymbol{p}) + \Lambda_{ik} u_{ik} - \mu_0$$

schreiben, wobei $\Lambda_{ik} = \lambda_{ik} - \bar{\lambda}_{ik}$.

Infolge der gewählten Funktion nullter Näherung führt die Bedingung der Vernachlässigung von Volumenladungen zur Forderung

$$\bar{\psi} = 0 . \tag{12.5}$$

Setzt man $f = f_0(\varepsilon) - (\partial f_0/\partial \varepsilon)\, \psi$ in die kinetische Gleichung (12.3) ein, erhält man

$$\frac{\partial \psi}{\partial t} + \boldsymbol{v} \frac{\partial \psi}{\partial \boldsymbol{r}} + \frac{\psi}{\tau} = \Lambda_{ik} \dot{u}_{ik} + e\boldsymbol{v}\boldsymbol{E} . \tag{12.6}$$

Die allgemeine Lösung des Problems geschieht nun in folgender Weise: Die kinetische Gleichung gibt ψ als Funktion von $\boldsymbol{E}$. Hieraus findet man $\boldsymbol{j}$ als Funktion von $\boldsymbol{E}$, und schließlich erhält man durch Einsetzen in Gleichung (12.4) eine Beziehung zur Bestimmung des elektrischen Feldes.

Tatsächlich kann man leicht zeigen, daß das elektrische Wirbelfeld nur für $kl \gg 1$, $k\delta \ll 1$ wesentlich zur Schallabsorption beiträgt, wobei $\delta \sim (c^2 p_0/4\pi\omega n e^2)^{1/3}$ die Skintiefe im anomalen Grenzfall bei der Frequenz ω ist. In diesem Fall liefert das Feld einen Beitrag zur Schallabsorption von derselben Größenordnung wie ohne Berücksichtigung des Terms mit $\boldsymbol{E}$ in Gleichung (12.6). Der gesamte Ausdruck hängt vom Tensor Λ_{ik} ab, der für anisotrope Metalle äußerst kompliziert ist. Infolgedessen hat lediglich die Bestimmung der Frequenzabhängigkeit des Absorptionskoeffizienten einen realen Sinn, außerdem die Abschätzung seiner Größenordnung (wie für den elektrischen Widerstand in Kapitel 4). Zur Lösung dieses Problems jedoch kommt man ohne Berücksichtigung des Terms mit $\boldsymbol{E}$ in (12.6) aus, denn er ändert — unter welchen Bedingungen auch immer — nicht die Größenordnung des Effektes.

Nimmt man $u_{ik} = u_{ik0} e^{i\boldsymbol{k}\boldsymbol{r} - i\omega t}$ an und sucht ein ψ proportional zu demselben Exponenten, findet man durch Einsetzen in Gleichung (12.6) (mit $\boldsymbol{E} = 0$)

$$\psi = \frac{-\, i\omega \Lambda_{ik} u_{ik}}{1/\tau + i(\boldsymbol{v}\boldsymbol{k} - \omega)} . \tag{12.7}$$

Der Schallabsorptionskoeffizient kann unmittelbar durch ψ ausgedrückt werden. Mit Q als Energiefluß, der auf 1 cm² Oberfläche auffällt, und I als

Energiemenge, die in 1 cm³ pro Sekunde absorbiert wird, nimmt das in Abbildung 72 dargestellte Volumen pro Sekunde die Energie $Q\,\mathrm{d}x$ oder den Teil $(Q/I)\,\mathrm{d}x$ der einfallenden Welle auf. Bezeichnet man Q/I durch 2Γ, kann man für den Fluß

$$\mathrm{d}I = -2\Gamma I\,\mathrm{d}x$$

schreiben, woraus

$$I = I_0\,\mathrm{e}^{-2\Gamma x}$$

folgt. Damit erweist sich Γ als Absorptionskoeffizient mit

$$2\Gamma = Q/I\,. \tag{12.8}$$

Für harmonische Schwingungen ist die mittlere kinetische Energie gleich der mittleren potentiellen, woraus für die mittlere Gesamtenergie

$$\overline{E} = \overline{K} + \overline{U} = 2\overline{K}$$

folgt. Die kinetische Energie pro Volumeneinheit ist $\varrho v^2/2$ ($\varrho = MN/V$ ist die Dichte). Bei der Wellenausbreitung gilt $v = v_0 \cos(kx - \omega t)$, woraus sich

$$\overline{E} = \varrho\overline{v^2} = \frac{1}{2}\varrho v_0^2$$

ergibt. Da jedoch $v_0 = u_0\omega$ ist (u_0 Verschiebungsamplitude), erhält man für die mittlere Gesamtenergie pro Volumeneinheit $\varrho u_0^2\omega^2/2$. Multipliziert man mit der Schallgeschwindigkeit s, findet man für den Fluß

$$I = \varrho u_0^2\omega^2 s/2\,. \tag{12.9}$$

Da Q die Energie ist, die in der Volumeneinheit pro Sekunde dissipiert wird, erhält man

$$Q = 2\int \dot{\varepsilon} f \frac{\mathrm{d}^3\boldsymbol{p}}{(2\pi\hbar)^3}\,. \tag{12.10}$$

Diesen Ausdruck muß man zeitlich mitteln. Setzt man hier $f = f_0(\varepsilon) - (\partial f_0/\partial\varepsilon)\,\psi$ ein, so ist die Kombination $f_0(\varepsilon)\,\dot{\varepsilon}$ die zeitliche Ableitung einer gewissen Funktion von ε, und bei der zeitlichen Mittelung ergibt sich daher Null. Damit wird

$$Q = -2\int \dot{\varepsilon}\frac{\partial f_0}{\partial\varepsilon}\psi\frac{\mathrm{d}^3\boldsymbol{p}}{(2\pi\hbar)^3}\,. \tag{12.11}$$

Die kinetische Gleichung (12.6) kann man nun in der Form

$$\frac{\partial f_0}{\partial\varepsilon}\left(\frac{\mathrm{d}\psi}{\mathrm{d}t} - \dot{\varepsilon}\right) = -\frac{\psi}{\tau}\frac{\partial f_0}{\partial\varepsilon}$$

schreiben. Drückt man hieraus $\dot{\varepsilon}\,\partial f_0/\partial\varepsilon$ durch ψ aus, setzt in (12.11) ein und beachtet, daß die zeitliche Ableitung bei der Mittelung verschwindet, findet man

$$Q = -\frac{2}{\tau}\int \psi^2\frac{\partial f_0}{\partial\varepsilon}\frac{\mathrm{d}^3\boldsymbol{p}}{(2\pi\hbar)^3}\,. \tag{12.12}$$

Da ein in ψ quadratischer Ausdruck verbleibt, kann man nicht die komplexe Form für ψ, sondern nur den Realteil benutzen. Nimmt man zum Beispiel $\psi = A\, e^{i(kx-\omega t+\varphi)}$ an — wobei A reell ist — findet man

$$\mathrm{Re}\,\psi = A\cos(kx - \omega t + \varphi) \qquad \text{und} \qquad \overline{(\mathrm{Re}\,\psi)^2} = A^2/2$$

oder $|\psi|^2/2$. Daher erhält man

$$Q = -\int \frac{|\psi|^2}{\tau}\frac{\partial f_0}{\partial \varepsilon}\frac{d^3\boldsymbol{p}}{(2\pi\hbar)^3}. \tag{12.13}$$

Im Falle großer Wellenlängen $kl \ll 1$ erhält man, da $l \sim v\tau$, $vk \ll 1/\tau$, $\omega\tau \ll 1$, aus (12.7)

$$\psi = -i\omega\tau\Lambda_{ik}u_{ik}^{(0)}. \tag{12.14}$$

Daher ergibt sich größenordnungsmäßig

$$Q \approx \omega^2\tau\mu^2k^2u_0^2p_0^3/\hbar^3\mu \sim \omega^2\tau\mu k^2u_0^2 n$$

(n ist die Elektronendichte). Dividiert man durch den Betrag des Flusses (12.9) folgt

$$\Gamma \sim \tau\mu k^2 n/\varrho s \sim \omega^2\tau\mu n/\varrho s^3 \sim \omega^2\tau/s\,. \tag{12.15}$$

In diesem Falle ist also der Absorptionskoeffizient proportional zu ω^2 und der freien Weglänge l ($\tau \sim l/v$).

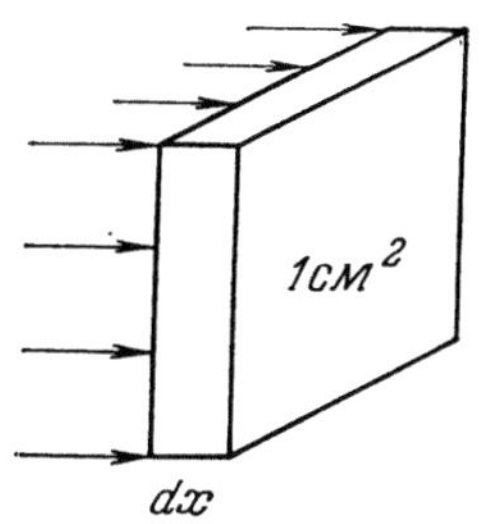

Abb. 72 Geometrie zur Berechnung des Schallabsorptionskoeffizienten

Im Grenzfall kurzer Wellenlängen $kl \gg 1$ kann man gemäß (12.7)

$$\frac{|\psi|^2}{\tau} = \omega^2|\Lambda_{ik}u_{ik}^{(0)}|^2\frac{1/\tau}{(\boldsymbol{kv}-\omega)^2 + (1/\tau)^2}$$

schreiben. Der letzte Faktor ist mit einer Genauigkeit bis zu Termen der Größenordnung $1/kl$ gleich $\pi\delta(\boldsymbol{kv} - \omega)$. Die Absorption wird also durch solche Elektronen verursacht, für die $\boldsymbol{kv} \approx \omega$ gilt. Da jedoch $\omega = sk$, folgt $v\cos\Theta = s$. Das bedeutet, diejenigen Elektronen absorbieren den Schall, die sich in Phase mit der Schallwelle bewegen. Das ist aber nichts anders als der Mechanismus der LANDAU-Absorption, der schon in Abschnitt 9.3. besprochen wurde. Allerdings ging es dort um die Wechselwirkung der Elektronen mit einer elektromagnetischen Welle. Da $s/v \ll 1$, bewegen sich die effektiven Elektronen fast senkrecht zu $\boldsymbol{k}$ (Abb. 73). Die Integration der δ-Funktion über $\cos\Theta$ gibt $1/vk$, und folglich erhält man

$$Q \sim \omega^2 \mu k^2 u_0^2 n/vk$$

und

$$\Gamma \sim \omega\mu n/\varrho v s^2 \sim \omega/v \,. \tag{12.16}$$

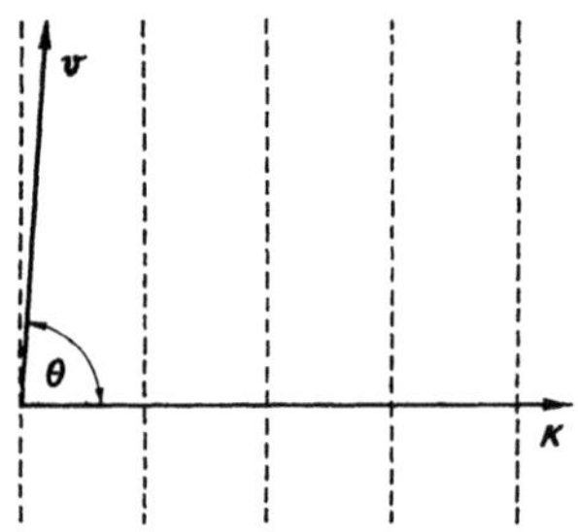

Abb. 73 Zur Absorption von kurzwelligem Ultraschall ($kl \gg 1$) tragen nur die effektiven Elektronen bei, deren Geschwindigkeit $\boldsymbol{v}$ fast senkrecht zum Ausbreitungsvektor $\boldsymbol{k}$ bzw. fast parallel zu den Phasenebenen (— — —) gerichtet ist

Folglich hängt der Absorptionskoeffizient nicht mehr von l ab; formal ist l in (12.15) durch $1/k$ ersetzt worden.

12.2. Absorptionskoeffizient bei fehlendem Magnetfeld; hohe Frequenzen

Bei der Betrachtung des anderen Grenzfalles $\omega\tau \gg 1$ [59, 60] muß man bereits Emission und Absorption der einzelnen Quanten berücksichtigen. Bei der Emission eines Phonons gelten die Erhaltungssätze

$$\boldsymbol{p}' = \boldsymbol{p} + \hbar\boldsymbol{k}\,, \qquad \varepsilon(\boldsymbol{p}') = \varepsilon(\boldsymbol{p}) + \hbar\omega\,.$$

Folglich ergibt sich

$$\varepsilon(\boldsymbol{p} + \hbar\boldsymbol{k}) = \varepsilon(\boldsymbol{p}) + \hbar\omega\,.$$

Da praktisch immer $k \ll p_0$ ist, kann man die Energie nach Potenzen von $\boldsymbol{k}$ entwickeln:

$$\varepsilon(\boldsymbol{p} + \hbar\boldsymbol{k}) \approx \varepsilon(\boldsymbol{p}) + \frac{\partial\varepsilon}{\partial\boldsymbol{p}}\hbar\boldsymbol{k} = \varepsilon(\boldsymbol{p}) + \hbar\boldsymbol{v}\boldsymbol{k}\,,$$

und man erhält

$$\boldsymbol{v}\boldsymbol{k} = \omega\,. \tag{12.17}$$

Das ist dieselbe Bedingung wie auch im Falle $kl \gg 1$, $\omega\tau \ll 1$.

Der HAMILTON-Operator eines Elektrons in einem äußeren periodischen Feld hat die Form

$$\mathcal{H}' = \tfrac{1}{2}\left[U\,\mathrm{e}^{-i\omega t} + U^{+}\,\mathrm{e}^{i\omega t}\right].$$

Im Falle der Wechselwirkung mit einer Schallwelle gilt

$$U = U_0\,\mathrm{e}^{i\boldsymbol{k}\boldsymbol{r}}, \qquad U_0 = \Lambda_{ik}(\boldsymbol{p})\,u_{ik0}\,.$$

Die Übergangswahrscheinlichkeit unter dem Einfluß einer zeitlich periodischen Störung ist gleich

$$W = \frac{\pi}{2\hbar^2}\left[|U_{\boldsymbol{p}'\boldsymbol{p}}|^2\,\delta(\omega_{\boldsymbol{p}'\boldsymbol{p}} - \omega) + |U^{+}_{\boldsymbol{p}'\boldsymbol{p}}|^2\,\delta(\omega_{\boldsymbol{p}'\boldsymbol{p}} + \omega)\right] \qquad (12.18)$$

mit $\hbar\omega_{\boldsymbol{p}'\boldsymbol{p}} = \varepsilon(\boldsymbol{p}') - \varepsilon(\boldsymbol{p})$. Der erste Term in (12.18) entspricht der Absorption, der zweite der Emission eines Quants. Diese Wahrscheinlichkeit muß man mit $f_0(\boldsymbol{p})\,\big(1 - f_0(\boldsymbol{p}')\big)$ multiplizieren, der Wahrscheinlichkeit, daß der Zustand $\boldsymbol{p}$ besetzt und der Zustand $\boldsymbol{p}'$ unbesetzt ist. Multipliziert man noch mit der Energieänderung des Elektrons $\hbar\omega_{\boldsymbol{p}'\boldsymbol{p}}$ und summiert über alle Zustände $\boldsymbol{p}$ und $\boldsymbol{p}'$, erhält man die pro Sekunde absorbierte Energie. Bezieht man sie auf die Volumeneinheit, ergibt sich

$$Q = \frac{1}{V}\sum_{\boldsymbol{p},\boldsymbol{p}'}\hbar\omega_{\boldsymbol{p}'\boldsymbol{p}}\,\frac{\pi}{2\hbar^2}\left[|U_{\boldsymbol{p}'\boldsymbol{p}}|^2\,\delta(\omega_{\boldsymbol{p}'\boldsymbol{p}} - \omega)\right.$$
$$\left. + |U^{+}_{\boldsymbol{p}'\boldsymbol{p}}|^2\,\delta(\omega_{\boldsymbol{p}'\boldsymbol{p}} + \omega)\right] f_0\big(\varepsilon(\boldsymbol{p})\big)\left[1 - f_0\big(\varepsilon(\boldsymbol{p}')\big)\right].$$

Im zweiten Term ersetzt man $U^{+}_{\boldsymbol{p}'\boldsymbol{p}}$ durch $U^{*}_{\boldsymbol{p}\boldsymbol{p}'}$. Bei der Summation über $\boldsymbol{p}$ und $\boldsymbol{p}'$ in diesem Term vertauscht man die Indizes $\boldsymbol{p}$ und $\boldsymbol{p}'$ untereinander und erhält

$$Q = \frac{\pi\omega}{2V}\sum_{\boldsymbol{p},\boldsymbol{p}'}|U_{\boldsymbol{p}'\boldsymbol{p}}|^2\,\delta(\hbar\omega_{\boldsymbol{p}'\boldsymbol{p}} - \hbar\omega)\left[f_0\big(\varepsilon(\boldsymbol{p})\big) - f_0\big(\varepsilon(\boldsymbol{p}')\big)\right]. \qquad (12.19)$$

Die Differenz in der letzten Klammer kann man nach $\varepsilon' - \varepsilon$ entwickeln, was

$$Q = -\frac{\pi\omega^2}{2V}\sum_{\boldsymbol{p},\boldsymbol{p}'}|U_{\boldsymbol{p}'\boldsymbol{p}}|^2\,\delta(\omega_{\boldsymbol{p}'\boldsymbol{p}} - \omega)\,\frac{\partial f_0}{\partial\varepsilon} \qquad (12.20)$$

liefert. $U_{\boldsymbol{p}'\boldsymbol{p}}$ besitzt nur Matrixelemente für Übergänge mit $\boldsymbol{p}' = \boldsymbol{p} + \hbar\boldsymbol{k}$, die gleich $\Lambda_{ik}u_{ik0}$ sind. Folglich findet man

$$Q = -\frac{\pi\omega^2}{2V}\sum_{\boldsymbol{p}}|\Lambda_{ik}u_{ik0}|^2\,\delta(\boldsymbol{k}\boldsymbol{v} - \omega)\,\frac{\partial f_0}{\partial\varepsilon}.$$

Geht man von der Summe über $\boldsymbol{p}$ zum Integral $\left(\sum_{\boldsymbol{p}} = [V/(2\pi\hbar)^3]\int \mathrm{d}^3\boldsymbol{p}\right)$ über und dividiert durch den Betrag des Energiestromes, erhält man

$$\Gamma \sim \omega\mu n/\varrho v s^2 \sim \omega/v\,. \qquad (12.21)$$

Diese Formel aber fällt mit dem Ergebnis (12.16) für den Fall $\omega\tau \ll 1$ und $kl \gg 1$ zusammen. Hieraus folgt, daß der wirkliche Parameter, der den Charakter der Absorption bestimmt, nicht $\omega\tau$ ist, sondern kl. Das ist eine Folge davon, daß ω

und k in der Kombination $kv - \omega$ in die kinetische Gleichung eingehen. Da $kv \gg \omega = sk$, wird die Absorption durch die Größe $kv\tau \sim kl$ bestimmt und nicht durch $\omega\tau$.

Die Schallabsorption bei $kl \gg 1$ wird durch die Absorption einzelner Quanten bedingt und durch diejenigen Elektronen hervorgerufen, die sich in Phase mit der Schallwelle bewegen. Im Falle $kl \ll 1$ bewegen sich die Elektronen zwischen Zusammenstößen faktisch im homogenen Feld der Schallwelle, und die Ursache der Schallabsorption ist die Zähigkeit der Elektronenflüssigkeit.

12.3. Geometrische Resonanz

Bei der Behandlung der Schallabsorption im Magnetfeld wird zunächst der Fall betrachtet, daß man die Quantisierung der Elektronenniveaus im Magnetfeld vernachlässigen kann, das heißt, daß die Elektronen sich klassisch auf Trajektorien bewegen. Das ist offenbar der Fall, wenn nicht zu starke Felder vorliegen, das heißt $\hbar\Omega \ll T$. Ein wichtiges Kriterium ist auch

$$kr_{\mathrm{L}} \gg 1 .$$

Gleichzeitig wird jedoch vorausgesetzt, daß

$$\Omega\tau \gg 1 .$$

Vor allem ist der Fall interessant, wenn die Vektoren $\boldsymbol{H}$ und $\boldsymbol{k}$ senkrecht zueinander sind. Dann ändert sich die Phase der Schallwelle in Richtung des Feldes nicht, und die Verschiebung des Elektrons in dieser Richtung ist für die Absorption des Schalls unwesentlich. Im folgenden wird die Projektion der Elektronenbewegung auf die (x, y)-Ebene betrachtet (Abb. 74); Die z-Achse ist wie immer parallel $\boldsymbol{H}$. Die Bahn wird als geschlossen vorausgesetzt; die gestrichelten Linien bezeichnen die Ebenen gleicher Phase. Die Aufenthaltszeit des Elektrons in der

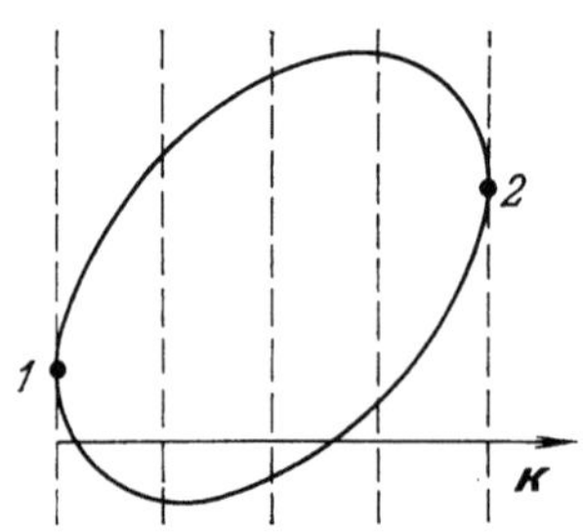

Abb. 74 Zur Entstehung geometrischer Resonanzen der Ultraschallabsorption durch eine geschlossene Elektronenbahn (———): An den effektiven Punkten 1 und 2 fliegt das Elektron senkrecht zum Ausbreitungsvektor $\boldsymbol{k}$ bzw. parallel zu den Phasenebenen (— — —) der Schallwelle und wechselwirkt dort am stärksten mit ihr

Nähe dieser Ebenen ist unterschiedlich. Am längsten hält sich das Elektron in der Nähe derjenigen Ebene auf, in der seine Geschwindigkeit in dieser Ebene liegt; das sind die Punkte 1 und 2 in Abbildung 74. Die Absorption wird im wesentlichen durch diese Punkte bestimmt.

Der Unterschied zwischen den Punkten 1 und 2 und den übrigen Punkten der Bahn besteht darin, daß sich das Elektron in den Punkten 1 und 2 eine längere Zeit in einem mehr oder weniger konstanten Feld befindet, während sich in den anderen Bahnpunkten das Feld der Schallwelle, das auf das Elektron einwirkt, schnell ändert. Diese Überlegungen sind natürlich nur dann richtig, wenn die Anzahl der Wellenlängen, die auf den Bahndurchmesser entfallen, hinreichend groß ist, das heißt, wenn $kr_{\mathrm{L}} \gg 1$.

Hat die Funktion ψ für irgendeine bestimmte Phasendifferenz des Schallfeldes zwischen den Ebenen, die durch die Punkte 1 und 2 gehen, einen Extremwert, so bleibt diese Phasendifferenz erhalten, wenn sich die Zahl der Wellenlängen längs des Bahndurchmessers um eine ganze Zahl ändert, das heißt, wenn sich

$$\varphi = \boldsymbol{k}\left(\int_{t_{(2)}}^{t_{(1)}} \boldsymbol{v}\,\mathrm{d}t\right)$$

um $2\pi n$ ändert. Da $\boldsymbol{k}$ in Richtung der x-Achse orientiert ist, findet man

$$\frac{\mathrm{d}p_y}{\mathrm{d}t} = -\frac{e}{c} H v_x\,, \qquad \varphi = \frac{ck}{eH}\left[p_y^{(1)} - p_y^{(2)}\right].$$

Wenn $\varphi \gg 1$ ist, wird ψ daher eine oszillierende Funktion von $1/H$ mit der Periode

$$\Delta\left(\frac{1}{H}\right) = \frac{2\pi e}{ck\left[p_y^{(1)} - p_y^{(2)}\right]}\,. \tag{12.22}$$

Natürlich hängt die Differenz $p_y^{(1)} - p_y^{(2)}$ von p_z ab, und die wirklichen Oszillationen entsprechen dem Extremwert von $p_y^{(1)} - p_y^{(2)}$. Dieser Effekt ist dem nichtresonanten Größeneffekt in metallischen Schichten (Abschn. 8.3.) analog; er heißt geometrische Resonanz (Bömmel 1955 [61]; Pippard 1957 [62]).

12.4. Magnetoakustische Resonanzerscheinungen

Wenn die Bahn im Impulsraum geschlossen ist und $\boldsymbol{k}$ nicht senkrecht zu $\boldsymbol{H}$ ist, beschreibt das Elektron im Ortsraum eine spiralförmige Bewegung in Richtung des Magnetfeldes. Man muß nun beachten, daß für die Absorption nur Elektronen mit $\boldsymbol{kv} \approx 0$ wesentlich sind. Zu irgendeinem Zeitpunkt möge das Elektron eine Geschwindigkeit senkrecht zu $\boldsymbol{k}$ haben (Abb. 75). Natürlich liegt dieselbe Situation nach Verlauf der Periode T vor. In dieser Zeit bewegt sich das Elektron in Richtung von $\boldsymbol{H}$ um den Abstand $\bar{v}_z T$ und in Richtung von $\boldsymbol{k}$

um die Entfernung $v_z T \cos \Theta$ (Θ ist der Winkel zwischen $\boldsymbol{k}$ und $\boldsymbol{H}$). Offenbar wird der Effekt dann maximal, wenn sich die Phase der Schallwelle dabei um $2\pi n$ ändert oder, mit anderen Worten, wenn

$$k\bar{v}_z T \cos \Theta = 2\pi n \, .$$

Offenbar spielen die Extremwerte von $\bar{v}_z T$ eine wesentliche Rolle. Die Zustandsdichte nimmt für diese Werte stark zu, und man kann einen Resonanzeffekt in der Absorption erwarten. Setzt man $T = 2\pi m^* c/eH$ ein, findet man für das Magnetfeld die Bedingung

$$H_n = \frac{kc}{en} (m^* v_z)_{\text{extr}} \cos \Theta \, .$$

Unter Berücksichtigung von

$$m^* = (1/2\,\pi)\, \partial S/\partial \varepsilon \, , \qquad v_z = \partial \varepsilon / \partial p_z$$

erhält man

$$H_n = \frac{kc \cos \Theta}{2\pi e n} \left(\frac{\partial S}{\partial p_z}\right)_{\text{extr}} . \tag{12.23}$$

Dieser Effekt ist der Driftfokussierung des Hochfrequenzfeldes verwandt (Abschn. 8.6.), und er gestattet die Bestimmung derselben Größe $(\partial S/\partial p_z)_{\text{extr}}$.

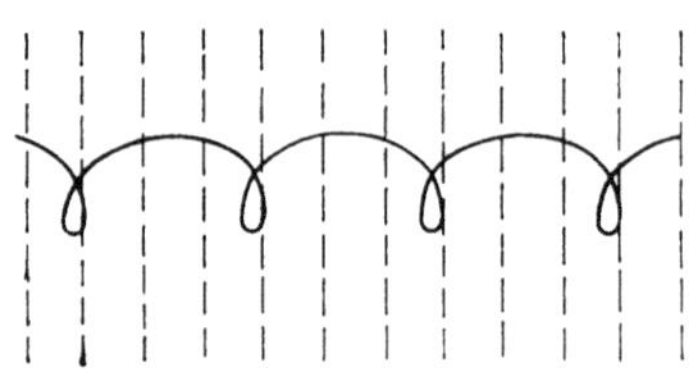

Abb. 75 Magnetoakustische Resonanz durch eine spiralförmige Elektronenbahn. Innerhalb einer Bahnperiode liegt eine ganze Anzahl von Schallwellen, so daß diese Bahn maximal zur Schallabsorption beiträgt

Offensichtlich kann $\partial S/\partial p_z$ nur für eine nichtkonvexe FERMI-Fläche (s. Abb. 46) oder für Grenzpunkte extremal werden.

Außer den Punkten mit $(m^* v_z)_{\text{extr}}$ spielen, wenn $\boldsymbol{k}$ nicht zu $\boldsymbol{H}$ senkrecht ist, die sogenannten Grenzbahnpunkte eine besondere Rolle. Die Bedingung $\boldsymbol{kv} = 0$, die für die Absorption eines Phonons notwendig ist, wird nicht von allen Elektronen erfüllt, sondern nur von einem Teil (Abb. 76). Verfolgt man die Linie $p_z = \text{const}$, so wird im Innern der Fläche die Bedingung in zwei Punkten erfüllt. Ändert sich p_z in der einen oder der anderen Richtung, so nähern sich diese Punkte und fallen zusammen; danach wird die Bedingung $\boldsymbol{kv} = 0$ für keinen Punkt der Linie mehr erfüllt. Daher kann man bei

$$H_{1n} = \frac{kc \cos \Theta}{2\pi e n} \left(\frac{\partial S}{\partial p_z}\right)_{\text{gr}} \tag{12.24}$$

eine Besonderheit des Absorptionskoeffizienten erwarten; der Index bedeutet die Ableitung an der Stelle des Impulsgrenzwertes $p_z = p_{z\,gr}$.

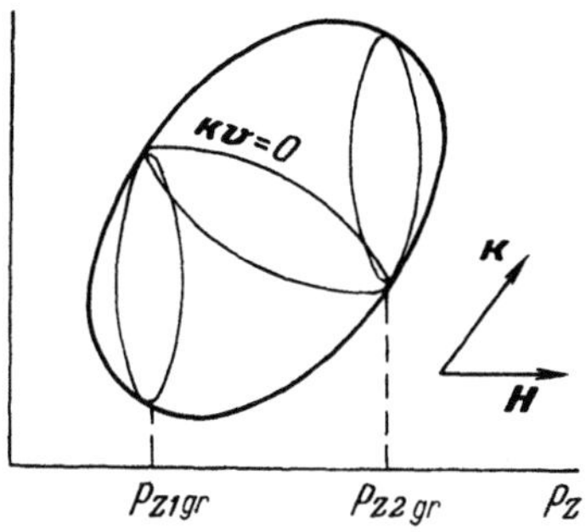

Abb. 76 Grenzbahnen auf der FERMI-Fläche mit den Impulskomponenten p_{z1gr} und p_{z2gr} im zur Schallrichtung geneigten Magnetfeld $\boldsymbol{H}$, die zur magnetoakustischen Resonanz beitragen. Die Grenzbahnen tangieren die effektive Zone $\boldsymbol{kv} = 0$, auf der die Elektronengeschwindigkeit $\boldsymbol{v}$ senkrecht zum Ausbreitungsvektor $\boldsymbol{k}$ der Schallwelle gerichtet ist

Im Fall einer offenen Trajektorie beschreibt das Elektron eine Driftbewegung quer zum Feld. Als charakteristische Zeit an Stelle der LARMOR-Periode tritt in diesem Fall die Zeit, in der das Elektron eine Periode im Impulsraum durchläuft. Wenn die Bahn in p_x-Richtung offen ist, erhält man durch Integration der Gleichung

$$\frac{\mathrm{d}p_x}{\mathrm{d}t} = \frac{eH}{c} v_y$$

über t die Resonanzbedingung

$$\hbar K = \frac{eH}{c} \int v_y \,\mathrm{d}t = \frac{eH}{c \cos \Theta} n\lambda\,.$$

Dabei bedeuten K die kleinste Periode des reziprokem Gitters, λ die Schallwellenlänge und Θ den Winkel zwischen $\boldsymbol{k}$ und der y-Richtung. Mit anderen Worten, die Resonanzwerte von H sind in diesem Fall gleich

$$H_n = \frac{c\hbar K k \cos \Theta}{2\pi e n}\,. \tag{12.25}$$

Die Gesamtheit aller dieser Erscheinungen erhielt die Bezeichnung „magnetoakustische Resonanzen" (KANER, PESTSCHANSKI, PRIWOROZKI 1961 [63]).

12.5. Quantitative Theorie der geometrischen Resonanz

Im folgenden wird der Fall einer geschlossenen FERMI-Fläche betrachtet. Das Magnetfeld bewirkt das Auftreten eines zusätzlichen Terms $\partial\psi/\partial t_1$ in Gleichung (12.5). Wenn $\boldsymbol{E} = 0$ ist und ψ in der Form $e^{i(\boldsymbol{kr}-\omega t)}$ von den Koordinaten und der Zeit abhängt, erhält man

$$i(\boldsymbol{kv} - \omega)\,\psi + \frac{d\psi}{dt_1} + \frac{\psi}{\tau} = g\,, \tag{12.26}$$

wobei $g \equiv \Lambda_{ik}\dot{u}_{ik}$. Multipliziert man diese Gleichung mit ψ^* und addiert die mit ψ multiplizierte komplex konjugierte Gleichung, so findet man

$$\frac{1}{2}\,\frac{d\,|\psi|^2}{dt_1} + \frac{|\psi|^2}{\tau} = \frac{1}{2}\,(g\psi^* + g^*\psi) = \mathrm{Re}\,(g^*\psi)\,.$$

In den Absorptionskoeffizienten geht das Integral $\int d^3\boldsymbol{p}\;|\psi|^2/\tau\;\partial f_0/\partial\varepsilon$ ein. Durch Substitution der Variablen (s. (5.11)) sieht man, daß der Term $d\,|\psi|^2/dt_1$ bei der Integration über t_1 verschwindet. Hieraus folgt

$$\int \frac{|\psi|^2}{\tau}\,dt_1 = \int \mathrm{Re}\,(g^*\psi)\,dt_1\,. \tag{12.27}$$

Unten wird $\omega \ll 1/\tau$ angenommen, daher kann ω vernachlässigt werden. Löst man Gleichung (12.26) in analoger Weise wie in Abschnitt 5.2. und in Kapitel 7, erhält man

$$\psi(t_1) = \int\limits_{-\infty}^{t_1} g(t_2)\,\exp\left\{\int\limits_{t_1}^{t_2}\left[i\boldsymbol{kv}(t_3) + \frac{1}{\tau}\right]dt_3\right\}dt_2\,. \tag{12.28}$$

Nun zerlegt man das Integral $\int\limits_{-\infty}^{t_1}\cdots\,dt_2$ in Einzelintegrale mit dem Integrationsbereich T und führt in jedem Integral eine Variablensubstitution durch, so daß alle Summanden gleiche Integrationsgrenzen haben, z. B.

$$\int\limits_{t_1-T(n+1)}^{t_1-Tn} f(t_2)\,dt_2 = \int\limits_{t_1}^{t_1+T} f[t_2 - T(n+1)]\,dt_2\,.$$

Da $g(t_2)$ eine periodische Funktion von t_2 ist, ändert sie ihren Wert bei einer solchen Substitution nicht, und folglich nimmt der Integrand die Form

$$g(t_2)\,\exp\left\{\int\limits_{t_1}^{t_2-T(n+1)}[i\boldsymbol{kv}(t_3) + 1/\tau]\,dt_3\right\}$$

an. Da jedoch der Integrand im Exponenten eine periodische Funktion von t_3 ist, erhält man

$$g(t_2)\,\exp\left\{\int\limits_{t_1}^{t_2}(i\boldsymbol{kv} + 1/\tau)\,dt_3\right\}\exp\,\{-\,T(n+1)\,(i\boldsymbol{k}\bar{\boldsymbol{v}} + 1/\tau)\}$$

und folglich

$$\psi(t_1) = \int_{t_1}^{t_1+T} g(t_2) \exp\left\{\int_{t_1}^{t_2} (i\boldsymbol{kv} + 1/\tau)\,\mathrm{d}t_3\right\} \mathrm{d}t_2$$
$$\times \sum_{n=0}^{\infty} \exp\left\{-\,T(n+1)\,(i\boldsymbol{k}\overline{\boldsymbol{v}} + 1/\tau)\right\}.$$

Durch Summation über n ergibt sich

$$\psi(t_1) = \frac{\int\limits_{t_1}^{t_1+T} g(t_2) \exp\left\{\int\limits_{t_1}^{t_2} (i\boldsymbol{kv} + 1/\tau)\,\mathrm{d}t_3\right\} \mathrm{d}t_2}{\mathrm{e}^{T(i\boldsymbol{k}\overline{\boldsymbol{v}}+1/\tau)} - 1}. \tag{12.29}$$

Der Integrand im Zähler enthält einen großen Exponenten, und auf das Integral wird die Methode der stationären Phase angewendet. Die stationären Punkte des Exponenten bestimmen sich durch die Bedingung

$$\frac{\partial}{\partial t_2}\int_{t_1}^{t_2} i\boldsymbol{kv}(t_3)\,\mathrm{d}t_3 = 0 \qquad \text{oder} \qquad \boldsymbol{kv}(t_2) = 0\,.$$

Wenn die Punkte $t = t_\alpha$ eine Lösung der Gleichung $\boldsymbol{kv} = 0$ sind, erhält man durch Entwicklung nach $t = t_2 - t_\alpha$ und Erweiterung der Integrationsgrenzen von $-\infty$ bis $+\infty$

$$\int_{t_1}^{t_1+T} g(t_2) \exp\left\{\int_{t_1}^{t_2} (i\boldsymbol{kv} + 1/\tau)\,\mathrm{d}t_3\right\} \mathrm{d}t_2$$
$$= \sum_{t_1<t_\alpha<t_1+T} g_\alpha J_\alpha \exp\left\{\int_{t_1}^{t_\alpha} (i\boldsymbol{kv} + 1/\tau)\,\mathrm{d}t_3\right\}, \tag{12.30}$$

wobei $g_\alpha = g(t_\alpha)$ und

$$J_\alpha = \int_{-\infty}^{\infty} \mathrm{d}t \exp\left(\frac{i}{2}\boldsymbol{kv}'_\alpha t^2 + \frac{i}{6}\boldsymbol{kv}''_\alpha t^3\right) \tag{12.31}$$

(der Index α entspricht dem Zeitpunkt t_α).

Gewöhnlich berücksichtigt man bei der Methode der stationären Phase nur den ersten Term, der proportional t^2 ist. Hier muß man jedoch vorsichtig sein, da in den Punkten $p_{z\,\mathrm{gr}}$ $\boldsymbol{kv}'_\alpha = 0$ ist. Daher beläßt man in diesem Fall auch den Term mit t^3. Wenn $\boldsymbol{kv}'_\alpha \neq 0$ ist, erhält man

$$J_\alpha = \left|\frac{2\pi}{(\boldsymbol{kv}'_\alpha)}\right|^{1/2} \exp\left[\frac{\pi i}{4}\operatorname{sign}(\boldsymbol{kv}'_\alpha)\right] \tag{12.32}$$

(sign a bedeutet die Vorzeichenfunktion, das heißt 1 für $a > 0$ und -1 für $a < 0$). Wenn $\boldsymbol{kv}'_\alpha = 0$ ist, ergibt sich

$$J_\alpha = \left|\frac{6}{(\boldsymbol{kv}''_\alpha)}\right|^{1/3} \frac{\Gamma(1/3)}{\sqrt{3}}. \tag{12.33}$$

Der Absorptionskoeffizient ist nach (12.8), (12.13), (12.27) und (5.11)

$$2\Gamma = \frac{eH}{c(2\pi\hbar)^3\, I}\,\mathrm{Re}\int \mathrm{d}p_z \int\limits_0^T \mathrm{d}t_1\, g^*(t_1) \sum_{t_1 \leqq t_\alpha < t_1 + T} g_\alpha J_\alpha$$

$$\times \exp\left\{\int\limits_{t_1}^{t_\alpha}\left(i\boldsymbol{kv} + \frac{1}{\tau}\right)\mathrm{d}t_3\right\}\left\{\exp\left[T\left(i\boldsymbol{k\bar{v}} + \frac{1}{\tau}\right)\right] - 1\right\}^{-1}.$$

Dieselbe Methode der stationären Phase dient nun auch zur Berechnung des Integrals über t_1, und man findet als allgemeinen Ausdruck

$$2\Gamma = \frac{eH}{c(2\pi\hbar)^3\, I}\,\mathrm{Re}\int \mathrm{d}p_z$$

$$\times \sum_{0 \leqq t_\alpha,\, t_\beta < T} \frac{g_\alpha J_\alpha g_\beta^* J_\beta^* \exp\left\{\int\limits_{t_\beta}^{t_\alpha} (i\boldsymbol{kv} + 1/\tau)\,\mathrm{d}t_3\right\}}{\mathrm{e}^{T(i\boldsymbol{k\bar{v}}+1/\tau)} - 1}. \qquad (12.34)$$

Im weiteren wird nun konkret der Fall der geometrischen Resonanz betrachtet [64]. Dabei ist $\boldsymbol{k\bar{v}} = 0$ (da $\boldsymbol{\bar{v}} \parallel \boldsymbol{H}$ und $\boldsymbol{kH} = 0$). Auf der Elektronenbahn existieren zwei Punkte mit $\boldsymbol{kv} = 0$, die durch $t_{(1)}$ und $t_{(2)}$ bezeichnet werden (s. Abb. 74). In diesen Punkten werden $\boldsymbol{kv}'(t_{(1)})$ und $\boldsymbol{kv}'(t_{(2)})$ allgemein nicht Null, wobei $\boldsymbol{kv}'$ in diesen Punkten verschiedene Vorzeichen haben. Wenn also für $t_{(1)}\, \boldsymbol{kv}'_{(1)} > 0$ ist, so muß $\boldsymbol{kv}'_{(2)} < 0$ sein. Für $\boldsymbol{k\bar{v}} = 0$ bleibt im Nenner von (12.34) der Ausdruck $\mathrm{e}^{T/\tau} - 1$, der wegen $\tau \gg T$ gleich T/τ ist. Die Summe über t_α und t_β schließt die Terme $t_\alpha = t_\beta = t_{(1)}$, $t_\alpha = t_\beta = t_{(2)}$ und zwei Terme $t_\alpha = t_{(1)}$, $t_\beta = t_{(2)}$; $t_\alpha = t_{(2)}$, $t_\beta = t_{(1)}$ ein. Hieraus findet man unter Berücksichtigung von $\tau \gg T$

$$2\Gamma = \frac{eH 2\pi}{c(2\pi\hbar)^3\, I}\int \frac{\tau}{T}\,\mathrm{d}p_z \left\{\left|\frac{g_{(1)}^2}{\boldsymbol{kv}'_{(1)}}\right| + \left|\frac{g_{(2)}^2}{\boldsymbol{kv}'_{(2)}}\right|\right.$$

$$\left. + \frac{2\,|g_1 g_2|}{\sqrt{(\boldsymbol{kv}'_{(1)})\,(\boldsymbol{kv}'_{(2)})}}\sin\left(\int\limits_{t_{(1)}}^{t_{(2)}} \boldsymbol{kv}(t_3)\,\mathrm{d}t_3\right)\right\}. \qquad (12.35)$$

Wählt man die x-Achse in Richtung von $\boldsymbol{k}$ und wendet man Gleichung

$$\frac{\mathrm{d}p_y}{\mathrm{d}t} = -\frac{e}{c}\, v_x H$$

an, ergibt sich

$$\int\limits_{t_{(1)}}^{t_{(2)}} \boldsymbol{kv}(t_3)\,\mathrm{d}t_3 = \frac{kc}{eH}\,[p_y(t_{(1)}) - p_y(t_{(2)})]\,, \qquad (12.36)$$

das heißt, man kommt zum selben Ergebnis wie in Abschnitt 12.3.

Die ersten beiden Terme in der geschweiften Klammer von (12.35) liefern den monotonen, nichtoszillierenden Teil des Absorptionskoeffizienten; größenordnungsmäßig ist

$$\Gamma_{\text{mon}} \sim \frac{eH\tau p_0 \Lambda^2 \omega^2 u_{ik}^2}{c\hbar^2 I k v} \sim \frac{eH\tau p_0 \mu^2 \omega^2 k^2 u^2}{c\hbar^3 \varrho u^2 \omega^2 s k v} \sim \Omega\tau \frac{\omega\mu n}{\varrho v s^2} \sim \Gamma_0 \Omega\tau \,. \quad (12.37)$$

Die Größe $\Gamma_0 \sim \omega\mu n/\varrho v s^2$ bedeutet den Absorptionskoeffizienten ohne Magnetfeld.

Der Term mit dem Sinus in (12.35) gibt den oszillierenden Teil des Absorptionskoeffizienten. Da der Sinus eine schnell oszillierende Funktion von p_z ist, wird bei der Integration über p_z die Sattelpunktsmethode angewendet. Schreibt man $p_{y1} - p_{y2} = \Delta p_y$ und wählt man die Extremwerte dieses Ausdruckes, erhält man

$$\Delta p_y = \Delta p_{ym} + \frac{1}{2}\left(\frac{\partial^2 \Delta p_y}{\partial p_z^2}\right)_m (p_z - p_{zm})^2 \,.$$

Nun läßt sich die Integration leicht durchführen, und man findet

$$\sqrt{\frac{eH}{ck}} \left|\frac{\partial^2 \Delta p_y}{\partial p_z^2}\right|_m^{-1/2} \sin\left(\frac{ck}{eH}\Delta p_{ym} \pm \frac{\pi}{4}\right),$$

wobei das Vorzeichen + für $(\partial^2 \Delta p_y/\partial p_z^2)_m > 0$ und das Vorzeichen − für den umgekehrten Fall gilt. Bei der Integration über p_z sind alle anderen Größen in (12.35) als konstant anzusehen.

Vergleicht man die Ergebnisse für Γ_{osz} und Γ_{mon}, erhält man

$$\frac{\Gamma_{\text{osz}}}{\Gamma_{\text{mon}}} \sim \frac{1}{\sqrt{kr_L}} \sum_m \sin\left(\frac{ck}{eH}\Delta p_{ym} \pm \frac{\pi}{4}\right). \quad (12.38)$$

Die geometrische Resonanz eignet sich daher ebenso wie auch der Größeneffekt zur Bestimmung der Fermi-Fläche.

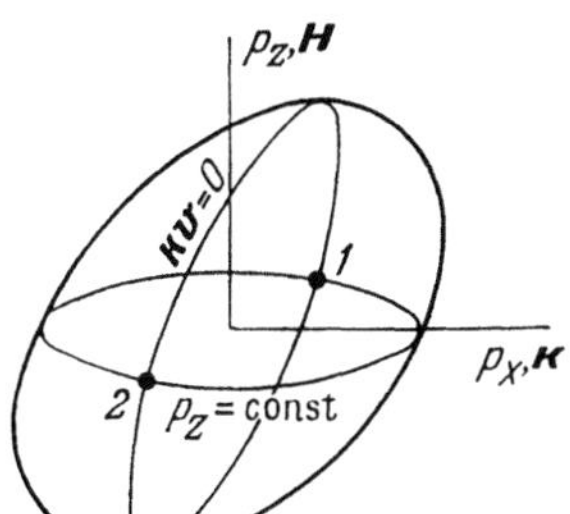

Abb. 77 Geometrie für die geometrische Resonanz im Impulsraum, die der Abb. 74 im Ortsraum entspricht. Die Bahn p_z = const auf der Fermi-Fläche schneidet in den Punkten 1 und 2 die effektive Zone $\boldsymbol{kv} = 0$, auf der die Elektronengeschwindigkeit $\boldsymbol{v}$ senkrecht zum Ausbreitungsvektor $\boldsymbol{k}$ der Schallwelle gerichtet ist. Die Resonanzperiode ist durch den extremalen Durchmesser der Fermi-Fläche in p_y-Richtung, das heißt den Abstand der Punkte 1 und 2 senkrecht zur Richtung des Magnetfeldes $\boldsymbol{H}$ und der Schallwelle bestimmt

Offenbar findet man dabei die Differenz der Werte p_y in den Schnittpunkten der Linie $p_z = p_{zm}$ mit der Kurve $\boldsymbol{kv} = 0$ auf der FERMI-Fläche (Abb. 77), während die Linie $p_z = p_{zm}$ einem Extremwert von Δp_y entspricht; das kann zum Beispiel ein Zentralschnitt sein.

12.6. Quantitative Theorie der magnetoakustischen Resonanzen

Die magnetoakustischen Resonanzen bei $\boldsymbol{kH} = 0$ [63] werden durch den Faktor

$$C(p_z) = \frac{1}{\exp\{T(i\overline{\boldsymbol{kv}} + 1/\tau)\} - 1}$$

in Formel (12.34) hervorgerufen, der schmale und scharfe Maxima als Funktion von p_z besitzt. Bei fixierten Werten von ω und H treten diese Maxima bei solchen Werten von p_z auf, für die

$$T\overline{\boldsymbol{kv}} = \frac{k_z c}{eH}\left|\frac{\partial S(p_{zn})}{\partial p_z}\right| = 2\pi n$$

gilt. Allgemein entsprechen diese Werte nicht den Extrema von $\partial S/\partial p_z$. Man kann jedoch ω oder H derart auswählen, daß diese Bedingung für $(\partial S/\partial p_z)_{\text{extr}}$ erfüllt wird. Dann verstärkt sich das Maximum in $C(p_z)$ bedeutend, und sein Beitrag zur Absorption nimmt stark zu.

In der Umgebung eines solchen Extremums, dem zum Beispiel $p_z = p_s$ entspricht, kann man den Ausdruck im Exponenten von $C(p_z)$ nach $(T\overline{\boldsymbol{kv}})_{\text{extr}} - 2\pi n$ entwickeln:

$$C(p_z) \approx \frac{1}{\exp\left[\gamma + i\Delta + \frac{i}{2}q(p_z - p_s)^2\right] - 1}\,.$$

Dabei bedeuten $\gamma = T/\tau$, $\Delta = (T\overline{\boldsymbol{kv}})_{\text{extr}} - 2\pi n$ und $q = [\partial^2(T\overline{\boldsymbol{kv}})/\partial p_z^2]_{p_s}$. Wegen der Schmalheit der Maxima $C(p_z)$ kann man alle übrigen Funktionen als konstant annehmen und durch ihren Wert an der Stelle $p_z = p_s$ ersetzen. Setzt man $C(p_z)$ in (12.34) ein, so erhält man mit der Bezeichnung

$$\varphi_\alpha = \int_0^{t_\alpha} (\boldsymbol{kv})\, \mathrm{d}t_3$$

das Ergebnis

$$2\Gamma = \frac{eH}{c(2\pi\hbar)^3\, I}\left|\sum_{t_\alpha} g_\alpha J_\alpha \exp(i\varphi_\alpha)\right|^2_{p_s}$$

$$\times \operatorname{Re}\int \frac{dp_z}{\exp\left[\gamma + i\Delta + \frac{i}{2}q(p_z - p_s)^2\right] - 1}\,.$$

Den Exponenten im Nenner kann man für kleine Δ in eine Reihe entwickeln; für das Integral erhält man dann

$$\operatorname{Re} \int \cdots \mathrm{d}p_z = \frac{\pi}{\sqrt{|q|}} \left[\frac{(\gamma^2 + \Delta^2)^{1/2} - \Delta \operatorname{sign} q}{\gamma^2 + \Delta^2} \right]^{1/2}. \tag{12.39}$$

Dieser Faktor bestimmt auch die Linienform der Resonanz. Das Maximum befindet sich bei $\Delta = \gamma \operatorname{sign} q/\sqrt{3}$ und ist bezüglich $\Delta = 0$ etwas verschoben; die Linie ist unsymmetrisch. Die Linienbreite bezüglich der Variablen Δ ist von der Größenordnung γ und bezüglich des Magnetfeldes $\Delta H \sim H_n(k_z l)^{-1}$, das heißt, die absolute Linienbreite wächst mit abnehmender Nummer ($H_n = H_1/n$). Im Maximum ist der Faktor in eckigen Klammern von der Größenordnung $\gamma^{-1/2}$, und folglich erhält man $\operatorname{Re} \int \cdots \mathrm{d}p_z \sim p_0(n\gamma)^{-1/2}$. Der gesamte Absorptionskoeffizient wird dann von der Größenordnung

$$\Gamma_n \sim \Gamma_0(n\gamma)^{-1/2} \gg \Gamma_0\,, \tag{12.40}$$

wobei Γ_0 der Absorptionskoeffizient ohne Magnetfeld ist. Da $\gamma = T/\tau$, $T \backsim 1/H$ und $H_n \backsim 1/n$, so ist $\gamma n \backsim n^2$, das heißt, die Höhe der Maxima nimmt mit wachsendem n wie $1/n$ ab. Der allgemeine Verlauf des Absorptionskoeffizienten ist in Abbildung 78 dargestellt.

Um die Rolle der Punkte $p_{z\,\mathrm{gr}}$ zu betrachten, nimmt man eine zentralsymmetrische, konvexe Fermi-Fläche an. Wie schon erwähnt, existieren für $|p_z| < p_{z\,\mathrm{gr}}$ zwei Punkte t_α mit $\boldsymbol{kv}(t_\alpha) = 0$, während es für $|p_z| > p_{z\,\mathrm{gr}}$ solche Punkte nicht gibt. Da bei $p_{z\,\mathrm{gr}}$ zwei Punkte mit gleichem Wert $\boldsymbol{kv}$ zusammenfallen, so muß in diesem Punkte selbst $\boldsymbol{kv}'(t) = 0$ gelten, das heißt, Formel (12.33) ist anzuwenden.

Betrachtet man die Umgebung von $p_{z\,\mathrm{gr}}$, kann man in der allgemeinen Formel (12.34) im Zähler $t_\alpha = t_\beta$ setzen und den Faktor $C(p_z)$ in der Form

$$C(p_z) \approx \frac{1}{\exp\left[\gamma + i\Delta + iq_1(p_z - p_{z\,\mathrm{gr}})\right] - 1}$$

schreiben, wobei $\Delta = T(\boldsymbol{k\bar{v}})_{\mathrm{gr}} - 2\pi n$ und $q_1 = \left(\partial(T\boldsymbol{k\bar{v}})/\partial p_z\right)_{p_{z\,\mathrm{gr}}}$. Der Absorptionskoeffizient besitzt dann die Form

$$2\Gamma = \frac{eH}{c(2\pi\hbar)^3\, I} |g_\alpha J_\alpha|^2_{p_{z\,\mathrm{gr}}} \operatorname{Re} \int^{p_{z\,\mathrm{gr}}} \mathrm{d}p_z \frac{1}{\exp\left[\gamma + i\Delta + iq_1(p_z - p_{z\,\mathrm{gr}})\right] - 1}. \tag{12.41}$$

Die Berechnung des Integrals liefert

$$\operatorname{Re} \int \cdots \mathrm{d}p_z = \frac{\pi}{|q_1|} \left[\frac{1}{2} + \frac{\operatorname{sign} q}{\pi} \operatorname{arctg} \frac{\Delta}{\gamma} \right]. \tag{12.42}$$

Für $\Delta \operatorname{sign} q_1 > 0$ und $|\Delta| \gg \gamma$ ergibt sich in der eckigen Klammer Eins, für $\Delta \operatorname{sign} q_1 < 0$ und $|\Delta| \gg \gamma$ Null. Damit erleidet der Absorptionskoeffizient Sprünge bei $H = H_n = H_1/n$, wobei $H_1 = (k_z c/2\pi e)\, |\partial S/\partial p_z|_{p_{z\,\mathrm{gr}}}$.

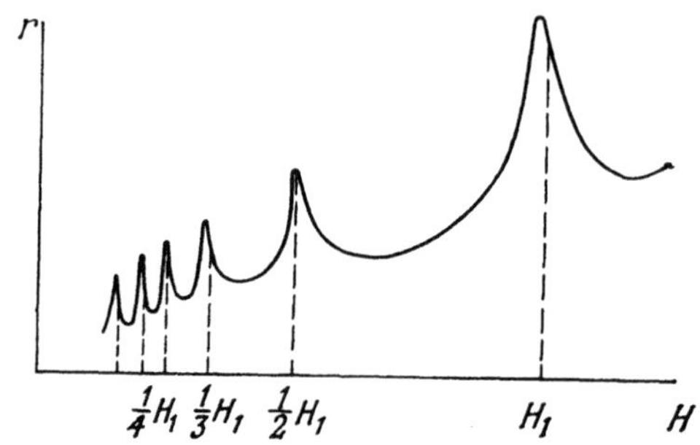

Abb. 78 Magnetoakustische Resonanzen (s. Abb. 75) durch Bahnen auf der FERMI-Fläche mit extremaler Querschnittsänderung $\partial S/\partial p_z$ (Abb. 46). Der Ultraschallabsorptionskoeffizient Γ zeigt in Abhängigkeit von der Magnetfeldstärke H bei H_1/n Maxima, deren Höhe und Breite wie $1/n$ mit wachsender Ordnung n abnehmen

Aus (12.41), (12.42) und (12.33) findet man für die Größe der Sprünge

$$\Delta\Gamma \sim \Gamma_0 n^{-2/3} , \tag{12.43}$$

das heißt, die Amplitude der Sprünge nimmt mit wachsendem H zu. Damit ergibt sich für den gesamten Kurvenverlauf die in Abbildung 79 dargestellte Abhängigkeit, wenn $q_1 > 0$. Für $q_1 < 0$ erfolgen die Sprünge in umgekehrter Richtung: Γ nimmt durch die Sprünge mit wachsendem H zu.

Differenziert man (12.42), erhält man folgende Formel:

$$\partial\Gamma/\partial \ln H \sim \Gamma_0 n^{1/3}\gamma/(\gamma^2 + \Delta^2) , \tag{12.44}$$

das heißt eine Abhängigkeit mit Maxima in den Punkten $H = H_n$. Die Höhe jedes Maximums ist

$$\mathrm{d}\Gamma/\mathrm{d}H \sim \Gamma_0 n^{1/3}/\gamma H , \tag{12.45}$$

das heißt, sie wächst mit H_n wie $n^{1/3}$ (da $\gamma = T/\tau \sim n$).

Wie bereits in Abschnitt 8.5. erwähnt wurde, entspricht ein Extremum von $Tk\bar{v}$ insbesondere einem elliptischen Grenzpunkt (Punkte P und Q in Abb. 33). Für die Beobachtbarkeit der Resonanzen müssen dabei jedoch gewisse Unglei-

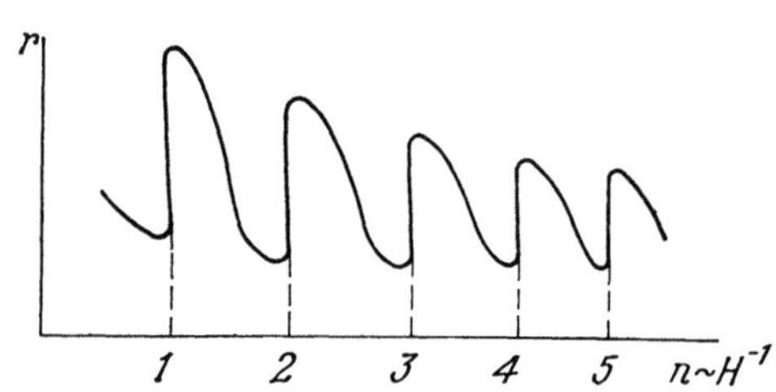

Abb. 79 Magnetoakustische Resonanzen durch Grenzbahnen (Abb. 76). Der Ultraschallabsorptionskoeffizient Γ zeigt in Abhängigkeit von der reziproken Magnetfeldstärke $1/H$ periodische Sprünge, deren Amplituden wie $n^{-2/3}$ mit wachsender Ordnung n abnehmen

chungen erfüllt sein. Nach Abbildung 76 kann ein elliptischer Grenzpunkt nur an der magnetoakustischen Resonanz teilnehmen, wenn die Kurve $\boldsymbol{kv} = 0$ in seiner Nähe verläuft; dazu muß $\boldsymbol{k}$ fast senkrecht zu $\boldsymbol{H}$ sein.

Nun möge $\boldsymbol{k}$ in der (x, z)-Ebene liegen, und der Winkel zwischen $\boldsymbol{k}$ und der x-Achse sei φ. Dieser Winkel darf nicht zu klein sein, muß doch die Verschiebung des Elektrons in Richtung von $\boldsymbol{k}$ pro Periode groß gegen die Wellenlänge sein. Hieraus folgt $v\varphi T \gg \lambda$ oder $\varphi \ll 1/kr_{\mathrm{L}}$. Andererseits verläuft bei beliebigem endlichen φ die Kurve $\boldsymbol{kv} = 0$ nicht mehr durch den Grenzpunkt. Er nimmt an der Resonanz daher nur infolge einer geringen Verwaschung teil, die durch die Endlichkeit der Weglänge entsteht, das heißt durch das Auftreten der Größe $1/\tau$ im Exponenten. Die Größenordnung dieser Verwaschung wird durch die Relation

$$k_z(v - v_0) \approx 1/\tau$$

bestimmt. Da jedoch $v_0 - v \approx v_0 (1 - \cos\varphi) \approx v_0\varphi^2$ und $k_z \approx k\varphi$ ist, findet man hieraus $\varphi \ll 1/(kl)^{1/3}$. Um daher magnetoakustische Resonanzen von Grenzpunkten beobachten zu können, muß die Bedingung

$$1/(kl)^{1/3} \gg \varphi \gg 1/kr_{\mathrm{L}}$$

erfüllt sein. An dieser Stelle sei noch einmal auf die Ähnlichkeit des Problems mit dem Effekt der Driftfokussierung eines hochfrequenten Feldes hingewiesen (s. Bedingung (8.16)).

Im Fall der Grenzpunktresonanz liegt die besondere Situation vor, daß einerseits $T\boldsymbol{k\bar{v}}$ ein Randextremum hat und andererseits $\boldsymbol{k\bar{v}}'(t_\alpha) = 0$ wie an einem Grenzbahnpunkt ist. Deshalb erfordert dieser Fall eine spezielle Betrachtung (Kosub 1974, private Mitteilung.)

Zunächst sei daran erinnert, daß nach der obigen Betrachtung nicht nur der Grenzpunkt selbst, sondern eine relativ große Umgebung desselben zur Resonanz beiträgt.[1])

In diesem gesamten Gebiet fallen die Punkte t_α und t_β nicht zusammen, weshalb für J_α Formel (12.32) genommen werden kann. Auf einer Kurve mit gegebenem p_z ist $v_\perp \sim \sqrt{p_0^2 - p_z^2}/m \sim \sqrt{p_0(p_0 - p_z)}/m$ (p_0 entspricht dem Grenzpunkt), das heißt $|J_\alpha|^2 \sim Tm/[k\sqrt{p_0(p_0 - p_z)}]$. Folglich hängt $|J_\alpha|^2$ stark von p_z ab, so daß Formel (12.41) durch eine analoge mit $|J_\alpha|^2$ unter dem Integralzeichen zu ersetzen ist. Eine einfache Rechnung ergibt

$$\int \cdots |J_\alpha|^2 \,\mathrm{d}p_z \sim \frac{Tm}{k\sqrt{p_0\,|q_1|}}\,\frac{\pi}{\sqrt{2}}\left[\frac{\sqrt{\Delta^2 + \gamma^2} + \Delta \operatorname{sign} q_1}{\Delta^2 + \gamma^2}\right]^{1/2}. \qquad (12.42')$$

Diese Formel erinnert an (12.42) in dem Sinne, daß man für $\Delta q_1 > 0$, $|\Delta| \gg \gamma$ eine endliche Größe, aber für $\Delta q_1 < 0$, $|\Delta| \gg \gamma$ Null erhält, das heißt, es treten Sprünge in der Absorption auf. In der Umgebung der Sprünge, das heißt für

[1]) Falls $k_z \sim k\varphi$, so erhält man aus der Bedingung $k_z(v - v_0) \sim k_z v_0(1 - \cos\varphi_0) \sim k_z v_0 \varphi_0^2 \sim 1/\tau$ die Relation $\varphi_0 \sim (\tau k_z v_0)^{-1/2} \sim (kl\varphi)^{-1/2}$ sowie $\varphi_0 \gg \varphi$ wegen $\varphi \ll (kl)^{-1/3}$.

$|\Delta| \ll \gamma$ ergibt jedoch Formel (12.42′) eine Größe der Ordnung $Tm/[k(p_0 q_1 \gamma)^{1/2}]$, während im Falle einer gewöhnlichen Grenzbahn nach (12.33), (12.42) $|J_\alpha|^2 \int \cdots dp_z \sim T^{4/3}/[(kv)^{2/3} q_1]$ gilt.

Setzt man die Größenordnungen ein, so findet man, daß der Grenzpunkt eine $n^{-1/3} \sqrt{kl}$ mal größere Amplitude als ein gewöhnlicher Grenzbahnpunkt ergibt. Ein Vergleich mit Formel (12.43) zeigt, daß vor den Sprüngen der Absorptionskoeffizient Maxima der Größenordnung

$$\Gamma_n \sim \frac{\Gamma_0}{n} \sqrt{kl}$$

erreicht. Für nicht zu große n sind die Maxima wesentlich größer als der Absorptionskoeffizient ohne Feld.

Abschließend soll noch gezeigt werden, daß die Benutzung der Formel (12.32) gerechtfertigt war. Tatsächlich ist dafür $[kv'(t_\alpha)]^{1/2} \gg [kv''(t_\alpha)]^{1/3}$, das heißt $(kv_\perp/T)^{1/2} \gg (kv_\perp/T^2)^{1/3}$ erforderlich. Setzt man hier $v_\perp \sim \sqrt{p_0(p_0 - p_z)}/m$ und $p_0 - p_z \sim \gamma/q_1$ ein, so erhält man die Bedingung $kl \gg 1$, die als erfüllt vorausgesetzt wurde.

12.7. Riesenoszillationen des Absorptionskoeffizienten infolge Quantisierung der Niveaus im Magnetfeld

Die Quantisierung der Niveaus im Magnetfeld macht sich offenbar nur bei Temperaturen $T \ll \hbar\Omega$ bemerkbar.

Das Modell freier Elektronen liefert für die Niveaus die Relation

$$\varepsilon = \hbar\Omega(n + \tfrac{1}{2}) + p_z^2/2m \,.$$

Bei der Absorption eines Phonons folgt aus den Erhaltungssätzen

$$p_z' = p_z + \hbar k_z \,,$$
$$\hbar\Omega(n' + \tfrac{1}{2}) + p_z'^2/2m = \hbar\Omega(n + \tfrac{1}{2}) + p_z^2/2m + \hbar\omega \,.$$

Für hinreichend kleine Werte von k_z erhält man hieraus

$$\hbar\Omega(n' - n) + p_z \hbar k_z/m = \hbar\omega \,. \tag{12.46}$$

Für $n \neq n'$ nimmt der Term $\hbar\Omega(n' - n)$ im Verhältnis zu den übrigen sehr große Werte an, und die Bedingung (12.46) kann daher nur für $n = n'$ erfüllt werden. Daraus folgt

$$p_z \hbar k_z/m = \hbar\omega \,,$$

$$p_z = m\omega/k_z = msk/k_z = ms/\cos\Theta \,. \tag{12.47}$$

Der durch diese Beziehung gegebene Wert p_z hängt von Θ ab. Durch Änderung von $\cos\Theta$ kann man den Wert von p_z, bei dem die Absorption eintritt, vergrößern oder verringern.

Stellt man die Energie als Funktion von p_z dar, erhält man ein System von Parabeln (Abb. 80). Für $T \ll \hbar\Omega \ll \mu$ tragen nur solche Elektronen zur Absorption bei, die in einem Intervall der Breite T in der Umgebung von μ liegen. Die Impulse dieser Elektronen liegen dann entsprechend in den Intervallen 1, 2 und 3 in Abbildung 80. Sei P ein Wert p_z, der der Bedingung (12.47) genügt.

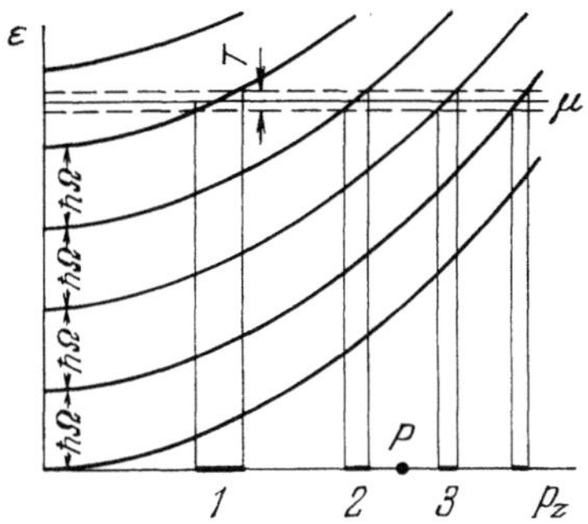

Abb. 80 Zur Entstehung von Riesenoszillationen der Ultraschallabsorption: Die Energiebänder ε der LANDAU-Niveaus in Abhängigkeit von der Impulskomponente p_z in Magnetfeldrichtung verlaufen nur innerhalb gewisser p_z-Intervalle 1, 2, 3, ... durch die thermische Zone der Breite T um die FERMI-Energie μ. Liegt die Impulskomponente p_z der absorbierenden Elektronen (Punkt P) außerhalb dieser Intervalle, so ist die Ultraschallabsorption gering. Die Absorption wird „riesig", wenn P innerhalb eines der Intervalle 1, 2, 3, ... fällt

In Abbildung 80 befindet sich dieser Wert P in einem „verbotenen Gebiet" für die Schallabsorption, das heißt, die Absorption ist vernachlässigbar klein. Vergrößert man nun das Feld, so verschieben sich alle Parabeln nach oben, was eine Bewegung der Intervalle 1, 2, 3 längs der p_z-Achse zur Folge hat. Eine Absorption wird möglich, wenn der Punkt P in eines dieser Intervalle fällt. Der Unterschied zwischen „erlaubter" und „verbotener" Absorption ist außerordentlich groß; daher nennt man derartige Oszillationen von Γ mit dem Magnetfeld Riesen-Quantenoszillationen (GUREWITSCH, SKOBOW, FIRSOW 1961 [65]).

Zur quantitativen Behandlung dieses Effektes betrachtet man die Energie, die pro Zeiteinheit in 1 cm³ dissipiert. Für sie gilt eine zu (12.19) analoge Formel:

$$Q = \frac{1}{V} \frac{\pi}{2\hbar} \sum_{a, a'} [f_0(\varepsilon_a) - f_0(\varepsilon_{a'})] \, \hbar\omega_{a'a} \, |U_{a'a}|^2 \, \delta(\hbar\omega_{a'a} - \hbar\omega) \, . \qquad (12.48)$$

Die Indizes a bezeichnen p_y, p_z und n. Für $\hbar\omega \ll T$ kann man die Verteilungsfunktion nach den Energiedifferenzen

$$\varepsilon_{a'} - \varepsilon_a \equiv \hbar\omega_{a'a} = \hbar\omega$$

entwickeln. Dann wird

$$Q = -\frac{1}{V} \frac{\pi}{2\hbar} \sum_{a, a'} \frac{\partial f_0}{\partial \varepsilon} (\hbar\omega)^2 \, |U_{a'a}|^2 \, \delta(\hbar\omega_{a'a} - \hbar\omega) \, . \qquad (12.49)$$

Nun war

$$U = \Lambda_{ik} u_{ik0}\, e^{ikr} ,$$

wobei allgemein Λ_{ik} von den Impulsen abhängt, hier jedoch der Einfachheit wegen als konstant angenommen wird. Dann erhält man

$$U_{a'a} = \Lambda_{ik} u_{ik0} \delta_{nn'} \delta_{p_y', p_y + \hbar k_y} \delta_{p_z', p_z + \hbar k_z} .$$

Die anderen Größen hängen nur von ε und nicht von p_y ab. Hierbei ist $\delta_{p_y', p_y+\hbar k_y}$ das KRONECKER-Symbol, und daher gilt $\delta^2 = \delta$ und $\sum_{p_y'} \delta^2 = 1$. Die verbleibende Summe über p_y führt zu einer Multiplikation mit der Zahl der Zustände verschiedener p_y-Werte. Das liefert

$$\sum_{p_y} = \frac{L_2 \Delta p_y}{2\pi\hbar} = \frac{L_2 L_1 eH}{2\pi\hbar c} .$$

Die Summation über p_z' führt zur Substitution $p_z' \to p_z + \hbar k_z$ in $\delta(\omega_{a'a} - \hbar\omega)$. Danach geht man von der Summe zum Integral über: $\sum_{p_z} \to \frac{L_3}{2\pi\hbar} \int \mathrm{d}p_z$. Damit wird

$$Q = -\frac{\pi\omega^2}{2} \frac{(\Lambda_{ik} u_{ik0})^2}{(2\pi\hbar)^2} \frac{eH}{c} \sum_n \int \mathrm{d}p_z \frac{\partial f_0}{\partial \varepsilon} \delta\left(\frac{k_z p_z}{m} - \omega\right) . \tag{12.50}$$

Setzt man nun $\Omega \gg \omega$ und $\Omega \gg k p_z/m$ voraus, kann die Bedingung $\omega_{a'a} = \omega$ nur für $n = n'$ erfüllt werden. Nimmt man weiterhin $T \ll \hbar\Omega \ll \mu$ an und setzt die Relation

$$\frac{\partial f_0}{\partial \varepsilon} = -\frac{1}{4T} \frac{1}{\mathrm{ch}^2\, [(\varepsilon - \mu)/2T]}$$

in (12.50) ein, erhält man den Absorptionskoeffizienten in der Form

$$2\Gamma = \frac{Q}{\varrho\omega^2 u_0^2 s} = \frac{1}{\varrho\omega^2 u_0^2 s} \frac{\pi\omega^2}{(2\pi\hbar)^2} \frac{eH}{c} \frac{(\Lambda_{ik} u_{ik0})^2}{4T}$$
$$\times \sum_n \int \mathrm{d}p_z\, \delta\left(\frac{k_z p_z}{m} - \omega\right) \mathrm{ch}^{-2} \left[\frac{p_z^2}{2m} + \hbar\Omega\left(n + \frac{1}{2}\right) - \mu\right] .$$

Für $H \to 0$ muß dieser Ausdruck in den Absorptionskoeffizienten ohne Magnetfeld übergehen. Daher kann man

$$\Gamma = \Gamma_0 \frac{k_z}{m} \frac{\hbar\Omega}{4T} \sum_n \int \mathrm{d}p_z \frac{\delta(k_z p_z/m - \omega)}{\mathrm{ch}^2 \left(\dfrac{\hbar\Omega(n + 1/2) + p_z^2/2m - \mu}{2T}\right)} \tag{12.51}$$

schreiben. Tatsächlich geht für $\Omega \to 0$ die Summe in ein Integral über und $\Gamma \to \Gamma_0$. Das Integral über p_z liefert einen Wert für p_z gemäß Formel (12.47).

Unter der Voraussetzung $p_z^2/2m \ll \hbar\Omega$ kann man die Formel für Γ weiter vereinfachen:

$$\Gamma = \Gamma_0 \frac{\hbar\Omega}{4T} \sum_n \mathrm{ch}^{-2}\left[\frac{\hbar\Omega(n + 1/2) - \mu}{2T}\right]. \tag{12.52}$$

Wenn H sehr große Werte annimmt (so daß $\hbar\Omega \gg T$) und eines der Argumente $\hbar\Omega(n + \frac{1}{2})$ in der Nähe von μ liegt, ergibt sich

$$\Gamma \approx \Gamma_0 \frac{\hbar\Omega}{4T} \gg \Gamma_0 . \tag{12.53}$$

Falls alle Werte $\hbar\Omega\,(n + \frac{1}{2})$ hinreichend weit von μ entfernt sind, wird

$$\Gamma = \Gamma_0 \frac{\hbar\Omega}{4T} \mathrm{e}^{-\alpha\hbar\Omega/T} \ll \Gamma_0 \tag{12.54}$$

mit $\alpha \sim 1$. Damit besitzt Γ als Funktion von H sehr starke Oszillationen, die in äquidistanten Abständen bezüglich des reziproken Feldes auftreten:

$$\Delta(1/H) = e\hbar/mc\mu .$$

Die scharfen Maxima sind durch breite Minima voneinander getrennt, wo die Absorption vernachlässigbar klein ist. Den genauen Wert des Absorptionskoeffizienten im Minimum kann man jedoch bestimmen, indem man lediglich die Streuung der Elektronen berücksichtigt. Eine Abschätzung dieses Effektes läßt sich mit Hilfe der folgenden Methode durchführen. Die Streuung führt zu einer Unbestimmtheit in der Energie von der Größenordnung $\hbar/\tau$. Deshalb ersetzt man die δ-Funktion in (12.51), die den Energieerhaltungssatz ausdrückt, durch eine etwas verschmierte Funktion der Breite $1/\tau$. Da gewöhnlich $\omega \ll 1/\tau$ ist, kann man ω vernachlässigen. Statt der δ-Funktion wählt man

$$\frac{1}{\pi} \frac{1/\tau}{(1/\tau)^2 + (k_z p_z/m)^2} .$$

Führt man nun eine neue Variable $p_z/\sqrt{2mT} = y$ ein, nimmt der Ausdruck für Γ folgende Form an:

$$\Gamma = \Gamma_0 \frac{\hbar\Omega}{4T} \int \mathrm{d}y \frac{1}{\pi} \frac{B}{1 + B^2 y^2} \sum_n \mathrm{ch}^{-2}\left(\frac{y^2 - A_n}{2}\right). \tag{12.55}$$

Dabei bedeuten

$$B = \left(\frac{2T}{m}\right)^{1/2} k_z \tau , \quad A_n = \frac{\mu - \hbar\Omega(n + 1/2)}{T} .$$

Im Integral (12.55) ändern sich beide Faktoren sehr schnell. Der Faktor $\sum_n \mathrm{ch}^{-2}$ hat viele Maxima mit einer Breite der Größenordnung Eins, die durch Intervalle der Größe $\sqrt{\hbar\Omega/T}$ getrennt sind. Der Term $B/(1 + B^2 y^2)$ besitzt ein Maximum der Breite $1/B$ bei $y = 0$.

Im folgenden wird der Fall betrachtet, daß die Breite der Kurve $B/(1 + B^2y^2)$ viel kleiner ist als der Abstand zwischen zwei Maxima des anderen Faktors (Abb. 81). Dazu ist offenbar nötig, daß

$$B(\hbar\Omega/T)^{1/2} \gg 1 \quad \text{oder} \quad kl(\hbar\Omega/\mu)^{1/2} \gg 1\,. \tag{12.56}$$

Für gewöhnliche Metalle erweist sich die Bedingung (12.56) als sehr scharf, da für $H \sim 10^4$ Oe $\sqrt{\hbar\Omega/\mu} \sim 10^{-2}$ folgt, so daß sehr kurze Wellenlängen erforderlich sind. Nimmt man ein sehr reines Metall mit $l \sim 0{,}1$ cm, so muß $k \sim 10^3$ oder $\omega = ks \sim 10^8\ \mathrm{s}^{-1}$ sein. Das ist eine außerordentliche hohe Schallfrequenz, die jedoch heute bereits erreichbar ist. In Halbmetallen ist es jedoch wegen $m^* \sim 0{,}01m$ und $p_0 \sim 0{,}01\hbar/a$ möglich, die Grenzfrequenz um zwei Größenordnungen zu verringern.

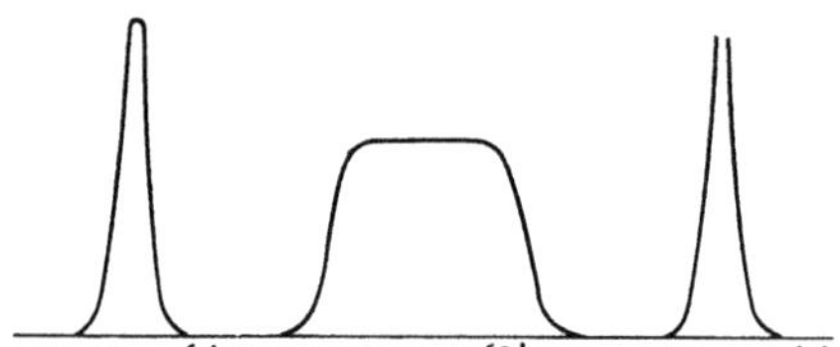

Abb. 81 Ein Minimum der Riesenoszillationen der Ultraschallabsorption wird erreicht, wenn das stoßverbreiterte Maximum $\max^{(2)}$ des Energieerhaltungssatzes als Funktion der Impulskomponente in Magnetfeldrichtung in der Mitte zwischen den thermisch verbreiterten Maxima $\max_n^{(1)}$ und $\max_{n+1}^{(1)}$ zweier benachbarter LANDAU-Niveaus mit der FERMI-Energie liegt

Wenn H derart ist, daß sich eines der Maxima des Faktors $\sum_n 1/\mathrm{ch}^2$ an der Stelle $y = 0$ befindet, liegt ein Maximum von Γ vor.

Wenn die Breite $1/B$ klein im Verhältnis zu Eins ist, so kann man den Faktor $B/\pi(1 + B^2y^2)$ durch die δ-Funktion ersetzen; dabei ergibt sich die Formel (12.53). Wenn jedoch $B \leqq 1$, wird die Form der Absorptionslinie eine vollkommen andere.

Für $B \ll 1$ erhält man

$$\Gamma_{\max} \sim B\frac{\hbar\Omega}{T}\Gamma_0 \sim \frac{\hbar\Omega}{\sqrt{T\mu}}kl\Gamma_0\,, \tag{12.57}$$

Ein Minimum liegt offensichtlich dann vor, wenn die zu $y = 0$ nächsten Piks der zweiten Funktion in (12.55) maximal von der Stelle $y = 0$ entfernt sind. Offensichtlich ist dann $A_{n_0} \sim \hbar\Omega/T$. Da die Breite der Funktionen ch^{-2} von der Größenordnung Eins ist, kann man sie unter diesen Bedingungen durch die δ-Funktion ersetzen. Man findet also

$$\Gamma_{\min} \sim \Gamma_0\frac{\hbar\Omega}{T}\frac{1}{BA_{n_0}}\frac{1}{\sqrt{A_{n_0}}} \sim \Gamma_0\left(\frac{\mu}{\hbar\Omega}\right)^{1/2}\frac{1}{kl}\,. \tag{12.58}$$

Damit ergeben sich für die beiden Fälle $B \gg 1$ und $B \ll 1$

$$\frac{\Gamma_{\max}}{\Gamma_{\min}} \sim \frac{\hbar\Omega}{T}\left(\frac{\hbar\Omega}{\mu}\right)^{1/2} kl\,, \qquad \text{wenn} \quad \sqrt{T/\mu}\, kl \gg 1\,,$$
$$\frac{\Gamma_{\max}}{\Gamma_{\min}} \sim \frac{\hbar\Omega}{\mu}\left(\frac{\hbar\Omega}{T}\right)^{1/2} (kl)^2\,, \qquad \text{wenn} \quad \sqrt{T/\mu}\, kl \ll 1\,. \tag{12.59}$$

Bisher wurde der Fall freier Elektronen betrachtet; dadurch war es möglich, die Größenordnung des Effektes abzuschätzen. Im folgenden wird untersucht, welche Bedeutung die Maxima in einem anisotropen Metall haben. Man erhält

$$\varepsilon(p_z + \hbar k_z, n) - \varepsilon(p_z, n) = \hbar\omega$$

oder

$$v_z \hbar k_z = \hbar\omega\,.$$

Folglich gilt

$$v_z \sim s \ll v\,.$$

Das bedeutet, nur diejenigen Querschnitte der FERMI-Fläche sind wesentlich, für die die mittlere Geschwindigkeit in Richtung des Feldes praktisch verschwindet. Diese Eigenschaft besitzt im allgemeinen Fall nur ein Zentralschnitt der FERMI-Fläche. Folglich wird das Intervall zwischen den Maxima der Absorption durch die Relation

$$\Delta 1/H = 2\pi e\hbar / cS(\mu)_{\text{zentr}}$$

bestimmt.

Da die Maxima sehr scharf sind, liefert diese Methode eine Möglichkeit, die Quantenniveaus selbst zu bestimmen. Das ist besonders für die tiefer liegenden Niveaus wichtig, wo die quasiklassische Näherung nicht mehr anwendbar ist und die Energieniveaus nicht mehr äquidistant sind. Das ist natürlich nur für kleine FERMI-Flächen mit kleinen Massen oder für Halbmetalle möglich.

Riesenoszillationen sind bisher an etlichen Stoffen beobachtet worden (s. z. B. Abb. 82 für Gallium) [66].

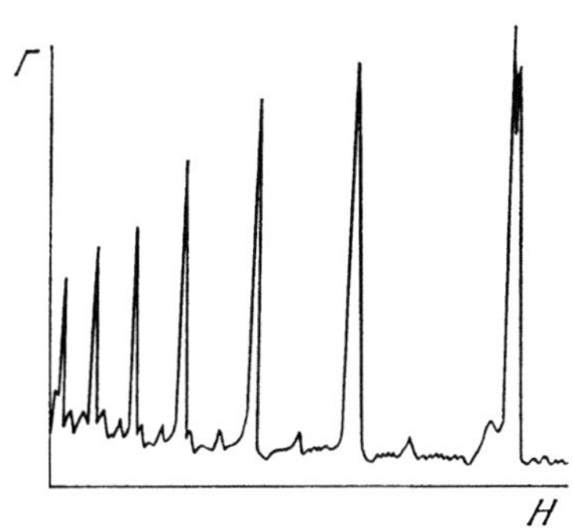

Abb. 82 Experimentelle Riesenoszillationen des longitudinalen Ultraschallabsorptionskoeffizienten Γ in Abhängigkeit von der Magnetfeldstärke H in Gallium (nach [66])

13. Fermi-Flüssigkeits-Effekte

13.1. Wechselwirkung der Quasiteilchen

Nach der LANDAUschen Theorie existiert zwischen den Energiespektren eines FERMI-Gases und einer FERMI-Flüssigkeit ein wesentlicher Unterschied. Auf diesen wurde im Kapitel 2 bewußt nicht eingegangen, in dem die Äquivalenz zwischen einem FERMI-Gas und einer aus FERMI-Teilchen bestehenden Flüssigkeit untersucht wurde. Während bei einem FERMI-Gas die Form des Energiespektrums (2.6) nur durch die Energie des freien Teilchens bestimmt wird, spielt im Falle einer FERMI-Flüssigkeit die Wechselwirkung mit den anderen Quasiteilchen, die im allgemeinen nicht klein ist, eine wesentliche Rolle.

In Kapitel 2 wurde schon dargelegt, daß die Wechselwirkung zu keiner großen Dämpfung führt, wenn die Energie des betrachteten Quasiteilchens in der Nähe der FERMI-Energie liegt. Die Ursache dafür ist aber nicht die geringe Stärke der Wechselwirkung, sondern eine Besonderheit des FERMI-Spektrums (Existenz einer besetzten FERMI-Kugel). Wenn die Wechselwirkung ziemlich stark ist, macht sich das insbesondere in der effektiven Masse der Quasiteilchen bemerkbar, die dann merklich von der Masse der freien Teilchen abweichen kann (zum Beispiel ist im flüssigen He^3 bei tiefen Temperaturen $m^* = 3m_{He^3}$; in Metallen ist der Unterschied geringer; vgl. folgendes Kapitel).

Nach einer Idee von LANDAU [3] kann die Wechselwirkung der Quasiteilchen als selbstkonsistentes Feld der ein Quasiteilchen umgebenden anderen Quasiteilchen angesehen werden, das auf das betrachtete Teilchen wirkt. Damit hängt natürlich die Energie des Quasiteilchens vom Zustand der anderen ab, oder anders gesagt, sie ist ein Funktional ihrer Verteilungsfunktion.

Selbstverständlich ergibt sich dann die Frage, wie diese Energie zu bestimmen ist, was die Gleichgewichts-Verteilungsfunktion ist, wie man die Nichtgleichgewichts-Funktion finden kann usw. Genau genommen hätte man alle aus dem Gasmodell erhaltenen Schlüsse und Resultate zu überprüfen, wo ja die Abhängigkeit des Energiespektrums von der Verteilungsfunktion nicht berücksichtigt wurde.

Wie in diesem Kapitel gezeigt werden soll, ist jedoch in Wirklichkeit, bis auf seltene Ausnahmen, diese neue Tatsache nicht wesentlich. In einer Reihe von Fällen beeinflußt sie überhaupt nicht das Ergebnis, während in anderen Fällen die Größenordnung des Resultats erhalten bleibt. Es gibt aber Erscheinungen, die ausschließlich auf der Abhängigkeit des Energiespektrums von der Verteilungsfunktion basieren. Diese Erscheinungen werden als FERMI-Flüssigkeits-effekte bezeichnet. Der Einfachheit halber wird im folgenden nur das isotrope Metallmodell betrachtet.

In diesem Kapitel wird eine andere Bezeichnung für die Verteilungsfunktion, nämlich $n(\boldsymbol{p}, \boldsymbol{r})$ benutzt, da in der FERMI-Flüssigkeits-Theorie f der LANDAUschen Funktion vorbehalten ist (s. u.).

Als erstes wird die Energie der Quasiteilchen untersucht. Die Gesamtenergie des Systems sei $E[n]$, wobei $[n]$ eine funktionale Abhängigkeit von der Verteilungsfunktion bedeutet. Die Energie der Quasiteilchen muß dann natürlich auf folgendem Wege bestimmt werden:

Für kleine Änderungen der Verteilungsfunktion δn ist die Änderung der Gesamtenergie pro Volumeneinheit

$$\delta E = \sum_{\sigma} \int \varepsilon(\boldsymbol{p}, \sigma)\, \delta n(\boldsymbol{p}, \sigma) \frac{d^3\boldsymbol{p}}{(2\pi\hbar)^3}, \tag{13.1}$$

wobei $\sum_{\sigma}$ die Summation über die Spinkomponenten bedeutet. Die Größe $\varepsilon(\boldsymbol{p}, \sigma)$ muß man als Energie der Quasiteilchen ansehen, denn erscheint ein Quasiteilchen mit dem Impuls $\boldsymbol{p}_1$ und der Spinkomponente σ_1, so ist $\delta n(\boldsymbol{p}, \sigma) = (2\pi\hbar)^3\, \delta(\boldsymbol{p} - \boldsymbol{p}_1)\, \delta_{\sigma\sigma_1}$ und damit $\delta E = \varepsilon(\boldsymbol{p}_1, \sigma_1)$.

Genau genommen hätten mit dem Impuls und dem Spin auch gleichermaßen die Koordinaten berücksichtigt werden müssen. Da die Wellenlänge der Elektronen von der Größenordnung der Atomabstände ist, haben aber die hier betrachteten Inhomogenitäten der Verteilungsfunktion mit charakteristischen Abständen, die bedeutend größer als die Atomabstände sind, auf die Energie der Quasiteilchen keinen Einfluß.

Formel (13.1) kann auch in einer anderen Form angegeben werden. Spielt in dem betrachteten Problem der Spin des Elektrons eine dominierende Rolle, so muß anstelle der Verteilungsfunktion der sogenannte statistische Operator oder die Dichtematrix $\hat{n}(\boldsymbol{p}, \hat{\boldsymbol{\sigma}})$ benutzt werden. Der Mittelwert jeder Größe, der ein von den Operatoren $\boldsymbol{p}$ und $\boldsymbol{\sigma}$ abhängender Operator $\hat{A}$ entspricht, kann durch den Ausdruck

$$\bar{A} = \mathrm{Sp}_{\sigma} \int \hat{A}\hat{n}(\boldsymbol{p}, \hat{\boldsymbol{\sigma}}) \frac{d^3\boldsymbol{p}}{(2\pi\hbar)^3} \tag{13.2}$$

gebildet werden. Insbesondere kann Gleichung (13.1) auch in solch einer Form dargestellt werden:

$$\delta E = \mathrm{Sp}_{\sigma} \int \varepsilon(\boldsymbol{p}, \boldsymbol{\sigma})\, \delta n(\boldsymbol{p}, \boldsymbol{\sigma}) \frac{d^3\boldsymbol{p}}{(2\pi\hbar)^3}. \tag{13.3}$$

(Hierbei wurden, wie auch im folgenden, die Operatoren nicht mehr durch Dächer gekennzeichnet.)

Die Definition der Quasiteilchenenergie (13.3) liefert, wie jetzt gezeigt werden soll, im Gleichgewichtsfall wieder die FERMI-Verteilung. Ausgangspunkt ist die Gleichung für die Entropie

$$S = -\,\mathrm{Sp}_{\sigma} \int \{n \ln n + (1 - n) \ln (1 - n)\} \frac{d^3\boldsymbol{p}}{(2\pi\hbar)^3}. \tag{13.4}$$

Diese Formel ist auch für die Fermi-Flüssigkeit anwendbar, da sie nur rein kombinatorischen Ursprung hat und für die Quasiteilchen das Pauli-Prinzip genauso gilt wie für die Teilchen eines Fermi-Gases. Gesucht ist das Maximum der Entropie bei festgehaltener Gesamtteilchenzahl und -energie. Dazu bestimmt man das Maximum des Ausdrucks

$$S' = S + \alpha E + \beta N \,.$$

α und β sind unbestimmte Lagrangesche Multiplikatoren. Variiert man diesen Ausdruck nach n, so erhält man aus der Bedingung $\delta S' = 0$ die Gleichgewichtsverteilungsfunktion

$$n(\varepsilon) = n_{\mathrm{F}}(\varepsilon) = \frac{1}{\mathrm{e}^{(\varepsilon-\mu)/T} + 1}\,, \tag{13.5}$$

wobei μ und T von den Multiplikatoren α und β abhängen.

Aus den Gleichungen (13.5) und (13.3) kann man entnehmen, daß die spezifische Wärme in Abschnitt 2.4. richtig berechnet wurde. Tatsächlich stimmt der Ausdruck (2.18) formal mit (13.3) überein. Es ist jedoch der Unterschied zu beachten, daß in Formel (2.18) die Abhängigkeit der Energie ε von der Änderung der Verteilungsfunktion mit der Temperatur nicht berücksichtigt wurde. Der Korrekturterm liegt aber nur in der Größenordnung $(T/\mu)^3$.

13.2. Landausche Funktion f

Obwohl die Abhängigkeit des Energiespektrums von der Verteilungsfunktion sich nicht auf die spezifische Wärme auswirkt, ist sie dennoch vorhanden. Wenn E ein Funktional von n ist, so gilt das natürlich auch für ε. Bei kleinen Änderungen der Verteilungsfunktion erhält ε eine Korrektur der Form

$$\delta\varepsilon(\boldsymbol{p},\sigma) = \mathrm{Sp}_{\sigma'} \int f(\boldsymbol{p},\sigma;\boldsymbol{p}',\sigma')\,\delta n(\boldsymbol{p}',\sigma')\,\frac{\mathrm{d}^3\boldsymbol{p}'}{(2\pi\hbar)^3}\,. \tag{13.6}$$

Die Funktion f ist die zweite Variationsableitung der Gesamtenergie und deshalb symmetrisch bezüglich einer Permutation der Argumente, das heißt

$$f(\boldsymbol{p},\sigma;\boldsymbol{p}',\sigma') = f(\boldsymbol{p}',\sigma';\boldsymbol{p},\sigma)\,.$$

Die Existenz des Zusammenhangs (13.6) wirkt sich vor allem in der kinetischen Gleichung aus. In Abschnitt 3.2. wurde bei der Ableitung dieser Gleichung folgender Ausdruck erhalten:

$$\frac{\mathrm{d}n}{\mathrm{d}t} = \frac{\partial n}{\partial t} + \frac{\partial n}{\partial \boldsymbol{r}}\frac{\mathrm{d}\boldsymbol{r}}{\mathrm{d}t} + \frac{\partial n}{\partial \boldsymbol{p}}\frac{\mathrm{d}\boldsymbol{p}}{\mathrm{d}t}\,.$$

Die Größe $\mathrm{d}\boldsymbol{p}/\mathrm{d}t$ ist durch die einwirkende Kraft bestimmt. Es wurde angenommen, daß diese nur durch ein äußeres Feld erzeugt wird. Im Falle einer Fermi-Flüssigkeit beginnt jedoch die Energie der Quasiteilchen infolge des Zusammenhangs (13.6) über die Verteilungsfunktion n von den Koordinaten abzuhängen. Damit tritt eine potentielle Energie auf, die die Wirkung des selbstkonsistenten

Feldes der übrigen Quasiteilchen auf das gerade betrachtete widerspiegelt. Folglich kann

$$\frac{\mathrm{d}\boldsymbol{p}}{\mathrm{d}t} = e\boldsymbol{E} - \frac{\partial \varepsilon}{\partial \boldsymbol{r}} = e\boldsymbol{E} - \mathrm{Sp}_{\sigma'} \int f(\boldsymbol{p}, \boldsymbol{\sigma}; \boldsymbol{p}', \boldsymbol{\sigma}') \frac{\partial n}{\partial \boldsymbol{r}} \frac{\mathrm{d}^3\boldsymbol{p}'}{(2\pi\hbar)^3}$$

gesetzt werden.

Somit tritt auf der linken Seite der kinetischen Gleichung noch ein Zusatzterm auf. Setzt man $n = n_0(\varepsilon_0) + n_1$, wobei ε_0 die Gleichgewichtsenergie bei $T = 0$ ist, und beschränkt sich auf Terme, die linear in n_1 sind, so erhält man für den Zusatzterm

$$-\frac{\partial n_0}{\partial \varepsilon} \boldsymbol{v}\, \mathrm{Sp}_{\sigma'} \int f(\boldsymbol{p}, \boldsymbol{\sigma}; \boldsymbol{p}', \boldsymbol{\sigma}') \frac{\partial n_1}{\partial \boldsymbol{r}} \frac{\mathrm{d}^3\boldsymbol{p}'}{(2\pi\hbar)^3}.$$

Sucht man n_1 in der Form $n_1 = -\psi \partial n_0/\partial \varepsilon$, so hat, nachdem die gesamte Gleichung durch $\partial n_0/\partial \varepsilon$ geteilt wurde, der Zusatzterm in der Gleichung für ψ das Aussehen

$$-\frac{\boldsymbol{v}}{(2\pi\hbar)^3} \mathrm{Sp}_{\sigma'} \int f(\boldsymbol{p}, \boldsymbol{\sigma}; \boldsymbol{p}', \boldsymbol{\sigma}') \frac{\partial}{\partial \boldsymbol{r}} \psi(\boldsymbol{r}, \boldsymbol{p}', \boldsymbol{\sigma}') \frac{\mathrm{d}S'}{v},$$

wobei die Impulse $\boldsymbol{p}$ und $\boldsymbol{p}'$ auf der FERMI-Fläche liegen.

Damit kann die kinetische Gleichung in der Form

$$\frac{\partial \psi}{\partial t} + \boldsymbol{v} \frac{\partial}{\partial \boldsymbol{r}} \left(\psi + \mathrm{Sp}_{\sigma'} \int f(\boldsymbol{p}, \boldsymbol{\sigma}; \boldsymbol{p}', \boldsymbol{\sigma}')\, \psi(\boldsymbol{p}', \boldsymbol{\sigma}') \frac{\mathrm{d}S'}{v(2\pi\hbar)^3} \right) - e\boldsymbol{v}\boldsymbol{E} = I(\psi) \tag{13.7}$$

dargestellt werden. Wird noch zusätzlich ein nicht zu starkes Magnetfeld angelegt, so tritt auf der linken Seite der kinetischen Gleichung noch ein Term

$$\frac{e}{c} \left[\frac{\partial \varepsilon}{\partial \boldsymbol{p}} \boldsymbol{H} \right] \frac{\partial n}{\partial \boldsymbol{p}}$$

auf. In nullter Näherung liefert er keinen Beitrag, da n_0 nur von ε abhängt. In erster Näherung ist aber der Term mit ψ nicht nur in $\partial n/\partial \boldsymbol{p}$, sondern auch in $\partial \varepsilon/\partial \boldsymbol{p}$ zu berücksichtigen. Eine unkomplizierte Rechnung liefert für die Gleichung (13.7) den Zusatzterm der Form

$$\frac{e}{c} [\boldsymbol{v}\boldsymbol{H}] \frac{\partial}{\partial \boldsymbol{p}} \left(\psi + \mathrm{Sp}_{\sigma'} \int f(\boldsymbol{p}, \boldsymbol{\sigma}; \boldsymbol{p}', \boldsymbol{\sigma}')\, \psi(\boldsymbol{p}', \boldsymbol{\sigma}') \frac{\mathrm{d}S'}{v(2\pi\hbar)^3} \right).$$

Der Operator $\dfrac{e}{c} [\boldsymbol{v}\boldsymbol{H}] \dfrac{\partial}{\partial \boldsymbol{p}}$ ist nichts anderes als $\partial/\partial t_1$, wobei t_1 die in Abschnitt 5.1. eingeführte Variable darstellt.

Als nächstes soll das Stoßintegral untersucht werden. Es ist offensichtlich, daß es nur in dem Fall Null wird, wenn dort $n_0(\varepsilon)$ mit der realen Energie ε und nicht $n_0(\varepsilon_0)$ eingesetzt wird. Setzt man in

$$n = n_0(\varepsilon_0) + n_1 = n_0(\varepsilon) - \frac{\partial n_0}{\partial \varepsilon} \mathrm{Sp}_{\sigma'} \int f n_1 \frac{\mathrm{d}^3\boldsymbol{p}'}{(2\pi\hbar)^3} + n_1$$

den Ansatz $n_1 = -\psi\,\partial n_0/\partial\varepsilon$ ein, so ergibt sich

$$n = n_0(\varepsilon) - \frac{\partial n_0}{\partial\varepsilon}\left[\psi + \mathrm{Sp}_{\sigma'}\int f\psi\,\frac{\mathrm{d}S'/v}{(2\pi\hbar)^3}\right].$$

Da das Stoßintegral für $n_0(\varepsilon)$ Null wird, hängt es offensichtlich von der Funktion

$$\varphi = \psi + \mathrm{Sp}_{\sigma'}\int f\psi\,\frac{\mathrm{d}S'/v}{(2\pi\hbar)^3} \tag{13.8}$$

genau so ab, wie es für $f = 0$ von ψ abhängen würde.

Abschließend soll noch untersucht werden, wie die Stromdichte $\boldsymbol{j}$ von ψ abhängt:

$$\boldsymbol{j} = e\,\mathrm{Sp}_\sigma\int\frac{\partial\varepsilon}{\partial\boldsymbol{p}}\,n\,\frac{\mathrm{d}^3\boldsymbol{p}}{(2\pi\hbar)^3}$$

$$= e\,\mathrm{Sp}_\sigma\int\boldsymbol{v}n_1\,\frac{\mathrm{d}^3\boldsymbol{p}}{(2\pi\hbar)^3} + e\,\mathrm{Sp}_{\sigma,\sigma'}\int n_0\,\frac{\partial}{\partial\boldsymbol{p}}\int fn_1\,\frac{\mathrm{d}^3\boldsymbol{p}}{(2\pi\hbar)^3}\,\frac{\mathrm{d}^3\boldsymbol{p}'}{(2\pi\hbar)^3}$$

($\boldsymbol{v} = \partial\varepsilon_0/\partial\boldsymbol{p}$). Integriert man partiell nach $\boldsymbol{p}$, ergibt sich

$$\boldsymbol{j} = e\,\mathrm{Sp}_\sigma\int\boldsymbol{v}n_1\,\frac{\mathrm{d}^3\boldsymbol{p}}{(2\pi\hbar)^3} - e\,\mathrm{Sp}_{\sigma,\sigma'}\int\frac{\partial n_0}{\partial\varepsilon}\,\boldsymbol{v}\int fn_1\,\frac{\mathrm{d}^3\boldsymbol{p}}{(2\pi\hbar)^3}\,\frac{\mathrm{d}^3\boldsymbol{p}'}{(2\pi\hbar)^3}.$$

Mit dem Ansatz $n_1 = -\psi\,\partial n_0/\partial\varepsilon$ erhält man schließlich

$$\boldsymbol{j} = e\,\mathrm{Sp}_\sigma\int\left[\psi + \mathrm{Sp}_{\sigma'}\int f\psi\,\frac{\mathrm{d}S'/v}{(2\pi\hbar)^3}\right]\boldsymbol{v}\,\frac{\mathrm{d}S/v}{(2\pi\hbar)^3}. \tag{13.9}$$

Aus dem Gesagten ist zu erkennen, daß die Ausdrücke sowohl für die Stromdichte als auch für das Stoßintegral bei Berücksichtigung der LANDAUschen Funktion f so von der Kombination φ (13.8) abhängen, wie sie für $f = 0$ von ψ abhängen würden. Diese Aussage ist auch für den Wärmestrom richtig. Wenn ψ nicht von der Zeit abhängt oder ω viel kleiner als eine für das Problem charakteristische Frequenz ist, kann das Glied $\partial\psi/\partial t$ auf der linken Seite der kinetischen Gleichung (13.7) vernachlässigt werden. Damit hängt auch sie nur von der Kombination φ (13.8) ab, und es zeigt sich, daß in allen bisher betrachteten Erscheinungen, für die in der kinetischen Gleichung $\omega = 0$ gesetzt werden konnte, die LANDAUsche Funktion f keinen Einfluß auf das Ergebnis hat.

Die Funktion f spielt nur in denjenigen kinetischen Erscheinungen eine Rolle, für die der Ausdruck $\partial\psi/\partial t$ in der kinetischen Gleichung wesentlich ist. Jedoch ist selbst das nicht immer der Fall. Betrachten wir zum Beispiel den anomalen Skineffekt oder die Zyklotronresonanz (s. Kapitel 7). Bekanntlich besitzt hier die Funktion ψ fast den Charakter einer δ-Funktion $\psi \sim \delta(v_x)$, wobei v_x die Geschwindigkeitskomponente normal zur Oberfläche ist. Natürlich besitzt die Funktion ψ auch einen glatten Teil, der jedoch für die betrachteten Probleme nicht wesentlich ist. Wie man leicht sieht, erhält man bei Einsetzen einer δ-Funktion in das Integral (13.8) eine stetige Funktion. Folglich stimmen die δ-artigen Anteile der Funktionen ψ und φ überein. Damit kann der Unterschied von ψ und φ vernachlässigt werden, so daß die Berechnungen ohne Berücksichtigung der LANDAUschen Funktion f völlig gerechtfertigt sind.

Schließlich war in einigen weiter vorn behandelten Problemstellungen der Term $\partial\psi/\partial t$ in der kinetischen Gleichung auch dann von Bedeutung, in denen ψ nicht den Charakter einer δ-Funktion hatte, so zum Beispiel bei der Ausbreitung von Magnetoplasmawellen in einem Metall mit einer geraden Elektronenzahl. In diesem Fall kann das Glied mit $\partial/\partial \boldsymbol{r}$ vernachlässigt werden, nicht aber $\partial\psi/\partial t$. Der Unterschied zum wechselwirkungsfreien Fall ($f = 0$) besteht darin, daß sowohl in dem Ausdruck für die Stromdichte als auch im Stoßintegral ψ durch $\varphi = \hat{L}\psi$ zu ersetzen ist, wobei $\hat{L}$ ein reeller linearer Integraloperator von der Größenordnung $\hat{L} \sim 1$ ist.

Hieraus ist zu erkennen, daß die Behauptung, daß für $\omega\tau \gg 1$ die kinetischen Koeffizienten von $-i\omega$ genauso abhängen, wie von $1/\tau$ für $\omega\tau \ll 1$, größenordnungsmäßig sowie im Sinne des Charakters der Komplexität der Koeffizienten richtig bleibt. Da aber τ an und für sich nur von seiner Größenordnung her eine Bedeutung besitzt, führt die Funktion f in diesem Fall auch zu keiner qualitativen Veränderung der Resultate. Bei konkreten Berechnungen mit einem bestimmten Energiespektrum muß jedoch die Funktion f berücksichtigt werden.

Somit treten die FERMI-Flüssigkeits-Effekte praktisch in allen Rechnungen nirgends in Erscheinung, sofern die Vorstellung vom quasiklassischen Elektron anwendbar ist, das sich auf einer Bahn bewegt. Damit die Rechnungen und ihre anschauliche Interpretation nicht zu kompliziert werden, wurde deshalb in den vorangegangenen Kapiteln diese Funktion nicht eingeführt.

13.3. Einfluß der Wechselwirkung der Quasiteilchen auf die paramagnetische Suszeptibilität

In Abschnitt 10.1. wurde bereits die einfachste Quantenerscheinung — nämlich der Spinparamagnetismus — behandelt. In die Formel für die magnetische Suszeptibilität χ (10.2) ging dabei nur eine Kenngröße des vorliegenden Metalls, die Zustandsdichte $\nu(\mu)$ ein, das heißt, genau die Größe, die nach Gleichung (2.27) die spezifische Wärme der Elektronen bestimmt. Wie schon in Abschnitt 3.1. angedeutet wurde, ändert sich der Ausdruck für die spezifische Wärme bei Berücksichtigung der Wechselwirkung der Teilchen nicht. Jedoch wird sogleich gezeigt, daß die Funktion f zwar die Größenordnung von χ nicht verändert, wohl aber eine Änderung des konkreten Wertes hervorruft.[1])

[1]) Für Metalle ist der genaue Wert von χ nicht von großem Interesse, da man nur die Gesamtsuszeptibilität messen kann und die Berechnung des diamagnetischen Anteils sehr schwierig ist. Es existiert jedoch eine neutrale FERMI-Flüssigkeit, nämlich flüssiges He^3, die nur Spinparamagnetismus besitzt. Mit Hilfe eines Vergleichs von χ mit der spezifischen Wärme ist es damit für He^3 möglich, Kenntnisse über die Funktion f zu erhalten.

Die Veränderung des Energiespektrums infolge der Wirkung des magnetischen Feldes auf den Spin kann im allgemeinen Fall in der Form

$$\delta\varepsilon = -\beta_1(\boldsymbol{\sigma H}) \tag{13.10}$$

dargestellt werden. Die Energieänderung setzt sich aus zwei Teilen zusammen. Einmal wirkt das Magnetfeld auf das magnetische Moment des Elektrons. Das liefert einen Beitrag $-\beta\boldsymbol{\sigma H}$ (β — BOHRsches Magneton). Zum anderen wirkt eine Veränderung der Verteilungsfunktion auf das Energiespektrum zurück. Die entsprechende Energieänderung ist dann

$$\begin{aligned}\mathrm{Sp}_{\sigma'} \int f(\boldsymbol{p}, \boldsymbol{\sigma}; \boldsymbol{p}', \boldsymbol{\sigma}')\, \delta n(\boldsymbol{p}', \boldsymbol{\sigma}') \frac{\mathrm{d}^3\boldsymbol{p}'}{(2\pi\hbar)^3} &= \mathrm{Sp}_{\sigma'} \int f(\boldsymbol{p}, \boldsymbol{\sigma}; \boldsymbol{p}'\, \boldsymbol{\sigma}') \frac{\partial n_0}{\partial \varepsilon'}\, \delta\varepsilon(\boldsymbol{p}', \boldsymbol{\sigma}') \frac{\mathrm{d}^3\boldsymbol{p}'}{(2\pi\hbar)^3} \\ &= -\,\mathrm{Sp}_{\sigma'} \int f(\boldsymbol{p}, \boldsymbol{\sigma}; \boldsymbol{p}', \boldsymbol{\sigma}') \frac{\partial n_0}{\partial \varepsilon'}\, \beta_1(\boldsymbol{p}')\, (\boldsymbol{\sigma}'\boldsymbol{H}) \frac{\mathrm{d}^3\boldsymbol{p}'}{(2\pi\hbar)^3}.\end{aligned}$$

Für $\delta\varepsilon$ wurde dabei der Ausdruck (13.10) benutzt.

Im weiteren soll jetzt die Abhängigkeit der Funktion f von den Spins untersucht werden. In einer isotropen Flüssigkeit existieren für die Spins keine Vorzugsrichtungen, womit es nur eine Möglichkeit gibt:

$$f = \eta(\boldsymbol{p}, \boldsymbol{p}') + (\boldsymbol{\sigma\sigma}')\, \zeta(\boldsymbol{p}, \boldsymbol{p}')\,. \tag{13.11}$$

Die $\boldsymbol{\sigma}$ sind die PAULI-Matrizen. Aber auch im realen Metall ist es möglich, näherungsweise diesen Ansatz (13.11) zu benutzen, da der Term, der das Produkt $(\boldsymbol{\sigma\sigma}')$ enthält, vom Austausch herrührt, das heißt durch die COULOMB-Wechselwirkung bestimmt wird. Andererseits basieren aber alle anisotropen Terme entweder auf der relativistischen Spin-Bahn-Kopplung, über die im Abschnitt 10.7. Näheres gesagt wurde, oder auf der direkten Wechselwirkung der magnetischen Momente untereinander. Sie sind etwa um den Faktor $(v/c)^2 \sim 10^{-3}$ bis 10^{-4} kleiner als die COULOMB-Wechselwirkung. Der anisotrope Beitrag zu f liegt damit in der gleichen Größenordnung, wodurch der Ausdruck (13.11) auch für reale Metalle eine gute Näherung ist.

Setzt man den Ansatz (13.11) in die vorstehende Formel ein, erhält man die von der Funktion f herrührende Energieänderung

$$-\,2(\boldsymbol{\sigma H}) \int \frac{\partial n_0}{\partial \varepsilon'} \zeta(\boldsymbol{p}, \boldsymbol{p}')\, \beta_1(\boldsymbol{p}') \frac{\mathrm{d}^3\boldsymbol{p}'}{(2\pi\hbar)^3}.$$

Damit sind beide Anteile zur Energieänderung $\boldsymbol{\sigma H}$ proportional, und es ergibt sich die Gleichung

$$\beta_1 = \beta - \frac{2}{(2\pi\hbar)^3} \int \zeta(\boldsymbol{p}, \boldsymbol{p}')\, \beta_1(\boldsymbol{p}')\, \mathrm{d}S'/v\,, \tag{13.12}$$

wobei der Impuls $\boldsymbol{p}'$ auf der FERMI-Fläche liegt.

Das magnetische Moment ist dann gleich

$$\begin{aligned}\boldsymbol{M} &= \beta\,\mathrm{Sp}_\sigma\,\boldsymbol{\sigma}\int n(\boldsymbol{p},\sigma)\,\frac{\mathrm{d}^3\boldsymbol{p}}{(2\pi\hbar)^3}\\ &= \beta\,\mathrm{Sp}_\sigma\,\boldsymbol{\sigma}\int \delta n(\boldsymbol{p},\sigma)\,\frac{\mathrm{d}^3\boldsymbol{p}}{(2\pi\hbar)^3} = \beta\,\mathrm{Sp}_\sigma\,\boldsymbol{\sigma}\int \frac{\partial n_0}{\partial\varepsilon}\,\delta\varepsilon(\boldsymbol{p},\sigma)\,\frac{\mathrm{d}^3\boldsymbol{p}}{(2\pi\hbar)^3}\\ &= -\,\beta\,\mathrm{Sp}_\sigma\,\boldsymbol{\sigma}(\boldsymbol{\sigma}\boldsymbol{H})\int \frac{\partial n_0}{\partial\varepsilon}\,\beta_1(\boldsymbol{p})\,\frac{\mathrm{d}^3\boldsymbol{p}}{(2\pi\hbar)^3} = \frac{2\beta\boldsymbol{H}}{(2\pi\hbar)^3}\int \beta_1(\boldsymbol{p})\,\frac{\mathrm{d}S}{v}\,,\end{aligned} \tag{13.13}$$

wobei im letzten Integral $\boldsymbol{p}$ auf der FERMI-Fläche liegt.

Im isotropen Modell kann die Funktion $\zeta(\boldsymbol{p},\boldsymbol{p}')$ nur vom Winkel zwischen $\boldsymbol{p}$ und $\boldsymbol{p}'$ abhängen, und $\beta_1(\boldsymbol{p})$ hängt nicht von der Richtung des Vektors $\boldsymbol{p}$ ab. Dadurch vereinfacht sich das Ergebnis wesentlich. Löst man Gleichung (13.12), so erhält man

$$\beta_1 = \frac{\beta}{1+Z_0}, \tag{13.14}$$

wobei

$$Z_0 = \nu(\mu)\,\zeta_0\,, \qquad \zeta_0 = \int \zeta\,\frac{\mathrm{d}S}{v}\Big/\!\!\int\frac{\mathrm{d}S}{v}$$

ist. Nun ist offensichtlich $\zeta \sim \mu\hbar^3/p_0^3$, und da

$$\nu = \frac{2}{(2\pi\hbar)^3}\int\frac{\mathrm{d}S}{v} \sim \frac{p_0^2}{\hbar^3 v} \sim \frac{p_0^3}{\hbar^3\mu}$$

ist, wird $Z_0 \sim 1$.

Im folgenden ist es besser, anstelle von f die dimensionslose Funktion

$$F = f\nu(\mu) \tag{13.15}$$

von der Größenordnung Eins und ihre Darstellung in der Form (13.11)

$$F = X(\boldsymbol{p},\boldsymbol{p}') + (\boldsymbol{\sigma}\boldsymbol{\sigma}')\,Z(\boldsymbol{p},\boldsymbol{p}')$$

zu benutzen.

Setzt man β_1 in Gleichung (13.13) ein, so erhält man [3]

$$\chi = \frac{\beta^2\nu(\mu)}{1+Z_0}. \tag{13.16}$$

Dieser Ausdruck unterscheidet sich von (10.2), und es ist deshalb unmöglich, aus der Änderung der spezifischen Wärme unmittelbar die paramagnetische Suszeptibilität vorherzusagen.

Folgende Möglichkeit ist nicht ausgeschlossen: Die Größe Z_0 hat die Größenordnung Eins und kann von beliebigem Vorzeichen sein. Natürlich sind die hier angeführten Überlegungen nur richtig für $Z_0 > -1$, da für $Z_0 = -1$ χ gegen unendlich geht, das heißt das Metall ferromagnetisch wird. In diesem Fall sind spezielle Betrachtungen erforderlich.

Die physikalische Ursache dieser Erscheinung ist folgende. Nach dem Pauli-Prinzip haben die Elektronen gewöhnlich die Tendenz zur Antiparallelstellung der Spins. Wenn die Elektronen nicht miteinander wechselwirken oder ihre Wechselwirkung nicht von den Spins abhängt, gibt es im Gleichgewicht eine gleiche Anzahl von Elektronen mit entgegengesetztem Spin. Zur Schaffung eines von Null verschiedenen Gesamtspins ist eine Umverteilung der Elektronen auf die Zustände nötig, was mit einer Energiezufuhr verbunden ist. Hängt aber die Wechselwirkung von den Spins ab und haben die Spins das Bestreben, sich parallel anzuordnen (Z ist dann negativ), so kann für genügend große Z die Absenkung der Energie infolge der Wechselwirkung die Vergrößerung der kinetischen Energie bei der Umverteilung auf die Zustände übertreffen. In diesem Fall entsteht ein neuer Grundzustand mit einem nichtkompensierten Gesamtspin und einem magnetischen Moment. Das ist der Ferromagnetismus. Seine Behandlung würde jedoch, wie bereits gesagt, spezielle Betrachtungen erfordern und über den Rahmen dieses Buches hinausgehen (ein isotropes Modell von einem ferromagnetischen Metall ist im Anhang behandelt).

Möglich ist aber auch, daß Z_0 sich nur wenig von -1 unterscheidet ($Z_0 + 1 \ll 1$). Das trifft für einige Metalle (z. B. Palladium) zu, die eine sehr große Suszeptibilität χ besitzen. Man bezeichnet sie daher auch als „fast ferromagnetische" Metalle. Auf ihr spezielles Verhalten kann jedoch nicht näher eingegangen werden.

13.4. Landau-Quantisierung und Quantenoszillationen

Dieser Abschnitt behandelt die Quantenerscheinungen im Magnetfeld. Sie werden durch die Quantisierung der Energieniveaus verursacht, die sowohl mit der Bahnbewegung der Elektronen als auch mit der Orientierung ihrer Spins verbunden ist.

In Abschnitt 10.4. sind die quasiklassischen Energieniveaus (mit großen Quantenzahlen) ohne Berücksichtigung der Funktion f (Formel (10.17)) berechnet worden. In diesem Abschnitt ist ferner erwähnt worden, daß die Energiequantisierung einer Quantisierung des Induktionsflusses im Ortsraum entspricht. Das heißt, daß der von einer Spiralbahn umfaßte Magnetfluß sich nur um eine ganze Zahl von Flußquanten ändern kann:

$$\Delta_n \Phi = n\Phi_0 ,$$

wobei Φ_0 durch Formel (10.19) gegeben ist. Es soll nun gezeigt werden, daß diese Regel Allgemeingültigkeit besitzt und nicht durch die Wechselwirkung der Quasiteilchen beeinflußt wird.

Aus allgemeinen Prinzipien der Quantenmechanik erhält man für die quasiklassische Wellenfunktion eines Teilchens den Ausdruck

$$\Psi \sim \exp\left\{-\frac{i}{\hbar}\int \boldsymbol{P}\, \mathrm{d}\boldsymbol{l}\right\},$$

wobei $\boldsymbol{P}$ den verallgemeinerten Impuls bezeichnet und entlang einer klassischen Bahnkurve zu integrieren ist. Hat man es mit Quasiteilchen zu tun, so handelt es sich hierbei um ein Wellenpaket (vgl. Abschn. 3.1.), was jedoch an der Sache nichts ändert. Bei Anliegen eines Magnetfeldes ist $\boldsymbol{P} = \boldsymbol{p} - \frac{e}{c}\,\boldsymbol{A}$, wobei $\boldsymbol{A}$ das Vektorpotential ist. Im weiteren wird die Bahn im Impulsraum als geschlossen vorausgesetzt. Damit ist die Projektion der Bahn im Ortsraum auf die (x,y)-Ebene ebenfalls geschlossen. Die Änderung der quasiklassischen Wellenfunktion unter Einwirkung des Magnetfeldes drückt sich durch den Faktor

$$\exp\left\{\frac{ie}{\hbar c}\int \boldsymbol{A}\,\mathrm{d}\boldsymbol{l}\right\} \tag{13.17}$$

aus.

Die Wellenfunktion muß unbedingt eindeutig sein. Nimmt man an, daß $\boldsymbol{A}$ in der (x, y)-Ebene senkrecht zum Magnetfeld liegt, so wird im Integral (13.17) entlang der geschlossenen Projektion der Elektronenbahn auf die (x, y)-Ebene integriert. Durchläuft man nun die Bahn, so ergibt jeder Umlauf einen konstanten Phasenfaktor

$$\exp\left\{\frac{ie}{\hbar c}\oint \boldsymbol{A}\,\mathrm{d}\boldsymbol{l}\right\}$$

für die Funktion Ψ, da man periodisch zu denselben Punkten zurückkehrt. Die Eindeutigkeit der Wellenfunktion verlangt nun, daß dieser Phasenfaktor Eins wird, das heißt

$$\frac{e}{\hbar c}\oint \boldsymbol{A}\,\mathrm{d}\boldsymbol{l} = 2\pi n\,,$$

wobei n eine beliebige ganze Zahl ist. Formt man das Ringintegral um, erhält man

$$\oint \boldsymbol{A}\,\mathrm{d}\boldsymbol{l} = \int \operatorname{rot} \boldsymbol{A}\,\mathrm{d}\boldsymbol{S} = \int \boldsymbol{H}\,\mathrm{d}\boldsymbol{S} = \Phi\,,$$

wobei Φ der Induktionsfluß durch die Projektionskurve ist.

Da diese Betrachtung sich tatsächlich nur auf genügend große Quantenzahlen bezieht, gilt genau genommen nur

$$\Delta\Phi_n = \frac{2\pi n\hbar c}{e} = n\Phi_0\,,$$

wobei $\Delta\Phi_n = \Phi_{m+n} - \Phi_m$ $(m \gg 1)$ ist. Offensichtlich folgt hieraus die früher abgeleitete Quantisierungsregel (10.17) im Impulsraum.

Wesentlich ist jedoch nicht nur die Quantisierung der Bahnbewegung, sondern auch die Spinaufspaltung. Diese wird aber schon vollständig durch die Formeln (13.10) und (13.14) beschrieben.

Betrachtet man nun die Oszillationseffekte, so sieht man, daß in den Formeln für die oszillierenden Anteile (vgl. z. B. Formel (10.33)) die Oszillationsperioden durch die Quantisierungsregel für die Bahnbewegung bestimmt werden, das heißt durch die Fermi-Flüssigkeits-Effekte nicht verändert werden. Für den Amplitudenwert der k-ten Harmonischen tritt aber ein Faktor der Form $\cos(\pi k m^*/m)$ auf. Die Masse des freien Elektrons resultiert hier aus dem Bohrschen Magneton $\beta = e\hbar/2mc$. Nun ist aber nach Formel (13.14) β durch β_1 zu ersetzen, woraus geschlußfolgert werden kann, daß die Fermi-Flüssigkeits-Effekte zu der Substitution $m \to m(1 + Z_0)$ führen.

13.5. Nullter Schall

Während bisher bewiesen wurde, daß die früher betrachteten Erscheinungen bei Berücksichtigung der Funktion f nicht wesentlich modifiziert werden, sollen jetzt auch spezifische Erscheinungen behandelt werden, die mit dieser Funktion verknüpft sind.

In Kapitel 7 wurde gezeigt, daß sich bei Abwesenheit eines Magnetfeldes im Metall keine elektromagnetischen Wellen ausbreiten können. Das gilt auch unter den Bedingungen des anomalen Skineffekts (Wellenlänge klein gegen freie Weglänge). Es entsteht damit die Frage, inwieweit das auch noch bei Berücksichtigung der Funktion f richtig bleibt.

Die einzige Möglichkeit, die hier in Frage kommt, sind Schwingungen der Elektronenverteilungsfunktion im Fall $\omega \gg 1/\tau$ (Landau 1957 [67]). Unter dieser Bedingung ist der Stoßterm in der kinetischen Gleichung zu vernachlässigen. Die Änderung der Verteilungsfunktion kann immer in der Form

$$\delta n = n_1(\boldsymbol{p}) + \boldsymbol{\sigma n}_2(\boldsymbol{p}) \tag{13.18}$$

dargestellt werden. Da nur kleine Schwingungen untersucht werden sollen, wird die kinetische Gleichung linear in δn, so daß sie bezüglich n_1 und n_2 in zwei Gleichungen aufspaltet.

Als erstes soll die Gleichung für n_1 untersucht werden. Derartige Schwingungen bezeichnet man als „nullten Schall“. Nimmt man n_1 in der Form $n_1 = -\psi\, \partial n_0/\partial\varepsilon$ und $\psi \sim e^{i(\boldsymbol{kr}-\omega t)}$ an, erhält man aus Formel (13.7)

$$i(-\omega + \boldsymbol{kv})\,\psi + i\boldsymbol{kv}\,\mathrm{Sp}_\sigma \int f\psi \frac{\mathrm{d}S/v}{(2\pi\hbar)^3} - e\boldsymbol{vE} = 0\,. \tag{13.19}$$

Das elektrische Feld wird aus den Maxwell-Gleichungen bestimmt. Nimmt man an, daß $\delta n = n_1(\boldsymbol{p})$ ist, so bleibt beim Einsetzen der Funktion f in der Form (13.11) in Gleichung (13.19) nur $\eta(\boldsymbol{p}, \boldsymbol{p}')$ stehen. Bei Beschränkung auf das isotrope Modell ist η nur eine Funktion des Winkels zwischen $\boldsymbol{p}$ und $\boldsymbol{p}'$. Mit der vereinfachenden Annahme $\eta = \text{const} = \eta_0$ erhält man aus Gleichung (13.19)

$$i(-\omega + \boldsymbol{kv})\,\psi + i\boldsymbol{kv}X_0\psi_0 - e\boldsymbol{vE} = 0\,, \tag{13.20}$$

wobei

$$\psi_0 = \frac{\int \psi\, \mathrm{d}S/v}{\int \mathrm{d}S/v}\,, \qquad X_0 = \eta_0 \nu(\mu)$$

gesetzt wurde.

Das elektrische Feld kann aus der Gleichung

$$\operatorname{div} \boldsymbol{E} = 4\pi e \operatorname{Sp}_\sigma \int \delta n \frac{\mathrm{d}^3 \boldsymbol{p}}{(2\pi\hbar)^3} = 4\pi e \nu(\mu)\, \psi_0$$

berechnet werden. Natürlich treten auch Wirbelfelder auf, die mit dem Strom zusammenhängen. Sie sind aber bedeutend kleiner. Mit dem Ansatz $\boldsymbol{E} \sim \mathrm{e}^{i(\boldsymbol{kr} - \omega t)}$ erhält man

$$\boldsymbol{E} = -\frac{4\pi i \boldsymbol{k} e \nu(\mu)\, \psi_0}{k^2}.$$

Setzt man das Ergebnis in Gleichung (13.20) ein, ist es möglich, ψ durch ψ_0 auszudrücken:

$$\psi = \frac{\boldsymbol{kv}\, [X_0 + 4\pi e^2 \nu(\mu)/k^2]\, \psi_0}{\omega - \boldsymbol{kv}}.$$

Schließlich ergibt die Integration über die Winkel eine homogene Gleichung für ψ_0. Die Lösungsbedingung für diese Gleichung ist

$$1 = \int \frac{\boldsymbol{kv}\, [X_0 + 4\pi e^2 \nu(\mu)/k^2]}{\omega - \boldsymbol{kv}} \frac{\mathrm{d}\Omega}{4\pi}.$$

Wie schon gezeigt wurde, ist $X_0 \sim 1$. Der zweite Term im Zähler hat die Größenordnung $e^2 p_0^2/k^2\hbar^3 v \sim (e^2/\hbar v)\,(p_0^2/\hbar^2 k^2) \gg 1$, da $e^2/\hbar v \sim 1$ ist und die Wellenlängen der betrachteten Schwingungen bedeutend größer als die Atomabstände sind, das heißt $k \ll p_0/\hbar$. Ferner wird (was später bewiesen wird) $kv \ll \omega$ angenommen.

Man vernachlässigt nun im Zähler X_0 gegenüber dem zweiten Term, entwickelt nach $\boldsymbol{kv}$ und bekommt

$$1 = \int \frac{(\boldsymbol{kv})^2\, 4\pi e^2 \nu^2(\mu)/k^2}{\omega^2} \frac{\mathrm{d}\Omega}{4\pi} = \frac{4\pi}{3} \frac{e^2 \nu(\mu)\, v^2}{\omega^2}.$$

Hieraus folgt

$$\omega = \sqrt{\frac{4\pi}{3} e^2 \nu(\mu)\, v^2} = \text{const}\,. \tag{13.21}$$

Das Produkt $\hbar\omega$ hat die Größenordnung $\sqrt{e^2/\hbar v}\,(p_0^2/m) \sim \mu$, so daß die Annahme $kv \ll \omega$ berechtigt war. Wenn nämlich $kv \sim \omega$ sein sollte, müßte der Wellenvektor k von der Größenordnung $p_0/\hbar$ sein. Er wurde jedoch bedeutend kleiner vorausgesetzt. Die behandelten Schwingungen müssen folglich sehr hohe Frequenzen der Größenordnung $\mu/\hbar \sim 10^{15}\ \mathrm{s}^{-1}$ besitzen und fallen damit nicht in den Radiofrequenzbereich. Nun sind aber alle Schlußfolgerungen über die Fermi-Flüssigkeit nur dann richtig, wenn der behandelte Energiebereich in unmittelbarer Nähe der Fermi-Fläche liegt (vgl. Abschn. 2.2.). Damit wird aber die Theorie nicht anwendbar, wenn $\hbar\omega$ in die Größenordnung von μ kommt. Das einzige, was mit Sicherheit aus dem Dargelegten geschlußfolgert werden kann, ist, daß durch das Entstehen von elektrischen Feldern niederfrequente Schwingungen der Elektronendichte im Metall nicht auftreten.[1])

Eine weitere Möglichkeit bestände noch darin, daß Schwingungen der Verteilungsfunktion existieren könnten, die nicht mit einer Änderung der Elektronendichte verknüpft sind, das heißt, für die $\psi_0 = 0$ ist. Im isotropen Modell kann die Funktion $X(\boldsymbol{p}, \boldsymbol{p}')$ nur vom Winkel zwischen $\boldsymbol{p}$ und $\boldsymbol{p}'$ abhängen, solange $\boldsymbol{p}$ und $\boldsymbol{p}'$ auf der Fermi-Kugel liegen. Man kann sie dann in der Form

$$X = \sum X_n P_n(\cos \Theta) \tag{13.22}$$

darstellen. Die P_n sind die Legendreschen Polynome. Summiert man bis $n = N$, so gestattet die kinetische Gleichung im Prinzip zu $e^{im\varphi}$ proportionale Lösungen mit $m \leqq N$. φ ist die „geographische Länge" des Impulses $\boldsymbol{p}$ im Polarkoordinatensystem, dessen Achse parallel zu $\boldsymbol{k}$ liegt. Die zu $e^{im\varphi}$ proportionale Funktion ψ mittelt sich natürlich zu Null, so daß in einer solchen Welle keine Raumladungsschwingungen und stärkere elektrische Felder auftreten.

Zu berücksichtigen ist aber, daß diese Lösungen nur dann existieren, wenn die Koeffizienten X_n hinreichend groß sind ($X_n > X_{n\,\min}$). Besitzt die Funktion X nur zwei räumliche Harmonische $X = X_0 + X_1 \cos \Theta$, so sind zu $e^{i\varphi}$ proportionalen Lösungen nur dann möglich, wenn $X_1 > 6$ ist. Für die nächsthöheren Harmonischen müßten die Werte der nachfolgenden X_n noch größer sein.

Ist aber $X(\Theta)$ eine hinreichend glatte Funktion, müssen die Koeffizienten X_n in (13.22) mit wachsendem n kleiner werden. Das ist leicht daran zu erkennen, daß für eine Kugel nur $X_0 \neq 0$ ist und in dem Fall, daß alle X_n gleich groß sind, die Zerlegung der δ-Funktion vorliegt. Zur Darstellung der Funktion X wird man daher bestenfalls ein bis zwei der ersten Harmonischen erwarten können.

Das Ergebnis wird aber noch unter Umständen durch die elektrischen Wirbelfelder beeinflußt. Aus der Maxwell-Gleichung (12.4) ist zu erkennen, daß sie im Gebiet größerer Wellenlänge (eine Abschätzung liefert $\lambda > \lambda_0 \sim 10^{-5}$ cm) eine Rolle spielen können. Ähnlich wie im vorangegangenen Problem, wo bei Auftreten von Raumladungen das elektrische Feld die Entstehung von Schwingun-

[1]) Diese Überlegung hat natürlich nicht zur Folge, daß sich im Metall keine Wellen mit einer Frequenz $\omega \sim \mu$ ausbreiten können. Solche Wellen werden tatsächlich beobachtet. Da in vielen Metallen die Näherung für freie Elektronen benutzt werden kann (vgl. Kapitel 14), so ist für sie die oben durchgeführte Rechnung anwendbar. Solche Wellen mit einer Frequenz, die wenig von der Wellenlänge abhängt, und die (mit einer Genauigkeit bis zu Gliedern der Ordnung $(vk/\omega)^2$) durch die Formel (13.21) beschrieben werden, bezeichnet man als Plasmonen. Für freie Elektronen ist $\nu(\mu) = p_0 m/\pi^2 \hbar^3$ und folglich die Plasmonenfrequenz $\omega_0 = \sqrt{4\pi n_e e^2/m}$, wobei n_e die Valenzelektronendichte ist.
Anmerkung des Herausgebers: Die Plasmonen haben kaum Ähnlichkeit mit Schallwellen. Zur Begründung der Bezeichnung „nullter Schall" sei darauf hingewiesen, daß dieser Begriff aus der Theorie der neutralen Fermi-Flüssigkeit stammt. Dort hat die entsprechende Dichtewelle eine lineare Dispersion $\omega \sim k$, ähnlich wie eine gewöhnliche Schallwelle, und ist in flüssigem He^3 experimentell nachgewiesen worden.

gen verhindert, unterdrückt es hier die erste Harmonische (d. h. $\psi \sim e^{i\varphi}$), die die Schwingungen des elektrischen Stroms ergibt. Zu erwarten, wenn auch nur mit einer wesentlich geringeren Wahrscheinlichkeit, wären also nur die nächsthöheren Harmonischen.

Mit größerer Wahrscheinlichkeit sind diese Schwingungen im Gebiet kürzerer Wellenlängen zu finden, wo sich die elektrischen Felder nicht auswirken. Aus der kinetischen Gleichung (13.19) folgt, daß das Dispersionsgesetz der Schwingungen $\omega(k)$, sofern sie existieren, linear sein muß: $\omega = uk$, wobei $u \sim v$ ist. Damit erhält man für die Frequenz $\omega > \omega_0 \sim vk \sim 10^{13}\ \mathrm{s}^{-1}$, also das Infrarotgebiet. Es muß aber noch einmal darauf verwiesen werden, daß die Forderung $X_1 > 6$ äußerst scharf ist, da die Wechselwirkung der Quasiteilchen in Metallen in Wirklichkeit nicht groß ist (vgl. Abschn. 14.3.). Das kann die Ursache dafür sein, daß derartige Wellen bisher noch nicht beobachtet wurden.

13.6. Spinwellen

Bessere Aussichten, beobachtbare Resultate zu erhalten, bestehen, wenn nur die vom Elektronenspin abhängenden Größen der Elektronenflüssigkeit schwingen, das heißt $\delta n = \boldsymbol{n}_2\boldsymbol{\sigma}$. Diese Schwingungen werden als Spinwellen bezeichnet. Die Ergebnisse hängen davon ab, ob ein Magnetfeld anliegt oder nicht.

Als erstes soll der magnetfeldfreie Fall untersucht werden. Es ist offensichtlich, daß bei Spinwellen keine merklichen elektrischen Felder auftreten können, wodurch aus der Gleichung (13.19) der Term, in dem die elektrische Feldstärke $\boldsymbol{E}$ auftritt, herausfällt. Von der Funktion f liefert nur der Term, der von ζ abhängt, einen Beitrag (vgl. Formel (13.11)). Setzt man der Einfachheit halber $\zeta = \text{const} = \zeta_0$ voraus, kommt man zu

$$i(-\omega + \boldsymbol{kv})\,\psi + i\boldsymbol{kv}Z_0\psi_0 = 0\,,$$

wobei $Z_0 = \zeta_0\nu(\mu)$. Diese Gleichung löst man nach Ψ auf:

$$\psi = (\boldsymbol{kv})\,Z_0\psi_0/(\omega - \boldsymbol{kv})\,.$$

Bestimmt man hieraus ψ_0, so erhält man eine Gleichung zur Bestimmung von $\omega(k)$:

$$1 = Z_0\frac{1}{2}\int_{-1}^{1}\frac{\cos\Theta\,\mathrm{d}(\cos\Theta)}{s - \cos\Theta}\,, \tag{13.23}$$

wobei $s = \omega/kv$. Diese Gleichung besitzt nur dann reelle Wurzeln, wenn der Nenner des unter dem Integral stehenden Bruches an keiner Stelle Null wird (im entgegengesetzten Fall ist der Integrationsweg am Pol durch Hinzufügen eines kleinen Imaginärteils zur Frequenz $\omega \to \omega + i/\tau$ bestimmt). Folglich ist $s > 1$. Nach der Integration ergibt sich

$$1 = Z_0\left(\frac{s}{2}\ln\frac{s+1}{s-1} - 1\right). \tag{13.24}$$

Diese Gleichung besitzt nur für $Z_0 > 0$ eine Lösung. Aus Abschnitt 13.3. folgt damit, daß diese Wellen in „fast ferromagnetischen“ Metallen nicht auftreten können.

Somit können sich für $Z_0 > 0$ im Metall bei Abwesenheit eines Magnetfeldes Spindichtewellen mit einem linearen Dispersionsgesetz $\omega = uk$ ausbreiten. u liegt in der Größenordnung von v (Geschwindigkeit an der FERMI-Grenze), ist aber unbedingt größer. Hat die Funktion Z eine kompliziertere Gestalt (vgl. (13.22)), so sind natürlich im Prinzip Spinwellen mit anderen Schwingungsformen der Verteilungsfunktion möglich. Für ihre Beobachtung trifft aber auch zu, was über die Schwierigkeiten beim Nachweis der komplizierteren Formen des nullten Schalls gesagt wurde.

Bezüglich der Anregung von Spinwellen wäre zu bemerken, daß sie durch die Wirkung des magnetischen Feldes der einfallenden Welle auf den Elektronenspin angeregt werden. Die entsprechende Kraft ist gleich $(\beta\boldsymbol{\sigma}\nabla\boldsymbol{H}) \sim \beta H/\delta$. Aus den MAXWELL-Gleichungen folgt aber $H \sim cE/\delta\omega$. Vergleicht man die vom Magnetfeld ausgeübte Kraft mit der des elektrischen Feldes der Welle, erhält man ein Verhältnis der Größenordnung $c\beta/\delta^2\omega e \sim \hbar/m\delta^2\omega$. Für $\omega \sim 10^{10}\,\mathrm{s}^{-1}$ und $\delta \sim 10^{-4}$ cm ergibt sich etwa für dieses Verhältnis die Größenordnung 10^{-2}. Man muß jedoch berücksichtigen, daß sich jede Welle auf einer Länge von der Größenordnung ihrer Wellenlänge λ ausbildet. In dem betrachteten Fall ist für $\omega \sim 10^{10}\,\mathrm{s}^{-1}$ die Wellenlänge $\lambda \sim u/\omega \sim 10^8/10^{10} \sim 10^{-2}$ cm. Bei Vorliegen des anomalen Skineffekts nimmt die elektrische Feldstärke wie $E \sim E_0(\delta/x)^2$ ab (das folgt aus Formel (7.33)), so daß für $\lambda \sim 10^{-2}$ cm die elektrische Feldstärke $E \sim 10^{-4}\, E_0$ ist. Aus dem Gesagten wird ersichtlich, daß unter diesen Bedingungen die Wellen kaum beobachtbar sind.

Im Infrarotgebiet gilt für die Dielektrizitätskonstante $\varepsilon \approx -4\pi ne^2/m\omega^2$. Das Hochfrequenzfeld wird im Metall wie $\exp\,[-(\omega/c\,|\varepsilon|^{1/2}\,x]$ gedämpft. Die Eindringtiefe liegt damit in der Größenordnung $(\hbar/p_0)\,(c/v) \sim 10^{-6}$ cm und hängt nicht von ω ab. Für eine Frequenz $\omega \sim 10^{14}\,s^{-1}$ ist $\lambda \sim \delta$. Das Verhältnis von magnetischer zu elektrischer Kraftwirkung bleibt jedoch nach wie vor 10^{-2}. Obwohl das Infrarotgebiet aussichtsreicher für den Nachweis des Effekts erscheint, ist jedoch der Einfluß der Spinwellen auf die Oberflächenimpedanz klein. Möglicherweise gelang es deshalb noch nicht, diesen Effekt zu finden.

Der einzige beobachtete Schwingungstyp, der mit der Funktion f ursächlich zusammenhängt, sind die Spinwellen im äußeren Magnetfeld (SILIN 1958 [68]).

Bei Anliegen eines Magnetfeldes hängt die Energie der Quasiteilchen vom Spin ab. Das spiegelt sich natürlich in der Gleichgewichtsverteilungsfunktion wider. Man benutzt nun die Gleichung für die Dichtematrix, die entsprechend der Quantenmechanik die Form

$$\frac{\partial \hat{n}}{\partial t} = \frac{i}{\hbar}\,[\hat{\mathcal{H}}, \hat{n}] \tag{13.25}$$

hat, wobei $\hat{\mathcal{H}}$ der HAMILTON-Operator ist. Im vorliegenden Fall behandelt man die Operatoren für die Impulse und Koordinaten des Quasiteilchens als klassische Variable. Würden $\hat{n}$ und $\hat{\mathcal{H}}$ nicht vom Spin abhängen, so wäre die rechte Seite von (13.25) nur der bekannte POISSONsche Klammerausdruck

$$\frac{\partial n}{\partial \boldsymbol{r}} \frac{\partial \varepsilon}{\partial \boldsymbol{p}} - \frac{\partial n}{\partial \boldsymbol{p}} \frac{\partial \varepsilon}{\partial \boldsymbol{r}},$$

der mit den entsprechenden Gliedern der gewöhnlichen kinetischen Gleichung übereinstimmt.

Durch die Abhängigkeit vom Spin ändert sich das Bild. Man muß nun explizit bestimmen, was die rechte Seite von Gleichung (13.25) infolge der Nichtvertauschbarkeit der Spinoperatoren liefert, und erhält zunächst

$$\frac{\partial \hat{n}}{\partial t} - \frac{i}{\hbar} [\hat{\varepsilon}, \hat{n}] + \boldsymbol{v} \frac{\partial \hat{n}}{\partial \boldsymbol{r}} + \dot{\boldsymbol{p}} \frac{\partial \hat{n}}{\partial \boldsymbol{p}} = 0 . \tag{13.26}$$

Für die Ableitung des Impulses nach der Zeit gilt infolge des anliegenden Magnetfeldes

$$\dot{\boldsymbol{p}} = \frac{e}{c} \left[\frac{\partial \varepsilon}{\partial \boldsymbol{p}} \boldsymbol{H} \right] - \frac{\partial \varepsilon}{\partial \boldsymbol{r}} . \tag{13.27}$$

Im Gleichgewichtszustand für nicht zu starke Magnetfelder ist nach Abschnitt 13.8.

$$\begin{aligned} \hat{\varepsilon}(\boldsymbol{p}, \boldsymbol{\sigma}) &= \varepsilon(\boldsymbol{p}) - \beta_1 \boldsymbol{\sigma} \boldsymbol{H} , \\ \hat{n}_0(\boldsymbol{p}, \boldsymbol{\sigma}) &= n_0(\boldsymbol{p}) - \frac{\partial n_0}{\partial \varepsilon} \beta_1 \boldsymbol{\sigma} \boldsymbol{H} . \end{aligned} \tag{13.28}$$

Man setzt in Gleichung (13.26) $\hat{n} = \hat{n}_0 - (\partial n_0/\partial \varepsilon)\, \boldsymbol{\psi\sigma}$ ein und beschränkt sich auf die in $\boldsymbol{\psi}$ linearen Glieder. Es ist jedoch zu berücksichtigen, daß die Energie ε ebenfalls einen Korrekturterm der Größe

$$\begin{aligned} - \mathrm{Sp}_{\sigma'} \int f(\boldsymbol{p}, \boldsymbol{\sigma}; \boldsymbol{p}', \boldsymbol{\sigma}') \frac{\partial n_0}{\partial \varepsilon} \boldsymbol{\psi}(\boldsymbol{p}') \boldsymbol{\sigma}' \frac{\mathrm{d}^3 p'}{(2\pi\hbar)^3} \\ = - \boldsymbol{\sigma} \int Z(\boldsymbol{p}, \boldsymbol{p}') \, \boldsymbol{\psi}(\boldsymbol{p}') \frac{\mathrm{d}\Omega'}{4\pi} \end{aligned}$$

erhält. Die sich ergebende Gleichung multipliziert man mit $\boldsymbol{\sigma}$ und bildet Sp_{σ}. Das Resultat ist eine Gleichung für $\boldsymbol{\psi}$:

$$\begin{aligned} -i\omega\boldsymbol{\psi} - \frac{2\beta_1}{\hbar} \left[\boldsymbol{H} \left(\boldsymbol{\psi}(\boldsymbol{p}) + \int Z(\boldsymbol{p}, \boldsymbol{p}') \, \boldsymbol{\psi}(\boldsymbol{p}') \frac{\mathrm{d}\Omega}{4\pi} \right) \right] \\ + \left(\boldsymbol{v} \frac{\partial}{\partial \boldsymbol{r}} \right) \left(\boldsymbol{\psi}(\boldsymbol{p}) + \int Z(\boldsymbol{p}, \boldsymbol{p}') \, \boldsymbol{\psi}(\boldsymbol{p}') \frac{\mathrm{d}\Omega'}{4\pi} \right) \\ + \frac{e}{c} \left([\boldsymbol{v}\boldsymbol{H}] \frac{\partial}{\partial \boldsymbol{p}} \right) \left(\boldsymbol{\psi}(\boldsymbol{p}) + \int Z(\boldsymbol{p}, \boldsymbol{p}') \, \boldsymbol{\psi}(\boldsymbol{p}') \frac{\mathrm{d}\Omega'}{4\pi} \right) = 0 . \end{aligned} \tag{13.29}$$

In diese Gleichung geht überall, mit Ausnahme des ersten Terms, nur die Kombination

$$\varrho(\boldsymbol{p}) = \boldsymbol{\psi}(\boldsymbol{p}) + \int Z(\boldsymbol{p}, \boldsymbol{p}')\, \boldsymbol{\psi}(\boldsymbol{p}')\, \frac{\mathrm{d}\Omega'}{4\pi} \tag{13.30}$$

ein ($\boldsymbol{p}$ und $\boldsymbol{p}'$ liegen auf der Fermi-Fläche).

Im isotropen Modell kann Z nach Legendreschen Polynomen $\left(\Theta = (\widehat{\boldsymbol{p}, \boldsymbol{p}'})\right)$ entwickelt werden:

$$Z = \sum_n Z_n P_n(\cos\Theta)\,. \tag{13.31}$$

Die Funktion $\boldsymbol{\psi}$ ist im allgemeinen Fall in der Form

$$\boldsymbol{\psi}(\boldsymbol{p}) = \sum_n \boldsymbol{\psi}_n\,, \qquad \boldsymbol{\psi}_n = \sum_m \boldsymbol{\psi}_{nm} Y_n^m(\Theta_1, \varphi)$$

darstellbar, wobei $\boldsymbol{\psi}_{nm}$ winkelunabhängige Koeffizienten, Θ_1 und φ die Polarwinkel des Vektors $\boldsymbol{p}$ und $Y_n^m = P_n^m(\cos\Theta_1)\, \mathrm{e}^{im\varphi}$ die Kugelfunktionen sind. Gemäß einer bekannten Regel gilt

$$P_n(\boldsymbol{n}_1\boldsymbol{n}_2) = \sum_{m=-n}^{n} \frac{(n+|m|)!}{(n-|m|)!}\, Y_n^m(\boldsymbol{n}_1)\, Y_n^{-m}(\boldsymbol{n}_2) \tag{13.32}$$

($\boldsymbol{n}$ — Einheitsvektor parallel zu $\boldsymbol{p}$). Das Integral zweier Kugelfunktionen über den Raumwinkel ist gleich

$$\int Y_n^m(\boldsymbol{n}_1)\, Y_{n'}^{-m'}(\boldsymbol{n}_1)\, \frac{\mathrm{d}\Omega}{4\pi} = \frac{\delta_{mm'}\delta_{nn'}}{2n+1}\, \frac{(n-|m|)!}{(n+|m|)!}\,. \tag{13.33}$$

Unter Verwendung dieser Gleichungen kommt man zu

$$\varrho_n(\boldsymbol{p}) = \boldsymbol{\psi}_n(\boldsymbol{p})\, \left(1 + Z_n/(2n+1)\right)\,. \tag{13.34}$$

Diese Beziehung kann man umkehren:

$$\boldsymbol{\psi}(\boldsymbol{p}) = \int L(\boldsymbol{p}, \boldsymbol{p}')\, \varrho(\boldsymbol{p}')\, \frac{\mathrm{d}\Omega'}{4\pi}\,, \tag{13.35}$$

wobei

$$L = \sum L_n P_n(\cos\Theta)\,, \qquad L_n = \frac{2n+1}{1 + Z_n/(2n+1)} \tag{13.36}$$

ist. Mit Hilfe dieses Ausdrucks kann Gleichung (13.29) vereinfacht werden:

$$- i\omega \int L(\boldsymbol{p}, \boldsymbol{p}')\, \varrho(\boldsymbol{p}')\, \frac{\mathrm{d}\Omega'}{4\pi} - \frac{2\beta_1}{\hbar}\, [\boldsymbol{H}\varrho]$$
$$+ \left(\boldsymbol{v}\frac{\partial}{\partial \boldsymbol{r}}\right)\varrho + \frac{e}{c}\left([\boldsymbol{v}\boldsymbol{H}]\frac{\partial}{\partial \boldsymbol{p}}\right)\varrho = 0\,. \tag{13.37}$$

Im weiteren sollen nur transversale Schwingungen betrachtet werden, das heißt $\varrho \perp \boldsymbol{H}$. Das Koordinatensystem wird so gelegt, daß die z-Achse parallel zu $\boldsymbol{H}$ liegt. Aus den Gleichungen für ϱ_x und ϱ_y gewinnt man für $\varrho_+ = \varrho_x + i\varrho_y$ und $\varrho_- = \varrho_x - i\varrho_y$

$$\omega \int L(\boldsymbol{p}, \boldsymbol{p}')\, \varrho_\pm(\boldsymbol{p}') \frac{d\Omega'}{4\pi} \pm \frac{2\beta_1 H}{\hbar} \varrho_\pm + i\left(\boldsymbol{v}\frac{\partial}{\partial \boldsymbol{r}}\right)\varrho_\pm + \frac{ieH}{m^* c}\frac{\partial}{\partial \varphi}\varrho_\pm = 0, \tag{13.38}$$

wobei Θ und φ die Polarwinkel des Vektors $\boldsymbol{p}$ im Polarkoordinatensystem mit der Achse parallel zu z sind und $m^* = p_0/v$ die effektive Masse ist.

Zunächst soll eine nicht von den Koordinaten $\boldsymbol{r}$ abhängende Lösung betrachtet werden. Macht man den Ansatz $\varrho_\pm \sim Y_n^m(\Theta_1, \varphi)$, so erhält man aus Gleichung (13.38)

$$\omega_{n,m} = (\mp \Omega_0 + m\Omega)\left(1 + \frac{Z_n}{2n+1}\right), \tag{13.39}$$

wobei

$$\Omega_0 = \frac{2\beta_1 H}{\hbar} = \frac{2\beta H}{(1 + Z_0)\,\hbar}, \qquad \Omega = \frac{2\beta^* H}{\hbar} \qquad \left(\beta^* = \frac{e\hbar}{2m^* c}\right) \tag{13.40}$$

gesetzt wurde. Für $n = m = 0$ ergibt sich

$$\omega_{00} = \Omega_0(1 + Z_0) = \frac{2\beta H}{\hbar}. \tag{13.41}$$

Das ist aber gerade die Präzessionsfrequenz des Spins eines freien Elektrons. Legt man also an ein Metall ein Magnetfeld an, treten demzufolge mehrere Resonanzfrequenzen auf, die mit der Präzessionsbewegung des Elektronenspins zusammenhängen. Diese Erscheinung heißt paramagnetische Resonanz. Gewöhnlich handelt es sich um ω_{00}, da die Frequenzen mit $m \neq 0$ Zyklotronfrequenzen sind und die Wellen mit $n \neq 0$ schwer angeregt werden können. Eine detaillierte Theorie der paramagnetischen Resonanz im massiven Metall berücksichtigt dann noch den Skineffekt [69, 70]. Es soll hier nicht näher auf sie eingegangen, sondern nur auf zwei Aspekte hingewiesen werden.

1. Wie schon gezeigt wurde, hängt die Resonanzfrequenz ω_{00} nicht von Fermi-Flüssigkeits-Effekten ab. Da unter den Bedingungen des anomalen Skineffekts die Elektronenbewegung auch nicht von diesen Effekten beeinflußt wird, kann die paramagnetische Resonanz mit Hilfe des Gasmodells behandelt werden.

2. Unter Resonanzbedingungen wird die Energie aus der elektromagnetischen Welle effektiver auf die Elektronen übertragen. Insbesondere drückt sich das darin aus, daß die Verteilungsfunktion stärker vom Gleichgewichtszustand abweicht. Die Veränderung der Verteilungsfunktion wird entlang der freien Weglänge des Elektrons aufrechterhalten. Für die paramagnetische Resonanz ist nicht der Impuls, sondern der Spin des Elektrons die bestimmende Größe, weshalb nicht die normale freie Weglänge entscheidend ist, sondern die Weglänge, auf der durch Stöße der Spin des Elektrons gedreht wird. Diese Weglänge l_s ist bedeutend größer als die normale freie Weglänge.

Unter den Bedingungen des anomalen Skineffekts sind nur die Elektronen wesentlich, die die gesamte freie Weglänge in der Skinschicht durchlaufen. Bis auf einige Sonderfälle (vgl. Kapitel 8) weicht die Verteilungsfunktion am stärksten innerhalb der Skintiefe δ von der Gleichgewichtsverteilung ab. Hinzu kommt noch ein kleiner Zusatzterm, der innerhalb der freien Weglänge l im Metallinnern abklingt. Im Fall der paramagnetischen Resonanz bewegt sich das Elektron auf der Strecke l durch die Skinschicht, verläßt sie danach und beginnt, in das Metall hineinzudiffundieren. Nach den allgemeinen Regeln über die Diffusion gilt $t \sim \overline{x^2}/D$, wobei x der Abstand, t die Zeit und D der Diffusionskoeffizient ist. Der Gesamtweg ist $vt = l_s$; aber da $D \sim lv$ ist, folgt $x \sim \sqrt{ll_s} \gg l$. Damit ist zu erwarten, daß in Schichten mit einer Dicke, die kleiner als $\sqrt{ll_s}$ ist, die Abweichungen der Verteilungsfunktion sich bis zur anderen Seite erstrecken und dort eine Strahlung verursachen. Mit anderen Worten haben solche Schichten bei der paramagnetischen Resonanz eine erhöhte Transparenz, was zur Beobachtung der Resonanz in der Praxis ausgenutzt wird.

Als nächstes sollen jetzt Spinwellen untersucht werden. Wie leicht zu erkennen ist, ist in Wirklichkeit jede Frequenz (13.39) der Anfang einer Funktion $\omega_{nm}(k)$, das heißt eines Zweiges des Spinwellen-Spektrums. Da bisher experimentell nur der Zweig ϱ_- für $n = m = 0$ gefunden wurde, wird dieser hier nur betrachtet. Der Einfachheit halber wird nur der Spezialfall $Z = Z_0 + Z_1 \cos\Theta$ behandelt und $\varrho_- \sim \mathrm{e}^{i\boldsymbol{kr}}$ gesucht. Aus Gleichung (13.38) erhält man dann

$$\omega \int L(\boldsymbol{p}, \boldsymbol{p}')\, \varrho_-(\boldsymbol{p}') \frac{\mathrm{d}\Omega'}{4\pi} - \Omega_0 \varrho_- - \boldsymbol{kv}\varrho_- + i\Omega \frac{\partial}{\partial\varphi}\varrho_- = 0\,. \qquad (13.42)$$

Für den langwelligen Grenzfall, das heißt

$$kv \ll \Omega_0\,,$$

soll die Gleichung (13.42) durch sukzessive Approximationen

$$\varrho_- = \varrho^{(0)} + \varrho^{(1)} + \varrho^{(2)} + \cdots,$$

$$\omega = \Omega_0(1 + Z_0) + \omega^{(1)} + \omega^{(2)} + \cdots$$

gelöst werden. In erster Näherung erhält man aus Gleichung (13.42)

$$\frac{\omega^{(1)}}{1 + Z_0}\varrho^{(0)} + \Omega_0(1 + Z_0)\int L(\boldsymbol{p}, \boldsymbol{p}')\, \varrho^{1)}(\boldsymbol{p}') \frac{\mathrm{d}\Omega'}{4\pi}$$

$$- \Omega_0\varrho^{(1)} - \boldsymbol{kv}\varrho^{(0)} + i\Omega \frac{\partial\varrho^{(1)}}{\partial\varphi} = 0\,. \qquad (13.43)$$

Da die Winkel Θ_1 und φ bezüglich eines Polarkoordinatensystems definiert sind, dessen Achse parallel zu $\boldsymbol{H}$ liegt, ist

$$\boldsymbol{kv} = kv(\cos\alpha\cos\Theta_1 + \sin\alpha\sin\Theta_1\cos\varphi)\,,$$

wobei $\alpha = \widehat{\boldsymbol{kH}}$. Hieraus folgt, daß $\varrho^{(1)}$ zu Y_1^1, Y_1^{-1} und Y_1^1 proportionale Komponenten besitzen muß, die mit $\varrho_1^{(1)}$, $\varrho_{-1}^{(1)}$, $\varrho_0^{(1)}$ bezeichnet werden. Aus Gleichung (13.43) erhält man für sie die Bestimmungsgleichungen

$$\frac{\omega^{(1)}}{1+Z_0}\varrho^{(0)} + \Omega_0\frac{1+Z_0}{1+Z_1/3}\varrho_0^{(1)} - \Omega_0\varrho_0^{(1)} - kv\cos\alpha\cos\Theta_1\varrho^{(0)} = 0\,,$$

$$\frac{\Omega_0(1+Z_0)}{1+Z_1/3}\varrho_1^{(1)} - (\Omega_0+\Omega)\,\varrho_1^{(1)} - \frac{kv}{2}\sin\alpha\sin\Theta_1\varrho^{(0)}\,\mathrm{e}^{i\varphi} = 0\,,$$

$$\frac{\Omega_0(1+Z_0)}{1+Z_1/3}\varrho_{-1}^{(1)} - (\Omega_0-\Omega)\,\varrho_{-1}^{(1)} - \frac{kv}{2}\sin\alpha\sin\Theta_1\varrho^{(0)}\,\mathrm{e}^{-i\varphi} = 0\,. \tag{13.44}$$

Integriert man die erste dieser Gleichungen über die Winkel, erhält man $\omega^{(1)} = 0$, da $\varrho_0^{(1)} \sim Y_1^0 = \cos\Theta_1$ ist. Der Zusatzterm zu $\Omega_0(1+Z_0)$ ist damit von der Ordnung k^2. Löst man das Gleichungssystem auf, so bekommt man

$$\begin{aligned}\varrho^{(1)}(\Theta_1,\varphi) = {}& \frac{kv\cos\alpha\cos\Theta_1(1+Z_1/3)\,\varrho^{(0)}}{\Omega_0(Z_0-Z_1/3)} \\ & + \frac{kv}{2}\sin\alpha\sin\Theta_1(1+Z_1/3)\,\varrho^{(0)} \\ & \times\left[\frac{\mathrm{e}^{i\varphi}}{-\Omega(1+Z_1/3)+\Omega_0(Z_0-Z_1/3)}\right. \\ & \left. + \frac{\mathrm{e}^{-i\varphi}}{\Omega(1+Z_1/3)+\Omega_0(Z_0-Z_1/3)}\right].\end{aligned} \tag{13.45}$$

In zweiter Näherung erhält man aus Gleichung (13.43)

$$\begin{aligned}&\frac{\omega^{(2)}}{1+Z_0}\varrho^{(0)} + \Omega_0(1+Z_0)\int L(\boldsymbol{p},\boldsymbol{p}')\,\varrho^{(2)}(\boldsymbol{p}')\frac{\mathrm{d}\Omega'}{4\pi} \\ &\qquad - \Omega_0\varrho^{(2)} - \boldsymbol{kv}\varrho^{(1)} + i\Omega\frac{\partial}{\partial\varphi}\varrho^{(2)} = 0\,.\end{aligned}$$

Enthält $\varrho^{(2)}$ Summanden, die nicht vom Winkel abhängen, so kürzen sie sich im zweiten und dritten Term heraus. Hingegen bleiben die Terme, die zu Kugelfunktionen höherer Ordnung proportional sind, bei der Integration mit L erhalten. Integriert man die letzte Gleichung über die Winkel, erhält man deshalb

$$\frac{\omega^{(2)}\varrho^{(0)}}{1+Z_0} = \int \boldsymbol{kv}\varrho^{(1)}\frac{\mathrm{d}\Omega}{4\pi}\,.$$

Setzt man den Wert von $\varrho^{(1)}$ aus (13.45) ein, erhält man (Platzman, Wolff 1967 [71]):

$$\begin{aligned}\omega = \frac{2\beta H}{\hbar}\left\{1 + \frac{k^2v^2}{3}\left(1+\frac{Z_1}{3}\right)\left(Z_0-\frac{Z_1}{3}\right)\right. \\ \left.\times\left[\frac{\cos^2\alpha}{\Omega_0^2(Z_0-Z_1/3)^2} + \frac{\sin^2\alpha}{\Omega_0^2(Z_0-Z_1/3)^2-\Omega^2(1+Z_1/3)^2}\right]\right\}.\end{aligned} \tag{13.46}$$

Wie schon gesagt, sind diese Spinwellen experimentell nachgewiesen worden [72]. Untersucht wurde dabei der Durchgang von elektromagnetischen Zyklotronwellen durch dünne Natrium- und Kaliumschichten. Für $\omega = 2\beta H/\hbar$, das heißt, wenn die Frequenz der einfallenden Welle mit der Präzessionsfrequenz der Spins übereinstimmt, entsteht die paramagnetische Resonanz. Sie tritt als Maximum in der Transmission der Schicht in Erscheinung.

Die Möglichkeit der Ausbreitung einer Spinwelle äußert sich im Auftreten von Zusatzmaxima in der Transmission in Abhängigkeit von der Frequenz bzw. vom Magnetfeld. Im Metall bildet sich dann eine stehende Spinwelle aus, das heißt $kD = n\pi$ (D ist die Schichtdicke). Für kleine n sind die Wellenvektoren sehr klein, so daß die zugehörigen Frequenzen (oder Felder, sofern die Frequenz vorgegeben ist) sich nur wenig von der Frequenz der paramagnetischen Resonanz unterscheiden. Damit liegen die zusätzlichen Extrema der Transmission in der Nähe des Maximums, das durch die paramagnetische Resonanz verursacht wird.

Während jedoch (im kubischen Metall) die Lage der paramagnetischen Resonanz nicht von der Richtung des Magnetfeldes abhängt, ändert sich die Lage des Zusatzmaximums in Abhängigkeit vom Winkel zwischen dem Magnetfeld und dem Wellenvektor $\boldsymbol{k}$. (Bei den Versuchen liegt $\boldsymbol{k}$ senkrecht zur Oberfläche der Schicht.) Aus Formel (13.46) folgt, daß für $\Omega\,|1 + Z_1/3| > \Omega_0\,|Z_0 - Z_1/3|$ das Zusatzmaximum bei Drehung des Feldes sich von der einen Seite des Hauptmaximums auf die andere Seite verlagern muß, was auch experimentell bestätigt werden konnte [72].

14. Methoden zur Berechnung der Elektronenspektren von Metallen

14.1. Methode der orthogonalisierten ebenen Wellen

In den vorangegangenen Kapiteln wurden die unterschiedlichsten experimentellen Methoden angeführt, mit denen es möglich ist, detaillierte Kenngrößen des Elektronenspektrums zu erhalten. Praktisch ist es möglich, die gesamte FERMI-Fläche und die Geschwindigkeit auf jedem Punkt dieser Fläche zu bestimmen. Interessant wäre es nun, die Kenngrößen des Energiespektrums ausgehend von der Wechselwirkung der Elektronen mit den Atomrümpfen zu berechnen.

Das ist auch von einem anderen Gesichtspunkt her interessant. Die Messungen liefern immer nur Teile der Fläche oder, genauer gesagt, Teile der Schnittkurven bestimmter ebener Schnitte durch die Fläche oder nur den Flächeninhalt dieser Schnitte. Die Bestimmung der gesamten FERMI-Fläche durch Zusammenfügen aller dieser experimentellen Daten gelingt nur in den einfachsten Fällen und stellt gewöhnlich eine sehr schwierige Aufgabe dar. Hätte man aber eine Theorie, die wenigstens die allgemeine Form der FERMI-Fläche liefert, so würde sich die Interpretation der experimentellen Ergebnisse stark vereinfachen.

Wie schon in Kapitel 1 erwähnt, kann man zwei Grenzfälle betrachten: stark gebundene Elektronen und fast freie Elektronen. Genau genommen sind die in beiden Methoden auftretenden Entwicklungsparameter tatsächlich nicht klein, so daß diese Methoden zu schlecht konvergenten oder sogar divergenten Reihen führen. Deshalb wurden bereits seit den 30er Jahren Versuche unternommen, eine hinreichend zuverlässige und schnell konvergente Prozedur zur Berechnung der elektronischen Spektren sowie möglichst auch der Bindungsenergien der Metalle und der kinetischen Koeffizienten zu finden. Gegenwärtig gibt es ein großes und faktisch ziemlich selbständiges Gebiet der Metalltheorie, das sich mit diesen Fragen beschäftigt. Dieses Gebiet hängt eng mit Rechnungen auf Computern zusammen, und die mathematischen Gesichtspunkte überwiegen zweifellos die physikalischen. Infolgedessen würde eine Darstellung dieses Gebietes, das manchmal als „Pseudismus" bezeichnet wird, den Rahmen des vorliegenden Kurses sprengen. Dem an diesem Fragenkreis interessierten Leser sei der Übersichtsartikel von ZIMAN [7] empfohlen. Der Vollständigkeit halber soll hier jedoch sehr kurz eine Reihe von Ideen dargelegt werden, die den numerischen Methoden zugrunde liegen. Am günstigsten ist es, zuerst auf die sogenannte Methode der orthogonalisierten ebenen Wellen (OPW[1]), HERRING 1940

[1]) Anmerkung des Herausgebers: OPW ist die Abkürzung für orthogonalized plane waves.

[73]) einzugehen, obwohl sie nicht die allererste war. Diese Methode stellt eine gewisse Kombination der Näherungen starker und schwacher Bindung dar.

Ausgangspunkt ist die SCHRÖDINGER-Gleichung für Elektronen in einem periodischen Kristallpotential

$$\mathcal{H}\psi = \varepsilon\psi ,$$

wobei

$$\mathcal{H} = -\frac{\hbar^2\nabla^2}{2m} + V(\boldsymbol{r})$$

ist. Die Lösung dieser Aufgabe ist äquivalent zur Bestimmung des Minimums des Integrals

$$\int \psi^* \mathcal{H} \psi \, \mathrm{d}V - \varepsilon \int \psi^* \psi \, \mathrm{d}V . \tag{14.1}$$

Dazu wird eine Probefunktion ψ_{Pr} als Linearkombination bekannter Funktionen

$$\psi_{\mathrm{Pr}} = \sum_i a_i \chi_i \tag{14.2}$$

angesetzt. Die Koeffizienten a_i werden so gewählt, daß der Ausdruck (14.1) minimal wird. Setzt man (14.2) in (14.1) ein, und differenziert nach allen a_i, erhält man ein lineares homogenes Gleichungssystem für die a_i. Die Lösungsbedingung besteht darin, daß die Determinante dieses Systems Null wird. Die Elemente dieser Determinante sind die Matrixelemente des Operators $\mathcal{H} - \varepsilon$ bezüglich der Funktionen χ_i. Man erhält somit

$$\mathrm{Det}\left[\int \chi_i^* \mathcal{H} \chi_k \, \mathrm{d}V - \varepsilon \int \chi_i^* \chi_k \, \mathrm{d}V\right] = 0 . \tag{14.3}$$

Gleichzeitig ist dies auch die Gleichung zur Bestimmung der gesuchten Energien ε.

Bei der OPW-Methode werden die Funktionen χ_i folgendermaßen gebildet: Man setzt voraus, daß für die Elektronen der inneren Schalen die Approximation für starke Bindung richtig ist. Die Wellenfunktion eines Elektrons im freien Atom sei

$$u_{nlm} = Y_l^m(\Theta, \varphi) \, P_{nl}(r)/r , \tag{14.4}$$

wobei die $Y_n^m(\Theta, \varphi)$ die Kugelfunktionen sind. Für die Wellenfunktionen im Metall benutzt man dann

$$\psi_{nlm;\,\boldsymbol{p}}(\boldsymbol{r}) = \frac{1}{\sqrt{N}} \sum_\nu \mathrm{e}^{i\boldsymbol{p}\boldsymbol{a}_\nu/\hbar} \, u_{nlm}(\boldsymbol{r} - \boldsymbol{a}_\nu) . \tag{14.5}$$

Die $\boldsymbol{a}_\nu$ sind die Gitterpunkte und N ihre Gesamtzahl. Für die Valenzelektronen benutzt man die Funktionen

$$\chi_{\boldsymbol{p}} = \frac{1}{\sqrt{V}} \mathrm{e}^{i\boldsymbol{p}\boldsymbol{r}/\hbar} - \sum_{nlm} B_{nlm;\,\boldsymbol{p}} \psi_{nlm;\,\boldsymbol{p}} . \tag{14.6}$$

Das ist eine ebene Welle, von der eine Linearkombination der Wellenfunktionen der Rumpfelektronen abgezogen wurde.

Die Koeffizienten $B_{nlm;\boldsymbol{p}}$ werden so bestimmt, daß die Funktion (14.6) orthogonal zu allen $\psi_{nlm;\boldsymbol{p}'}$ (mit beliebigen $\boldsymbol{p}'$) ist. Man kann zeigen, daß das durch Abziehen einer Linearkombination mit demselben $\boldsymbol{p}$ wie auch in der ebenen Welle gewährleistet wird. Formel (14.6) wurde ja auch schon so angegeben. Die Orthogonalitätsbedingung bestimmt die Koeffizienten $B_{nlm;\boldsymbol{p}}$ eindeutig.

Wird nun die Energie für einen bestimmten Quasiimpulswert $\boldsymbol{p}$ gesucht, geht man von den Funktionen χ_i in der Form $\chi_i = \chi_{\boldsymbol{p}+\hbar\boldsymbol{K}_i}$ aus, wobei $\boldsymbol{K}_i$ die Vektoren des reziproken Gitters sind. Jede der Funktionen $\chi_{\boldsymbol{p}+\hbar\boldsymbol{K}_i}$ hat die Form (14.6). Je mehr solcher Funktionen in die Rechnung mit einbezogen werden, um so höher ist auch die Genauigkeit des Ergebnisses.

Zur Berechnung der Determinante (14.3) wird aber außer den Funktionen χ_i noch das periodische Kristallpotential $V(\boldsymbol{r})$ benötigt, das in die SCHRÖDINGER-Gleichung mit eingeht. Dafür existieren unterschiedliche Ansätze. Beispielsweise kann für ein solches Potential der Ausdruck

$$V(\boldsymbol{r}) = \sum_{\nu} V_{\text{at}}(\boldsymbol{r} - \boldsymbol{a}_\nu) \tag{14.7}$$

verwendet werden, wobei das „Atom"-Potential als Summe des Kernpotentials, des COULOMB-Potentials der Elektronen und des sogenannten Austauschpotentials gebildet wird, das die Antisymmetrie der Gesamtwellenfunktion der Elektronen berücksichtigt:

$$\begin{aligned} V_{\text{at}}(\boldsymbol{r}) = &-\frac{Ze^2}{|\boldsymbol{r}|} + e^2 \sum_{j=1}^{Z} \int \frac{u_j^*(\boldsymbol{r}')\, u_j(\boldsymbol{r}')}{|\boldsymbol{r} - \boldsymbol{r}'|}\, \mathrm{d}V' \\ &- 3e^2 \left[\frac{3}{8\pi} \sum_{j=1}^{Z} u_j^*(\boldsymbol{r})\, u_j(\boldsymbol{r})\right]^{1/3}, \end{aligned} \tag{14.8}$$

wobei die u_j die Wellenfunktionen der Elektronen im isolierten Atom sind.

Die OPW-Methode ergibt für einfache Stoffe, in denen die d- und f-Zustände hinreichend weit vom Valenzband entfernt sind, eine gute Übereinstimmung mit dem Experiment. Für Übergangsmetalle mit unvollständigen d- oder f-Schalen sowie für Edelmetalle, wo die d-Zustände der Elektronen in der Nähe des Valenzbandes liegen und das Spektrum wesentlich beeinflussen, arbeitet die OPW-Methode jedoch wesentlich schlechter.

Außerdem ist diese Methode infolge der Kompliziertheit der Rechnungen ungeeignet für eine schnelle Interpretation experimenteller Daten.

14.2. Pseudopotentialmethode

Ein wesentlicher Fortschritt sowohl bezüglich der Genauigkeit der fundamentalen Rechnungen als auch im Sinne der Ausarbeitung einer halbphänomenologischen, aber „schnell arbeitenden" Prozedur war die Schaffung der Pseudopotentialmethode (PHILLIPS, KLEINMAN 1959 [74]; BASSANI, CELLI 1959 [75]). Sie basiert auf folgender Idee: Die Wellenfunktion wird nicht in der Form (14.2), (14.6) angesetzt, sondern als Kombination ebener Wellen φ_i, von denen wie in (14.6) zur Orthogonalisierung bezüglich der atomaren Funktionen eine entsprechende Linearkombination abgezogen wird:

$$\psi_i = \varphi_i - \sum_n B_n^i \psi_n \,. \tag{14.9}$$

Der Einfachheit halber wurde hier nur ein Index n anstelle von nlm benutzt. Die Funktionen ψ_n sind die Wellenfunktionen der Rumpfzustände. Sie wurden analog zu (14.5) gewählt. Die Orthogonalisierungsbedingung liefert

$$B_n^i = \int \psi_n^*(\boldsymbol{r})\, \varphi_i(\boldsymbol{r})\, \mathrm{d}V \,.$$

Durch Einsetzen der Funktionen (14.9) in die SCHRÖDINGER-Gleichung erhält man

$$\mathcal{H}\varphi_i - \sum_n B_n^i(\varepsilon_n - \varepsilon)\, \psi_n = \varepsilon\varphi_i \,.$$

Hierbei wurde berücksichtigt, daß $\mathcal{H}\psi_n = \varepsilon_n\psi_n$ ist. Man kann jetzt folgenden Integraloperator $\hat{V}_i$ einführen:

$$\begin{aligned}\hat{V}_i\varphi_i &= -\sum_n B_n^i(\varepsilon_n - \varepsilon)\, \psi_n \\ &= -\sum_n (\varepsilon_n - \varepsilon)\, \psi_n \int \psi_n^*(\boldsymbol{r}')\, \varphi_i(\boldsymbol{r}')\, \mathrm{d}V' \,.\end{aligned} \tag{14.10}$$

Wegen $\varepsilon > \varepsilon_n$ ist diese Größe für genügend kleine $\boldsymbol{r}$ positiv, so daß in kleinen Abständen das Potential $\hat{V}_i$ einer Abstoßung entspricht. Die SCHRÖDINGER-Gleichung hat damit die Form

$$(\mathcal{H} + \hat{V}_i)\, \varphi_i = \varepsilon\varphi_i \,. \tag{14.11}$$

Das Potential $\hat{V}_i$ ist dabei nicht eindeutig bestimmt, da gemäß Formel (14.9) zur Funktion φ_i eine beliebige Linearkombination der Funktionen ψ_n hinzuaddiert werden kann, was durch den entsprechenden Zusatz zum zweiten Glied in (14.9) kompensiert wird. Die Funktion ψ_i ändert sich zwar dadurch nicht, wohl aber das Potential $\hat{V}_i$. Anstelle der Formel (14.10) kann man im allgemeinen Fall

$$\hat{V}_i\varphi_i = \sum_n \psi_n(\boldsymbol{r}) \int F_n(\boldsymbol{r}')\, \varphi_i(\boldsymbol{r}')\, \mathrm{d}V' \tag{14.10'}$$

schreiben, wobei $F_n(\boldsymbol{r})$ vollkommen beliebige Funktionen sind. Man kann zeigen, daß die Energieniveaus nicht von der Wahl der $F_n(\boldsymbol{r})$ abhängen. Deshalb ist ein Kriterium zur eindeutigen Wahl des Pseudopotentials erforderlich. Am natürlichsten erscheint die Forderung, daß die Funktion φ_i maximal glatt sein soll, das heißt $\int (\nabla\varphi_i)^2\, \mathrm{d}V = \min$ [85]. Offensichtlich führt diese Forderung für einfache Metalle dazu, daß das Potential $\hat{V}_i$ fast vollständig das in $\mathcal{H}$ eingehende Potential V im Gebiet der Ionenrümpfe kompensiert. Im stark negativen Potential der Ionen oszillieren die Elektronenfunktionen in der Umgebung der Rümpfe schnell, was zum Auftreten einer großen kinetischen Energie führt, die gemäß der Quantenmechanik gleich $-\hbar^2 \int |\nabla\psi|^2\, \mathrm{d}V/2m$ ist. Die Einführung des Pseudopotentials bedeutet physikalisch, daß ein großer Teil dieser kinetischen

Energie in die potentielle Energie einbezogen wird, wodurch die starke Kompensation entsteht.

Eine höchst einfache Variante der Auswahl des Pseudopotentials, die das Kriterium der Glattheit der Wellenfunktion gut erfüllt, ist das sogenannte AUSTINsche Pseudopotential, bei dem $F_n(\boldsymbol{r}) = -\psi_n(\boldsymbol{r})\, V(\boldsymbol{r})$ in (14.10′) gesetzt wird. Dieses ergibt in der Gleichung für φ_i das totale Potential

$$\hat{V}_{\text{tot}}\varphi_i = \int w^A(\boldsymbol{r}, \boldsymbol{r}')\, \varphi_i(\boldsymbol{r}')\, \mathrm{d}V' \,,$$

$$w^A(\boldsymbol{r}, \boldsymbol{r}') = V(\boldsymbol{r}')\, \{\delta(\boldsymbol{r} - \boldsymbol{r}') - \sum_n \psi_n^*(\boldsymbol{r}')\, \psi_n(\boldsymbol{r})\} \,. \tag{14.10''}$$

Wäre das System der Funktionen ψ_n vollständig, so wäre $w^A = 0$. Tatsächlich entsprechen die ψ_n aber nur den stark lokalisierten Zuständen. Deshalb läßt praktisch die Auswahl des Pseudopotentials in der Form (14.10″) das Potential außerhalb der Ionenrümpfe unverändert und beseitigt das große negative Potential innerhalb der Rümpfe, wodurch die Glattheit der Wellenfunktion bedingt ist.

Man gelangt somit zu dem Schluß (der auch streng bewiesen werden kann), daß die Lösung des Gesamtproblems auf die Lösung einer SCHRÖDINGER-Gleichung

$$(-\hbar^2\nabla^2/2m + V)\, \varphi_{\boldsymbol{p}}(\boldsymbol{r}) = \varepsilon(\boldsymbol{p})\, \varphi_{\boldsymbol{p}}(\boldsymbol{r}) \tag{14.12}$$

zurückgeführt werden kann, wobei V ein gewisses glattes Potential ist, das sogar in der Nähe der Ionenrümpfe nicht sehr groß wird. Obwohl die so bestimmten Wellenfunktionen in der Nähe der Rümpfe nicht richtig sind, ergeben sich die Energieniveaus mit hinreichender Genauigkeit.

Nach Formel (14.10) ist das effektive Potential ein nichtlokaler Integraloperator des Typs

$$V\psi = \int K(\boldsymbol{r} - \boldsymbol{r}')\, \psi(\boldsymbol{r}')\, \mathrm{d}V' \,.$$

Es zeigte sich jedoch, daß man sehr genaue Resultate für $\varepsilon(\boldsymbol{p})$ erhält, wenn man an seiner Stelle einen lokalen Operator, das heißt irgendeine periodische Funktion $V(\boldsymbol{r})$ bzw. speziell den Ansatz

$$V(\boldsymbol{r}) = \sum_\nu U(\boldsymbol{r} - \boldsymbol{a}_\nu) \tag{14.13}$$

benutzt. Die Summation geht dabei über die Atomlagen, und die Funktion $U(r)$ wird als isotrop angesehen (BRUST 1964 [76]). Die Funktion $U(r)$ wird durch Vergleich mit experimentellen bzw. mit aus OPW-Rechnungen erhaltenen Ergebnissen bestimmt. Bei der Anwendung dieses Verfahrens ergab sich, daß die Funktionen $U(r)$ für die verschiedenen Metalle recht einheitlich sind, und die Unterschiede in den Energiespektren in erster Linie durch die Unterschiede in der Valenzelektronenzahl und in den Kristallgittern verursacht werden.

Praktisch läßt sich die Funktion $U(r)$ bereits durch ein paar Zahlenwerte bestimmen. Das hängt damit zusammen, daß man die glatten Funktionen $\varphi_{\boldsymbol{p}}(\boldsymbol{r})$ nach ebenen Wellen entwickeln kann (vgl. BLOCHsches Theorem (1.15)):

$$\varphi_{\boldsymbol{p}}(\boldsymbol{r}) = \sum_K c_{\boldsymbol{p}+\hbar\boldsymbol{K}}\, \mathrm{e}^{i(\boldsymbol{p}+\hbar\boldsymbol{K})\boldsymbol{r}/\hbar} \,.$$

Mit Gleichung (14.12) erhält man eine Gleichung für die $c_{\boldsymbol{p}}$:

$$\left[\frac{p^2}{2m} - \varepsilon(\boldsymbol{p})\right] c_{\boldsymbol{p}} + \sum_{\boldsymbol{K}} V_{\boldsymbol{p},\boldsymbol{p}+\hbar\boldsymbol{K}} c_{\boldsymbol{p}+\hbar\boldsymbol{K}} = 0 . \tag{14.14}$$

Nach Formel (14.13) sind die Matrixelemente $V_{\boldsymbol{p}\boldsymbol{p}'}$ gleich

$$V_{\boldsymbol{p},\boldsymbol{p}+\hbar\boldsymbol{K}} = U(K) \left(\frac{1}{N} \sum_{\boldsymbol{a}_\nu} e^{i\boldsymbol{K}\boldsymbol{a}_\nu}\right) = U(K)\, S(\boldsymbol{K}) . \tag{14.15}$$

$U(K)$ ist das Matrixelement der Funktion $U(r)$ und $S(\boldsymbol{K})$ der sogenannte Strukturfaktor, der nur von der Gittergeometrie abhängt. Praktisch beschränkt man sich jedoch auf einige kleinste Werte von K, so daß gemäß Formel (14.15) anstelle der gesamten Funktion $U(r)$ nur einige Zahlen $U(K)$ geeignet zu wählen sind.

Für ein vorliegendes Material ist das völlig ausreichend. Geht man aber von der Annahme aus, daß die Funktion $U(r)$ für alle Metalle etwa gleich ist, wäre es wünschenswert, die gesamte Funktion $U(r)$ oder genauer ihre Fourier-Transformierte $U(k)$ zu kennen, aus der für jedes konkrete Gitter die Werte von $U(K)$ zu ermitteln wären. Die Punkte, die ursprünglich für Germanium gefunden wurden [76], lassen sich gut durch die Funktion [77]

$$U(k) = A_1(k^2 - A_2)\,[\exp A_3(k^2 - A_4) + 1]^{-1} \tag{14.16}$$

interpolieren. Drückt man k und A_i in atomaren Einheiten aus ($m = \hbar = e = 1$, das heißt Längen und $1/k$ in Einheiten $a_0 = 0{,}529$ Å und die Energie in Einheiten $me^4/\hbar^2 = 27{,}2$ eV), so ergibt sich

$$A_1 = 0{,}0655 , \quad A_2 = 2{,}78 , \quad A_3 = 2{,}38 , \quad A_4 = 3{,}70 .$$

Die Größe A_1, die den Potentialmaßstab festlegt, ist faktisch immer klein, da die Fermi-Energie in atomaren Einheiten gewöhnlich von der Größenordnung Eins ist. Hinzu kommt noch, daß Metallgitter gewöhnlich immer hoch symmetrisch sind, so daß viele $\boldsymbol{K}$-Vektoren die gleiche absolute Länge besitzen. Damit bilden die ersten kleinen Werte von $|\boldsymbol{K}|$ schon eine genügend breite Basis zur Bestimmung des Energiespektrums.

Mit Hilfe dieses Verfahrens konnten die Energiespektren einer Reihe von Metallen, darunter auch von den Halbmetallen Antimon und Arsen, berechnet werden. Da in den letzteren die effektive Elektronendichte ($\sim 10^{-2}$ pro Arsenatom bzw. $\sim 10^{-3}$ pro Antimonatom) sehr klein ist, wird die Berechnung der Fermi-Fläche sehr genau und stimmt gut mit den experimentellen Werten überein.

Ein Beispiel, wo dieses Verfahren leider nicht anwendbar ist, ist Wismut, in dem die Zahl der Leitungselektronen größenordnungsmäßig 10^{-5} pro Atom beträgt. Die Berechnung der Fermi-Fläche mit Hilfe der Pseudopotentialmethode liefert hier Werte, die sich von den experimentellen um den Faktor 2—3 unterscheiden. Man kann also schlußfolgern, daß die Genauigkeit dieser Methode nur einige Prozent erreichen kann.

Nichtsdestoweniger kann die Benutzung des vereinfachten Pseudopotentials (14.13) nicht als vollkommen befriedigend angesehen werden. Vor allem gibt es nicht den nichtlokalen Charakter des wahren Pseudopotentials wieder. Ferner müssen die FOURIER-Komponenten $U(K)$ entweder mit der OPW-Methode berechnet werden, was mit umfangreichen Rechnungen verbunden ist, oder aus dem Vergleich mit dem Experiment bestimmt werden, was den Wert dieser Prozedur als mikroskopische Theorie stark verringert.

Deshalb sind verschiedene Methoden zur Konstruktion eines „Modell-Pseudopotentials" ohne diese Mängel vorgeschlagen worden. Zunächst sei folgendes bemerkt: Nimmt man ein Pseudopotential der Form (14.10) oder (14.10'') und verwendet als Funktionen ψ_n die Eigenfunktionen eines zentralsymmetrischen Potentials vom Typ (14.8), so zerfällt die Gleichung für φ_t in ein System von Gleichungen für die einzelnen sphärischen Harmonischen. Dabei entspricht, grob gesprochen, den verschiedenen Harmonischen ein verschiedenes effektives Potential. Darin äußert sich die Nichtlokalität des Pseudopotentials.

Auf dieser Basis haben HEINE und ABARENKOV [87] eine Methode zur Konstruktion eines Modell-Pseudopotentials vorgeschlagen, die später von SHAW [88] verbessert worden ist. Die resultierende Formel für das Gesamtpotential hat die Form

$$V_{\text{tot}} = V_a(r) - \sum_{l=0}^{l_0} \Theta(R_l - r)\,[A_l(E) + V_a(r)]\,P_l\,. \tag{14.10'''}$$

Hierbei ist die Funktion $\Theta(x) = \begin{cases} 1, & x > 0 \\ 0, & x < 0 \end{cases}$, P_l der Projektionsoperator auf den Zustand mit vorgegebenem Bahndrehimpuls l, $V_a(r)$ das atomare Potential, das, wie sogleich gezeigt wird, in der Form

$$V_a(r) = -\frac{Ze^2}{r}$$

geschrieben werden kann, wobei Z die Ionenladung ist und $A_l(E)$ Konstanten sind, die nur von l und E abhängen (die letzte Abhängigkeit wird als schwach angenommen).

Der Sinn des Ausdrucks (14.10''') besteht in folgendem: Für die Zustände mit kleinem Drehimpuls ist das Pseudopotential im Bereich des Ionenrumpfes konstant gleich $A_l(E)$ und außerhalb dieses Bereichs gleich $V_a(r)$. Der Radius dieses Gebietes R_l bestimmt sich aus der Bedingung, daß sich das Potential stetig ändern soll, zu

$$A_l(E) = -V_a(R_l)\,.$$

Was die Zustände mit hinreichend großem Drehimpuls betrifft, so ist für sie das Auftreten eines großen Zentrifugalpotentials

$$\frac{l(l+1)}{r^2}$$

in der SCHRÖDINGER-Gleichung wesentlich, das eine Annäherung eines Elektrons mit großem l an den Ionenrumpf verhindert. Infolgedessen spürt ein Elektron, sofern l größer als ein gewisser Wert, etwa l_0 ist, praktisch immer nur das Ionenpotential in großen Abständen, das heißt $V_a(r)$. Deshalb kann man diesen Anteil des Potentials in der Form $V_a(r)$ belassen, was auch in der Formel (14.10''') zum Ausdruck kommt (die Summe über l läuft bis l_0).

Somit ist im HEINE-ABARENKOV-SHAWschen Pseudopotential nur das wahre Potential in einiger Entfernung vom Zentrum wesentlich (für kleine l wird es im Zentrum durch $-A_l(E)$ ersetzt), so daß die einfache COULOMB-Form für $V_A(r)$ gerechtfertigt ist.

Die Konstanten $A_l(E)$ und die entsprechenden R_l können folgendermaßen bestimmt werden. Nimmt man an, daß das Potential des nackten Ions durch die Formel (14.10''') beschrieben wird, und betrachtet die Elektronenzustände in diesem Potential, so erhält man für $r < R_l$ die Wellenfunktion im konstanten Potential $-A_l$ und für $r > R_l$ die COULOMB-Funktion. Aus den Stetigkeitsbedingungen und der oben angegebenen Bedingung $A(E_l) = -V_a(R_l)$ erhält man die Energieniveaus als Funktionen der R_l und wählt dann die R_l so, daß das beobachtete Elektronenspektrum im Feld des Ions am besten reproduziert wird.

Es gibt noch verschiedene andere Methoden zur Bestimmung eines „Modell-Pseudopotentials", aber die dargelegte Methode ist offensichtlich am meisten begründet, physikalisch verständlich und praktisch bequem.

Nichtsdestoweniger existieren Fälle, in denen die Methode des Modell-Pseudopotentials versagt. Dies sind die Metalle, in denen die d- und f-Bänder entweder innerhalb des Valenzbandes oder in der Nähe der Valenzbandkante liegen. Die Schwierigkeit dieser Fälle besteht im folgenden: Die Benutzung der aus dem Elektronenspektrum im Ionenfeld bestimmten Werte von A_l und R_l für das Metall setzt die Möglichkeit der Extrapolation von $A_l(E)$ zu anderen Energiewerten hin voraus, das heißt, $A_l(E)$ wird faktisch als energieunabhängig in gewissen Energieintervallen angenommen.

In dem Fall, daß die d- oder f-Bänder nahe am Valenzband liegen, sieht es folgendermaßen aus: Auf ein d- oder f-Elektron im Atom wirkt ein Potential, das aus der COULOMB-Anziehung des Ions und der zentrifugalen Abstoßung $l(l+1)/r^2$ besteht. Daraus ergibt sich eine Potentialsenke, die die Form einer Kugelschicht um den Kern hat und in der solch ein Elektron lokalisiert wird. Im Metall ist infolge der Überlappung der Valenzhüllen das Potential in großer Entfernung vom Ion nicht Null, sondern negativ. Dennoch kann in diesem Fall die Senke nicht völlig verschwinden, sondern bleibt teilweise erhalten und wird durch eine Potentialbarriere vom Außengebiet getrennt. In dieser Situation wird ein diskreter Zustand mit großem Drehmoment nicht völlig zerstört, sondern geht in einen sogenannten „virtuellen" oder „Resonanz"-Zustand über.

Obwohl diese Situation ebenfalls durch ein Modellpotential vom oben betrachteten Typ beschrieben werden kann, beginnen nun aber die entsprechenden $A_l(E)$ in der Nähe einer solchen Resonanz stark von der Energie abzuhängen, so daß die ganze Methode wertlos werden kann. Deshalb wendet man zur Berechnung der Energiespektren der Übergangsmetalle und seltenen Erden sowie auch der Edelmetalle, deren d-Band in der Nähe des Leitungsbandes liegt, erheblich kompliziertere Methoden an wie die APW („Augmented plane waves")-Methode oder die von KORRINGA, KOHN und ROSTOKER vorgeschlagene Methode der GREENschen Funktionen. Eine Darlegung dieser Methoden würde weit über den Rahmen dieses Buches hinausgehen. Der Leser sei auf den hervorragenden Übersichtsartikel von ZIMAN [7] verwiesen.

Gleichzeitig muß man im Auge behalten, daß die Theorie der Energiespektren zwei völlig verschiedene Aufgaben hat. Die eine Aufgabe ist die möglichst genaue Berechnung der Spektren aus den elementaren Wechselwirkungen der Elektronen und Ionen. Davon war oben die Rede. Die andere Aufgabe ist die praktische Konstruktion der Spektren zur Erleichterung der Analyse und Systematisierung des experimentellen Materials. Diese Aufgabe ist für einfache Metalle leicht zu lösen mit Hilfe des im nächsten Abschnitt beschriebenen Modells freier Elektronen. In Metallen, in denen d- oder f-Bänder wesentlich sind, kann man diese mit Hilfe der Formeln der Näherung starker Bindung zu beschreiben versuchen und die Koeffizienten aus dem Vergleich mit experimentellen Daten ermitteln. Diese Prozedur erweist sich in vielen Fällen als sehr erfolgreich.

Jedoch muß daran erinnert werden, daß das keinen Beweis für die Richtigkeit einer derartigen Näherung darstellt. Tatsächlich überlappen sich die Orbitale ziemlich stark, und außerdem erfolgt eine „Hybridisierung" mit s- und p-Bändern. Der Erfolg der Formeln für starke Bindung hängt damit zusammen, daß sie die Symmetrie des Kristallgitters sowie die daraus folgende Entartung der Energieterme $\varepsilon(\boldsymbol{p})$ in den Punkten $\boldsymbol{p}$ des reziproken Gitters mit erhöhter Symmetrie korrekt berücksichtigen.

14.3. Modell freier Elektronen

Die im vorigen Abschnitt dargestellten Überlegungen sowie auch konkrete Berechnungen der Pseudopotentiale für einfache Metalle oder ihre Bestimmung durch Vergleich mit experimentellen Daten zeigen, daß in diesen Metallen das Pseudopotential wesentlich kleiner als die FERMI-Energie ist. Infolgedessen kann man das Pseudopotential in erster Näherung gleich Null setzen und die Elektronen als frei ansehen. Nach dem Modell fast freier Elektronen (Abschn. 1.3.) treten Abweichungen nur in der Nähe der Grenzen der BRILLOUIN-Zone auf und führen zu einer „Abrundung" entsprechender kleiner Teilstücke der FERMI-Fläche. Die Genauigkeit dieses Verfahrens ist nicht groß, dafür ist es aber außerordentlich einfach zu handhaben und eignet sich damit besonders zur Bestimmung der FERMI-Fläche aus unvollständigen experimentellen Ergebnissen.

Ausgangspunkt für diese Methode zur Konstruktion der FERMI-Fläche (HARRISON 1960 [78]) ist das reziproke Gitter, in das um den Punkt $\boldsymbol{K} = 0$ eine FERMI-Kugel mit dem Radius $p_0 = \hbar(3\pi^2 n_e)^{1/3}$ eingezeichnet wird, wobei n_e die

Dichte der Valenzelektronen ist. Dieselben Kugeln werden auch um die anderen Punkte $\boldsymbol{K}$ des reziproken Gitters gezeichnet, wobei sie sich im allgemeinen durchdringen. Als FERMI-Fläche im untersten Band wird die Berandung desjenigen Teils der BRILLOUIN-Zone definiert, der innerhalb der geringsten Anzahl von

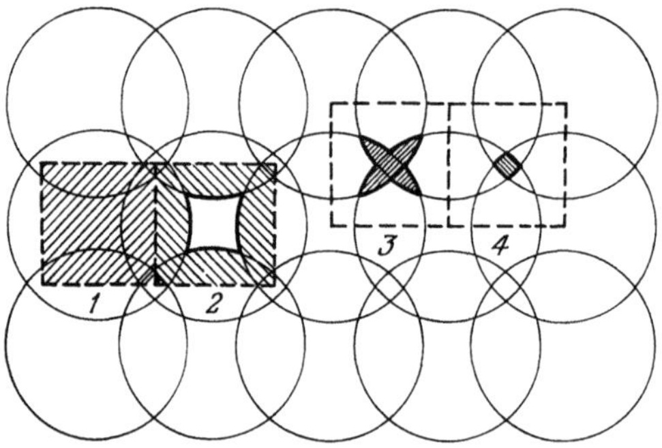

Abb. 83 Konstruktion der FERMI-„Fläche" für freie Elektronen im zweidimensionalen kubischen Gitter. Das schraffierte 1. Band sowie die schraffierten Gebiete der Bänder 2, 3 und 4 sind mit Elektronen besetzt. Die FERMI-„Fläche" im 2. Band enthält Löcher und im 3. sowie 4. Band Elektronen

Kugeln liegt. Entsprechend gehören zum zweiten Band diejenigen Teile der BRILLOUIN-Zone, die einmal mehr besetzt sind, das heißt einer Kugel mehr als im ersten Fall angehören, und so weiter. Das ist für ein zweidimensionales Modell in Abbildung 83 dargestellt.

Dieses geometrische Verfahren entspricht, wie leicht einzusehen ist, dem Entstehen der Bänder im Falle freier Elektronen, das heißt Aufspaltung der Energiefunktion in Abhängigkeit vom Impuls an den Ebenen des reziproken Gitters und Reduktion auf die BRILLOUIN-Zone durch periodische Fortsetzung. Die Übereinstimmung der aus dem geometrischen Verfahren ermittelten FERMI-Fläche mit den experimentellen Werten ist für die polyvalenten Metalle nicht schlecht. Als Beispiel für einen dreidimensionalen Fall sind in Abbildung 84 die FERMI-Flächen für kubischflächenzentrierte Metalle mit unterschiedlicher Valenzelektronenzahl dargestellt [78].

Wie schon gezeigt wurde, verschlechtert sich die Genauigkeit dieses Verfahrens in der Nähe von Grenzflächen der BRILLOUIN-Zone, was insbesondere zu falschen Aussagen über kleinere Teilstücke der FERMI-Fläche oder sogar über ihre Topologie führen kann. Dieser Mangel läßt sich jedoch beheben. Benutzt man die Approximation schwacher Bindung (Abschn. 1.3.), so erhält man für die Energie in der Nähe einer Zonengrenze den Ausdruck

$$\varepsilon = \frac{\varepsilon(p) + \varepsilon(p - \hbar\boldsymbol{K})}{2} + \sqrt{\left[\frac{\varepsilon(\boldsymbol{p}) - \varepsilon(\boldsymbol{p} - \hbar\boldsymbol{K})}{2}\right]^2 + V_{\boldsymbol{K}}^2}\,. \qquad (14.17)$$

Die Größe $V_{\boldsymbol{K}}$ in dieser Formel läßt sich entweder aus Experimenten oder genaueren theoretischen Verfahren (OPW- oder Pseudopotentialmethode) bestimmen. Auf diese Weise gelingt es, die Schwierigkeiten in der Nähe der Zonengrenzen zu bewältigen.

Hat man es mit Gebieten zu tun, die in der Nähe einer Schnittkante zweier Begrenzungsflächen der BRILLOUIN-Zone liegen, ist in der Approximation schwacher Bindung eine Linearkombination nicht nur von zwei, sondern von drei ebenen Wellen zu benutzen:

$$e^{ipr/\hbar}, \quad e^{i(p-\hbar K_1)r/\hbar}, \quad e^{i(p-\hbar K_2)r/\hbar} .$$

Die Funktionen $\varepsilon(\boldsymbol{p})$ sind in diesem Fall die Eigenwerte einer Matrix dritter Ordnung und enthalten drei unbekannte Konstanten V_{01}, V_{02} und V_{12}. In der Nähe der Ecken der BRILLOUIN-Zone sind vier ebene Wellen anzusetzen, und die Lösungsfunktionen enthalten sechs unbekannte Konstanten.

Das Modell freier Elektronen bietet die Möglichkeit, experimentelle Ergebnisse auf einfache Weise zu interpretieren. Wurden zum Beispiel die FERMI-Impulse in Abhängigkeit vom Winkel entlang irgendwelcher Schnittkurven der

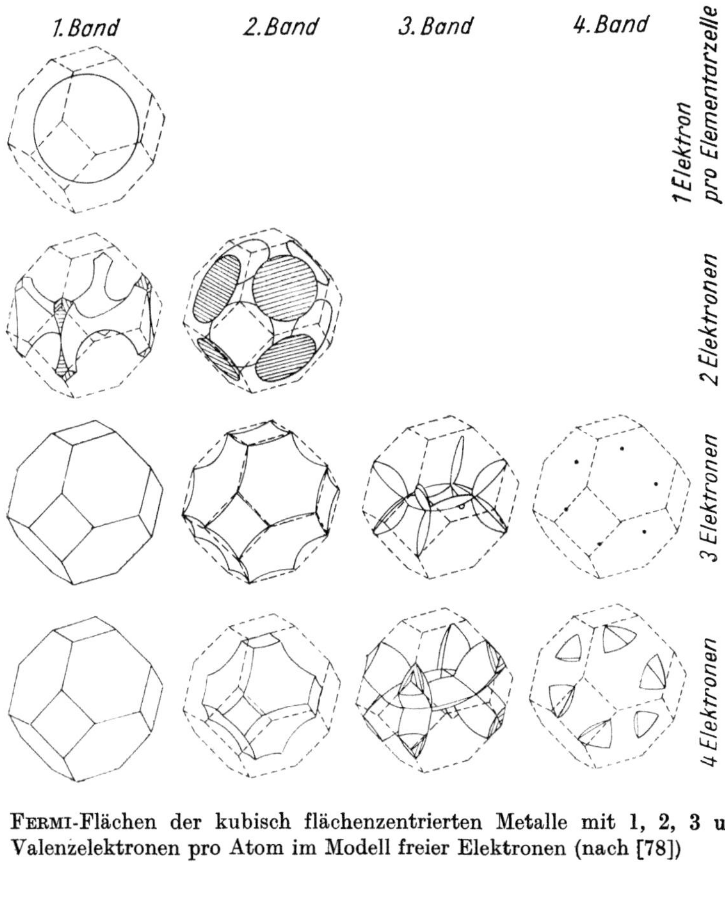

Abb. 84 FERMI-Flächen der kubisch flächenzentrierten Metalle mit 1, 2, 3 und 4 Valenzelektronen pro Atom im Modell freier Elektronen (nach [78])

FERMI-Fläche durch Messungen bestimmt, so kann aus der Konstruktion mit Hilfe des Modells freier Elektronen leicht unterschieden werden, zu welchem Teilstück der FERMI-Fläche diese Kurven gehören. Ferner ist es möglich, sofern man aus dem Modell die allgemeine Form eines Teils der Fläche kennt und entsprechende Meßwerte zu bestimmten Stellen dieser Fläche vorliegen, ein geeignetes Interpolationsverfahren auszuwählen.

Sieht man jedoch die Konstruktion mit Hilfe des Modells freier Elektronen als quantitative Methode an, so betragen, wie schon gesagt, die Fehler bei der Bestimmung der FERMI-Fläche größenordnungsmäßig 10% (in der Nähe der Zonengrenzen jedoch nur nach Berücksichtigung der vorstehend angegebenen Korrekturen). Bei den effektiven Massen ist die Übereinstimmung noch bedeutend schlechter. Beim Vergleich von Daten aus Zyklotronresonanzmessungen mit dem Modell freier Elektronen muß berücksichtigt werden, daß die Zyklotronperiode entlang einer bestimmten Bahn nur einen Teil der Periode darstellt, die ein freies Elektron auf einer Schnittkurve der gesamten FERMI-Kugel hätte. Nur diese Periode ist aber mit der freien Masse durch die Beziehung

$$T = 2\pi mc/eH$$

verknüpft. Aus dem Modell freier Elektronen ist hieraus die Umlaufsperiode für die Bahnen um die tatsächlichen Teilstücke der FERMI-Fläche leicht zu bestimmen.

Die so vorherbestimmten Werte unterscheiden sich jedoch von den experimentellen um 30—40%. Interessant ist, daß dieser Unterschied für ein vorgegebenes Metall kaum von der Richtung abhängt. Man kann daher nach Einführen einer Korrektur für die freie Masse alle Zyklotronmassen der verschiedenen Teilstücke der FERMI-Fläche mit einer guten Genauigkeit erhalten. Der Unterschied zwischen der Masse und der freien Elektronenmasse hängt offensichtlich mit der Elektron-Phonon-Wechselwirkung zusammen (siehe den Schluß des Abschnitts 14.4., Formel (14.21)).

14.4. Approximation eines stark komprimierten Stoffs

Wie in dem vorangegangenen Kapitel gezeigt wurde, beschreibt die Approximation für freie Elektronen die FERMI-Fläche der Metalle ziemlich gut. Obwohl dieses Resultat völlig durch die Überlegungen über das Pseudopotential gerechtfertigt wird, kann es dennoch unter einem anderen Blickwinkel betrachtet werden. Man kann von der Frage ausgehen, ob dieses Ergebnis nicht zeigt, daß die kinetische Energie der Valenzelektronen größer als ihre potentielle ist. Aus dem später Gesagten wird ersichtlich, daß diese Idee für viele polyvalenten Metalle bestätigt werden kann. Eine ähnliche Situation liegt aber auch in einem stark komprimierten Stoff vor. Denn in der Tat ist hier die mittlere potentielle Energie von der Größenordnung $e^2/\bar{r}$, wobei $\bar{r}$ der mittlere Atomabstand ist. Zum anderen ist die kinetische Energie größenordnungsmäßig $p_0^2/2m$ oder $\hbar^2/m\bar{r}^2$

wegen der Unbestimmtheitsrelation $p_0 \sim \hbar/\bar{r}$. Das Verhältnis von potentieller zu kinetischer Energie wird damit

$$\frac{e^2/\bar{r}}{\hbar^2/m\bar{r}^2} \sim \frac{\bar{r}}{r_B}, \tag{14.18}$$

wobei $r_B = \hbar^2/me^2$ der sogenannte BOHRsche Radius ist. Im Falle hoher Dichte, das heißt $\bar{r} \ll r_B$, wird damit die potentielle Energie der Elektronen bedeutend kleiner als ihre kinetische.

Man kann annehmen, daß auch unter gewöhnlichen Bedingungen die Valenzelektronen eines Metalls sich im „stark komprimierten" Zustand befinden, wodurch ihre potentielle Energie viel kleiner als ihre kinetische wird. Am ehesten ist das bei mehrwertigen Metallen zu erwarten, da die Gitterperioden sich bei den einzelnen Metallen gewöhnlich nur wenig unterscheiden, so daß die Elektronendichte im mehrwertigen Metall höher sein muß.[1])

Der Vorteil eines solchen Herangehens, falls es gerechtfertigt ist, besteht darin, daß die Näherung für freie Elektronen nicht nur die FERMI-Fläche gut beschreibt, sondern außerdem alle Wechselwirkungen der Elektronen mit den Gitterionen und den anderen Elektronen klein im Verhältnis zu ihrer kinetischen Energie sind. Sie können dann mit Hilfe der Störungstheorie behandelt werden.

Die Betrachtung des Modells eines stark komprimierten Stoffes [79] zeigt, daß als Entwicklungsparameter $e^2/\pi\hbar v$ auftritt, wobei $v = p_0/m$ ist (größenordnungsmäßig ist das natürlich dasselbe wie Ausdruck (14.18), da $p_0 \sim \hbar/\bar{r}$ ist. Hier wird aber ein genauer Wert benötigt). Für reale Metalle kann der Impuls aus der Valenzelektronendichte bestimmt werden. Für den Parameter $e^2/\pi\hbar v$ ergeben sich dann folgende Werte:

Metall	Sn	Pb	Al	Cu	Ag	Au	Na	K
$e^2/\pi\hbar v$	0,37	0,38	0,35	0,45	0,51	0,50	0,67	0,83

Wie sich zeigt, ist in der Tat der Parameter $e^2/\pi\hbar v$ nicht groß, wobei er für mehrwertige Metalle kleiner als für einwertige ist.

[1]) Diese Überlegung ist nicht völlig wörtlich aufzufassen, da ohne äußere Kompression das Kristallgitter durch die inneren Kräfte ausbalanciert wird, das heißt sich im Zustand einer minimalen Energie befindet. Da die Gesamtenergie die Summe von kinetischer Energie der Elektronen und der potentiellen Energie der COULOMB-Wechselwirkung ist, sind beide offensichtlich von derselben Größenordnung. Hier ist nur die Rede davon, daß der Parameter $e^2/\pi\hbar v$ bei diesem Gleichgewicht nicht zu groß wird. Die Rechnung nach dem Modell eines stark komprimierten Stoffes [79] liefert folgende Energie pro Atom:

$$E = \frac{3p_0^2 Z}{10m} - \frac{e^2 p_0}{\hbar(3\pi^2 Z)^{1/3}} (1{,}44Z^2 + 0{,}74Z^{4/3}),$$

wobei Z die Zahl der Elektronen pro Atom ist. Minimisiert man diesen Ausdruck und bestimmt den Parameter $e^2/\pi\hbar v$, so findet man folgende Werte: 0,2 für $Z = 2$; 0,16 für $Z = 3$. Dieses bestätigt die Richtigkeit des vorliegenden Herangehens.

Die Änderung der FERMI-Fläche, die sich dadurch ergibt, daß der Entwicklungsparameter einen endlichen Wert besitzt, läßt sich berechnen. Die Energiekorrektur infolge der Wechselwirkung der Elektronen mit den Ionen ist gleich

$$\delta\varepsilon(\boldsymbol{p}) = (4\pi e^2 n)^2 \sum_{K\neq 0} \frac{1}{K^4}\left[\frac{p^2}{2m} - \frac{(\boldsymbol{p} - \hbar\boldsymbol{K})^2}{2m}\right]^{-1}, \qquad (14.19)$$

wobei n die Elektronendichte ist. Die Korrekturglieder erster Ordnung in e^2 für die Elektronen und Ionen kürzen sich wegen der elektrischen Neutralitätsbedingung heraus. Bezüglich der Korrektur zweiter Ordnung für die Elektronenwechselwirkung untereinander ist zu sagen, daß sie isotrop ist und sich deshalb nicht auf die FERMI-Fläche auswirkt. Letztere wird durch die Gleichung

$$\delta p(\Theta, \varphi) = \frac{m}{p_0}[\delta\bar{\varepsilon} - \delta\varepsilon(p_0\boldsymbol{n})] \qquad (14.20)$$

beschrieben, wobei $\delta\bar{\varepsilon}$ der über alle Winkel genommene Mittelwert von (14.19) für $|\boldsymbol{p}| = p_0$ und $\boldsymbol{n} = \boldsymbol{p}/|\boldsymbol{p}|$ ist.

Aus (14.19) und (14.20) folgt, daß das Korrekturglied zur FERMI-Fläche von zweiter Ordnung bezüglich $e^2/\pi\hbar v$ ist. Damit erklärt sich auch die in den Versuchen beobachtete Genauigkeit der Approximation freier Elektronen für mehrwertige Metalle.

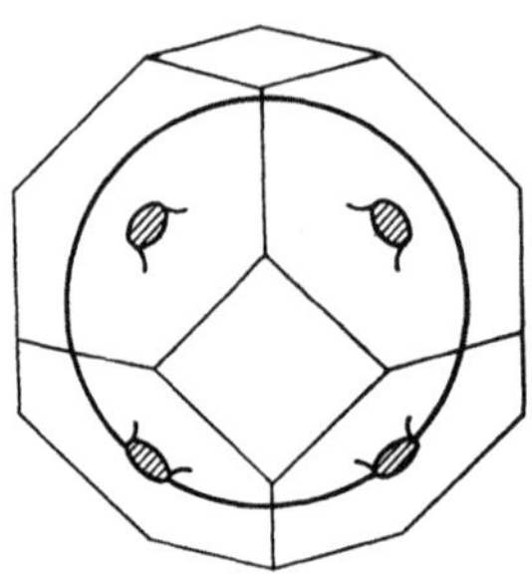

Abb. 85 Schematische Darstellung der offenen FERMI-Flächen der Edelmetalle (Abb. 9). Die Kugeln sind durch schraffierte Hälse verbunden, die die Sechseckflächen der BRILLOUIN-Zone schneiden

Bei den Edelmetallen ist der Entwicklungsparameter nicht so klein. Es ist deshalb auch nicht verwunderlich, daß hier eine offene Fläche auftritt, obwohl nach dem Modell freier Elektronen die FERMI-Fläche die Grenzen der BRILLOUIN-Zone nicht schneiden sollte (Abb. 85, vgl. mit Abb. 9). Diese Diskrepanz kann man jedoch versuchen zu beseitigen, indem man in der Nähe der Zonengrenze die Formel (14.17) mit $V_K \approx 4\pi e^2 n/K^2$ anwendet. In diesem Fall schneidet die FERMI-Fläche tatsächlich die Zonengrenze. Durch Vergleich der Radien der „Hälse“ mit den experimentellen Werten zeigt sich, daß trotz der groben Näherung die Übereinstimmung nicht schlecht ist. Im übrigen sollte man dieser Übereinstimmung nicht zu große Bedeutung beimessen, da, wie bereits im Abschnitt 14.2. erwähnt, in den Edelmetallen durch eine Beimischung von d-Zuständen die Verhältnisse wesentlich komplizierter sind.

Metall	Cu	Ag	Au
r/p_0 (theor.)	0,1	0,2	0,2
r/p_0 (exp.)	0,19	0,14	0,18

Für die Alkalimetalle ist die Situation vom Standpunkt des betrachteten Verfahrens etwas verwunderlich, da ihr Spektrum dem eines freien Elektronengases sehr nahe kommt, ihr Parameter $e^2/\pi\hbar v$ aber ziemlich groß ist. Auf jeden Fall liegt hier jedoch auch kein Widerspruch vor, da für große Werte dieses Parameters das Modell einfach nicht anwendbar ist und damit für irgendwelche Vorhersagen nicht benutzt werden kann.[1])

Abschließend soll noch auf die Massen eingegangen werden. Für einen stark komprimierten Stoff wurde gezeigt [69], daß infolge der Wechselwirkung der Elektronen mit den Phononen ihre effektive Masse die Form

$$\frac{m^*}{m} = 1 + \frac{e^2}{\pi\hbar v}\,\alpha_1 \tag{14.21}$$

haben muß, wobei $\alpha_1 \sim 1$ näherungsweise isotrop ist. Die Masse ändert sich folglich in erster Näherung mit dem Parameter $e^2/\pi\hbar v$, wobei das Korrekturglied nur gering von der Richtung im Metall abhängt. Das gleiche Resultat zeigen auch die Experimente.

Die angeführten Ergebnisse bestätigen, daß die Approximation der „stark komprimierten" Elektronen die Möglichkeit bietet, wenigstens qualitativ unterschiedliche Fakten von einem einheitlichen Standpunkt aus zu erklären. Ihr hauptsächlicher Wert besteht aber darin, daß sie ein einfaches Modell ergibt, das möglicherweise nicht nur eine Vorstellung von den Elektronenspektren, sondern auch von den kinetischen Eigenschaften einfacher Vielelektronen-Metalle liefern kann.

[1]) Eine gute Übereinstimmung mit den Werten für die Alkalimetalle kann auch mit Hilfe des betrachteten Modells erreicht werden, wenn man eine abgeschirmte Coulomb-Wechselwirkung einführt, das heißt $1/r$ durch $e^{-\varkappa r}/r$ oder in Fourier-Komponenten $1/k^2$ durch $1/(k^2 + \varkappa^2)$ ersetzt, wobei $\varkappa^2 = 4\pi e^2 \frac{\partial n}{\partial \mu} = \frac{4e^2 p_0 m}{\pi\hbar^3}$ ist (vgl. Abschn. 4.1.).

Modell eines ferromagnetischen Metalls

Anhang

Die realen ferromagnetischen Metalle besitzen komplizierte (aus mehreren Bändern bestehende), stark anisotrope Energiespektren der Elektronen. Es lassen sich jedoch einige Eigenschaften solcher Metalle anhand einer isotropen FERMI-Flüssigkeit (vgl. Kapitel 8) demonstrieren, wenn deren Funktion f einen genügend großen Austauschterm besitzt (ABRIKOSSOW, DSJALOSCHINSKI 1958 [80]).

Ein ferromagnetischer Stoff ist dadurch charakterisiert, daß im Gleichgewichtszustand der Gesamtspin und das magnetische Moment nicht verschwinden oder anders gesagt, eine spontane Magnetisierung vorhanden ist. Durch den Einheitsvektor $\boldsymbol{m}$ soll im folgenden die Richtung des spontanen magnetischen Moments angegeben werden. Die Energien der Quasiteilchen hängen von der Orientierung des Spins bezüglich $\boldsymbol{m}$ ab und können daher in der Form

$$\varepsilon(\boldsymbol{p}, \boldsymbol{\sigma}) = \varepsilon_0(\boldsymbol{p}) - b(\boldsymbol{p})\, \boldsymbol{\sigma m} \tag{A.1}$$

geschrieben werden.

Nach dieser Formel ist die Energie eines Elektrons, dessen Spin in Richtung von $\boldsymbol{m}$ liegt, $\varepsilon_0 - b$, und folglich ist die Gleichgewichtsverteilungsfunktion gleich $n_0(\varepsilon_0 - b) = n^+$. Ein Elektron mit entgegengesetzter Spinrichtung hat dann die Energie $\varepsilon_0 + b$, und damit folgt für die Gleichgewichtsverteilungsfunktion $n_0(\varepsilon_0 + b) = n^-$. Die Eigenwerte n_+ und n_- bei den entsprechenden Spinorientierungen besitzt aber gerade der Operator

$$n_0(\boldsymbol{p}, \boldsymbol{\sigma}) = \tfrac{1}{2}\,(n^+ + n^-) + \tfrac{1}{2}\,(n^+ - n^-)\, \boldsymbol{\sigma m} \tag{A.2}$$

den man folglich als Dichtematrix für den Gleichgewichtszustand ansehen muß.

Für eine isotrope FERMI-Flüssigkeit hat die Funktion f die Form [1])

$$f = \eta(\boldsymbol{p}, \boldsymbol{p}') + (\boldsymbol{\sigma\sigma}')\, \zeta(\boldsymbol{p}, \boldsymbol{p}')\,. \tag{A.3}$$

Zwischen $b(\boldsymbol{p})$ in Formel (A.1) und der Funktion ζ in Formel (A.3) besteht ein bestimmter Zusammenhang. Zu seiner Bestimmung betrachtet man, wie sich die Energie eines Elektrons bei einer Drehung des Vektors $\boldsymbol{m}$ um den Winkel $\delta\Theta$ ändert. Dabei gilt $\delta\boldsymbol{m} = [\delta\boldsymbol{\Theta}\boldsymbol{m}]$, und nach (A.1) erhält man

$$\delta\varepsilon = -\, b[\boldsymbol{m\sigma}]\, \delta\boldsymbol{\Theta}\,. \tag{A.4}$$

Andererseits ändert sich aber auch bei einer Änderung von $\boldsymbol{m}$ die Gleichgewichtsverteilungsfunktion n_0,

$$\delta n_0(\boldsymbol{p}, \boldsymbol{\sigma}) = \tfrac{1}{2}\,(n^+ - n^-)\,[\boldsymbol{m\sigma}]\, \delta\boldsymbol{\Theta}\,,$$

und mit ihr auch die Energie

$$\delta\varepsilon = \mathrm{Sp}_{\sigma'} \int f\, \delta n_0\, \frac{\mathrm{d}^3\boldsymbol{p}'}{(2\pi\hbar)^3} = \int f\, \frac{n^+ - n^-}{2}\, [\boldsymbol{m\sigma}']\, \frac{\mathrm{d}^3 p'}{(2\pi\hbar)^3}\, \delta\boldsymbol{\Theta}\,. \tag{A.5}$$

[1]) Im Prinzip können Terme auftreten, die zu $\boldsymbol{m}(\boldsymbol{\sigma} + \boldsymbol{\sigma}')$ bzw. $(\boldsymbol{m\sigma})\,(\boldsymbol{m\sigma}')$ proportional sind. Man kann jedoch zeigen, daß sie in den folgenden Berechnungen keine Rolle spielen. Sie wurden deshalb fortgelassen.

Setzt man (A.4) und (A.5) für beliebige $\delta\boldsymbol{\Theta}$ gleich, erhält man

$$-b[\boldsymbol{m\sigma}] = \mathrm{Sp}_{\sigma'} \int f \frac{n^+ - n^-}{2} [\boldsymbol{m\sigma}'] \frac{\mathrm{d}^3\boldsymbol{p}'}{(2\pi\hbar)^3}.$$

Durch Einsetzen von (A.3) ergibt sich

$$b(\boldsymbol{p}) = -\int \zeta(\boldsymbol{p}, \boldsymbol{p}')\,(n^+ - n^-) \frac{\mathrm{d}^3\boldsymbol{p}'}{(2\pi\hbar)^3}. \tag{A.6}$$

Aus dem letzten Ausdruck (A.6) läßt sich die Bedingung für das Auftreten von Ferromagnetismus ableiten. Für den Fall, daß b unendlich klein ist, kann $n^+ - n^-$ nach b entwickelt werden:

$$n^+ - n^- \approx -\,2\,\frac{\partial n_0(\varepsilon_0)}{\partial \varepsilon_0}\, b\,.$$

Setzt man das in Formel (A.6) ein, erhält man

$$b(\boldsymbol{p}) = -\,2 \int \zeta(\boldsymbol{p}, \boldsymbol{p}')\, b(\boldsymbol{p}') \frac{\mathrm{d}S}{(2\pi\hbar)^3\, v'}. \tag{A.7}$$

Integriert wird hierbei über die gesamte FERMI-Fläche. In einer isotropen Flüssigkeit ist b nur eine Funktion vom Betrag des Impulses $|\boldsymbol{p}|$. Setzt man $|\boldsymbol{p}| = p_0$, so hängt die Funktion ζ in Formel (A.7) nur vom Winkel $\Theta = (\widehat{\boldsymbol{p}, \boldsymbol{p}'})$ ab. Aus Formel (A.7) findet man dann

$$Z_0 = \nu(\mu) \int \zeta(\Theta) \frac{\mathrm{d}\Omega}{4\pi} = -\,1\,.$$

Das ist der gleiche Wert, der aus der Bedingung erhalten wurde, daß die paramagnetische Suszeptibilität gegen unendlich geht (vgl. (13.16)). Für das Auftreten von Ferromagnetismus ist somit notwendig, daß

$$Z_0 < -\,1 \tag{A.8}$$

wird.

Bei Vorliegen des ferromagnetischen Zustands tritt ein neuer Typ von Spinwellen auf. Zur Bestimmung ihres Spektrums kann man die kinetische Gleichung in der Form (13.25) anwenden, die in diesem Fall das Aussehen

$$\frac{\partial n}{\partial t} + \frac{\partial \varepsilon}{\partial \boldsymbol{p}} \frac{\partial n}{\partial \boldsymbol{r}} - \frac{\partial \varepsilon}{\partial \boldsymbol{r}} \frac{\partial n}{\partial \boldsymbol{p}} + \frac{i}{\hbar} [\varepsilon, n] = 0 \tag{A.9}$$

bekommt. Hierbei wurde $[\varepsilon, n] = \hat{\varepsilon}\hat{n} - \hat{n}\hat{\varepsilon}$ gesetzt. Der Lösungsansatz für die Verteilungsfunktion kann in der Form $n = n_0 + \delta n$ gemacht werden, wobei n_0 die Gleichgewichtsfunktion (A.2) ist und δn von den Koordinaten und der Zeit wie $\exp\{i(\boldsymbol{kr} - \omega t\}$ abhängt.

δn soll in der Form zweier Summanden dargestellt werden, von denen der eine vom Spin abhängen soll, der andere jedoch nicht:

$$\delta n = \nu(\boldsymbol{p}) + \boldsymbol{\nu}(\boldsymbol{p})\,\boldsymbol{\sigma}\,. \tag{A.10}$$

Man setzt nun die Verteilungsfunktion $n_0 + \delta n$ bei Berücksichtigung der Energieänderung, die bei einer Änderung der Verteilungsfunktion auftritt, in Gleichung (A.9) ein. Beschränkt man sich auf Glieder, die in δn linear sind, so erhält man ein Gleichungssystem für ν und $\boldsymbol{\nu}$.

Das Gleichungssystem zerfällt in zwei Teile. Der erste beschreibt Schwingungen der Elektronendichte und die damit verbundenen Schwingungen der Projektion des Spin auf die Richtung des Magnetfeldes $\nu_z = \boldsymbol{\nu m}$. Da aber Schwingungen der Elektronendichte von Ladungsdichteschwankungen begleitet sind, sind die dabei auftretenden elektrischen Felder mit in Betracht zu ziehen. Das führt sofort zu Frequenzen ω der Größenordnung $\mu/\hbar$ analog zu Abschnitt 13.5. Diese Schwingungen sind infolgedessen auch nicht zu beobachten. Interessant ist nur das zweite Gleichungssystem, das die Schwingungen der Transversalkomponenten des Gesamtspins beschreibt.

Angemerkt werden soll hierbei, daß in nicht ferromagnetischen Metallen, wo in die Energie und in n_0 keine von $\boldsymbol{m}$ abhängenden Glieder eingehen, Schwingungen der Größe $\boldsymbol{\nu}$ nicht mit Dichteschwankungen verknüpft sind. Im Prinzip sind deshalb hier Spinwellen mit longitudinaler Polarisation und einem linearen Zusammenhang zwischen ω und $\boldsymbol{k}$ möglich (vgl. Abschn. 13.6.).

An Stelle der Komponenten ν_x und ν_y werden im folgenden die Größen $\nu_\pm = \nu_x \pm i\nu_y$ eingeführt. Aus dem Gleichungssystem für ν_x und ν_y erhält man dann für ν_+

$$\begin{aligned} &- \omega\nu_+ + \boldsymbol{kv}\nu_+ + \{\boldsymbol{k}(\boldsymbol{v} - \boldsymbol{u})\,\delta(\varepsilon_0 - b - \mu) \\ &\quad + \boldsymbol{k}(\boldsymbol{v} + \boldsymbol{u})\,\delta(\varepsilon_0 + b - \mu)\} \int \zeta(\boldsymbol{p}, \boldsymbol{p}')\,\nu_+(\boldsymbol{p}')\,\frac{\mathrm{d}^3\boldsymbol{p}'}{(2\pi\hbar)^3} \\ &\quad - \frac{2b}{\hbar}\nu_+ - \frac{2}{\hbar}(n_+ - n_-) \int \zeta(\boldsymbol{p}, \boldsymbol{p}')\,\nu_+(\boldsymbol{p}')\,\frac{\mathrm{d}^3\boldsymbol{p}'}{(2\pi\hbar)^3}\,. \end{aligned} \tag{A.11}$$

Hier wurde $\boldsymbol{v} = \partial\varepsilon_0/\partial\boldsymbol{p}$, $\boldsymbol{u} = \partial b/\partial\boldsymbol{p}$ gesetzt.

Die Gleichung für ν_- unterscheidet sich nur im Vorzeichen der letzten beiden Glieder. Sie kann formal durch die Substitution $\omega \to -\omega$, $\boldsymbol{k} \to -\boldsymbol{k}$ aus Gleichung (A.11) bestimmt werden.

Die Gleichung (A.11) kann durch sukzessive Approximationen gelöst werden. Für $\boldsymbol{k} = 0$ ergibt sich

$$\omega^{(0)}\nu^{(0)} + \frac{2b}{\hbar}\nu^{(0)} + \frac{2}{\hbar}(n_+ - n_-) \int \zeta(\boldsymbol{p}, \boldsymbol{p}')\,\nu^{(0)}(\boldsymbol{p}')\,\frac{\mathrm{d}^3\boldsymbol{p}'}{(2\pi\hbar)^3} = 0\,. \tag{A.12}$$

Diese Gleichung wird nun über $\mathrm{d}^3\boldsymbol{p}$ integriert. Im Integral des letzten Terms wird eine Variablentransformation der Form $\boldsymbol{p} \rightleftarrows \boldsymbol{p}'$ vorgenommen. Die Bedingung (A.6) führt danach zu dem Ergebnis, daß die Integrale der letzten beiden Terme sich gegenseitig kürzen. Als Ergebnis erhält man $\omega^{(0)} = 0$, und $\nu^{(0)}$ ergibt sich mit Hilfe von (A.6) zu

$$\nu^{(0)} = A(n^+ - n^-)\,,$$

wobei A eine Konstante ist. Die Verteilungsfunktion ändert sich damit in dieser Näherung proportional zu $(n^+ - n^-)\,\sigma_x$ bzw. $(n^+ - n^-)\,\sigma_y$. Vergleicht man das mit (A.2), so ist zu erkennen, daß in diesem Fall die Schwingungen zu einer Drehung des gesamten magnetischen Moments führen.

In der nächst höheren Näherung in $\boldsymbol{k}$ erhält man

$$\begin{aligned} &A\omega^{(1)}(n^+ - n^-) + \frac{2b}{\hbar}\nu^{(1)} + \frac{2}{\hbar}(n^+ - n^-) \int \zeta(\boldsymbol{p}, \boldsymbol{p}')\,\nu^{(1)}(\boldsymbol{p}')\,\frac{\mathrm{d}^3\boldsymbol{p}'}{(2\pi\hbar)^3} \\ &= A(\boldsymbol{kv})(n^+ - n^-) - Ab\,\{\boldsymbol{k}(\boldsymbol{v} - \boldsymbol{u})\,\delta(\varepsilon_0 - b - \mu) \\ &\quad + \boldsymbol{k}(\boldsymbol{v} + \boldsymbol{u})\,\delta(\varepsilon_0 + b - \mu)\} \end{aligned} \tag{A.13}$$

(auch hier wurde wieder die Beziehung (A.6) benutzt).

Diese Gleichung kann über $\mathrm{d}^3\boldsymbol{p}$ integriert werden, wobei die Bedingung (A.6) und der Umstand ausgenutzt wird, daß ε_0 und b gerade Funktionen bezüglich $\boldsymbol{p}$ und folglich $\boldsymbol{u}$ und $\boldsymbol{v}$ ungerade sein müssen. Das Ergebnis ist $\omega^{(1)} = 0$, das heißt, ω ist bestenfalls von zweiter Ordnung bezüglich $\boldsymbol{k}$.

Wie aus Gleichung (A.13) zu erkennen ist, besteht die Änderung der Verteilungsfunktion aus drei Teilen. Der eine ist nur in dem Intervall von Null verschieden, wo die Differenz $n^+ - n^-$ nicht Null wird. Die beiden anderen Glieder sind nur auf den entsprechenden Fermi-Flächen nicht Null und zu $\delta(\varepsilon_0 - b - \mu)$ bzw. $\delta(\varepsilon_0 + b - \mu)$ proportional. Man bezeichnet nun mit ν_1 die Größe $\nu^{(1)}/A$ (diese Größe hängt dann nicht mehr von A ab) und stellt ν_1 in der Form

$$\begin{aligned} \nu_1 = B(\boldsymbol{p})\,(n^+ - n^-) - \frac{\hbar}{2}\{&\boldsymbol{k}(\boldsymbol{v} - \boldsymbol{u})\,\delta(\varepsilon_0 - b - \mu) \\ &+ \boldsymbol{k}(\boldsymbol{v} + \boldsymbol{u})\,\delta(\varepsilon_0 + b - \mu)\} \end{aligned} \tag{A.14}$$

dar. Setzt man das in Gleichung (A.13) ein, ergibt sich eine Gleichung für die Funktion $\boldsymbol{B(p)}$:

$$\frac{2b}{\hbar} B(\boldsymbol{p}) + \frac{2}{\hbar} \int \zeta(\boldsymbol{p}, \boldsymbol{p}')\, B(\boldsymbol{p}')\, (n^+ - n^-) \frac{\mathrm{d}^3\boldsymbol{p}'}{(2\pi\hbar)^3}$$

$$= (\boldsymbol{kv}) + \int \zeta(\boldsymbol{p}, \boldsymbol{p}')\, \boldsymbol{k}(\boldsymbol{v}' - \boldsymbol{u}') \left.\frac{\mathrm{d}S'}{(2\pi\hbar)^3\, |(\boldsymbol{v}' - \boldsymbol{u}')|}\right|_{\varepsilon_0(\boldsymbol{p}') - b(\boldsymbol{p}') = \mu}$$

$$+ \int \zeta(\boldsymbol{p}, \boldsymbol{p}')\, \boldsymbol{k}(\boldsymbol{v}' + \boldsymbol{u}') \left.\frac{\mathrm{d}S'}{(2\pi\hbar)^3\, |(\boldsymbol{v}' + \boldsymbol{u}')|}\right|_{\varepsilon_0(\boldsymbol{p}') + b(\boldsymbol{p}') = \mu}. \tag{A.15}$$

Im allgemeinen Fall für eine beliebige Funktion ζ kann diese Gleichung bezüglich $B(\boldsymbol{p})$ nicht gelöst werden.

Zur Bestimmung der Abhängigkeit zwischen ω und $\boldsymbol{k}$ wird die Gleichung für $\nu^{(2)}$ aufgeschrieben und über $\mathrm{d}^3\boldsymbol{p}$ integriert. Das liefert

$$\omega^{(2)} = \left\{ \int \boldsymbol{k}\boldsymbol{v}\nu_1 \frac{\mathrm{d}^3\boldsymbol{p}}{(2\pi\hbar)^3} + \iint [\boldsymbol{k}(\boldsymbol{v} - \boldsymbol{u})\, \delta(\varepsilon_0 - b - \mu) \right.$$

$$\left. + \boldsymbol{k}(\boldsymbol{v} + \boldsymbol{u})\, \delta(\varepsilon_0 + b - \mu)]\, \zeta(\boldsymbol{p}, \boldsymbol{p}')\, \nu_1(\boldsymbol{p}') \frac{\mathrm{d}^3\boldsymbol{p}\, \mathrm{d}^3\boldsymbol{p}'}{(2\pi\hbar)^3} \right\}$$

$$\times \left[\int (n^+ - n^-) \frac{\mathrm{d}^3\boldsymbol{p}}{(2\pi\hbar)^3} \right]^{-1}.$$

Nach Einsetzen des Ausdrucks (A.13) und einer Umformung mit Hilfe der Gleichung (A.15) für B ergibt sich

$$\omega^{(2)} = \left\{ \int \boldsymbol{kv}\, (n^+ - n^-)\, B(\boldsymbol{p}) \frac{\mathrm{d}^3\boldsymbol{p}}{(2\pi\hbar)^3} \right.$$

$$- \int bB(\boldsymbol{p})\, \boldsymbol{k}(\boldsymbol{v} - \boldsymbol{u}) \left.\frac{\mathrm{d}S}{(2\pi\hbar)^3\, |(\boldsymbol{v} - \boldsymbol{u})|}\right|_{\varepsilon_0 - b = \mu}$$

$$\left. - \int bB(\boldsymbol{p})\, \boldsymbol{k}(\boldsymbol{v} + \boldsymbol{u}) \left.\frac{\mathrm{d}S}{(2\pi\hbar)^3\, |(\boldsymbol{v} + \boldsymbol{u})|}\right|_{\varepsilon_0 + b = \mu} \right\}$$

$$\times \left[\int (n^+ - n^-) \frac{\mathrm{d}^3\boldsymbol{p}}{(2\pi\hbar)^3} \right]^{-1}. \tag{A.16}$$

Da nach Gleichung (A.15) die Funktion B bezüglich $\boldsymbol{k}$ von erster Ordnung und bezüglich $\boldsymbol{p}$ ungerade ist, wird klar, daß ω eine quadratische Funktion von $\boldsymbol{k}$ ist.

Die Gleichungen (A.15) und (A.16) bestimmen $\omega(\boldsymbol{k})$ vollständig. Im einfachsten Falle mit $\zeta = \text{const}$ wird die Gleichung (A.15) lösbar. Unter Berücksichtigung, daß B eine ungerade Funktion des Quasiimpulses ist, n^+ und n^- dagegen gerade sind, werden alle Integrale in Gleichung (A.15) zu Null. Als Resultat erhält man $B = \hbar\boldsymbol{kv}/2b$. Setzt man das in Gleichung (A.16) ein und berücksichtigt, daß nach der Beziehung (A.6) für $\zeta = \text{const}$ die Funktion $b(\boldsymbol{p})$ konstant ist und außerdem $\boldsymbol{u} = \partial b/\partial \boldsymbol{p} = 0$ gilt, erhält man

$$\omega = \left\{ \int \hbar(\boldsymbol{kv})^2\, (n^+ - n^-) \frac{\mathrm{d}^3\boldsymbol{p}}{(2\pi\hbar)^3} - \hbar b \int (\boldsymbol{kv})^2 \left.\frac{\mathrm{d}S}{(2\pi\hbar)^3\, v}\right|_{\varepsilon_0 = \mu + b} \right.$$

$$\left. - \hbar b \int (\boldsymbol{kv})^2 \left.\frac{\mathrm{d}S}{(2\pi\hbar)^3\, v}\right|_{\varepsilon_0 = \mu - b} \right\} \left[2b \int (n^+ - n^-) \frac{\mathrm{d}^3\boldsymbol{p}}{(2\pi\hbar)^3} \right]^{-1}. \tag{A.17}$$

Eine Abschätzung für ω_2 kann man mit Hilfe eines Modells durchführen, in dem $\varepsilon_0 = p^2/2m$ gesetzt wird. Dabei zeigt sich, daß $\omega \approx \hbar k^2 v^2 b/\mu^2$ ist. Es ist somit möglich, daß sich in einem ferromagnetischen Metall transversale Spinwellen mit einer Frequenz ω proportional zu k^2 ausbreiten können. Diesen Wellen entsprechen Quasiteilchen mit einer Energie $\hbar\omega = Ak^2$. Sie werden auch manchmal als „Magnonen" bezeichnet.

Literaturverzeichnis [1])

[1] R. E. PEIERLS, Quantum theory of solids, Clarendon Press, Oxford 1955.
[2] Л. Д. Ландау (L. D. LANDAU),; ЖЭТФ **11**, 581 (1941); Л. Д. Ландау, Е. М. Лифшиц (L. D. LANDAU, E. M. LIFSCHIZ), Статистическая физика, „Наука", 1964; deutsche Übersetzung: Statistische Physik, Akademie-Verlag, Berlin 1966.
[3] Л. Д. Ландау (L. D. LANDAU), ЖЭТФ **30**, 1058 (1956).
[4] А. А. Абрикосов, Л. П. Горьков, И. Е. Дзялошинский, (A. A. ABRIKOSSOW, L. P. GORKOW, I. E. DSJALOSCHINSKI, Методы квантовой теории поля в статистической физике, Физматгиз, 1962.
[5] J. M. LUTTINGER, J. C. WARD, Phys. Rev. **118**, 1417 (1960), **119**, 1153 (1960).
[6] Р. Н. Гуржи (R. N. GURSHI), ЖЭТФ **47**, 1415 (1964).
[7] И. Я. Померанчук (I. J. POMERANTSCHUK), ЖЭТФ **35**, 992 (1958).
[8] В. Б. Зернов, Ю. В. Шарвин (W. B. SERNOW, J. W. SCHARWIN), ЖЭТФ **36**, 1038 (1959).
[9] J. KONDO, Prog. Theor. Phys. **32**, 37 (1964).
[10] Н. Е. Алексеевский, Ю. П. Гайдуков (N. E. ALEKSEJEWSKI, J. P. GAIDUKOW), ЖЭТФ **31**, 947 (1956); **32**, 1589 (1957).
[11] А. А. Абрикосов (A. A. ABRIKOSSOW), Physics, **2**, 21 (1965).
[12] H. SUHL, Phys. Rev. **138**, A515 (1965); Physics **2**, 39 (1965).
[13] И. М. Лифшиц, М. Я. Азбель, М. И. Каганов (I. M. LIFSCHIZ, M. J. ASBEL, M. I. KAGANOW), ЖЭТФ **31**, 63 (1956).
[14] И. М. Лифшиц, В. Г. Песчанский (I. M. LIFSCHIZ, W. G. PESTSCHANSKI), ЖЭТФ **35**, 1251 (1958).
[15] П. Л. Капица (P. L. KAPIZA,) Proc. Roy. Soc. **A123**, 292 (1929).
[16] Н. Е. Алексеевский, Ю. П. Гайдуков (N. E. ALEKSEJEWSKI, J. P. GAIDUKOW), ЖЭТФ **35**, 554 (1958).
[17] E. JUSTI, Phys. Zs. **41**, 563 (1940).
[18] J. KONDO, Progr. Theor. Phys. **34**, 372 (1965).
[19] М. Я. Азбель, М. И. Каганов, И. М. Лифшиц (M. J. ASBEL, M. I. KAGANOW, I. M. LIFSCHIZ), ЖЭТФ **32**, 1188 (1957).
[20] Ю. А. Бычков, Л. Э. Гуревич, Г. М. Недлин, (J. A. BYTSCHKOW, L. E. GUREWITSCH, G. M. NEDLIN), ЖЭТФ **37**, 534 (1959).
[21] H. LONDON, Proc. Roy. Soc. **A176**, 522 (1940).
[22] G. E. H. REUTER, E. H. SONDHEIMER, Proc. Roy. Soc. **A195**, 336 (1948).
[23] Л. А. Фальковский (L. A. FALKOWSKI), Письма ЖЭТФ **11**, 222 (1970).
[24] М. Я. Азбель, Э. А. Канер (M. J. ASBEL, E. A. KANER), ЖЭТФ **32**, 896 (1956).
[25] V. HEINE, Phys. Rev. **107**, 431 (1957).
[26] L. E. HARTMANN, J. M. LUTTINGER, Phys. Rev. **151**, 430 (1966).
[27] Э. А. Канер (E. A. KANER), ДАН **119**, 471 (1958).
[28] М. С. Хайкин (M. S. CHAIKIN), ЖЭТФ **41**, 1773 (1961).
[29] М. Я. Азбель (M. J. ASBEL), ЖЭТФ **39**, 400 (1960).

[1]) Dieses Verzeichnis enthält Arbeiten, in denen zuerst die im vorliegenden Buch erwähnten Erscheinungen entdeckt (theoretisch vorhergesagt oder experimentell beobachtet) wurden, sowie Artikel, aus denen theoretische oder experimentelle Kurven entnommen sind.

[30] В. Ф. Гантмахер (W. F. Gantmacher), ЖЭТФ **43**, 345 (1962).
[31] Э. А. Канер (E. A. Kaner), ЖЭТФ **44**, 1036 (1963).
[32] E. Sondheimer, Phys. Rev. **80**, 401 (1950).
[33] В. Л. Гуревич (W. L. Gurewitsch), ЖЭТФ **35**, 669 (1958).
[34] В. Ф. Гантмахер, Э. А. Канер (W. F. Gantmacher, E. A. Kaner), ЖЭТФ **45**, 1430 (1963).
[35] В. Ф. Гантмахер, Ю. В. Шарвин (W. F. Gantmacher, J. W. Scharwin), ЖЭТФ **48**, 1077 (1965).
[36] О. В. Константинов, В. И. Перель (O. W. Konstantinow, W. I. Perel), ЖЭТФ **38**, 161 (1960).
[37] Э. А. Канер, В. Г. Скобов (E. A. Kaner, W. G. Skobow), ЖЭТФ **45**, 610 (1963).
[38] М. С. Хайкин, В. С. Эдельман (M. S. Chaikin, W. S. Edelman), ЖЭТФ **49**, 1695 (1965).
[39] Л. Д. Ландау (L. D. Landau), Zs. f. Physik **64**, 629 (1930).
[40] L. Onsager, Phil. Mag. **43**, 1006 (1952).
[41] F. London, Superfluids, 1950, Vol. 1, p. 152.
[42] D. Shoenberg, Proc. Roy. Soc. **A170**, 341 (1939).
[43] W. J. de Haas, P. M. van Alphen, Proc. Amsterdam Acad. **33**, 1106 (1930).
[44] И. М. Лифшиц, А. М. Косевич (I. M. Lifschiz, A. M. Kosewitsch), ЖЭТФ **29**, 730 (1955).
[45] Н. Б. Брандт, В. А. Вентцель (N. B. Brandt, W. A. Wentzel), ЖЭТФ **35**, 1081 (1958).
[46] R. B. Dingle, Proc. Roy. Soc. **A211**, 517 (1952).
[47] R. Peierls, Zs. f. Physik **81**, 186 (1933).
[48] D. Shoenberg, Phil. Trans. Roy. Soc. **A255**, 85 (1962).
[49] A. B. Pippard, Proc. Roy. Soc. **A272**, 192 (1963).
[50] J. H. Condon, Phys. Rev. **145**, 526 (1966).
[51] J. H. Condon, R. E. Walstedt, Phys. Rev. Lett. **21**, 612 (1968).
[52] М. Я. Азбель (M. J. Asbel), ЖЭТФ **53**, 1751 (1967).
[53] И. А. Привороцкий (I. A. Priworozki), ЖЭТФ **52**, 1755 (1967).
[54] M. H. Cohen, L. M. Falicov, Phys. Rev. Lett. **7**, 231 (1961).
[55] E. I. Blount, Phys. Rev. **126**, 1636 (1962).
[56] М. Я. Азбель (M. J. Asbel), ЖЭТФ **34**, 969, 1158 (1958).
[57] М. С. Хайкин (M. S. Chaikin), ЖЭТФ **39**, 212 (1960).
[58] T. W. Nee, R. E. Prange, Phys. Lett. **25A**, 583 (1967) (s. auch М. С. Хайкин (M. S. Chaikin), УФН **96**, 409 (1968)).
[59] А. И. Ахиезер, М. И. Каганов, Г. Я. Любарский (A. I. Achieser, M. I. Kaganow, G. J. Ljubarski), ЖЭТФ **32**, 837 (1957).
[60] В. Г. Скобов (W. G. Skobow), Диссертация, Ин-т физ. проблем, М., 1962.
[61] H. Bömmel, Phys. Rev. **100**, 758 (1955).
[62] A. B. Pippard, Phil. Mag. **2**, 1147 (1957).
[63] Э. А. Канер, В. Г. Песчанский, И. А. Привороцкий (E. A. Kaner, W. G. Pestschanski, I. A. Priworozki), ЖЭТФ **40**, 214 (1961).
[64] В. Л. Гуревич (W. L. Gurewitsch), ЖЭТФ **37**, 71 (1959).
[65] В. Л. Гуревич, В. Г. Скобов, Ю. А. Фирсов (W. L. Gurewitsch, W. G. Skobow, J. A. Firsow), ЖЭТФ **40**, 786 (1961).
[66] Y. Shapira, B. Lax, Phys. Rev. **138**, A1191 (1965).
[67] Л. Д. Ландау (L. D. Landau), ЖЭТФ **32**, 59 (1957).
[68] В. П. Силин (W. P. Silin), ЖЭТФ **35**, 1243 (1958).
[69] F. J. Dyson, Phys. Rev. **98**, 349 (1955).
[70] М. Я. Азбель, В. И. Герасименко, И. М. Лифшиц (M. J. Asbel, W. I. Gerassimenko, I. M. Lifschiz), ЖЭТФ **31**, 357 (1956); **32**, 1212 (1957).
[71] P. M. Platzman, P. A. Wolff, Phys. Rev. Lett. **18**, 280 (1967).
[72] S. Schultz, G. Dunifer, Phys. Rev. Lett. **18**, 283 (1967).

[73] C. HERRING, Phys. Rev. 57, 1169 (1940).
[74] J. C. PHILLIPS, L. KLEINMAN, Phys. Rev. **116**, 287, 880 (1959).
[75] F. BASSANI, V. CELLI, Nuovo Cimento **11**, 805 (1959).
[76] D. BRUST, Phys. Rev. **134**, A1337 (1964).
[77] L. M. FALICOV, S. GOLIN, Phys. Rev. **137**, A871 (1965).
[78] W. A. HARRISON, Phys. Rev. **116**, 555 (1959); **118**, 1182 (1960).
[79] А. А. Абрикосов (A. A. ABRIKOSSOW), ЖЭТФ **39**, 1797 (1960); **41**, 569 (1961).
[80] А. А. Абрикосов, И. Е. Дзялошинский (A. A. ABRIKOSSOW, I. E. DSJALOSCHINSKI), ЖЭТФ **35**, 771 (1958).
[81] Ю. А. Дрейзин, А. М. Дыхне (J. A. DREISIN, A. M. DYCHNE), ЖЭТФ **63**, 242 (1972).
[82] J. B. SAMPSELL, J. C. GARLAND, Phys. Rev. **B 13**, 583 (1976).
[83] K. WILSON, Nobel Symposium –24. Collective Properties of Physical Systems, Academic Press, S. 14 (1973).
[84] А. П. Володин, М. С. Хайкин, В. С. Эдельман (A. P. WOLODIN, M. S. CHAIKIN, W. S. EDELMAN), ЖЭТФ **65**, 2105 (1973).
[85] M. H. COHEN, V. HEINE, Phys. Rev. **122**, 1821 (1961).
[86] B. J. AUSTIN, V. HEINE, L. J. SHAM, Phys. Rev. **127**, 276 (1962).
[87] V. HEINE, J. ABARENKOV, Phil. Mag. 9, 451 (1964).
[88] R. W. SHAW, Phys. Rev. **174**, 769 (1968).
[89] P. NOZIÈRES, J. Low. Temp. Phys. **17**, 31 (1974).
[90] М. С. Хайкин, Л. А. Фальковский, В. С. Эдельман, Р. Т. Мина (M. S. CHAIKIN, L. A. FALKOWSKI, W. S. EDELMAN, R. T. MINA, ЖЭТФ, **45**, 1704 (1963).

Zusammenfassende Artikel und Bücher über moderne Metalltheorie

[1] И. М. Лифшиц, М. Я. Азбель, М. И. Каганов (I. M. LIFSCHIZ, M. JA. ASBEL, M. I. KAGANOW), Электронная теория металлов, ,,Наука'', 1971; deutsche Übersetzung: Elektronentheorie der Metalle, Akademie-Verlag, Berlin 1975.
[2] CH. KITTEL, Quantum Theory of Solids, J. Wiley & Sons, New York 1963.
[3] W. MERCOUROFF, La Surface de Fermi des Metaux, Paris, Masson et Cie, 1967.
[4] E. A. KANER, V. G. SKOBOV, Electromagnetic Waves in Metals in a Magnetic Field, Adv. in Phys. 17, 605 (1968).
[5] W. A. HARRISON, Pseudopotentials in the Theory of Metals, W. A. BENJAMIN, New York 1966.
[6] J. M. ZIMAN, Electrons and Phonons, Clarendon Press, Oxford 1960.
[7] J. M. ZIMAN, The Calculation of Bloch Functions, Solid State Physics, Eds. H. EHRENREICH, F. SEITZ, D. TURNBULL, Academic Press, Bd. 26 (1971).
[8] The Physics of Metals, 1. Electrons, Ed. J. M. ZIMAN, University Press, Cambridge 1969.
[9] W. A. HARRISON, Solid State Theory, McGraw-Hill, New York 1970.

Ergänzung durch den Herausgeber:

[10] W. BRAUER, Einführung in die Elektronentheorie der Metalle, 2. Auflage, Akademische Verlagsgesellschaft Geest & Portig, Leipzig 1972.
[11] O. MADELUNG, Festkörpertheorie I, Elementare Anregungen, Springer-Verlag, Berlin 1972.
[12] J. M. ZIMAN, Principles of the Theory of Solids, University Press, 2nd edition, Cambridge 1972; deutsche Übersetzung: Prinzipien der Festkörpertheorie, Akademie-Verlag, Berlin 1974.

Sachverzeichnis

GPSR Compliance

The European Union's (EU) General Product Safety Regulation (GPSR) is a set of rules that requires consumer products to be safe and our obligations to ensure this.

If you have any concerns about our products, you can contact us on ProductSafety@springernature.com

In case Publisher is established outside the EU, the EU authorized representative is:

Springer Nature Customer Service Center GmbH
Europaplatz 3
69115 Heidelberg, Germany

Batch number: 10584556

Printed by Printforce, the Netherlands